中国地质大学(武汉)秭归产学研基地野外实践教学系列教材

秭归产学研基地野外实践教学教程

——地质工程与岩土工程分册

余宏明　等编著

中国地质大学出版社

内容提要

本教程分六章编写,其中,第一章对教学实习的目的、意义、内容设置、教学进度和安排提出了一般性要求;第二章简要介绍了与教学实习相关的基础地质和专业知识,以及野外地质调查基本工作方法;第三章针对教学实习的需要,概要地介绍了实习区地质背景条件;第四章按不同教学内容设置了若干条教学路线,并相应地介绍了各教学路线的教学内容、方法和背景资料;第五、六章编写了学生独立工作区的教学任务、教学安排和野外地质调查基本工作方法以及报告书编写要求。

该教程主要作为地质工程、岩土工程专业本科专业实践教学的指导用书,其内容可供带教教师和学生使用。也可作为相关专业在秭归基地实践教学时使用和参考。

图书在版编目(CIP)数据

秭归产学研基地野外实践教学教程——地质工程与岩土工程分册/余宏明等编著.—武汉:中国地质大学出版社,2014.12(2018.1重印)

中国地质大学(武汉)秭归产学研基地野外实践教学系列教材

ISBN 978-7-5625-3455-6

Ⅰ.①秭…

Ⅱ.①余…

Ⅲ.①工程地质-地质调查-野外作业-高等学校-教材②岩土工程-地质调查-野外作业-高等学校-教材

Ⅳ.①P622②P642

中国版本图书馆 CIP 数据核字(2014)第 118442 号

秭归产学研基地野外实践教学教程——地质工程与岩土工程分册		余宏明 等编著	
责任编辑:张 林		责任校对:张咏梅	
出版发行:中国地质大学出版社(武汉市洪山区鲁磨路388号)		邮编:430074	
电 话:(027)67883511	传 真:(027)67883580	E-mail:cbb@cug.edu.cn	
经 销:全国新华书店		Http://www.cugp.cug.edu.cn	
开本:787毫米×1 092毫米 1/16		字数:493千字	印张:19.25
版次:2014年12月第1版		印次:2018年1月第2次印刷
印刷:武汉市籍缘印刷厂		印数:1 001—2 000 册
ISBN 978-7-5625-3455-6			定价:45.00元

如有印装质量问题请与印刷厂联系调换

前 言

地质工程、岩土工程专业是服务于工程建设的地质类专业,其专业最大特点是直面工程建设,这就要求在本科专业教育教学方面注重实践性,使培养的学生在本科毕业阶段已基本具备必要的理论基础知识和初步的专业技能及实际工作能力。为此,在四年学习期,针对不同阶段设置了北戴河地质认识实习和周口店地质基础教学实习,专业课理论学习基本完成后的第六学期末再进行一个月左右的专业教学实习,此后进入专业实习阶段,撰写本科毕业论文直到本科毕业。开设多阶段、较长时间的集中实践性教学,并建成几个不同类型的实践教学基地,这在我国高等院校各类专业本科教学中是不多见的,足见中国地质大学(武汉)对地质类专业实践性教学的重视程度。

中国地质大学(武汉)投入大量资源在湖北省秭归县三峡库区所在地建成了良好的专业教学实习基地,基地内服务于教学、生活的设施完善,环境优美。地质工程、岩土工程专业的教师们经过多年的艰苦努力和教学摸索,已初步构建了完备的专业教学体系和实践教学内容,为进一步提升教学质量、统一教学要求,我们组织编写了本教程,供实习阶段学生参考使用。由于受秭归实习基地地区的地质资源及学生实习时间所限,实践教学内容只涉及到地质工程、岩土工程专业的部分专业知识,针对这些内容而编写的教程,只能涵盖专业知识的一部分。为了强化学生地质基础知识及训练学生野外地质调查方法,教学内容及教程中特意补充了诸如地层岩性、地质构造等地质基础知识教学部分。通过实践教学,目的是进一步巩固学生课堂掌握的相关专业知识,通过典型案例性教学,举一反三,触类旁通,使学生初步掌握专业地质调查的基本技能及工作方法,为将来走向专业工作岗位打下一定的基础。鉴于秭归实习基地优越的实习条件,除本校以外,国内外相关专业的学生也可在基地内进行实践教学工作,因此,本教程尽可能编入多一些的教学内容,在专业教学时,可以依据本校的教学要求对涉及的教学内容适当选用。教程除供地质工程、岩土工程专业使用外,其他相关专业的学生也可以在野外实践教学时参考使用。

本教程分六个章节编写,尽量做到书中内容互相衔接,包括了完成教学需要了解的实习区基本地质情况以及所需的基础知识。该教程对专业实践教学的目的、要求、教学进度安排等做了相应规定,供实践教学阶段在制定教学计划时参考。为了使实习师生对秭归实习基地地区的地质背景条件有一个初步了解,以便更好地结合地质背景条件深入领会各教学内容,同时为学生编写实习报告时提供背景参考资料,教程花一定篇幅编入了实习区地理地质背景条件内容。教师及学生在进行不同内容教学时需要应用到的相关基础理论知识,以及地质现象野外调查的基本方法,本教程针对设置的教学内容做了相应的介绍,便于师生们快速查阅使用。

本教程现场教学部分按内容属性进行分类,每一节为一个属性的多个教学内容。野外教学的实施是按设定的教学路线来完成的,每一条教学路线属于某一领域知识,共设置了十九条教学路线,即十多个不同的教学内容。教学内容设置了地层岩性、地质构造、第四纪地貌地质方面地质基础知识的实践教学,因为这是地质工程、岩土工程专业野外工作必须扎实掌握的重要基础。依托本区实际条件,尽可能设置了若干方面的专业教学内容,但覆盖面有限,希望从有限的专业教学案例中,让学生受到基本方法、基本技能的训练,培养初步的专业素养。

为了培养学生独立工作的能力,设置了学生独立实践教学内容。选择了一个典型区段,让学生独立完成专业地质调查填图任务,并结合专题开展深入的分析工作。教程针对这一教学环节,编入了工作要求、野外填图基本工作方法等内容,供学生实习时使用。实习完成后,要求学生针对独立工作区完成一份调查报告,为此,结合这一阶段的工作,对报告书编写纲要、编写内容及方法、注意事项都提出了指导性原则和要点。

本教程的编写工作由工程地质与岩土工程系几位教师共同完成,余宏明负责全书的大纲制定、统编、修订、统校,并编写前言,第二章第五节,第三章(其中第四节的沉积岩部分由张先进编写),第四章的教学路线七、九、十四、十五、十九;刘佑荣编写第二章第四节、第六节水利水电部分,第五章,第四章的教学路线五、八、十、十三;邓清禄编写第二章第二节,第四章的教学路线三、四;胡新丽编写第一章,第二章第六节的港口及桥隧部分和第七节,第四章的教学路线十二、十七、十八;简文星编写第二章第一节,第六章,第四章的教学路线一、二、十一、十六;滕伟福编写第二章第三节,第四章的教学路线六。

本教程是在中国地质大学(武汉)教务处组织下编写的,编写过程中,得到了工程地质与岩土工程系全体教师的支持,各位教师根据自己在专业教学中的体会,提出了一些参考意见。秭归实习基地已成为地质灾害防控协同创新中心暑期学校,成都理工大学、同济大学、长安大学、武汉大学等派出教师到基地进行了考察调研,在教学路线、教学内容安排等方面提出了许多建设性意见。杨裕云教授对全书进行了认真审阅,秭归县国土局余祖谌副局长等领导给予了很大支持。教程中部分内容主要引自原湖北省水文地质工程地质大队、湖北省秭归县志编委会、原湖北省环境科学研究院、中国市政工程中南设计研究院等单位有关勘查与设计报告内容,对他们的关心与支持,在此一并表示感谢。由于编写这类教材经验不足,加之对该地区野外调研工作有待深入,教程中难免存在诸多缺憾,希望在今后的教学实践中不断充实完善。寄望于本教程对地质工程、岩土工程及相关专业的专业实践教学有所帮助。

编著者

2014 年 5 月

目 录

第一章 教学实习要求 (1)
  第一节 实习目的及意义 (1)
  第二节 教学内容设置 (1)
  第三节 教学进度安排 (2)
  第四节 教学要求及成绩评定 (3)
    一、教学要求 (3)
    二、成绩评定 (4)

第二章 基础知识及野外调查方法 (5)
  第一节 地层、岩石基础知识及野外调查方法 (5)
    一、地层 (5)
    二、岩石 (13)
  第二节 构造地质学基础知识及野外调查方法 (24)
    一、岩层的产状 (24)
    二、基本构造型式及其观察识别 (27)
  第三节 第四纪地质及地貌基础知识与野外调查方法 (43)
    一、第四纪沉积物特征 (43)
    二、第四纪地层划分对比与定名 (46)
    三、河流地貌基本知识 (52)
    四、第四纪地质野外调查方法 (59)
  第四节 水文地质基础知识及野外调查方法 (62)
    一、自然界中的水循环 (62)
    二、岩土体渗透性 (62)
    三、地下水的基本知识 (66)
    四、地下水野外调查方法 (74)
  第五节 物理地质现象及野外调查方法 (78)
    一、岩体风化基础知识及野外调查 (78)
    二、岩溶基础知识及野外调查 (84)
    三、斜坡基础知识及野外调查 (90)
  第六节 工程建筑及主要工程地质问题 (102)
    一、水利水电工程 (102)
    二、港口工程地质 (116)

三、隧道工程地质 …… (119)
　　四、桥梁工程地质 …… (123)
 第七节　斜坡地质灾害防治工程基础知识 …… (128)
　　一、地质灾害防治概述 …… (128)
　　二、地质灾害防治等级划分 …… (130)
　　三、滑坡主要防治工程设计简介 …… (131)
　　四、崩塌灾害防治工程 …… (144)

第三章　秭归地区自然地理及地质背景 …… (148)
 第一节　自然地理气象水文 …… (148)
　　一、自然地理 …… (148)
　　二、气象水文 …… (149)
 第二节　地形地貌 …… (152)
 第三节　构造地质背景 …… (155)
　　一、构造演化历史 …… (155)
　　二、构造格局及形迹 …… (155)
　　三、新构造运动及区域稳定性 …… (160)
 第四节　地层岩性 …… (162)
　　一、沉积岩 …… (162)
　　二、岩浆岩 …… (177)
　　三、变质岩 …… (180)
 第五节　水文地质 …… (182)
　　一、地下水赋存条件及类型 …… (182)
　　二、地下水补、径、排条件 …… (185)
 第六节　物理地质现象 …… (186)
　　一、岩石风化 …… (186)
　　二、水土流失 …… (187)
　　三、岩溶 …… (187)
　　四、斜坡失稳 …… (188)
　　五、水库诱发地震 …… (189)

第四章　现场实践教学内容及要求 …… (191)
 第一节　地层岩性实践教学 …… (191)
　　教学路线一　兰陵溪-肖家湾岩体—寒武系地层观察 …… (191)
　　教学路线二　肖家湾-郭家坝奥陶系—侏罗系地层观察 …… (197)
 第二节　地质构造实践教学 …… (203)
　　教学路线三　凤茅公路沿线地质构造形迹观察 …… (203)
　　教学路线四　九畹溪-仙女山断裂观察 …… (207)
　　教学路线五　岩体结构及裂隙测量 …… (211)
 第三节　第四纪地质地貌实践教学 …… (217)

教学路线六　茅坪溪第四纪沉积物与河谷地貌观察……………………………………(217)
第四节　水文地质实践教学……………………………………………………………(223)
　　教学路线七　泗溪岩溶及水文地质调查………………………………………………(223)
　　教学路线八　高家溪岩溶系统…………………………………………………………(226)
第五节　物理地质现象实践教学…………………………………………………………(230)
　　教学路线九　链子崖危岩体地质病害…………………………………………………(230)
　　教学路线十　岩体风化…………………………………………………………………(239)
　　教学路线十一　水土流失现象观察……………………………………………………(241)
第六节　各类工程建筑工程地质实践教学………………………………………………(245)
　　教学路线十二　港口码头及工程地质问题……………………………………………(245)
　　教学路线十三　三峡工程及工程地质问题……………………………………………(247)
　　教学路线十四　黄金矿区采矿及尾矿坝工程地质……………………………………(253)
　　教学路线十五　羊子沟水库工程地质…………………………………………………(258)
　　教学路线十六　垃圾填埋场工程地质…………………………………………………(269)
　　教学路线十七　桥隧工程考察…………………………………………………………(274)
第七节　斜坡崩滑灾害防治工程实践教学………………………………………………(278)
　　教学路线十八　岸坡及高边坡防治工程………………………………………………(278)
　　教学路线十九　岩坡崩滑破坏防治工程………………………………………………(281)

第五章　独立实践教学……………………………………………………………………(285)
第一节　独立工作的任务及安排…………………………………………………………(286)
　　一、独立工作的任务……………………………………………………………………(286)
　　二、独立工作区范围……………………………………………………………………(286)
　　三、主要填图单元………………………………………………………………………(286)
　　四、专题研究课题及安排………………………………………………………………(287)
第二节　野外填图基本工作方法…………………………………………………………(287)
　　一、填图范围与比例尺…………………………………………………………………(287)
　　二、填图中的研究内容…………………………………………………………………(288)
　　三、填图方法简介………………………………………………………………………(289)

第六章　资料整理与实习报告书编写内容与要求………………………………………(292)
第一节　资料整理内容与要求……………………………………………………………(292)
　　一、图、表等资料的整理………………………………………………………………(292)
　　二、编制实际材料图……………………………………………………………………(292)
　　三、图件的清绘…………………………………………………………………………(292)
第二节　实习报告书编写内容与要求……………………………………………………(293)

主要参考文献………………………………………………………………………………(295)

第一章 教学实习要求

第一节 实习目的及意义

野外专业实践教学是地质工程、岩土工程专业教学的重要组成部分,也是相关专业学生继续学习或步入工作前的一个重要环节,目的是培养学生搜集野外第一手工程地质资料及分析各种工程地质问题的能力。整个实习过程包括野外某些地质、工程地质现象的观察描述、分析和讨论,查找相关资料或辅以一定的室内研究,进行归纳和总结,最后按照规范格式要求撰写实习报告。通过野外地质实习,能够训练和培养学生的基本专业技能与工作方法,培养学生分析问题和解决问题的综合实践能力以及创新能力,磨炼意志品质,全面提高学生素质。其目的包括以下几方面。

(1)在教师的指导下,通过对野外典型的地质、水文地质、工程地质、地质灾害现象观察、描述,并对水利水电、道路、桥隧、矿山及地质灾害治理等岩土工程的观察、认识、描述、分析来获得感性认识,从而加深对本专业所学课程理论知识的理解,培养学生的专业思维能力。

(2)通过工程地质填图和编写实习报告,为学生今后阅读地质、水文地质、环境地质、工程地质等方面的专业文献、资料及本专业成果的解释及编写报告打下基础。

(3)培养学生艰苦奋斗的生活作风,实事求是和团结协作的工作作风,开阔眼界,激发专业兴趣,同时增强体质,以适应野外工作环境。

第二节 教学内容设置

本次实习主要针对地质工程、岩土工程专业本科生,是学生在修完专业基础课与部分专业课之后,在北戴河地质认识实习、周口店地质教学实习的基础上进行的专业教学实习。根据秭归实习基地的实际情况,本次实习设置的基本教学内容有以下几方面。

(1)地形图使用、工程地质点定点描述及信手剖面绘制。
(2)三大岩类岩石的肉眼鉴定、描述及其工程地质分析。
(3)断层、褶皱等构造地质现象的观察、测量、描述及其工程地质分析。
(4)岩体结构面测量统计及其工程地质分析。
(5)河谷地貌及其第四系堆积物观察与相关地质现象的调查分析。
(6)泉的观察、调查及其水文地质分析。
(7)滑坡、崩塌、风化、岩溶及水土流失等工程动力地质现象的观察调查及其工程地质分析。

（8）水利水电、港口码头、道路、桥隧、矿山、垃圾填埋及地质灾害治理等岩土工程实例考察。

（9）独立填图基础训练。

（10）野外工程地质资料归纳、分析及工程地质报告编写。

第三节 教学进度安排

本次专业教学实习时间安排为 4 周，包括以下 4 个阶段。

1. 动员准备阶段

通过实习动员、实习区情况介绍，使学生了解实习的目的、内容、安排及要求达到的目标。为实习做好充分准备，时间为 1 天。

准备工作包括以下几项。

（1）熟悉实习大纲，明确实习目的、任务和要求以及各教学阶段主要教学内容、教学要点、考核评分标准等。

（2）每班按 4～5 人编一组，指选实习小组组长。

（3）明确实习规章制度和注意事项，尤其是学习纪律、安全纪律、保密纪律、群众纪律以及团结协作精神。

（4）准备野外用品，包括：①地质罗盘、地质锤、放大镜、小刀、三角板、量角器、铅笔，需人手 1 套；②稀盐酸、实习用的测量和测试仪器等；③劳保装备。

（5）检查罗盘能否正常使用，熟悉使用方法，校正磁偏角。

（6）熟悉地形图，了解区域地质及工程地质条件。

2. 教学阶段

学生在教师的带领下，按专业方向分别进行相关野外线路典型的有关现象及案例教学学习，完成教学实习的基本训练内容，为期 12 天左右。

为使学生尽快掌握各项教学内容，在教学方式、方法和手段等方面师生都应积极探索、改革和创新，以保证教学质量并为以后专业实习奠定良好的基础。此阶段教学应注意以下几方面。

（1）在具体教学过程中应区分主次，并按地层岩性、构造、第四纪地貌、水文地质、工程动力地质现象、工程建筑工程地质及各类防治工程将路线进行选择安排。

（2）每天完成 1 条教学路线，可以根据专业情况，选择适合的路线内容。为便于路线安排，个别路线的内容可以进行调整或合并。

（3）野外观察路线以认知教学及教师带教为主，对各种地质现象进行客观介绍，对抽象内容（如某种地质现象的成因）或外延内容适度拓展。

（4）为加强学生的主观能动性并提高学习的热情和兴趣，教学中应鼓励学生与教师互动，教师提出问题启发学生思考与讨论。

（5）注意各种地质、工程地质数据等原始资料描述记录和图示的规范化。

(6)注重学生动手能力的训练,以提高学生收集野外第一手实际资料与分析相关工程地质问题的能力。

(7)为便于学生了解实习区地质背景、训练学生的读图能力,教学中应准备本区1∶50 000的地形、地质图,以配合野外教学。

(8)野外实践教学活动虽然具有一定的灵活性,但教学大纲的严肃性要求师生都应认真对待。此阶段教学活动是整个实习的基础环节,师生应按要求完成各项基本教学内容并进行评分,未达标者不得进入下个阶段教学实习活动。

3. 独立工作阶段

独立填图阶段既是对前期教学效果的检验,也是对学生综合性地全面训练,该阶段教学活动进展如何,将直接影响整个教学实习的质量。学生以小组为单位在教师适当引导下独立完成填图任务,时间为1周。

在教师的指导下,拟定填图单元及计划,熟悉各种地质符号和专业符号的使用,学会路线地质观察、定地质点、追索和勾绘地质界线,同时选择一个工程地质问题进行专门研究,为独立收集工程地质第一手资料、初步分析工程地质问题打下基础。

4. 编写实习报告阶段

该阶段是教学实习总结性环节,是对学生野外采集的各种工程地质资料、数据、照片及图件进行归纳、整理与分析的初步训练及分析工程地质问题的能力培养。因此,应对各种标本、样品等进行鉴定,对各种基础图件(包括工程地质平面、工程地质剖面图、各种柱状图、小插图、素描图等)进行整饰、清绘,并运用所学的地质、工程地质知识进行分析,同时编写相应的工程地质实习报告,以培养学生综合分析工程地质问题的能力。为了进行全面训练和总结,按大纲要求,实习报告不得以论文形式编写,每个学生都应独立完成主要附图及若干插图的编绘任务。文、图均应在教师审查合格并签字后方可定稿,文字部分抄袭和图件明显有误者重做。实习报告评分仅为整个实习成绩的一部分。时间为1周。

第四节 教学要求及成绩评定

一、教学要求

1. 路线教学要求

除每天野外工作外,要求学生做好如下工作,同时要求教师及时督促检查和答疑。

(1)整理当天收集的资料、清绘图件及上墨。

(2)每天做实习小结。

(3)每天预习与第二天实习有关的内容。

2. 野外独立填图阶段要求

以小组为单位,共同完成填图任务,提倡仔细观察、尊重事实、各抒己见。充分发挥学生的主动性和创造性。但路线的布置,观察点的确定,地质界线的勾绘和水文地质工程地质现象的判定及分析评价由小组集体研究决定,教师现场答疑。室内逐一检查,及时发现问题,指导返工和补充。

3. 报告编写阶段教学要求

(1)教师讲明资料整理的目的和要求,图件的格式,报告的提纲。
(2)学生用 2/3 的时间完成图件的编绘及报告初编。
(3)教师认真辅导,审阅图件、批改报告初稿。
(4)学生用 1/3 的时间修改,清抄。

二、成绩评定

实习结束时,可组织答辩,答辩内容应涉及线路教学和独立工作的内容与实习报告的内容。学生实习成绩的评定,由教师按线路教学阶段和独立填图阶段的表现和实习报告的编写质量及考查、考核、答辩成绩等进行综合评定。分为优秀(90 分以上),良好(80~89 分),中等(70~79 分),及格(60~69 分)和不及格(60 分以下)5 级。

在评定成绩时,必须坚持标准,严格要求,实事求是,对不及格者,严加审定。不及格者必须重新进行下一次教学实习(实习经费自理),并应达到基本要求,否则不能获得学士学位。

第二章　基础知识及野外调查方法

第一节　地层、岩石基础知识及野外调查方法

一、地层

（一）地层的野外观察和描述

野外见到的成层岩石（沉积岩、火山岩及其变质岩）泛称岩层，当涉及探讨它们的先后顺序、地质年代和组成填图单位时，就称为地层。地层具有很多物质属性，包括岩石学特征、生物学特征、结构特征、厚度和体态、接触关系、地球物理和地球化学特征等。这些属性是进行地层划分对比的重要依据，也是野外进行地层学研究所必须观察和描述的。

野外调查中必须全面收集各类地层资料，有步骤地观察。首先应观察沉积岩系总的关系及构造情况，尤其是大型构造（如侵蚀面、区域褶皱、大断层等）；然后仔细观察露头的岩性成分、结构，给岩石以恰当的命名；再看其各种沉积构造、生物化石；最后确定岩层的顶底面和岩层间的接触关系，建立地层的基本单位，进行地层划分对比。

1. 岩性、岩性组合及地层结构的观察描述

首先观察岩层中各类单层的颜色、岩石成分、结构及单层厚度等，正确识别和描述各类单层的岩性。随后观察岩层中各类单层的组合方式，这种组合方式称为地层结构或基本层序。地层结构可简单地分为均质型结构和非均质型结构两类。

如果地层序列中单层的岩性、结构基本相同，且单层厚度相差不大，通常称为均一式结构，如灰白色厚层细粒石英砂岩。如果地层序列由两类岩层类型规则或不规则交互组成，则称为互层式结构，如黑色薄层硅质岩与灰黑色页岩互层。地层序列中如果以一种类型的单层为主，间夹有另外一种类型的单层，称为夹层式结构，如灰白色厚层中粒石英砂岩夹灰白色薄层粉砂岩、灰色厚层灰岩夹灰黄色薄层泥灰岩。

地层序列常常由3种或3种以上特征不一的单层组成，其组合方式部分很有规律，如各种旋回沉积序列，称为有序多层式。部分组合方式没有一定的规律，则称为无序多层式，如非旋回沉积。通常用图示更能反映地层结构或基本层序。因此，野外必须对地层结构进行详细的观察、测量、素描或照相。通过对上述地层结果的识别，给岩石以正确的定名，并能识别出地层序列中各部分的差异，进而对地层进行划分。

2. 地层接触关系与野外识别标志

地层之间的接触关系类型复杂,可分为整合接触、平行不整合接触、角度不整合接触、非整合接触。野外观察的重点是这些接触界面及界面上下地层的差异。

整合接触是指相邻的新、老地层产状一致,它们的岩石性质与生物演化连续而渐变,沉积作用没有间断。平行不整合接触是一个岩性突变面,上下地层的岩相及古生物组合是不连续的,通常在界面上发育有古风化壳、底砾岩和规模较大的冲刷面。平行不整合上下地层产状一致,部分界面平直,部分界面起伏不平(图 2-1)。角度不整合接触界面上下地层产状不一,通常上下地层的构造式样及变质程度有较大的差别。非整合接触是沉积盖层和下伏岩浆岩或深变质岩之间的分隔界面,代表了古老基底经历了长期的暴露、风化和剥蚀之后接受再沉积的历史。

对不整合的观察不能只限于局部点,需在大范围内追索其分布范围和类型变化情况。因为同一次构造运动造成的不整合在不同地区表现不一,有的地方表现为角度不整合,有的则为微角度不整合或过渡到平行不整合,甚至某些地区为整合接触。因此,观察时需注意这种变化关系,不要看到一种接触关系就在更大区域上牵强地推广。

3. 地层系统和单位的建立

在地层物质属性(包括岩性及岩性组合、古生物化石、接触关系等)观察描述和研究的基础上,建立地层单位和确定地层系统是地层学的中心任务。由于地层的物质属性不同,地层划分的依据不一,所建立的地层单位也不一样。常见的地层单位有岩石地层单

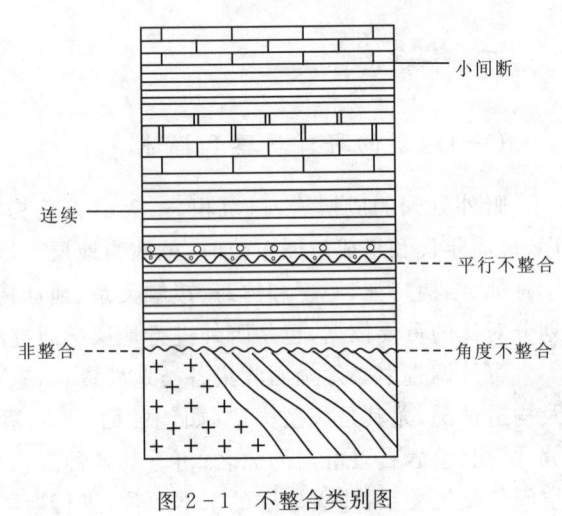

图 2-1 不整合类别图
(转引自杜远生等,1998)

位、年代地层单位、生物地层单位、磁性地层单位、生态地层单位、地震地层单位、构造地层单位,以前 3 种最为重要,而野外能确定和建立的主要是岩石地层单位。

岩石地层单位包括群、组、段、层 4 级单位。其中组是基本单位,是具有相对一致的且具有一定结构类型的地层体。组可以由一种单一的岩性组成,也可以由两种岩性的岩层夹层组成,或由岩性相近、成因相关的多种岩性的岩层组合而成,或为一套岩性复杂,但可与相邻岩性简单的地层单位相区分的岩层。组的顶、底界线清楚,可以是不整合界线,或整合界线,但组内不能有不整合界线。此外,组的厚度一般为几十至几百米,要求在区域地质图(1∶5 万~1∶25 万)上表达出来。同时,组也应有一定的分布范围。

群比组高一级,为岩性相近、成因相关、地层结构类似的组的联合。段比组低一级,根据地层结构、地层成因的差别可以将组分为段。层是最小的岩石地层单位,野外实测剖面一般要划分层,它是岩性相同或相近的岩层组合,或相同地层结构的组合。

野外地层工作中,一般通过实测剖面分层建组,然后经过区域地质填图验证地层划分。同时研究地层的古生物化石及其他地层属性,建立起相应的地层单位,如生物地层和年代地层单

位,并加以对比,这样一个地区的地层系统就建立起来了。

工程地质野外填图单元的确定是以地层单位为基础,依据不同工程要求及岩层的性质,考虑一定的岩层结构组合而划分,并按划分的工程地质单元表达在图上。

4. 沉积构造

沉积构造是沉积岩和变余沉积岩的成因标志,是恢复古环境、古气候及古地理的重要依据,它们在野外大多都可以观察到,因此在野外必须认真仔细观察,做好必要的记录,重要的构造应照相或素描。沉积构造主要包括:层理构造、层面构造、准同生变形构造、生物及化学成因构造。

1)层理

由纹层、层系和层系组组成。根据形态可划分为以下几种类型。

(1)水平层理与平行层理。二者的纹层均相互平行且层面一致,水平层理反映水能量低的宁静环境,沉积物粒度细(泥质),层理清晰且连续;但平行层理是高流态环境下的沉积,沉积物粒度粗(中粗砂级),纹层不清晰、不连续,沿层面易剥开。如图2-2(a)。

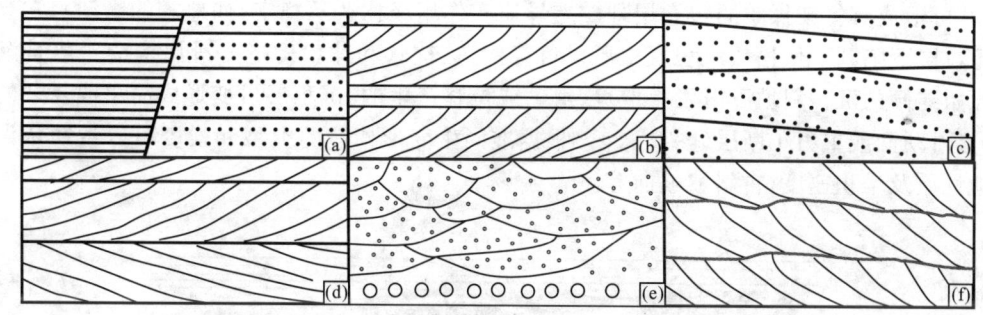

图2-2 水平层理、平行层理和交错层理(转引自杜远生等,1998)
(a)水平层理(左)和平行层理(右);(b)板状交错层理;(c)楔状交错层理;(d)鱼骨状交错层理;
(e)槽状交错层理;(f)波状交错层理

(2)交错层理。交错层理是由一系列与层面斜交的内部纹层组成层系,层系之间由层系面分隔。交错层理根据其形态可分为板状、楔状、鱼骨状、槽状和波状交错层理等多种类型。依据交错层理的形态、大小、前积层倾角和方向等可判断出水动力特征和古水流方向,进而帮助识别古环境。流水作用一般形成较高角度的板状交错层理,而冲洗作用则形成低角度的楔状交错层理,进退潮流作用则形成双向的鱼骨状(或羽状)交错层理,如图2-2(b)、(c)、(d)、(e)、(f)。

(3)递变层理(也称粒序层理)。是在同一岩石层内由下而上粗细粒度递变纹层所显示的层理,层面基本上相互平行,底部一般具冲刷面。递变层理一般认为是重力流成因。

(4)均质层理和块状层理。用肉眼甚至仪器也难以识别出这两类层理内部的纹层。均质层理内部成分粒度均一,反映单一成分的快速堆积或由生物扰动破坏原层理所致。块状层理内部成分不均一,大小混杂,反映未经分选的沉积物经快速堆积而成,如冲积扇。

(5)潮汐层理。包括脉状层理、透镜状层理和波状层理。它们是由涨潮流与退潮流所造成的砂质沙纹与平潮期所沉积的不同数量的泥质交互而形成。脉状层理的特征是泥质沉积物呈脉状体分布在砂质沉积物中。透镜状层理是砂质沉积物呈透镜体被包在泥质沉积物之中断续分布。波状层理则是介于脉状和透镜状层理之间的过渡类型,砂层与泥层波状交替分布。

2)层面构造

层面构造主要包括波痕、冲刷痕、压刻痕及各种暴露标志。波痕是指流水、波浪或风作用于非黏性沉积物表面留下的波状起伏的痕迹,按其成因可分为流水波痕、浪成波痕及风成波痕。水能量加强,常在下伏沉积物,尤其是泥质沉积物表面形成冲蚀的槽状痕迹,称为冲刷痕,冲刷形成的沟槽被沉积物充填后则形成槽模和沟模。沉积物中挟带的粗粒物质(如砾石、生物介壳)在下伏沉积物顶面刻画出各种痕迹,称为刻压痕。冲刷痕和刻压痕是重力流沉积中常见的沉积构造。暴露构造是指沉积物间歇暴露于大气中时在沉积物表面形成的沉积构造,如泥裂、雨痕、食盐假晶及足迹。通常反映沉积盆地间歇性暴露环境,如潮上带、湖滨环境等。

3)准同生变形构造

准同生变形构造是指沉积物沉积之后固结之前发生塑性变形形成的构造。它仅局限于上下未变形层之间,以区别于后生构造。常见的准同生变形构造有负载构造、包卷层理、滑塌构造等。准同生变形构造发育于快速堆积或具有原始倾斜的沉积层中。由于沉积物的液化和侧向流动,可形成具复杂揉皱的包卷层理。差异压实作用或构造不稳定(如地震的颤动),常导致上覆粗粒层下陷到下伏松软沉积层中形成负载构造、枕状和球状构造。滑塌构造一般是沉积物沿原始陡倾的沉积斜坡下滑发生滑塌、滑动或位移产生的,沉积层可变形成简单或复杂的褶曲,伴有滑动面或重力小断层(图2-3)。根据准同生变形构造的类型和强度可以帮助认识沉积盆地性质及堆积速度,古斜坡坡向等。

图2-3 滑塌构造(转引自杨逢清等,1990)

4)化学及生物成因构造

该构造类型繁多,常见的有鸟眼构造和叠层状构造。鸟眼构造指白云岩或灰岩中大小约1mm的蠕虫状或不规则状亮晶方解石充填体,一般认为鸟眼构造形成于潮坪环境,由藻类腐殖质分解留下孔隙或者气泡,经亮晶方解石和石膏填充而成。叠层构造是地质历史时期中一种常见的生物成因构造,以藻纹层和沉积纹层交替出现为特征,其形态多样,多在潮坪环境形成。

(二) 地层实测剖面的选择及丈量

地层剖面是地层学研究的基础，通过实测剖面可以准确地建立地层层序，确定岩石地层、生物地层、磁性地层和生态地层的地层单位。

1. 实测剖面线的选择

实测剖面之前必须对研究区进行野外踏勘，选择实测剖面线。选择剖面线的一般要求是：①剖面线距离短而地层出露齐全；②地质构造简单，尽量选择未遭受褶皱、断层和侵入体破坏而发生地层重复或缺失的剖面；③所测地层单位的顶面和底面出露良好，接触关系清楚；④化石丰富，保存完整，有利于生物地层工作。

除上述一般要求之外，还需注意以下几个方面。

(1) 剖面地层露头的连续性良好，为此应充分利用沟谷的自然切面和人工采掘的坑穴、沟渠、铁路和公路两侧的崖壁等，作为剖面线通过的位置。

(2) 实测剖面的方向应基本垂直地层走向，一般情况下两者之间的夹角不宜小于60°。

(3) 当露头不连续时，应布置一些短剖面加以拼接，但需注意层位拼接的准确性以防止重复和遗漏层位，最好是确定明显的标志层作为拼接剖面的依据。

(4) 如剖面线上某些地段有浮土掩盖，且在两侧一定的范围内找不到作为拼接对比的标志层，难以用短剖面拼接时，应考虑使用探槽或剥土予以揭露。特别是当推测掩盖处岩性有变化，或产状、接触关系和地层界标等重要内容因掩盖而不清时，必须使用探槽。

(5) 剖面线经过地带较平缓，剖面线拐折少。

(6) 实测剖面的数量应根据工作区地层复杂程度、厚度及其变化情况、课题需要及前人研究程度等因素综合考虑而定。一般各地层单位与不同相带，至少应有1~2条代表性的实测剖面控制。

(7) 实测剖面的比例尺按研究程度确定，一般以1∶1 000~1∶2 000为宜，出露宽1~2m的岩层都应画在剖面图上。有特殊意义的标志层或矿层，出露宽度不足1m也应放大表示到剖面图上。

(8) 为了便于消除误差，剖面起点、终点及剖面中的地质界线点都应标定在实际材料图上。

2. 实测地层剖面的野外工作

1) 信手地层剖面的测制

为使实测地层剖面选择和地层分层准确以提高工作效率，在开展实测地层剖面之前，一般应先测制地层信手剖面。主要工作是选择较理想的剖面线位置，观察研究地层结构，确定地层单位的分界线并实地标记，选定标志层及发现化石层位。

2) 地形及导线测量

测量导线方位、导线斜距和地面坡角，工作由前后测手两人完成。一般用地质罗盘测量导线方位和坡角，读数相差超过3°时应重测，读数相近则采用平均值进行记录。

实测剖面必须取得以下数据，并记入实测地层剖面登记表中(表2-1)。

(1) 导线号。以剖面起点为0，第一测绳终点为1，表内记为0-1；第二测绳为1-2，依此类推。

(2) 导线方位角。指前进方向的方位角。

表 2-1 实测地层剖面登记表

导线编号	导线方向	坡角(°)	导线距		高差		岩层产状			岩层走向与导线间夹角(°)	分层		真厚度			岩性描述			样品	
			斜距(m)	水平距(m)	分段	累计	斜距(m)	水平距(m)	倾向(°)	倾角(°)		野外	室内	分段	分层	累计	分层		分层描述	斜距(m)	编号
																	斜距(m)	水平距(m)			

(3)导线斜距。每一测段的距离。

(4)分层斜距。同一测线上各地层单位的斜距,分层斜距之和等于导线斜距。

(5)坡角。测段首尾之间地面的坡度角,以导线前进方向为准,仰角为正,俯角为负。

(6)岩层产状。测量岩层倾向和倾角,应记下所测产状在导线上的位置。

(7)分层号。从剖面起点开始按划分的地层单位顺次编号。

(8)地质点位置。记录剖面中各地质点在导线上的位置。

3)地层分层、观察、描述和记录

地层分层、观察和描述是实测剖面的重要工作,分层的基本原则如下。

(1)按地层剖面比例尺的精度要求,分层厚度在图上大于1mm的单层。

(2)岩石成分有显著的不同。

(3)岩性组合有显著的不同。

(4)岩石的结构和构造有明显的不同。

(5)岩石的颜色不同。

(6)岩性相似,但上、下层含不同的化石种属。

(7)岩性不同,但厚度不大的岩层旋回性地重复出现,可将每个旋回单独作为一个分层。

(8)岩性相对特殊的标志层、化石层、矿层及其他分布较广、在地层划分和对比中有普遍意义的薄层,应该单独分层。如果其在剖面上的厚度小于1mm,可以按1mm表示。

(9)重要的接触关系,如平行不整合、角度不整合或重要层序地层界面处可分层。在地层分层过程中,描述各导线内各层的岩石学和古生物学特征,并记录在记录表中。

4)绘制地层剖面草图

在实测剖面时,必须现场绘制导线平面草图和地层剖面草图,将导线号、地质点、岩层产状、标本、样品和化石采集地点的编号及剖面线经过的村庄、地物的名称标注在草图上以供室内整理时参考。

5)标本和样品的采集

应逐层采集岩矿、化石标本,还要根据需要采集岩石化学分析或光谱分析样品、人工重砂样品、同位素年龄样或古地磁样。标本和样品应该按规定系统编号,并在记录表和剖面草图上标记清楚。

6) 照相和描述

对剖面上的重要地质现象,如接触关系、沉积构造、基本层序及古生物化石等应照相和素描,记录其剖面位置,并标注在剖面草图上。

3. 实测地层剖面的室内整理

室内工作包括野外资料数据的整理与换算,导线平面图和地层实测剖面图的制作3个方面。

1) 野外原始资料的整理

在本阶段,小组成员应认真核对剖面登记表和实测剖面草图,使各项资料完整、准确、一致。如果出现错误或遗漏,应立即设法更正和补充。

此外,还应将登记表上各空项通过计算逐一填全。

导线平距　　$M = L\cos\alpha_1$

分段高差　　$H = L\sin\alpha_1$

累计高程为剖面起点高程加各分段高程之和。

导线与岩层倾向夹角为导线方位角与岩层倾向的方位角之锐夹角,是计算岩层厚度的一个参数。

岩层厚度是指岩层顶、底面之间的垂直距离,即岩层的真厚度。其计算方法有公式计算法、查表法、图解法和赤平投影法。下面仅介绍常用的公式计算法。

倾斜岩层厚度(h)计算方法有下列几种情况。

(1) 导线方位与岩层倾向基本一致(二者夹角小于8°)时,若地面近于水平($\alpha_1 < 6°$),则

$$h = L\sin\alpha$$

式中: α 为岩层倾角。

若地面倾斜,则

$$h = \sin(\alpha \pm \alpha_1)$$

式中: 地面坡向与岩层倾向相反时为 $\alpha + \alpha_1$,相同时为 $\alpha - \alpha_1$,但取其绝对值。

(2) 导线方位与岩层倾向斜交时,若地面倾斜与岩层倾向相反,则

$$h = L(\sin\alpha \cdot \cos\alpha_1 \cdot \sin\beta + \sin\alpha_1 \cdot \cos\alpha)$$

式中: β 为导线方向与岩层走向之锐夹角。

若地面倾斜与岩层倾向相同,则

$$h = L|\sin\alpha \cdot \cos\alpha_1 \cdot \sin\beta - \sin\alpha_1 \cdot \cos\alpha|$$

岩层厚度以米(m)为单位,一般小数点后取一位数即可。

2) 绘制实测剖面导线平面图和剖面图

(1) 总导线方向的确定。一个剖面应是通过一定方向的横切面,这个方向即称为总导线方向。但实际丈量是按分导线的方向丈量的,因此应以分导线的方向为依据,求出总导线的方向。总导线方向一般是按顺序将分导线方向、水平距绘制在一张方格纸上,取第一分导线之首与最终分导线之尾的连线作为总导线方向,其方位角可用量角器量出。

(2) 导线平面图的制作。以水平线作为总导线的方向,通常以左端为导线北西或南西方位,右端为南东或北东方位,按各分导线的水平距和方位依次画出各分导线。在此基础上标出分导线号、地质点号、地层单位代号(包括分层号)、岩层产状、地物及地物名称,在地层分界处根据产状画出其走向线段。此外,还应在总导线的起点上端画上指向箭头,标上总导线方位。

(3) 地层剖面图的制作。在总导线之下适当位置处用铅笔画水平线作为实测剖面的底线

或高程基线,在其两端画线,按比例标上高程,然后依次将各导线点的海拔高程点在方格纸上,参照野外实测剖面图勾绘地形轮廓线。将总导线上的地层分界点垂直投影到地形线上,按地层视倾角画出地层分界线,一般层之间的分界线长2cm,段和组的分界线长2.5~3.0cm。再按各地层单位岩性组合,画上规定的岩性花纹符号(岩性花纹长1cm)。在地形轮廓线上标上分导线号、地质点号、化石采集点、标本和样品编号以及剖面经过的地物名称。在地形轮廓线之下标上地层单位代号(包括地层层号)、岩层产状。在图的上方写上图名、比例尺(水平线段比例尺或数字比例尺),在图的下方画上图例,填好责任表,最后着墨清绘即完成了实测地层剖面图的制作。

如果按水文地质工程地质要求进行地层剖面测制,除表达一般地质内容外,尚应在剖面图上表达有关水文地质工程地质的内容。

(三)实测地层柱状图和综合柱状图编制原则及方法

1. 实测地层柱状图的制作

实测地层柱状图是进行地层分析和对比的基础,一般有惯用的格式(表2-2),其内容可根据具体要求作增减。

表2-2 实测地层柱状图格式

年代地层			岩石地层				层厚(m)	岩性柱	沉积构造	基本层序	岩性简述及化石	备注
界	系	统	阶	群	组	段	层					

具体作图方法可参照以下几点。

(1)根据具体情况选定实测柱状图的内容。如在古生物化石带发育且易识别的地区,应在年代地层和岩石地层之间加上生物地层一栏。而在沉积构造发育、相标志清楚的地区则应加强沉积相分析,可在岩性描述及化石之后加上沉积相及海平面变化一栏。

(2)根据岩性及厚度绘制岩性柱,其岩性符号、岩性花纹和各种代号均与实测剖面图相同。比例尺原则上也应一样,特殊情况下可以适量改变。

(3)岩性以层为单位,分层描述,应用岩石的全名或突出特征来简明描述。若岩性明显分上、中、下,则依次由上而下分别描述。

(4)化石需按类别和数量的多少依次标明类别和属种名称。

(5)在"岩性柱"一栏中,应注意化石产出的相应位置并标上化石符号。

(6)"沉积构造"栏中的层理、层面构造及其他构造,一般用花纹来表示。

(7)"岩性柱"一栏中,应注意标明表示接触关系、相变和岩浆活动的符号,并相应在"岩性描述"一栏上注明"角度不整合"或"平行不整合"等字样(整合不用标注)。

(8)在图面许可的情况下,可在"岩性简述"与"沉积构造"栏之间标上各地层单位的基本层序。

(9)矿产或其他内容可在备注中注明。

(10)在图上方写全图名及比例尺,图下方标上图例及填写责任表。

2. 地层综合柱状图的制作

地层综合柱状图是在一个地区或一个工作区范围内的若干地层柱状图的基础上综合整理而成的,它从纵向上反映了一个地区或一个工作区岩性和化石的变化特征。它的制作方法基本上与地层柱状图相同,其不同就在于"综合"这个特点上。

(1)岩性通常以段、组为单位,综合描述。描述要有代表性,同时也需对区域上较大的岩相变化进行描述,相变规模大时,要在岩性柱上画上相变线。

(2)地层厚度以综合厚度表示,一般应包括最薄的和最厚的范围,例如 20~80m。

(3)化石名称应选择有代表性的或特征性的属种。

(4)一般要加上"沉积相和海平面变化"一栏,以描述该地区地质历史时期的环境变化。

(5)综合地层柱状图多和地质图配套,因此,综合地层柱状图可上色。

二、岩石

岩石的鉴定方法是从事野外地质工作的基础,岩石的许多特征需在较大范围露头上观察才能得出正确结论,有些岩石的正确鉴定和命名也必须结合野外观察结果。野外观察的基本内容和程序如下。

(1)首先根据矿物成分和共生组合以及特征的结构构造,并结合岩石的产状特征,将所观察的岩石区分大类,即属于岩浆岩(侵入岩、火山岩)、沉积岩、变质岩中的哪一类。

(2)在分大类的基础上,进一步根据各类岩石的鉴定要点、命名方法对岩石进行鉴定和命名,并详细描述和记录岩性。

(3)在较大范围露头内,观察和测量重要的、有意义的结构构造,如花岗岩体的构造,沉积岩的波痕和层理构造,变质岩的面理等;观察和测量具有特殊意义的物质成分,如斑晶、包体、砾石等。

(4)观察和测量岩石的产状,如岩石产出的位置、形态、规模和大小、与周围岩石的关系、岩体内部的分带性等。

(5)根据研究程度不同和内容的需要,采集标本和样品进行量化测定。一般应尽量采集新鲜岩石,应注意样品的代表性、数量,及时编写号码,并于图中(地质图、剖面图等)标注采样位置。

3 大类岩石观察的内涵和重点不同。现将野外工作最基本内容和要点分别简述。

(一)沉积岩的野外观察和描述

沉积岩的野外观察主要包括以下 7 个方面的内容:岩性、颜色、结构、构造、层厚、沉积岩体整体的形态、化石。其中,后 5 项尤其需在野外露头上观察,仅观察手标本是不全面的。如碎屑岩,尤其砾岩,其磨圆度和分选程度,通过较大范围观察才具有代表性。沉积构造有特别重要的意义,如反映地层上下关系的层面构造、提供古水流方向的各种构造,均需重点观察和测量。确定沉积岩体整体形态需沿露头追索。要注意寻找化石,并观察收集化石种类、产出层位和保存情况等方面的资料。

在野外,沉积岩的研究多与地层研究同时进行。即在测制地层剖面时,不仅要从地层学的角度出发进行观察研究和收集资料,而且同时要从沉积岩石学和沉积学的角度出发,充分收集岩石的物质成分、结构、化石、各种包裹体，以及纵向上的韵律形式、接触关系，以及水平方向上的变化和过渡关系等资料，保证满足沉积岩石学和沉积学研究的需要。

野外工作开始时，首先应概略地了解研究地区的露头情况，构造变动特征，岩性变化趋势。在此基础上，选择露头完好、构造简单、地层倾角适中、岩性和化石有代表性及地形较好的剖面作为系统研究的剖面。此后，须进一步对剖面线上及其附近的岩石类型、组合关系、接触关系、化石分布情况进行深入观察。根据岩性特征、沉积韵律、化石组合和接触关系等划分"组"、"段"等地层单位，然后对各地层单位进行详细的研究。

样品的采集是根据研究任务和室内分析的需要有目的地进行的。在主要剖面上要系统采样，一般剖面上可以重点采样。为了研究地层的划分和对比，在标准层、地层分界处、岩性和化石特征部位必须采样；为研究岩性变化，须采集有代表性的样品；为进行岩相古地理研究，除须采集岩相标本外，还需采集成因标志标本；为进行古地磁研究，应在新鲜的露头上采集定向标本；为了进行同位素定年研究，则要注意采集原生的海绿石标本。

在野外工作过程中，要对各种资料及时地进行整理、综合分析，使认识逐步深化，指导进一步的工作。

1. 沉积岩的颜色

沉积岩的颜色是沉积岩层的特殊标志。它不仅是沉积岩的表面现象，而且还是反映组成岩石的物质成分和气候、介质等方面的重要特征。因此，对颜色成因的研究有助于了解沉积岩和沉积矿产的形成环境及其形成后的变化。沉积岩中有3种不同成因的颜色：继承色、自生色、次生色。

(1) 继承色。即碎屑物质固有的颜色，显然取决于他生陆源继承矿物的颜色。长石碎屑为主时，岩石呈红色，主要由石英碎屑组成的岩石则呈灰色等。

(2) 自生色。即沉积岩形成的早期阶段出现的新生矿物的颜色。这种颜色多是化学沉积和生物化学沉积的特点，如石灰岩的灰白色、含海绿石岩石的绿色等。

(3) 次生色。即沉积岩形成以后受到次生变化而产生的次生矿物的颜色。这种颜色多半由氧化作用或还原作用、水化作用或脱水作用以及各种化合物带入或带出等引起。

岩石颜色的成因可根据颜色与层理的相互关系及其在一个层的范围内的变化情况来判别。在野外工作中观察颜色要注意：①准确描述岩层颜色的色彩，可用复合名称，如深紫红色、浅蓝灰色、浅灰绿色等；②确定颜色与层理的关系，描述颜色的继承性、原生性和次生性；③描述岩层中与层理、透水性、裂隙有关的颜色分布的性质。

2. 沉积岩的成分

沉积岩的物质成分可以根据其成因分为以下3个组成部分。

(1) 继承组成部分。它是原来就已存在的岩石经物理风化的破碎产物，或是火山喷发的碎屑物质，或是内碎屑以及少量的宇宙尘经过水、冰、风等地质营力的搬运而沉积下来。如砂岩中的石英、长石，凝灰岩中的晶屑、岩屑，竹叶状石灰岩中的竹叶状砾石等。对沉积岩中继承组分的研究，有助于了解沉积岩形成时在盆地周围所发生的地质作用、沉积物的来源、剥蚀区的古地理、古气候变化的特征等地质问题。

(2) 同生组成部分。是指由真溶液或胶体溶液中沉积的矿物，或部分由于生物的生化作用而形成的产物，如各种盐类矿物、沉积黏土，铝、铁、锰、磷的氧化物及硫化物，海绿石及生物礁和叠层石等。

同生组成部分在沉积岩中呈3种方式存在：①在化学沉积或生物化学沉积的岩石中作为主要造岩组分；②在碎屑岩中作为胶结物；③在岩石中呈单个矿物体或结核。这些矿物是在一定的物理化学条件下沉积形成的。因此，详细研究沉积岩中的同生矿物及其结构特征能了解沉积盆地中介质的物理化学条件，恢复沉积区的古地理和古气候特征。

（3）成岩后生组成部分。是沉积物沉积以后在成岩作用阶段或后生作用阶段中所产生的新矿物，或由某些物质重新分配与聚集而形成的细脉、变晶、结核等。在后生作用中所产生的新矿物的共同特点是：呈晶体状、嵌入物状、细脉状、覆被状、薄膜状和裂隙上的斑点状。其分布特征是不平行于层面或层理，如后生结核呈穿切层理的树枝状或不规则的扁豆状等。

3. 沉积岩的构造

沉积岩的构造是指沉积岩中各组成部分的空间分布和排列方式。沉积岩的构造类型很多，成因也很复杂，既有原生的又有次生的，既有机械的又有生物的和化学的。由于沉积岩与地层学的研究在诸多方面具有共性，尤其是对层理构造、层面构造更是如此，故相关内容可参阅前述内容。

4. 沉积岩的主要类型

野外采用成分-结构分类方案，不涉及成因（表2-3）。首先按组成沉积岩的主要成分划分大类，对常见的陆源碎屑岩和碳酸盐类再按结构划分基本岩石类型。

表2-3 沉积岩野外分类方案（引自朱勤文，1989）

主要成分	陆源碎屑物		碳酸盐		其他生物-化学岩、化学岩
岩类	陆源碎屑岩		碳酸盐岩		
结构及岩石类型	结构（粒度）	岩石类型	结构	岩石类型	
	砾状结构（>2mm）	砾岩	粒屑结构	粒屑灰岩	硅质岩　蒸发岩 磷质岩　铜质岩 铁质岩　煤 铝质岩　油页岩 锰质岩
	砂状结构（2~0.05mm）	砂岩	结晶结构	白云岩	
	粉砂状结构（0.05~0.005mm）	粉砂岩	生物骨架结构	生物骨架灰岩	
	泥质结构（<0.005mm）	泥质岩			

（二）岩浆岩的野外观察和描述

地下深处产生的岩浆，由于其密度小于周围介质，又处在其热液及地质应力的状态下，故可沿构造脆弱带上升到地壳上部或喷出地表。在其上升、运移、侵位过程中，由于环境的改变，岩浆的成分和物理化学状态都可能不断地发生变化，最后冷凝、结晶形成岩浆岩，这一复杂的过程称为岩浆作用。按岩浆是侵入到地壳之中或是由于火山作用喷出地表,可分为侵入作用和喷出作用,相应地形成侵入岩和喷出岩。喷出作用又可分为熔岩流的喷溢作用和火山碎屑的爆发作用,相应地形成熔岩和火山碎屑岩。另外,与火山作用同时形成的、未喷出地表而产于近地表部位的岩石,称潜(次)火山岩。一般所说的火山岩应包括熔岩、火山碎屑岩和潜火山岩3部分。

对岩浆岩的野外观察,一般包括如下内容。

1. 岩浆岩的矿物成分

常见的岩浆岩造岩矿物有20多种,其中最主要的有9类矿物:橄榄石、辉石、角闪石、黑云母、白云母、斜长石、碱性长石、似长石、石英。依据这9类矿物在岩浆岩中的组合和相对含量的不同,构成不同种类的岩浆岩。

按矿物在岩石中的含量和在分类命名中的作用,可分为主要矿物和次要矿物。主要矿物是指在岩石中含量较多,并决定岩石大类名称的矿物。例如,花岗岩的主要矿物是石英和长石,若缺少其中一种或含量过少,则不能称为花岗岩。次要矿物是指在岩石中含量较少,其存在与否不影响岩石大类名称的矿物,如花岗岩中的黑云母。次要矿物可以进一步划分岩石种属,如黑云母花岗岩。

根据矿物的化学成分特点,可以分为硅铝矿物和铁镁矿物。硅铝矿物是指 SiO_2 与 Al_2O_3 含量较高而不含 FeO、Fe_2O_3、MgO 的矿物。石英类、碱性长石类、斜长石类、似长石类和浅色云母(如白云母),这些矿物在手标本上的颜色较浅,一般呈无色、白色或很淡的颜色,所以又称浅色或淡色矿物。铁镁矿物是指 FeO、Fe_2O_3、MgO 含量较高而 SiO_2 含量较低的矿物,包括大部分橄榄石类、辉石类、角闪石类和暗色云母(如黑云母),这些矿物在手标本上呈黑色、暗绿色、绿色等较深的颜色,所以又称为深色或暗色矿物。岩浆岩中暗色矿物的体积百分含量通常称为色率或颜色指数。色率是岩浆岩鉴定和分类的重要标志之一。在手标本上,色率只适用于结晶较粗的侵入岩。因为岩石的整体颜色不仅与暗色矿物含量有关,而且还与暗色矿物的粒度有关。粒度越细,对岩石的暗色效果也越显著,使岩石呈现较深甚至很暗的颜色,这时岩石整体颜色并非与暗色矿物实际含量成正比。如黑曜岩的主要成分是无色透明的流纹质火山玻璃,但由于含细小而分散的磁铁矿微晶,因而使黑曜岩呈现沥青黑色,但实际上磁铁矿的含量不足5%。

2. 岩浆岩的结构

岩浆岩的结构是指组成岩石的矿物的结晶程度、颗粒大小、晶体形态、自形程度以及矿物间的相互关系。由于肉眼鉴定岩石的限制,一般只能观察部分结构特征,如结晶程度和颗粒大小等。

(1)结晶程度。依岩石中结晶质与非结晶质(玻璃质)的相对比例可以分为3类。①全晶质结构。即岩石全部由已结晶的矿物组成,是岩浆在缓慢冷却条件下结晶形成的,多见于侵入岩中。②玻璃质结构。即岩石几乎全由未结晶的玻璃质组成,是岩浆在快速冷却条件下形成的,主要见于喷出岩,也可见于浅成岩体边缘。其特征是岩石表面光滑,呈玻璃光泽,贝壳状断口,质脆,用小刀刻画时易崩裂。③半晶质结构。即岩石由部分结晶质矿物和部分玻璃质组成,多见于喷出岩和部分浅成岩中。

(2)颗粒大小。按矿物颗粒直径的绝对大小可分为:粗粒结构(>5mm)、中粒结构(5~

2mm)、细粒结构(2～0.2mm)。以上3级粒度在肉眼观察时能辨认矿物颗粒,故称为显晶质结构;当粒径＜0.2mm时,肉眼一般不易分辨颗粒,故称为隐晶质结构,见于喷出岩和部分浅成岩中。所以,矿物颗粒大小同样与岩浆的冷却速度有关。隐晶质与玻璃质的区别在于,前者光泽较暗淡,呈瓷状断口,粗糙具砂感,用小刀刻画不易崩裂。

按矿物颗粒的相对大小可分为3种。①等粒结构。即岩石中同种矿物颗粒大小大致相等。②不等粒结构。即岩石中同种矿物颗粒大小不等,连续跨过几个粒级。③斑状结构。即组成岩石的物质明显可分为大小截然不同的两群,大者称为斑晶,小者称为基质,中间不存在过渡颗粒。基质可以是隐晶质或玻璃质,若是显晶质则称为似斑状结构。斑状结构是浅成岩和火山熔岩的重要结构。斑晶与基质属不同世代,斑晶于地下较深处早结晶形成。似斑状结构多见于较深的侵入岩中,斑晶与基质同时或稍晚形成。

3. 岩浆岩的构造

岩浆岩的构造是指组成岩石的各部分(矿物集合体、玻璃等部分)的相互排列、配置与充填方式。常见的岩浆岩构造主要有如下几种。

(1)块状构造。岩石各部分在成分和结构上都是均匀的,无定向性。这是最常见的构造。

(2)斑杂构造。岩石不同部位的结构或矿物成分有较大的差异,如一些地方暗色矿物多,另外一些地方又很少,使岩石呈现出斑斑驳驳的外貌,称斑杂构造。

(3)带状构造。表现为岩石中具有不同结构或不同成分的条带交替,彼此平行排列。主要发育在基性、超基性岩中,例如在辉长岩中常见富含辉石和橄榄石的暗色条带与富含斜长石的浅色条带相互交替,构成带状构造。

(4)面理构造和线理构造。岩浆岩中片状矿物、扁平捕虏体等呈定向排列,即形成面理构造。若柱状矿物、长形捕虏体等的长轴方向呈定向排列,则形成线理构造。面理和线理构造的成因有多种:可以是由岩浆流动速度在不同部位的差异造成的,此称为原生流动构造;也可以是岩体遭受应力作用的结果,等等。面理和线理主要发育于侵入体边缘和顶部,在熔岩中也可以见到。

(5)流纹构造。表现为不同颜色和结构的条带以及矿物斑晶、拉长气孔等的定向排列,反映熔岩流流动状态。这是酸性熔岩中最常见的构造,有时在浅成岩体边缘和脉岩两侧也可见到。

(6)气孔构造和杏仁构造。是喷出岩中常见的构造,主要见于熔岩层的顶部。在冷凝的熔岩流中,尚未逸出的气体上升汇集于岩流顶部,随着气体逸出,岩流冷凝后留下气孔,即形成气孔构造。在同一次喷发的熔岩层中,气孔的分布及形态特征不同。一般顶部气孔多而圆,底部气孔少而不规则,有时沿熔岩流流动方向被拉长或弯曲成管状,中部气孔很少,多为致密层。气孔的形态还与岩浆黏度有关,基性岩浆黏度较小,故基性熔岩中的气孔多呈形态较规则的圆形、椭圆形,并且气孔内壁较光滑;而黏度较大的酸性岩浆形成的熔岩中的气孔,多为不规则状,内壁也不平整。

当气孔被次生矿物充填后,就形成杏仁构造,杏仁成分为方解石、沸石、玉髓、石英、绿泥石等一种或几种矿物的集合体。

(7)枕状构造。这是海底基性熔岩中常见的构造。状似枕头,大小不等,每个岩枕一般顶面上凸,底面较平,外部为玻璃质壳,向内逐渐为显晶质,气孔或杏仁体呈同心层状分布,具放射状或同心圆状裂缝。

4. 岩浆岩的产状和相

1）岩浆岩的产状

岩浆岩的产状是指岩体的形态与围岩的接触关系及其形成的地质构造环境。

(1) 侵入岩的产状。根据侵入体与围岩的接触关系,可将侵入体分为整合侵入体和不整合侵入体。整合侵入体的产状主要包括岩床、岩盆、岩盖,不整合侵入体的产状主要包括岩脉、岩墙、岩株、岩基。

(2) 火山岩的产状。与岩浆性质及火山喷发形式有关,通常把火山喷发形式分为中心式、裂隙式和熔透式3种,按其规模应为点状、线状和面状喷发。中心式喷发主要形成火山锥、熔岩流、岩钟、岩针等产状,裂隙式喷发主要形成熔岩被、熔岩台地、熔岩高原等产状,熔透式喷发也形成熔岩被等。

2）岩浆岩的相

岩浆岩的相是指由于生成环境不同而形成的岩石和岩体的总外貌和特征。岩浆岩的相是以岩体形成深度并结合岩体产状、分布及岩石特征进行划分的。现将侵入岩和火山岩的相分述如下。

(1) 侵入岩的相。按岩体形成深度可分为深成相和浅成相,二者有较明显的差别。此外,横向上在侵入体的不同部位,由于冷却速度等条件不同,造成成分和结构上常有较明显的差别,据此可将一个岩体划分出边缘相、过渡相和中央相。中央相冷凝较慢、结晶粒度较粗,岩性均一;边缘相冷凝较快、粒度较细,常具明显的面理和线理构造,岩石成分、结构构造常不均匀。

(2) 火山岩的相。火山岩相的划分方案有几种,现在一般认为较好的方案是以火山活动的产物形成方式和部位及其岩性特征为依据划分为4个大相,即喷出相、火山通道相、潜(次)火山岩相和火山沉积相,其中喷出相又可分为爆发相、溢流相和侵出相。潜火山岩相是指与火山作用同时形成但未喷出地表,产于火山口附近的火山岩。火山沉积相是指在火山作用的同时,叠加了沉积作用而形成的火山沉积。

5. 岩浆岩的野外分类与命名

岩浆岩的分类方案很多,本书采用一种适用于肉眼(手标本)鉴定的基本分类方案(表2-4)。该分类表根据岩浆岩的相、产状、结构、构造,将岩浆岩分为3个岩类,即深成岩类、浅成岩类与喷出岩类;同时表示了各岩类中基本岩石类型与以 SiO_2 含量划分的酸度大类的关系。

例如,在野外确定深成岩的分类与命名,可以按照如下方法进行。

鉴定出矿物成分并估计其含量。深成岩的矿物颗粒一般在 2mm 以上,用肉眼可以辨认。应注意在岩石新鲜断口面上,根据矿物的颜色、晶形、解理、断口、光泽等特征,仔细鉴定。肉眼只能鉴定到矿物大类。尽量估计各种矿物的含量,如不能估计出其体积百分含量,也要分出主要矿物和次要矿物。

分析矿物共生组合。在分析矿物共生组合时,首先应注意一些指示矿物,主要是石英、霞石、橄榄石的存在与否及其含量。石英的出现,表示岩石富硅;而富含镁的橄榄石的出现,表示岩石中贫硅富镁;霞石的出现表示岩石中贫硅富碱。所以石英不与富镁橄榄石、霞石共生。岩石中出现霞石,则所含暗色矿物为碱性暗色矿物,说明该岩石为过碱性岩。橄榄石的出现说明岩石是基性或超基性岩,它作为主要矿物则为超基性岩。石英的含量较多,则说明该岩石为中性至酸性岩。

表 2-4 主要岩浆岩肉眼鉴定基本分类和命名（据乐昌硕，1984）

系列		钙碱性				碱性
岩类		超基性岩	基性岩	中性岩	酸性岩	碱性岩
SiO₂ 含量		<45%	45%～53%	53%～66%	>66%	53%～66%
石英含量		无	无或很少	<5%	>20%	无
长石种类及含量		一般无长石	斜长石为主	斜长石为主	钾长石为主	钾长石＞斜长石	钾长石为主，含似斜长石
暗色矿物种类及含量		橄榄石、辉石，>90%	主要为辉石,可有角闪石、黑云母、橄榄石等,<90%	以角闪石为主,黑云母、辉石次之,15%～40%	以角闪石为主,黑云母、辉石次之,15%～40%	以黑云母为主,辉石次之,10%～15%	主要为碱性辉石和碱性角闪石,<40%
深成岩	中粗粒结构或似斑状结构	橄榄岩 辉岩	辉长岩	闪长岩	正长岩	花岗岩	霞石正长岩
浅成岩	细粒结构或斑状结构	苦橄玢岩 金伯利岩	辉绿岩	闪长玢岩	正长斑岩	花岗斑岩	霞石正长斑岩
喷出岩	无斑隐晶质结构 斑状结构 玻璃质结构	苦橄岩 科马提岩	玄武岩	安山岩	粗面岩	流纹岩	响岩

确定色率。色率即岩石中暗色矿物的总含量，往往是最直观的特征。一般先根据色率初步判断岩石的基性程度，因色率通常随基性程度增高而增高。当辉石和角闪石难以区别或难以分别估计含量时，色率就成了鉴定岩石的重要依据之一。一般暗色矿物在花岗岩中很少达到 10%，在正长岩中少于 20%，在二长岩中约占 25%，在闪长岩中常为 30%～35%，在辉长岩中常为 40%～50%。

除表 2-4 所列以外，脉岩和火山碎屑岩有其特殊的产状和成因，单独介绍如下。

1）脉岩类

在岩浆岩体，尤其在深成岩体内部或附近的围岩中，常见到一些岩浆岩成脉状体产出，它们经常充填裂隙而构成岩墙和岩脉等产状，这类岩石统称脉岩。这类岩体规模不大，多数形成深度较浅，它们具有特有的结构和构造。岩脉的主要类型有如下几种。

(1)煌斑岩。煌斑岩是具特殊的煌斑结构的脉岩。煌斑结构是指富含暗色矿物（>40%）而且暗色矿物自形程度很高的一种结构。暗色矿物成分富含挥发分或碱质物，如黑云母、角闪石、碱性辉石、碱性角闪石等。岩石常呈斑状结构，也有似斑状结构和粒状结构。斑晶常以全自形的暗色矿物为主，或全由暗色矿物组成，偶见浅色矿物长石斑晶，且一般自形程度不高，多分布在基质中。岩石多呈黑色、暗绿色、深褐色。煌斑岩按暗色矿物种类可划分为 3 种。

云母煌斑岩。主要由黑云母和正长石组成。黑云母常成为斑晶，有很好的珍珠光泽。

角闪煌斑岩。主要由斜长石和角闪石组成。角闪石常成为较好的自形斑晶。

辉石煌斑岩。主要由斜长石和辉石组成。辉石常成为较好的自形斑晶。

(2)细晶岩。细晶岩是主要由浅色矿物（碱性长石、斜长石、石英）组成的全晶质细粒结构的脉岩。其矿物粒度小于 2mm，一般肉眼不易确定成分。常见的细晶岩为酸性岩，其浅色矿物石英和碱性长石或酸性斜长石占 90% 以上，故岩石多呈灰白、黄白、浅肉红等色；断口呈砂糖状，可见矿物颗粒界线和长石的解理面。中基性细晶岩较少见。肉眼鉴定时一般只能定出细晶岩，或据暗色矿物和石英的有无，定出中基性或酸性细晶岩。细晶岩按矿物成分可划分为4种。

花岗细晶岩。成分相当于花岗岩，主要由钾长石、斜长石、石英及少量的黑云母组成，其与细粒花岗岩的区别在于结构不同及暗色矿物含量更少，这是最常见的一种细晶岩。

正长细晶岩。成分相当于正长岩，主要由他形细粒的正长石和少量角闪石或黑云母或辉石组成，其与细粒花岗岩的区别在于结构为他形细粒结构，不含或只含少量石英。

闪长细晶岩。成分相当于闪长岩，主要由全他形细粒的斜长石和少量角闪石组成。

辉长细晶岩。成分相当于辉长岩，主要由他形细粒的斜长石和少量辉石组成。

(3) 伟晶岩。伟晶岩是具伟晶结构的脉岩，岩石由巨粒矿物（>10mm）组成。伟晶岩主要成分以斜长石、微斜长石、石英白云母、黑云母、电气石为主；还经常含大量稀有元素矿物，如绿柱石、铌铁矿、钽铁矿、铌钽锰矿、细晶石、富铷锆石、艳榴石、锡石、褐帘石、沥青铀矿、锂辉石、锂云母、黄玉等。伟晶岩常具有带状构造，一般可分为文象带、块状微斜长石带和石英核。按矿物成分，常见伟晶岩有以下4种类型。

花岗伟晶岩。成分相当于花岗岩，主要由钾长石、斜长石、石英和云母类矿物组成，其次有多种含挥发分的副矿物，如电气石、黄玉、绿柱石、萤石等，这是最常见的一种伟晶岩。

正长伟晶岩。成分大致相当于正长岩，几乎全由钾长石组成，不含或只含少量石英，还有很少的暗色矿物。

闪长伟晶岩。成分相当于闪长岩，主要由粗大的斜长石和少量的角闪石组成。

辉长伟晶岩。成分相当于辉长岩，主要由粗大的斜长石和少量的辉石巨晶组成。

2) 火山碎屑岩

火山碎屑岩是主要由火山作用所形成的各种火山碎屑物质经堆积、胶结、压缩或熔结而形成的岩石。火山碎屑物质按其组成及结晶状况分为岩屑、晶屑和玻屑3种。

火山碎屑岩按火山碎屑的粒级可划分为3种结构：集块结构（>64mm），火山角砾结构（2~64mm），凝灰结构（<2mm）。火山碎屑岩一般为块状构造，此外也见到一些特殊的构造：层理构造、假流纹构造。

典型的火山碎屑岩主要有以下3种。

集块岩。是粒径大于64mm的碎屑，经压实固结所形成的火山碎屑岩（如火山渣、火山弹以及火山灰等），其中碎屑岩块占50%以上。碎块大小不一，分选极差，多带棱角，多分布于火山口附近或充填于火山口中。

火山角砾岩。一种压实固结的火山碎屑岩。主要由粒径为2~64mm的火山角砾组成，也含有其他岩石的角砾及少量的石英、长石等矿物晶屑。多数具明显的棱角，分选差，大小不等。填隙物是火山灰、火山尘。常与火山集块岩伴生，位于火山口外侧。

凝灰岩。是一种火山碎屑岩类，其组成的火山碎屑物质有50%以上的颗粒直径小于2mm，成分主要是火山灰，外貌疏松多孔、粗糙、有层理，颜色多样，有黑色、紫色、红色、白色、淡绿色等。凝灰岩为细粒火山碎屑沉积物，由火山喷出之灰、砂胶结而成，岩石内的玻璃质碎屑为透明而略带黄色或褐色，呈微小裂片或泡沫状小片。此外尚含有破碎的斑晶及固化的熔岩小块。多产于火山附近，但薄层常与沉积物相伴，故砂岩、页岩或石灰岩中也可以发现。

(三)变质岩的野外观察和描述

在地壳发展过程中,由于构造运动、岩浆活动、地热流的变化等内力地质作用,使原来已形成的各类岩石(沉积岩、岩浆岩及早先形成的变质岩)所处的地质环境及物理化学条件发生了改变。为适应这种变化,在基本保持固态的情况下,原岩的结构构造、物质成分随之发生变化,从而形成新的岩石类型——变质岩。这种使岩石发生变化的地质过程,总称为变质作用。

从上述可以看出,变质岩的岩石类型及特征,一方面受原岩特征影响,一方面受变质岩形成过程中地质环境及物理化学条件的影响,前者属内因,后者属外因。外因包括温度、压力、时间和具化学活动性的流体4个因素,是变质作用的控制因素。它们对原岩的不同方式、不同程度的影响,即可形成不同类型的变质岩。由岩浆岩变质形成的变质岩称为正变质岩,由沉积岩变质形成的变质岩称为副变质岩。

1. 变质岩的矿物成分

变质岩中的矿物成分及变质矿物特征取决于原岩的化学类型和变质作用条件。不同变质条件下同一化学类型的岩石有不同的矿物。在同一构造背景下,例如,20℃/km的地热梯度下,不同变质程度的特征矿物如下:①很低级(很低温)——浊沸石、葡萄石、绿纤石;②很低级—低级(低温)——绢云母、绿泥石、硬绿泥石、绿帘石、阳起石、滑石、蛇纹石;③中级(中温)——十字石、蓝晶石、普通角闪石、铁铝榴石;④高级(高温)——矽线石、紫苏辉石。

下列矿物的温度和压力变化范围均很窄:①低温高压条件——蓝晶石、硬柱石、硬玉;②低压条件——红柱石、堇青石、硅灰石等;③高温高压条件——绿辉石、镁铝榴石等。

2. 变质岩的结构

变质岩的结构内容根据观察的尺度不同具有不同层次的内容。在野外,一般只能观察颗粒界面形态、晶粒大小等结构特征。

变质岩的结构按其形成阶段可以分为3种类型:①变余结构;②变质标型结构,包括变晶结构、碎裂和变形结构、交代结构;③叠加结构,肉眼只能观察变余结构和碎裂、变形结构的部分特征,以及变晶结构的主要特征。

(1)变余结构。由于变质作用不彻底,致使原岩的矿物成分和结构被部分保留下来,形成变余结构。又可分为:①与沉积岩有关的变余结构,如变余砂状、变余粉砂状、变余泥状结构。岩石中已出现变质矿物,尤其是泥质、粉砂质部分可形成较多的绢云母或白云母,但岩石外貌仍保留部分碎屑结构特征。②与岩浆岩有关的变余结构,如变余花岗结构、变余辉绿结构、变余斑状结构。火山岩尤其是基性熔岩遭受低级变质后,常具变余斑状结构,岩石的基质甚至斑晶的矿物成分已改变,如辉石变成绿泥石等,但仍保留斑晶的晶形轮廓。

(2)碎裂及变形结构。这是岩石主要受应力作用而形成的特有结构,具代表性的有:①角砾状结构,是岩石受脆性变形但强度不大时所形成的结构。岩石和矿物被破裂和压碎成大小不等(>2mm)、形状不规则、棱角分明、杂乱分布的碎块,较多的碎块(>70%)之间充填较细的物质。②碎斑结构和碎裂结构,这也是岩石发生脆性变形所形成的结构。受应力作用被破裂和压碎的矿物碎片,可分为大小两群,较粗者称碎块,较小的碎片称为碎基,其粒度很小,一般肉眼不可辨认。当碎块大于2mm,并且位移不大,则称碎裂结构;如果矿物碎片粒度较细(<2mm),并且边缘破碎,经明显位移,则称碎斑结构。③糜棱结构。一般须在镜下确定,肉

眼可见特征为细小的矿物微粒和鳞片(<2mm,多数<0.5mm)围绕着碎斑呈纹层状分布。碎斑含量不等,常常圆化、变形成眼球状、透镜状,少量为不规则状,可见旋转现象。

(3)变晶结构。它是变质重结晶和变质结晶作用形成的结构总称,基本特征是呈全晶质结构。进一步划分,一方面与岩浆岩结晶结构一样,按矿物颗粒的绝对大小划分为粗粒变晶结构(>3mm)、中粒变晶结构(3~1mm)、细粒变晶结构(1~0.1mm)和显微变晶结构(肉眼和放大镜不易分辨矿物颗粒);按矿物颗粒的相对大小分为等粒、不等粒和斑状变晶结构。另一方面,则按主要矿物的晶形划分为粒状变晶结构、鳞片变晶结构、纤状变晶结构。下面将常见的变晶结构肉眼鉴定特征叙述如下。①粒状变晶结构。岩石主要由等轴粒状矿物(如石英、长石)组成,又称花岗变晶结构。颗粒大小不一定相等。如果同种主要矿物大多在一个粒级之间,称为等粒粒状变晶结构;如果同种主要矿物的粒度跨粒级连续变化,则称不等粒粒状变晶结构。②鳞片变晶结构。岩石主要由鳞片状(如绢云母)或片状(白云母、黑云母)矿物组成。③纤状变晶结构。岩石主要由纤维状、针状(透闪石、矽线石)矿物所组成。④斑状变晶结构。岩石由变斑晶和基质两部分组成。基质可以具上述3种结构之一或为它们之间的过渡类型;变斑晶的形成与基质同时或稍晚,故有时可见较多基质的包裹物分布在变斑晶内,变斑晶常为自形晶。⑤角岩结构。这是接触热变质作用形成的角岩所特有的一种结构。肉眼观察为隐晶质,颗粒不可分辨。

除上述典型结构外,往往同一岩石中两种晶形的矿物含量均较多,这时则将次要结构置前,如鳞片粒状变晶结构。此外,还可将粒度与晶形结合起来进行结构命名,如等粒鳞片粒状变晶结构。

3. 变质岩的构造

常见的有变余构造、变成构造、混合构造,后者是混合岩所特有的构造。

(1)变余构造。这是由于变质作用对原岩改造不彻底而保留的原岩的某些构造特征,常与变余结构共存。常见有变余层理构造、变余波痕构造、变余杏仁构造、变余流纹构造等。

(2)变成构造。①斑点状构造。这是接触变质初期形成的斑点板岩所特有的构造。其特征是在隐晶质的基质中,分布一些形状不一、大小不等的斑点,肉眼不能辨别斑点的成分。实际上是由碳质、铁质或堇青石、红柱石等矿物的雏形聚集而成的斑点。②板状构造。为板岩所特有的构造,系泥质岩石受压力作用形成的。表现为互相平行的破裂面(劈理面),如同板状、板理面上呈暗淡的或微弱的丝绢光泽,这是由于岩石一般没有重结晶,有时形成少量绢云母、绿泥石等矿物。③千枚状构造。是一种低级定向构造。岩石中细小鳞片状矿物初步定向排列,构成片理,片理面上有较强的丝绢光泽,但岩石重结晶程度不高,肉眼不能辨认矿物颗粒。鳞片矿物多是绢云母、绿泥石。④片状构造。作为岩石主要组成部分的片、柱状矿物(如云母、角闪石),连续定向排列,构成片理面,肉眼可辨认矿物颗粒及成分。这是变质岩中最常见、最典型的构造之一。⑤片麻状构造。岩石主要由浅色粒状矿物(如石英、长石)组成,较少的片状及柱状暗色矿物(如黑云母、绿泥石、角闪石)呈断续定向排列。⑥条带状构造。岩石中组分或结构不同的部分呈条带状排列,如浅色粒状矿物为主的条带与暗色柱状、片状矿物为主的条带相间排列。⑦块状构造。岩石中矿物和结构的分布都较均匀,无定向性。⑧流状构造。细小的碎基和新生的鳞片状、纤状矿物呈纹层状定向分布,颇似流纹构造,但系应力作用所致。

4. 变质岩的分类命名

变质岩的野外分类命名采用构造—结构—矿物综合分类命名法(表2-5)。该方法首先根据变质岩最直观、最突出的特征——构造,划分为三大构造类型,即定向构造、弱定向至非定向构造、混合构造,然后根据构造、结构、矿物成分或主要组成特征分类命名,划分了24种基本岩石类型。对具变余结构构造的岩石,命名时在原岩名称前加"变质"或"变"字,如变质砂岩。

表2-5 变质岩野外分类命名表(引自朱勤文,1989)

构造	类型	岩石构造	岩石结构	主要矿物或主要组成	岩石类型
定向构造	Ⅰ	板状构造	隐晶、变余泥质结构	肉眼不可辨	板岩
		千枚状构造	细粒鳞片变晶结构	绢云母、绿泥石	千枚岩
		片状构造	鳞片变晶结构 纤状变晶结构	片柱状:黑云母、白云母、绿泥石、角闪石 粒状:石英+长石(长石<25%)	片岩
		片麻状构造	鳞片粒状、纤状粒状变晶结构	黑云母、白云母、绿泥石、角闪石、石英+长石(长石>25%)	片麻岩 混合片麻岩
	Ⅱ	流状构造	糜棱结构	石英、长石、绢云母、绿泥石等	糜棱岩
			千糜结构	富含绢云母、绿泥石等	千糜岩
弱定向至非定向构造	Ⅲ	块状构造	角砾状结构	角砾(>2mm) 碎基(<30%)	构造角砾岩
			碎斑结构	碎斑(<2mm) 碎基(>10%)	碎斑岩
			碎裂结构	碎块(>2mm) 碎基(<50%)	碎裂岩
	Ⅳ	块状构造为主	角岩结构	石英、长石、云母、绿泥石	角岩
			粒状变晶结构	方解石	大理岩
				石英	石英岩
				石英、长石、少量斜方辉石、石榴石、无含水矿物	麻粒岩
				石英、长石、少量云母、角闪石、辉石、绿帘石	变粒岩
				普通角闪石、斜长石	角闪岩
				绿辉石、镁铝榴石	榴辉岩
				石英、碱性长石、酸性斜长石	混合花岗岩
	Ⅴ	块状构造(为主)	粒状变晶结构	石榴石、透辉石、绿帘石	矽卡岩
			隐晶质结构	蛇纹石	蛇纹岩
			鳞片粒状变晶结构	白云母、石英	云英岩
			隐晶中细粒粒状变晶结构	绿泥石、绿帘石、阳起石、钠长石 石英、绢云母	青盘岩 黄铁绢云岩
			隐晶细粒鳞片变晶结构	石英、绢云母	次生石英岩
混合构造	Ⅵ	各种混合构造	变晶结构	脉体、基体	各种混合岩

第二节　构造地质学基础知识及野外调查方法

构造地质学是研究岩石圈在力的作用下地层和岩石形成的各种变形现象,具体可概况为几何学、运动学和动力学3个方面的研究内容。几何学即认识各种构造现象的几何形态与组合形式,运动学即研究形成各种构造现象的运动过程,动力学即研究形成构造作用的动力机制。从几何学→运动学→动力学,是构造地质学从现象到本质的认识过程。

构造地质学是工程地质学的基础学科之一,本部分内容包括了认识工程地质现象、分析和评价工程地质问题时常用到的构造地质学基础知识及野外工作方法。

一、岩层的产状

(一)水平岩层

水平岩层是未经变动的、仍保持成岩后原始状态的沉积岩层(图2-4)。变形轻微的地台盖层,岩层往往呈水平或近水平产出(一般倾角小于5°)。

水平岩层具有如下特点。

(1)在地形地质图上,岩层的地质界线与地形等高线平行或重合[图2-4(a)]。在山顶或孤立的山丘上的地质界线呈封闭的曲线,在沟谷中呈尖齿状条带,其尖端指向上游。

(2)一套水平岩层,老岩层在下,新岩层在上。若地形切割轻微,地面只出露最新地层。如地形切割强烈、沟谷发育,则在低洼处出露较老的地层,自低谷至山顶地层时代依次变新。

(3)岩层顶、底面之间的垂直距是岩层的厚度,水平岩层的厚度即为其顶、底面的标高差。

(4)岩层出露宽度是其顶、底面出露线间的水平距,水平距的大小取决于岩层厚度和地面坡度[图2-4(b)]。厚度一致的岩层,出露宽度取决于坡度,坡度大出露宽度小,坡度小则出露宽度大。坡度一致时,出露宽度决定于厚度,厚度大出露宽度大,厚度小则出露宽度小。

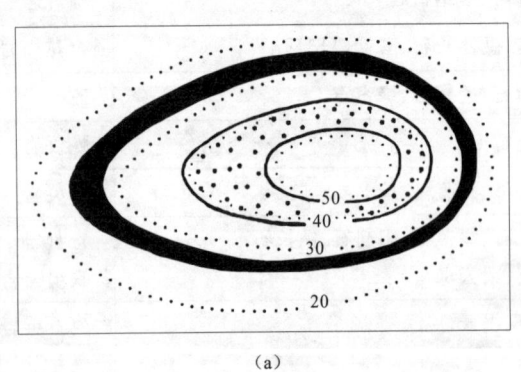 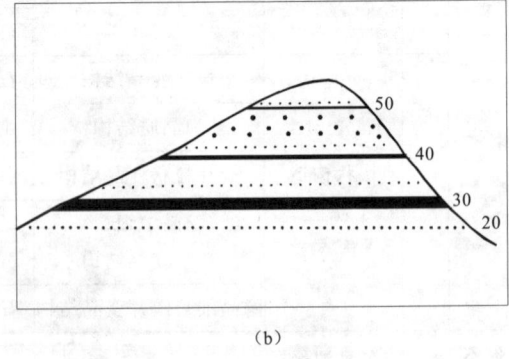

(a)　　　　　　　　　　　　　　(b)

图2-4　水平岩层出露宽度与地面坡度和岩层厚度(m)的关系
(a)平面图;(b)剖面图

(二)倾斜岩层

倾斜岩层在地表的出露界线或地质界线与地形等高线之间的关系常以一定规律展布。穿越沟谷和山脊的地质界线的平面投影均呈"V"字形,通过"V"字形判断岩层产状的规则,称为"V"字形法则。其在地形地质图上的特征有如下几种。

(1)岩层倾向与地面坡向相反时,岩层露头线与地形等高线呈相同方向弯曲,但是岩层露头线的弯曲度总比等高线小,在河谷处"V"字形露头线的尖端指向沟谷上游,在穿过山脊时"V"字形露头线的尖端指向山脊下坡方向(图2-5)。

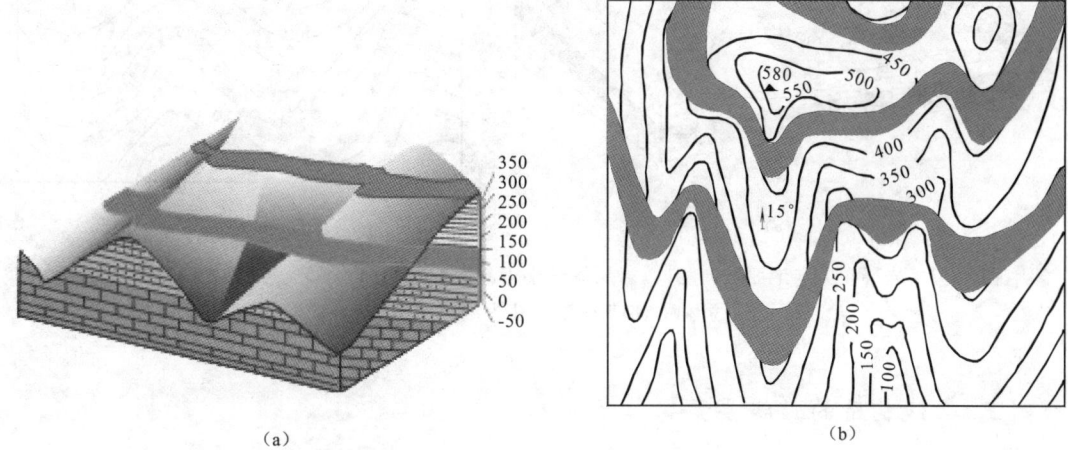

图2-5 岩层倾向与地面坡向相反时的"V"字形(据徐开礼、朱志澄,1984)
(a)立体图;(b)平面图(地质图,等高线单位为m)

(2)岩层倾向与地面坡向相同,岩层的倾角大于地面坡度角时,岩层露头线与地形等高线呈相反方向弯曲,在沟谷处"V"字形露头尖端指向下游,在山脊处"V"字形露头线尖端指向上坡方向(图2-6)。

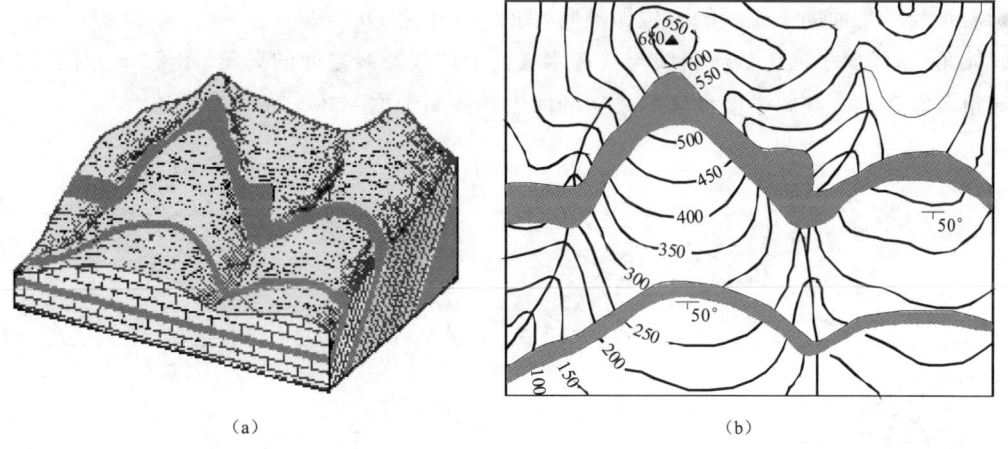

图2-6 岩层倾向与地面坡向相同,岩层倾角大于地面坡角的"V"字形(据徐开礼、朱志澄,1984)
(a)立体图;(b)平面图(地质图,等高线单位为m)

(3)岩层倾向与坡向相同,岩层倾角小于地层坡度角时,岩层露头线与地形等高线也呈相同方向弯曲,在沟谷处"V"字形露头的尖端指向上游,在山脊处指向下坡,与第一种情况类似,但露头线的弯曲程度大于地形等高线的弯曲程度(图2-7)。

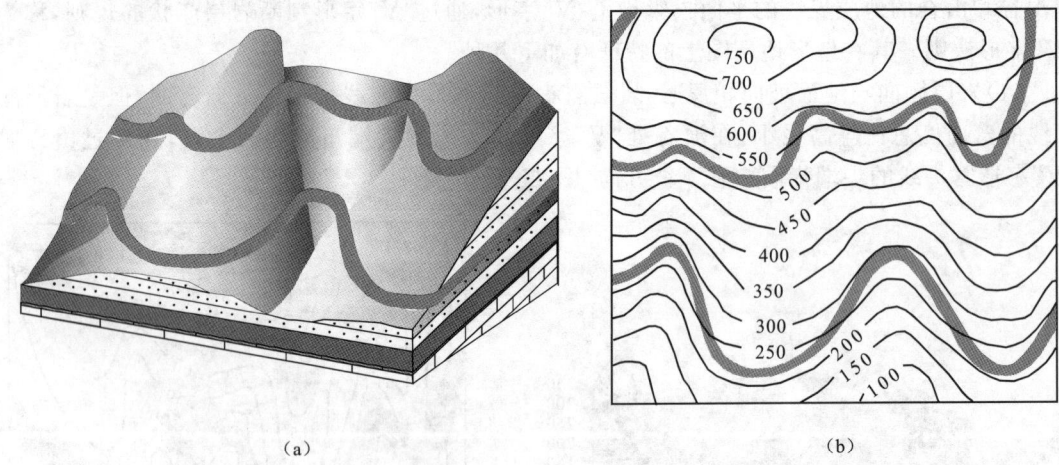

图2-7　岩层倾向与地面坡向相同,岩层倾角小于地面坡角的"V"字形(据徐开礼、朱志澄,1984)
(a)立体图;(b)平面图(地质图,等高线单位为m)

(三)面线构造的产状要素

1. 面状构造的产状要素

面状构造或地质体界面产状均以其走向、倾向和倾角的数据表示。

走向:倾斜平面与水平面的交线叫走向线(图2-8中之AOB),走向线两端延伸的方向即为该倾斜平面的走向。一走向线两端的方位相差180°。任何一个平面都有无数条相互平行的不同高度的走向线。

倾向:倾斜平面上与走向线相垂直的线叫倾斜线(图2-8中之OD),倾斜线在水平面上的投影所指的沿平面向下倾斜的方位即倾向(图2-8中之OD')。

倾角:指倾斜平面上的倾斜线与其在水平面上的投影线之间的夹角(图2-8及图2-9中之α角),即在垂直倾斜平面走向的直立剖面上该倾斜平面与水平面间的夹角。

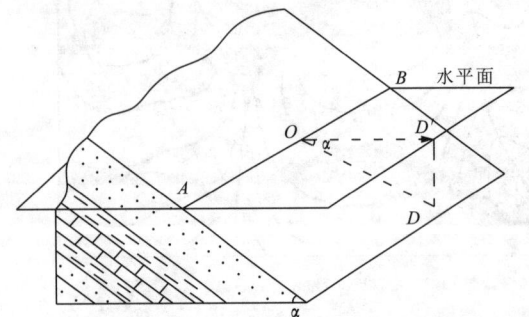

图2-8　倾斜平面的产状要素图示
(据朱志澄,1990)

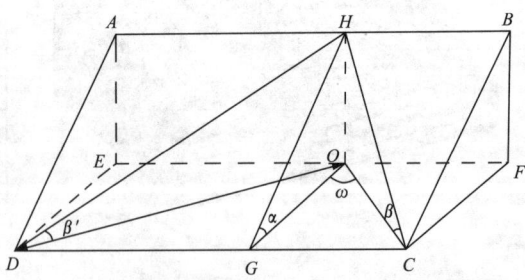

图2-9　真倾角与视倾角的关系图示(据朱志澄,1990)
α. 真倾角;β、β'. 视倾角;ω. 真倾向与视倾向间的夹角

当剖面与岩层的走向斜交时,岩层与该剖面的交迹线叫视倾斜线;视倾斜线与其在水平面上的投影线间的夹角(图2-9中之β、β'角)称视倾角,也叫假倾角。视倾角值比倾角值小。

倾角与视倾角的关系如图2-9所示。两者间的关系可用数学式表示:$\tan\beta=\tan\alpha\cdot\cos\omega$。当视倾向偏离倾向越大时,视倾角越小;当视倾向平行走向时,视倾角等于零。

2. 线状构造的产状要素

直线的产状是直线在空间的方位和倾斜程度,直线的产状要素包括倾伏向和倾伏角,及其所在平面上的侧伏向和侧伏角。

倾伏向(指向):某一直线在空间的延伸方向,即某一倾斜直线在水平面上的投影线所指示的该直线向下倾斜的方位,用方位角或象限角表示[图2-10(a)]。

倾伏角:指直线的倾伏角,即直线与其水平投影线间所夹之锐角,如图2-10(a)中之γ角。

侧伏向:构成侧伏锐角的走向线的那一端的方位。

侧伏角:当线状构造包含在某一倾斜平面内时,此线与该平面走向线间所夹之锐角即为此线在该平面上的侧伏角,如图2-10(b)中之θ角。

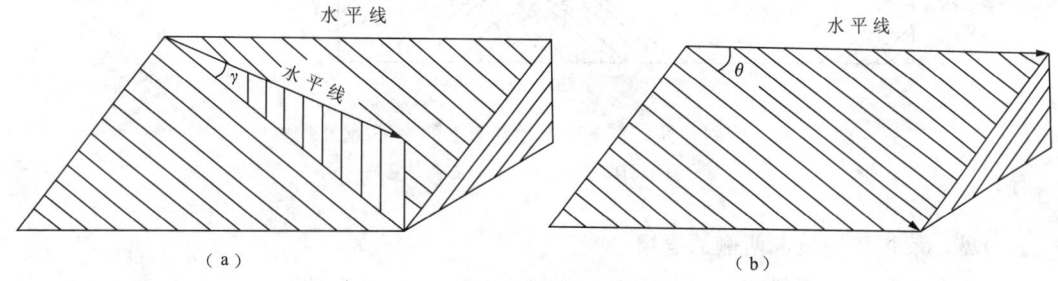

图2-10 直线的产状要素(据朱志澄,1990)
(a)箭头表示倾伏向,γ为倾伏角;(b)水平线右端为侧伏向,θ为侧伏角

二、基本构造型式及其观察识别

(一)褶皱

1. 褶皱及褶皱基本要素

褶皱是岩石或岩层受力而发生的弯曲变形,是地壳中一种最基本的构造型式。

1)褶皱的基本类型

根据褶皱的形态和组成褶皱的地层,将褶皱分为两种基本类型:背斜和向斜。背斜是核部由老地层、翼部由新地层组成的褶皱,向斜是核部由新地层、翼部由老地层组成的褶皱(图2-11)。

2)褶皱要素

褶皱要素是褶皱的基本组成部分,褶皱要素主要有以下几种(图2-12)。

(1)核。系指褶皱中心部分的岩层。

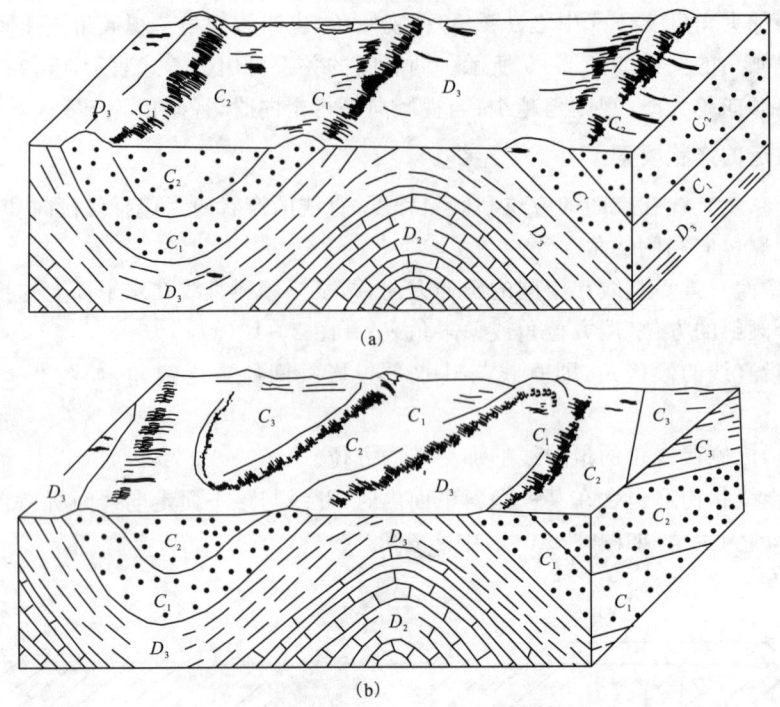

图 2-11 背斜与向斜在平面上和剖面上的表征(据朱志澄,1990)

(a)、(b)两图中左侧是向斜,右侧是背斜

(2)翼。系指褶皱核部两侧的岩层。

(3)拐点。相邻的背斜和向斜共用翼的褶皱面(常呈"S"形弯曲),褶皱面不同凸向的转折点称作拐点。如果翼平直,则取其中点作为拐点。

(4)翼间角。是指正交剖面上两翼间的内夹角(图 2-13)。圆弧形褶皱的翼间角是指通过两翼上两个拐点的切线之间的夹角[图 2-13(b)]。

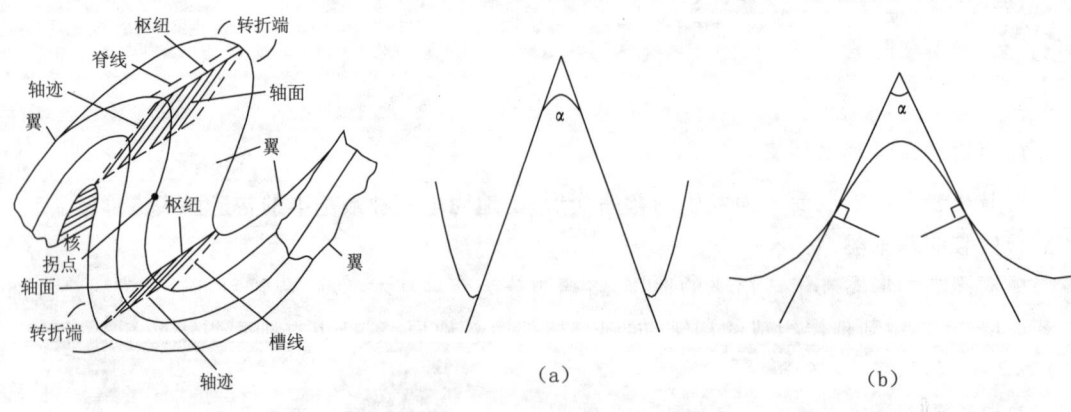

图 2-12 褶皱要素图示

(据朱志澄,1990)

图 2-13 翼间角(α)(据朱志澄,1990)

(a)翼部平直的褶皱的翼间角;(b)圆弧形褶皱的翼间角

(5)转折端。褶皱面从一翼过渡到另一翼的弯曲部分。
(6)枢纽。单一褶皱面上最大弯曲点的连线。
(7)脊线和槽线。同一褶皱面上沿着背斜最高点的连线为脊线,沿向斜最低点的连线为槽线。脊线和槽线在其自身的延伸方向上常有起伏变化。脊线中最高点表示褶皱隆起部位,称为轴隆或高点,脊线中最低部位称为轴陷。
(8)轴面。各相邻褶皱面的枢纽连成的面称为轴面(图 2-12)。轴面是一个设想的标志面,它可以是平直面,也可以是曲面。轴面与地面或其他任何面的交线称作轴迹。轴面与地形面的交线在地质图上的投影称为地质图上的轴迹。

2. 褶皱类型及组合

1) 褶皱位态分类

褶皱有多种分类方法,这里介绍褶皱的位态分类。

褶皱在空间的位态取决于轴面和枢纽的产状。以横坐标表示轴面的倾角,纵坐标表示枢纽倾伏角,可将褶皱分成 7 种类型(图 2-14)。

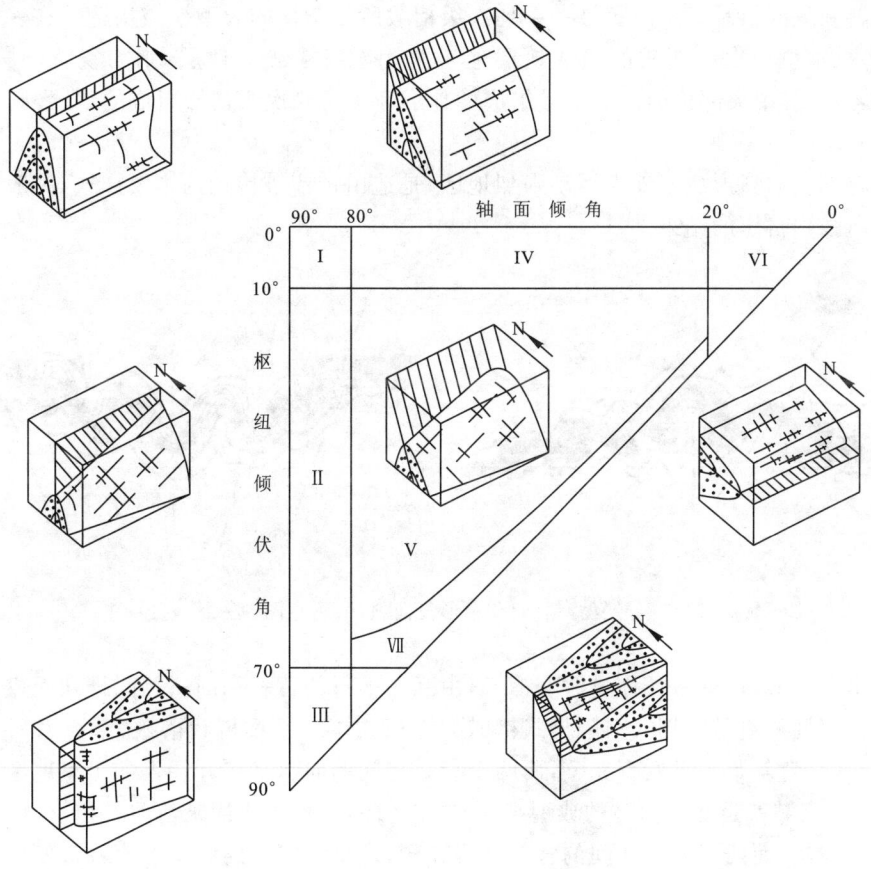

图 2-14 褶皱位态类型图(据朱志澄,1990)

Ⅰ. 直立水平褶皱;Ⅱ. 直立倾伏褶皱;Ⅲ. 倾竖褶皱;Ⅳ. 斜歪水平褶皱;Ⅴ. 斜歪倾伏褶皱;Ⅵ. 平卧褶皱;Ⅶ. 斜卧褶皱

(1)直立水平褶皱(Ⅰ区)。轴面近于直立,倾角为80°~90°,枢纽近水平,倾伏角为0°~10°。

(2)直立倾伏褶皱(Ⅱ区)。轴面近于直立,倾角为80°~90°,枢纽倾伏角为10°~70°。

(3)倾竖褶皱(Ⅲ区)。轴面近于直立,倾角为80°~90°,枢纽倾伏角为70°~90°。

(4)斜歪水平褶皱(Ⅳ区)。轴面倾角为20°~80°,枢纽倾伏角为0°~10°。

(5)斜歪倾伏褶皱(Ⅴ区)。轴面倾角为20°~80°,枢纽倾伏角为10°~70°。

(6)平卧褶皱(Ⅵ区)。轴面倾角和枢纽倾伏角均为0°~20°。

(7)斜卧褶皱(Ⅶ区)。枢纽和轴面两者倾向及倾角基本一致,轴面倾角为20°~80°,枢纽倾伏角为20°~70°,枢纽在轴面上的侧伏角为70°~90°。

2)褶皱组合型式

在同一应力场作用下,具有成因联系的一系列背斜和向斜,在空间上组成有规律的分布样式,称为褶皱的组合型式,典型的组合型式有阿尔卑斯式褶皱、侏罗山式褶皱和日尔曼式褶皱。

阿尔卑斯式褶皱,褶皱的走向基本上与构造带的延伸方向一致,呈带状分布,具体方向变化不大,整个带内褶皱发育连续。不同级别的褶皱往往组合为巨大的复背斜和复向斜。

复背斜和复向斜是一个两翼被一系列次级褶皱所复杂化的大型褶皱构造。在一平面上观察,如其中央部位的次级褶皱的组成地层老于两侧次级褶皱的地层,则为复背斜[图2-15(a)]。反之,如其中央部位的次级褶皱组成的地层新于两侧次级褶皱组成的地层,则为复向斜[图2-15(b)]。

复背斜和复向斜形成于地壳运动强烈地区,是造山带褶皱构造的主要样式,一般认为是垂直褶皱方向强烈挤压的结果。

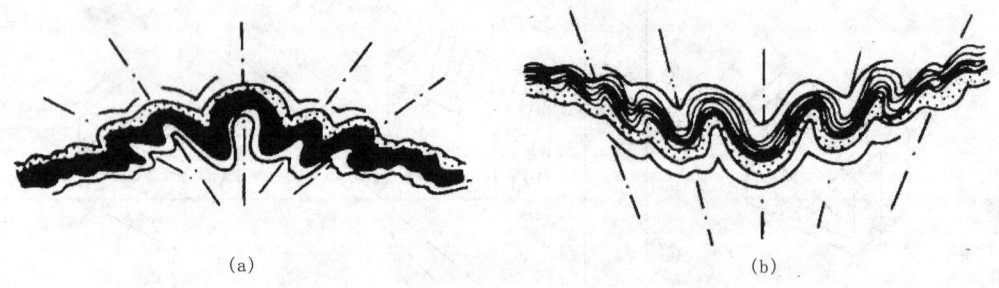

图2-15 扇形复背斜(a)和扇形复向斜(b)示意图(据朱志澄,1990)

侏罗山式褶皱,该褶皱又称过渡型褶皱,由互相平行的背斜和向斜相间排列而成。侏罗山式褶皱的代表性构造是隔挡式与隔槽式褶皱。隔挡式褶皱又称梳状褶皱,由一系列平行褶皱组成,其特征是背斜紧闭且发育完整,而两个背斜之间的向斜平缓开阔。如川东地区发育一系列NNE向的褶皱就是此类褶皱的典型案例(图2-16)。隔槽式褶皱与前者相反,特征是向斜紧闭且发育完整,而两个向斜之间的背斜平缓开阔,常呈箱状。黔北—湘西一带发育较典型隔槽式褶皱(图2-17)。

日尔曼式褶皱,该类褶皱构造发育于构造变形十分轻微的地台盖层中,以卵圆形穹隆、拉长的短轴背斜或长垣为主。褶皱翼部倾角极缓,甚至近于水平,但规模可以很大,延长可以数十千米计。穹隆或长垣可以孤立分布于水平岩层之中,所以向斜和背斜不同等发育,而且空间

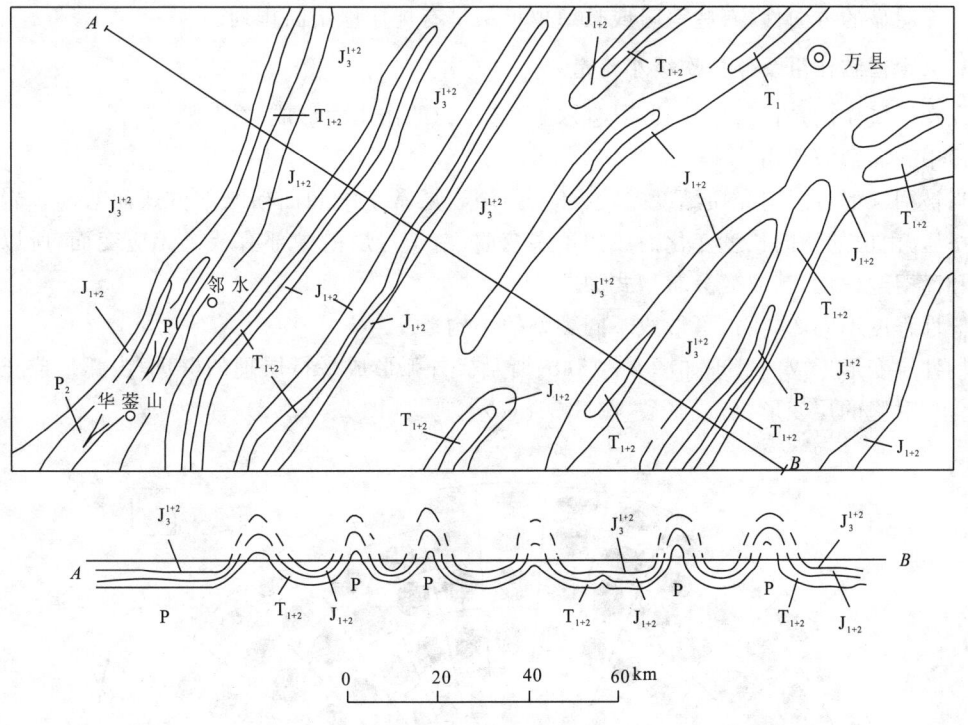

图 2-16 川东地区隔挡式褶皱(据朱志澄,1990)

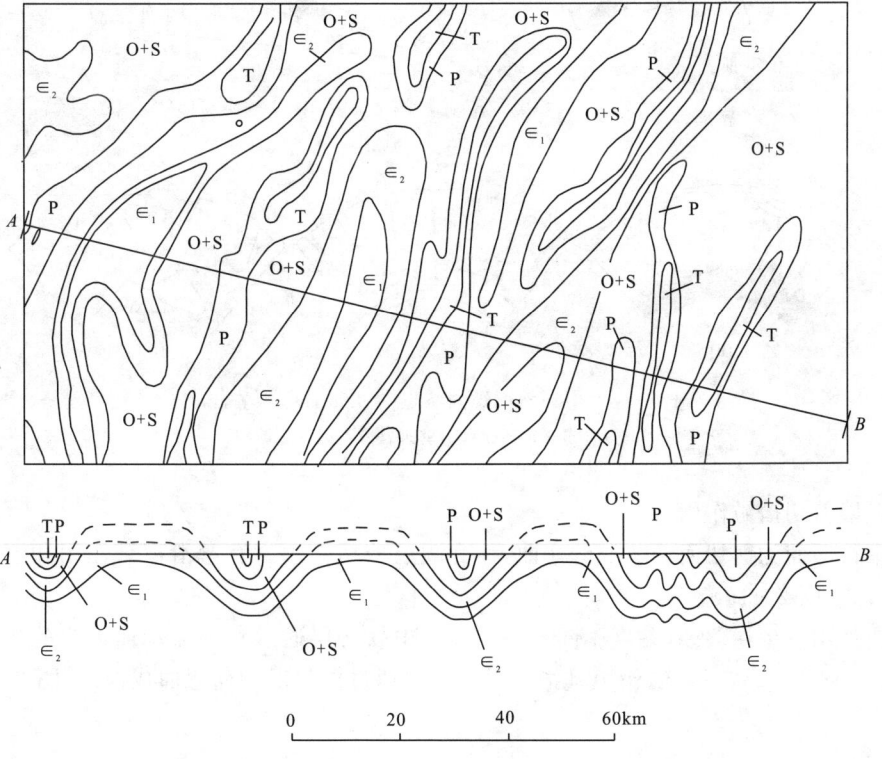

图 2-17 贵州正安一带隔槽式褶皱(据朱志澄,1990)

展布常无明显的方向性,有些穹隆或长垣也可稍呈有规律地定向排列。

3. 纵弯褶皱作用及伴生次级小构造

纵弯褶皱作用是指岩层受到顺层(水平)挤压力的作用而形成的褶皱。

1) 中和面褶皱作用

当被褶皱的岩层与介质黏度差较大时,强硬岩层常呈中和面褶皱的方式而弯曲。岩层受水平挤压,由层的切向长度变化而成的单层弯曲,由于岩层的中部有一个无应变面,所以也称为中和面褶皱作用,其应变分布型式如图2-18。

韧性程度不同的岩石,可形成不同类型的小构造。

韧性层变形形成的劈理如图2-18(b)所示。外弧形成平行层理的劈理,内弧形成正扇形劈理。相对脆的层变形,形成张裂[图2-18(c)]、剪裂[图2-18(d)]。

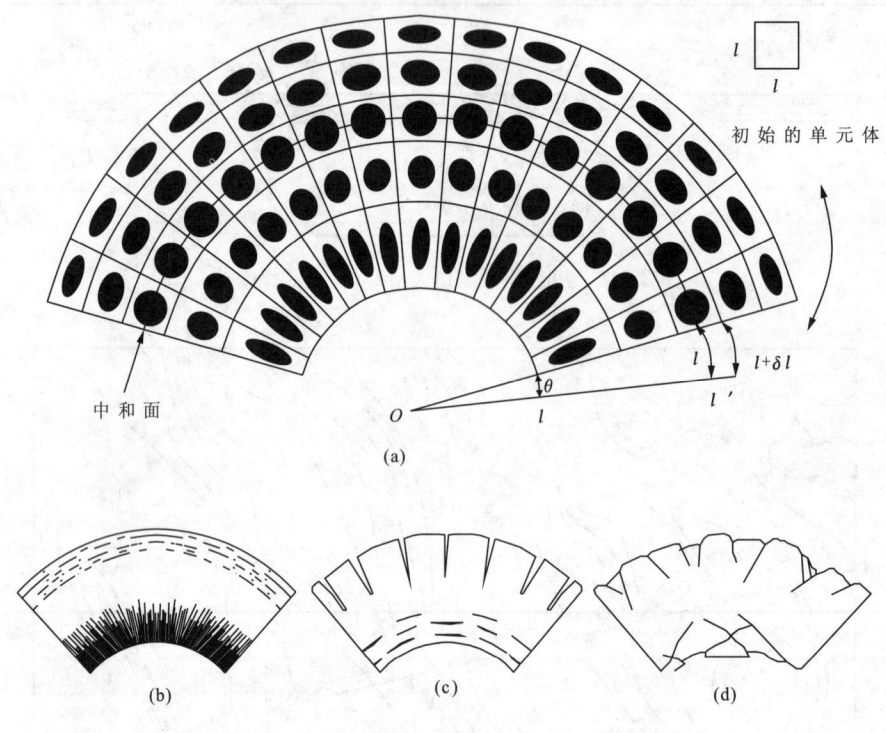

图 2-18 中和面褶皱的特点(据 Ramsay J G 等,1987)
(a)应变分布型式;(b)劈理;(c)张裂;(d)剪裂

2) 顺层剪切褶皱作用

由平行层面的剪切而调节层的弯曲,称为顺层剪切作用。有弯滑褶皱作用和弯流褶皱作用两种型式(图2-19)。

弯流作用发生在软硬(黏度不同)岩系中,其中软岩层通过顺层流动而形成的褶皱作用如图2-19(a)所示。弯滑褶皱作用是指一系列岩层通过层间滑动而弯曲成褶皱[图2-19(b)]。

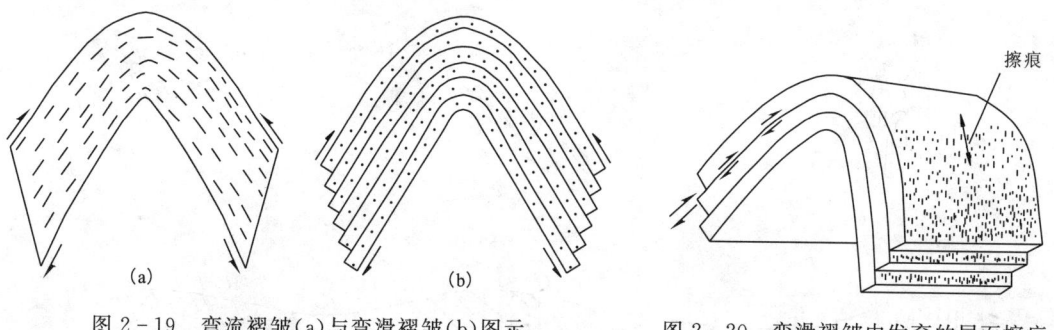

图 2-19 弯流褶皱(a)与弯滑褶皱(b)图示
（据 Ramsay J G 等,1987）

图 2-20 弯滑褶皱中发育的层面擦痕
（据朱志澄,1990）

在弯滑褶皱中常可形成一些次级小型构造（图 2-20、图 2-21）。由于层间滑动，常可在层面上形成垂直于褶皱枢纽的擦痕（图 2-20）。滑动方向是上层相对下层向背斜的转折端滑动。如果层间有少量韧性大的软弱的夹层，如灰岩中的薄层页岩夹层，由于层间滑动可在其中形成层间的不对称小褶皱或层间劈理（图 2-21）。这种小褶皱的轴面或劈理面与层理斜交，与层理的锐夹角指向外侧岩层的滑动方向，斜交的程度反映其剪切应变量的大小。这种构造相当于小型的顺层剪切带。在比较脆弱性的条件下，可形成层间破碎带。

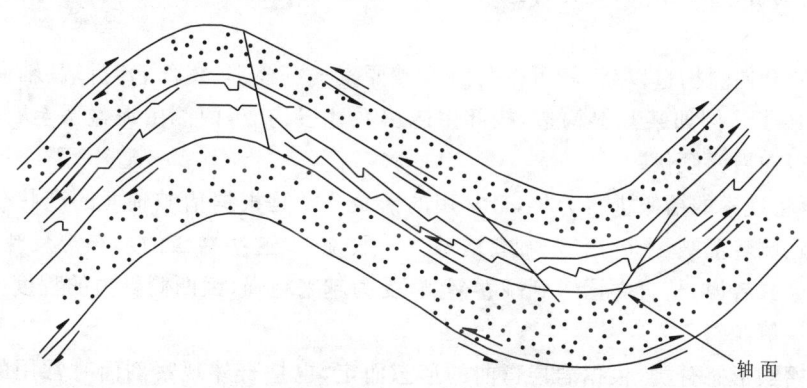

图 2-21 纵弯褶皱的弯滑作用形成的层间小褶皱（据 Spencer R W,1977）
箭头表示顺层滑动方向

次级褶皱（也称从属褶皱）常为不对称褶皱，褶皱的翼部和转折端的不同部位表现出"Z"形、"S"形、"W"形、"M"形。不对称从属褶皱轴面与其上、下相邻的褶皱面所夹的锐角，可以指示相邻层的相对滑动方向，进而可确定岩层层序是正常或倒转，以及背斜和向斜的相对位置（图 2-22）。

4. 褶皱的野外观察与描述

1）褶皱识别

研究褶皱的基本要点，不外乎褶皱的形态、产状、类型、形成的方式以及分布的特点。

（1）褶皱的基本形态，一般只有两种，背斜和向斜。背斜的标志是岩层向上弯曲、核心部位是老岩层，两侧为新岩层。向斜的标志是岩层向下弯曲，核心部位为新地层，两侧翼部为老地

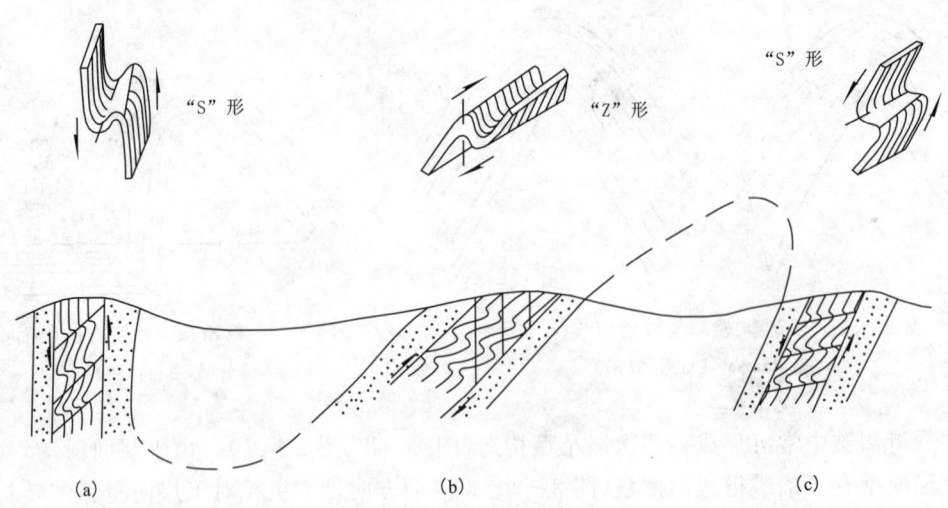

图 2-22　利用从属褶皱的倒向确定岩层层序正常或倒转及背斜、向斜位置(据朱志澄,1990)
(a)岩层直立；(b)岩层倾斜,层序正常；(c)岩层倒转

层。如果岩层被侵蚀风化,在地表暴露出来(以平面图形式表示的话)时,从中心到两侧,岩层的排列,由老到新,对称出现,是为背斜,相反,从中心向两侧的岩层,自新到老,对称出现,则为向斜。

认识背斜和向斜构造以后,就可以按照褶皱要素——核部、翼部、转折端、轴向、倾伏等进行具体的描述了。例如某背斜构造,核部由志留系地层构成,两侧由泥盆系至石炭系地层构成,轴向北东,向南西倾伏。

然后,再将观察的褶皱进行分类,最常用的褶皱分类是根据褶皱轴面的产状分为：直立褶皱、歪斜褶皱、倒转褶皱、平卧褶皱、翻卷褶皱。一般说来,这些褶皱的形态都反映了岩层受力程度的不同。或者说,从直立褶皱到翻卷褶皱,受力越来越强,因两侧受力的程度不同,轴面向受力较弱的一侧倾斜。

另一种褶皱形态分类,根据岩层弯曲的形态而定,也是野外观察剖面时常用的,有圆弧褶皱、尖棱褶皱、箱状褶皱、扇形褶皱及挠曲。

以上所说的褶皱形态,可以说是"小型"的褶皱,即站在褶皱岩层的面前,一眼看去,就清晰能辨。而实际上,还有"大型"的褶皱,在野外地质旅行,穿越长剖面时才能辨认的,它们大多是"非单个"褶皱,而是由一系列褶皱复合组成。通过剖面示意图最能说明此种类型,一般有两类。

一是复背斜和复向斜,也就是在它们的两翼被一系列次一级褶皱所复杂化,或者说,大的褶皱轮廓是背斜,但在翼部尚包含若干小的背斜和向斜。反过来,大的褶皱轮廓是向斜,而在其翼部则尚有次级的背斜和向斜。此类复式的背斜和向斜,常见于"地槽区",如我国的秦岭、天山、内蒙古中部、喜马拉雅山等地均有所见。

二是隔挡式褶皱和隔槽式褶皱,一个平行褶皱群内,如果背斜呈紧密褶皱,而向斜呈开阔平缓的褶皱,称为隔挡式褶皱,如川东地区的褶皱群。而隔槽式褶皱,则是一系列相间排列的开阔背斜褶皱被一系列紧密向斜所隔开。

在褶皱形态的观察基础上,进一步就是研究形成褶皱的机理,可在地质调查告一段落以后作详细的解剖,如纵弯褶皱作用、横弯褶皱作用、柔流褶皱作用、压扁作用等,此处不作进一步论述。

(2)怎样研究褶皱?在踏勘剖面时,认识褶皱以后,如何进一步作具体的研究是一项重要的课题,基本上可从以下几方面入手。

对褶皱形态的研究包括查明褶皱的位置、产状、规模、形态和分布特点,探讨褶皱形成的方式和形成的时代,了解褶皱与矿产、地质灾害的关系等。

首先,需要观察的要点是查明地层的层序并追索标志层。根据地层内所含的化石特征以及岩石性质等标志,确定组成褶皱构造的层序关系;进而查明其层序是正常还是倒转;再观察这些地层的对称排列及其重复关系,确定背斜或向斜的所在位置。在观察地层层序及其排列关系时,必须抓住某个岩性特征显目、厚度不大、展布稳定的岩层作为了解褶皱的标志层,褶皱的产状也可根据标志层予以确定。这些产状,主要是测定褶皱枢纽和轴面的产状,此两者是正确判断褶皱产状和真实形态的前提。

其次,是观察褶皱出露的形态,也就是从褶皱在地面出露的形态做纵横方面的观察,经过多方分析,恢复其真实面貌。

再次,对褶皱内部的小构造研究也应注意。所谓小构造,指小褶皱、小断裂面、线理等。它们分布于主褶皱的不同部位,各自从一个侧面反映出主褶皱的某些特征,这些内部构造,由于规模较小,易于观察,因此以小比大,通过对褶皱内部小构造的研究能进一步了解和阐明主褶皱的某些特征。

2)褶皱描述

(1)翼间角。根据翼间角的大小,将褶皱描述为以下几类(图 2-23)。①平缓褶皱。翼间角在120°~180°间。②开阔褶皱。翼间角在70°~120°之间。③中常褶皱。翼间角在30°~70°之间。④紧闭褶皱。翼间角在5°~30°之间。⑤等斜褶皱。翼间角在0°~5°之间。

(2)枢纽的产状。枢纽一般是一条直线,也可以是一条曲线。枢纽产状包括指向和倾伏角。指向一般代表褶皱在空间延伸的方位。倾伏角可从水平(0°~5°)至直立(90°)。根据枢纽倾伏角,可对褶皱描述如下。① 当枢纽倾伏角近于水平(0°~5°)时,称水平褶皱。② 如果枢纽是倾斜时(5°~85°),称倾伏褶皱。③ 如果枢纽直立(85°~90°),该褶皱称倾竖褶皱。

(3)褶皱规模。褶皱的规模以褶皱的波长(W)和波幅(A)来确定,在正交剖面上连接各褶皱面的拐点的线称作褶皱的中间线。褶皱波长(W)是指一个周期波的长度,即等于两个相同拐点之间的距离。波幅(A)是指中间线与枢纽点之间的距离(图2-24)。

(4)褶皱的对称性。两翼等长的褶皱称为对称褶皱,两翼不等长的褶皱称为不对称褶皱(图 2-24)。①对称褶皱。褶皱的轴面与褶皱包络

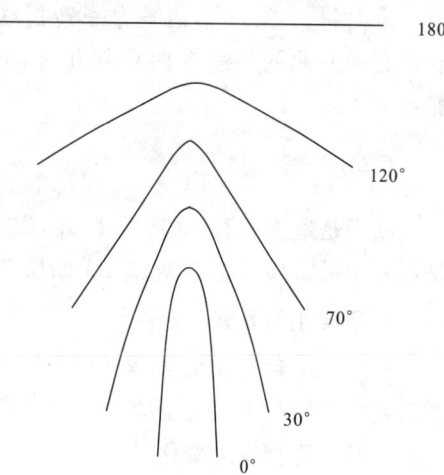

图 2-23 翼间角不同的褶皱(据朱志澄,1990)

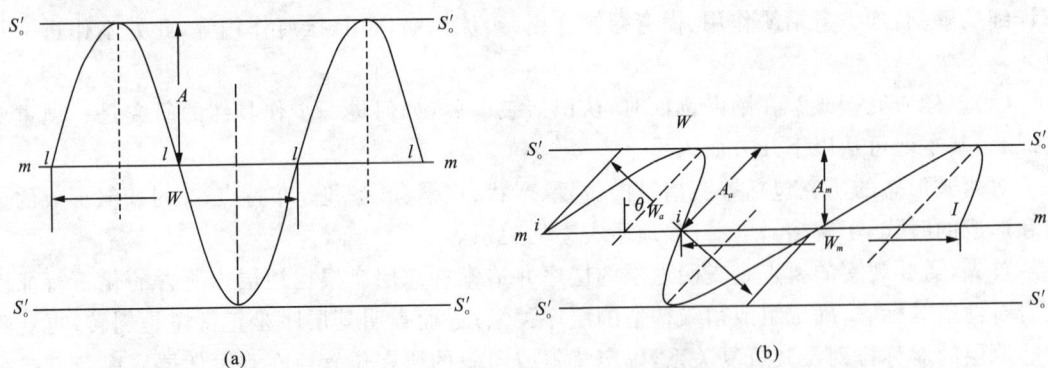

图 2-24 褶皱的波长（W）和波幅（A）（据 J. G. Ramsay, 1967）
(a)对称褶皱波长（W）和波幅（A）；(b)不对称褶皱波长（W_m、W_a）和波幅（A_m、A_a）；S'_o.包络面；Am.中间面；θ.轴面与中间面相交的余角；i. 拐点

面垂直,而且两翼的长度基本相等。②不对称褶皱。褶皱的轴面与褶皱的包络面斜交,而且两翼的长度不相等。

褶皱的描述包括以下内容:褶皱名称（地名加褶皱类型）、分布地点及范围、延伸方向、核部及两翼地层、两翼产状及其变化、转折端形状（圆弧状、尖棱状、箱状等）、褶皱的位态分类、次级褶皱特征、与周围其他构造的关系以及褶皱形成时代等。现以暮云岭背斜为例进行描述。

暮云岭背斜:位于图幅中西部暮云岭一带,呈 NE-SW 向延伸；核部由下石炭统组成,宽约 500m,长约 2 750m,平面上呈不规则的长椭圆形,长宽比约为 5∶1,为近线形背斜。两翼由中、上石炭统及二叠系地层组成,两翼产状是:西北翼为 315°∠60°～55°,东南翼为 135°∠40°～25°；可见北西翼较陡,南东翼较缓,轴面向南东倾,倾角约 80°,转折端比较圆滑,翼间角约为 80°,为开阔褶皱。枢纽向 NE、SW 两端倾伏,中部隆起,背斜向南西一分为二成两个背斜和其中一个向斜。总之,本褶皱为一转折端圆滑的斜歪背斜,属褶皱位态分类中的倾伏直立褶皱。背斜的北西和南东两翼与相邻的向斜连接。背斜形成于晚二叠世之后,早侏罗世之前。

（二）断层

断层是地壳岩石体（地质体）中顺破裂面发生明显位移的一种破裂构造。断层发育广泛,是地壳中最重要的构造类型。大断层常常控制区域地质格架、结构和演化等。

1. 断层几何要素

断层是一种面状构造,断层面是一个将岩块或岩层断开成两部分并借以滑动的破裂面。断层面的空间位置由其走向、倾向和倾角来确定。断层面往往不是一个产状稳定的平直面,顺走向或倾向都会发生变化。

大的断层一般不是一个简单的面,而是由一系列破裂面或次级断层组成的带,即断层（裂）带。

断层线是断层面与地面的交线,即断层在地面的出露线。断层线的形态取决于断层面的弯曲程度、断层面的产状及地面的起伏。断层面倾角越缓、地形起伏越大,断层线的形态也越复杂。

断盘是断层面两侧沿断层面发生移动的岩块。如果断层面是倾斜的,位于断层面上侧的一盘为上盘,位于断层面下侧的一盘为下盘。

根据两盘的相对滑动,相对上滑的一盘叫上升盘,相对下滑的一盘叫下降盘。

2. 断层类型及组合型式

1)断层的主要类型

断层的分类方法很多,所以有各种不同的类型。根据断层两盘相对位移的情况,可以分为以下3种(图2-25)。

(1)正断层。上盘沿断层面相对下降,下盘相对上升的断层。其断层面倾角较陡,一般在45°以上。正断层一般是由于岩体受到张力及重力作用,使上盘沿断层面向下错动形成的。

(2)逆断层。上盘沿断层面相对上升,下盘相对下降的断层。逆断层一般是由于岩体受到水平方向强烈挤压力的作用,使上盘沿断层面向上错动而成。

(3)平移断层。由于岩体受水平剪切作用,使两盘沿断层面发生相对水平位移的断层。平移断层的倾角很大,断层面近于直立,断层线比较平直。

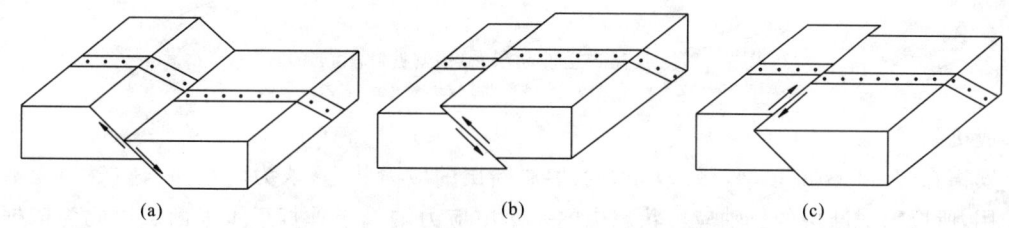

图2-25 断层类型(据朱志澄,1990)
(a)正断层;(b)逆断层;(c)平移断层

2)断层的组合型式

断层的形成和分布受区域性或地区性地应力场的控制,所以常常是成列出现,并且以一定的排列方式有规律地组合在一起,形成不同型式的组合类型。

(1)地堑。是由两条走向大致平行而性质相同的断层组合成一个中间断块下降,两边断块相对上升的构造[图2-26(b)]。

(2)地垒。是由两条走向大致平行而性质相同的断层组合成一个中间断块上升,两边断块相对下降的构造[图2-26(b)]。

(3)阶状断层。由两条或两条以上倾向相同而又相互平行的正断层组合形成,其上盘依次下降呈阶梯状[图2-26(a)]。

(4)叠瓦状断层。逆断层可单独出现,也可以成群出现。多条逆断层平行排列、倾向一致时,便形成叠瓦构造(断层)(图2-27)。

3. 断层形成机制

断层形成机制是一个复杂的问题,涉及破裂的发生和断层的形成、断层作用与应力状态、岩石力学性质,以及断层作用与断层形成环境的物理状态等问题。下面介绍安德森模式的断

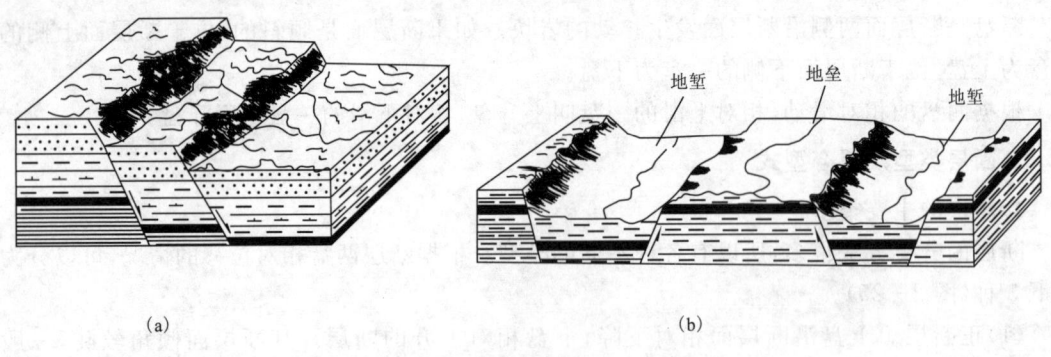

图 2-26 断层组合类型(据朱志澄,1990)
(a)阶状断层;(b)地垒和地堑

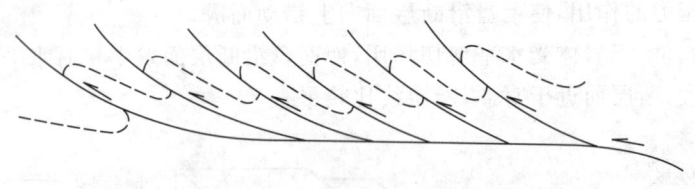

图 2-27 叠瓦式逆冲断层系(扇)(据朱志澄,1990)

层形成机制。

安德森(Anderson E M,1951)分析了形成断层的应力状态,认为因地面与空气间无剪应力作用,所以形成断层的三轴应力状态中的一个主应力轴趋于垂直于水平面。以此为依据提出了形成正断层、逆(冲)断层和平移断层的3种应力状态。

安德森模式:在地壳表层脆性条件下,用3种不同应力状态分别解释正、逆、平移断层的形成机制。

(1)正断层。σ_1直立,σ_2和σ_3水平;σ_2与断层走向一致;水平拉伸和铅直上隆是形成正断层的有利条件[图2-28(a)]。

(2)逆断层。σ_1和σ_2水平,σ_3直立;σ_2与断层走向一致;水平挤压有利于形成逆断层[图2-28(b)]。

(3)平移断层。σ_1和σ_3水平,σ_2直立;σ_2与断层走向及滑动方向垂直[图2-28(c)]。

4. 断层野外识别与观察

当岩层发生断裂并形成断层后,不仅会改变原有地层的分布规律,还常在断层面及其相邻部分形成各种伴生构造,并形成与断层构造相关的地貌现象。在野外可以根据这些标志来识别断层。

(1)地貌特征。当断层的断距较大时可能形成陡峭的断层崖,如经剥蚀,则会形成断层三角面。断层破碎带岩石破碎,易于侵蚀下切,可能形成沟谷或峡谷地貌。此外,如山脊错断或错开,河谷跌水瀑布,河谷方向发生突然转折,串珠状泉水出露等,很可能都是断裂在地貌上的反映。

(2)地层特征。如产生岩层发生重复或缺失、岩脉被错断、岩层走向突然发生中断或者不

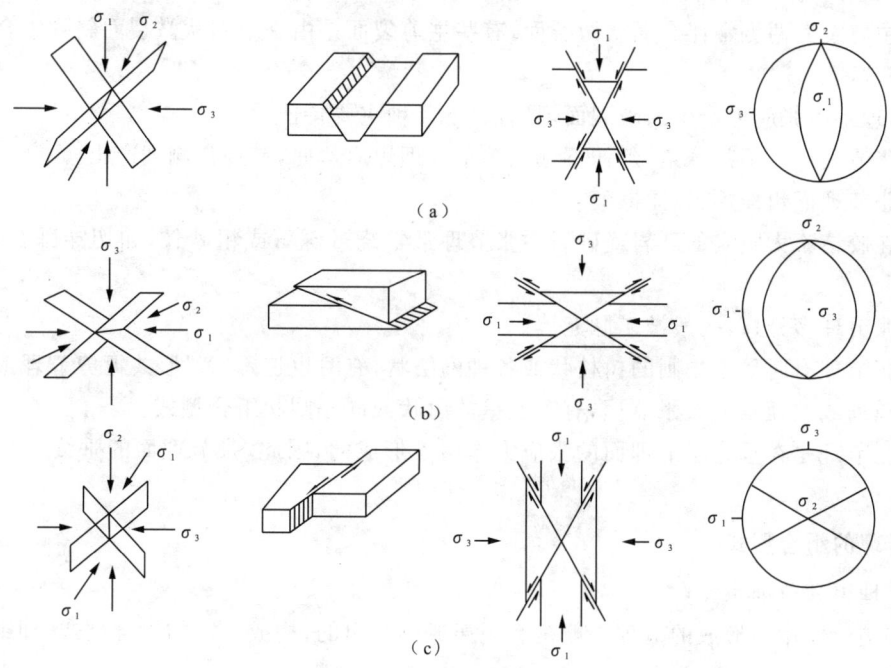

图 2-28 形成三类断层的三种应力状态及其表现型式(据朱志澄,1990)
(a)正断层；(b)逆断层；(c)平移断层

同性质的岩层突然接触等地层方面的特征,则进一步说明断层存在的可能性很大。

(3)断层的伴生构造现象。断层的伴生构造是断层在发生、发展过程中遗留下来的形迹。常见的有岩层牵引弯曲、断层角砾、糜棱岩、断层泥和断层擦痕等。

岩层的牵引弯曲,是岩层因断层两盘发生相对错动,因受牵引而形成的弯曲,多形成于页岩、片岩等软性岩层和薄层岩层中。当断层发生相对位移时,其两侧延伸因受强烈的挤压作用,有时沿断层面被研磨成细泥,称为断层泥;如被研碎成角砾,则称为断层角砾。断层角砾一般是胶结的,其成分与断层两盘的岩性基本一致。断层两盘相互错动时,因强烈摩擦而在断层面上产生的一条条彼此平行密集的细刻槽,称为断层擦痕。顺擦痕方向抚摸,感到光滑的方向即为对盘错动方向。

(三)节理

节理是岩石中的裂隙,没有发生明显位移的断裂。

1. 节理的分类

根据节理的力学性质,可将节理分为剪节理和张节理两类。

1)剪节理

剪节理是由剪应力产生的破裂面,具有以下几种主要特征。

(1)剪节理产状较稳定,沿走向和倾向延伸较远。

(2)剪节理较平直光滑,有时具有因剪切滑动而留下的擦痕。

(3)发育于砾石和砂岩等岩石中的剪节理,一般穿切砾石和胶结物。

(4)典型的剪节理常常组成共轭"X"形节理组合。

(5)主剪裂面两侧常伴有羽状微裂面,有些主剪裂面是由一组羽状微裂面斜列组合而成。

2)张节理

张节理是由张应力产生的破裂面,具有以下几种主要特征。

(1)张节理产状不甚稳定,延伸不远。单条节理短而弯曲,节理常侧列产出。

(2)张节理面粗糙不平,无擦痕。

(3)在胶结不太坚实的砾岩或砂岩中张节理常常绕过砾石或粗砂粒,如切穿砾石,破裂面也凹凸不平。

(4)张节理多开口,一般被矿脉充填。

(5)张节理有时呈不规则的树枝状或各种网络状,有时也追踪"X"形共轭剪节理形成锯齿张节理、单列或共轭雁列式张节理,有时也呈放射状或同心圆状组合型式。

(6)张节理是在垂直于节理面的张应力作用下形成的,因此,张节理面的垂线方向代表 σ_3 方位。

2. 节理的组合型式

1)节理组和节理系

一次构造作用中形成的节理一般是有规律成群产出的,构成一定的组合型式,即组成节理组和节理系。

节理组是指在一次构造作用的统一应力场中形成的、产状基本一致和力学性质相同的一群节理。在一次构造作用的统一构造应力场中形成的两个或两个以上的节理组,则构成节理系,如"X"形共轭节理系等。对于在一次构造作用的统一应力场中形成的产状呈规律性变化的一群节理,也称为节理系,如一群放射状节理或同心状节理。在野外工作中,我们一般都是以节理组、节理系为对象进行节理观测,所以,应注意划分节理组和节理系。

2)雁列节理

雁列节理是一组呈雁行斜列式的节理,这类节理常被充填形成雁列脉。两者在构造意义上是相同的,雁列脉产出于多种岩石里,在碳酸盐岩中发育更为广泛。

雁列脉呈带状展布的范围称为雁列带,穿过各单脉中心而平分雁列带的中心面,称为雁列面。雁列面在雁列带横截面上的迹线称雁列轴。雁列面的产状即代表雁列带产状。单脉与雁列面的锐夹角为雁列角。

根据雁列式节理中各单条节理的错列方式分为左阶和右阶。顺一条节理走向观察,次一条节理向左错列,并与前一条节理的近端横向重叠,称为左阶;反之为右阶(图2-29)。雁列脉可以是单列产出,是单剪作用的结果,也可以是由左阶和右阶两条雁列脉交叉组合成共轭雁列脉(图2-29)。

雁列脉中单脉的形态变化很大,主要有平直型和"S"形两类。平直型窄而长,多属剪裂,破裂后变形较轻(图2-30);"S"形中段较宽,多属张裂,反映了剪切作用中的递变变形。由"S"形单脉组成的共轭雁列脉中,一为正"S"形,一为反"S"形。

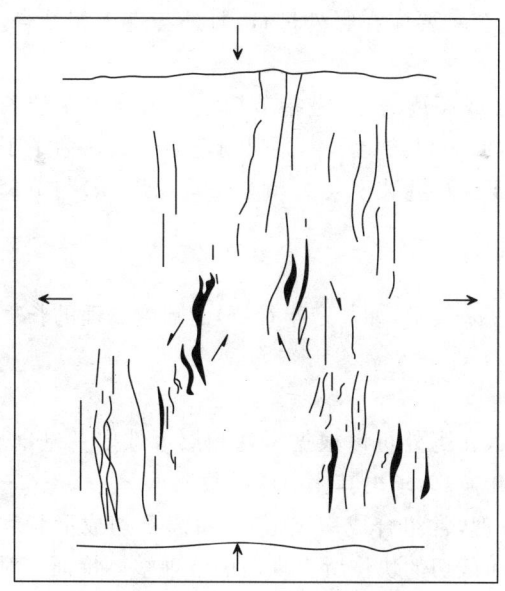

图 2-29　白云质灰岩中的雁列张节理
(据朱志澄,1990)
左列为右阶,右列为左阶

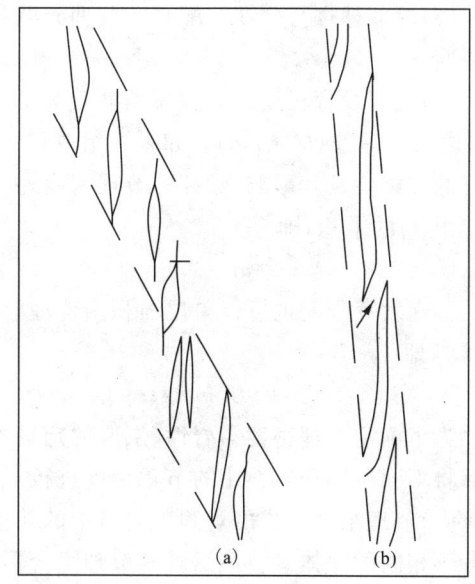

图 2-30　两类直脉型雁列脉
(据 Beach A,1975)
(a)张裂型;(b)剪裂型

3) 火炬状节理

发育两组斜列张节理,沿脆-韧性剪切带分布。左侧张节理呈反"S"形,右侧张节理呈"S"形,被方解石充填后形成雁列脉。根据张节理与剪切带所夹锐角指示本侧运动方向,判断图 2-29 中左侧节理组为左行剪切,右侧节理组为右行剪切,组成共轭剪切带。

3. 节理的野外观察

节理是很常见的一种构造地质现象,就是我们在岩石露头上所见的裂缝,或称岩石的裂缝。这是由于岩石受力而出现的裂隙,但裂开面的两侧没有发生明显的位移。

对于节理,应在野外进行大量的观测和统计工作。在此基础上可用于确定构造部位,分析构造应力场、边坡变形破坏控制因素和矿体的储存运移空间等。

1) 观测点的选定

观测点的选定取决于任务的需要,一般不要求均匀布点,而是根据地质情况和节理发育情况布点,做到疏密适当。选定观察点时还要考虑如下几点。第一,露头良好,最好便于两面观测,露头面积一般不小于 $10m^2$,便于大量测量。第二,构造特征清楚,岩层产状稳定。第三,节理比较发育,组系及其相互关系较明确,而且处在构造的重要部位。第四,可根据构造层、构造的类型、岩体和岩石组合划分为不同节理域,对其分别进行测量。

2) 观测内容

(1) 地质背景的观测。在对节理进行观测前,首先应了解观察地段的地质背景,即地层及其产状、岩性及成层性、褶皱和断层的特点,以及观测点所在构造部位等。

(2) 节理的分类和组系划分。对节理要进行分类,划分组系,如有主节理发育,应区分主节理和一般节理。如果在工作之初不能对节理进行分类或划分时,在收集到一定资料后应及时进行分析概括。

（3）对节理进行分期和配套。节理分期和配套主要应在野外进行，野外与室内相结合，反复检验。

（4）节理发育程度。节理发育程度常以密度或频度表示，是指节理法线方向上单位长度（m）内的节理条数（条/m）。如果 n 组节理都很陡，可以选定单位面积测定节理数。为了了解岩石的渗透性及其影响，除计算节理密度外，还要计算缝隙度（G），就是节理密度（u）与节理平均壁距（t）的乘积，即

$$G = ut$$

节理发育程度也可以单位面积内节理的长度来表示，如一定半径（r）的圆内节理的长度之和（L），即

$$\mu = L/\pi r^2$$

为了确定节理密度与岩性、层厚的定量关系，在野外可以根据岩性和层厚选定一基准层，然后将不同层厚和岩性中的节理密度进行对比和换算，求出其比值或系数。

（5）节理组合形式的观测。岩石中的几组节理，常组合成一定形式，将岩石切成形状和大小各不相同的块体。要注意观察节理组合形式和截切的块体所表现出的节理整体特征。对展布范围较大的剪节理中的等距性和分级等距性应注意测定。

（6）节理面的观察。在节理的野外研究中，应注意节理面的观察。观察内容包括：节理面的形态和结构细节，节理面的平直光滑程度，是否有擦痕，节理是否被充填以及充填物结晶状态和结晶方位等。这些材料有助于分析节理的力学性质，以及了解节理的形成状态和发育过程。

（7）节理的延伸。根据节理与岩层的关系，可分为层内节理和穿层节理。在观测节理顺走向的延伸上，应注意节理的平行性和延伸长度。对于区域性节理，应注意节理的走向在区域范围内的变化趋势。

3）节理的测量和记录

在节理观察点上，对上述各方向进行观察的同时，要进行测量和记录。

测定节理产状与测定岩层产状要素一样，如果节理面未充分揭露而不易测量时，可将一硬卡片插入节理内，直接测量卡片产状。如果节理产状不太稳定而数据精度要求很高时，应逐条进行测量。如果节理按方位和产状分组明显，也可分组测量，每组中测量有代表性的几条节理，然后再统计这组节理数目。

对节理的记录要求大致包括下列内容：①节理群所在地的地理位置；②节理与褶皱或断层的关系，如在褶皱的轴部、翼部、断层的上盘或下盘等；③节理所在的岩层时代或层位、岩石的性质、岩层的产状要素；④节理的产状要素；⑤节理面及充填物的特征；⑥节理的力学性质及旋向；⑦节理组、系归属及相互关系；⑧节理密度统计（条/m）；⑨备注。

测量和观察的结果一般填入一定表格或记在专用野簿中，以便整理。记录表格可根据目的和任务编制。对节理测量的结果，应采用各种方法进行统计，结合有关资料加以分析。

4）节理资料的整理与制图

在野外对节理进行了观测并收集了大量资料后，应及时在室内加以整理，进行统计分析，以查明节理发育的规律和特点及其与该区有关构造的关系。节理的整理和统计一般采用图表形式，主要有玫瑰花图、极点图和等密图等。

(1)节理玫瑰花图。编制简便,反映节理性质和方位比较明显,是统计节理的一种较常用的图式。其分为走向玫瑰花图和倾向玫瑰花图两种。

(2)节理极点图。是用节理法线的极点投影绘制的,其编制简便,所表示的各个节理产状准确,并且能明确反映节理发育的优势方位。

(3)节理等密图。是在节理极点图的基础上编制的,其编绘比较费工,但这种图能比较准确地反映出节理发育程度及其优势方位,故在节理研究中较常采用。

第三节 第四纪地质及地貌基础知识与野外调查方法

第四纪地质学是研究距今二三百万年内第四纪的沉积物、生物、气候、地层、构造运动和地壳发展历史规律的学科。

第四纪地质的研究是水文地质工程地质的重要基础工作,第四纪沉积物的分布和结构、新构造运动的性质等,决定着水文地质工程地质条件及其变化规律。第四纪沉积物的形成及形成后的表生地质作用,对沉积物的岩性、结构、物理-力学性质等一系列工程地质特性有着重要影响。现代物理地质现象的发生发展,是以区域的第四纪古地质环境为背景的。因此,第四纪地质研究对水文地质工程地质工作的意义愈加深远。

一般把第四纪岩层称为"沉积物"或"沉积层"。第四纪沉积物主要有陆相和海相两大类,本节主要介绍陆相沉积物的基本特征及工作方法。

一、第四纪沉积物特征

(一)基本特征

第四纪沉积物广泛分布于地球表层,形成时间短或正处于形成之中,普遍成松散或半固结状态,易于发生流动和破坏,对工程产生不利影响。

第四纪沉积物分布于起伏不平的地表,处于不同气候带,受到各种地质营力影响,一般具有结构疏松,成因多样,岩相变化大,厚度差异大,有不同程度的风化,而且常含有化石及古文化遗存等。因此在研究第四纪沉积物时,连续观察露头和追索可靠标志层(包括地貌标志)是很重要的方法。地面上(除陡崖地形外)虽然都覆盖有一层厚薄不等的第四纪沉积物,但通常它的厚度只有几米到几十米(甚至只有几厘米),只是在地壳下降区才达到几百米。保留在第四纪地层剖面中一些有特殊价值的层(如泥碳、冰层、风化壳、砂矿层等),它们的厚度不大,但具重要意义。

第四纪或现代沉积物的岩性成因、成岩作用、胶结作用以及成岩过程中的新生变形作用等研究,对于分析古代沉积的成因和沉积环境,建立沉积模式,探索沉积规律和构造运用,都是很重要的。

(二)第四纪沉积物的时代

按照第四纪生物演变和气候变化,通常把第四纪分为 4 个时间尺度不等的时期,相对应的地层分别称为：早更新统（Qp_1）、中更新统（Qp_2）、晚更新统（Qp_3）和全新统（Qh）。

在野外，对第四纪沉积物进行时代判别，需要掌握各时代沉积物类型的特点，并结合区域地质资料及地形地貌特点来判定。表 2-6 列出了 Qp_1、Qp_2、Qp_3、Qh 野外鉴别特征。

表 2-6　第四纪沉积物野外鉴定特征

	Qp_1	Qp_2	Qp_3	Qh
地形	地形较陡	地形起伏	地形多微倾	地形多平坦
出露位置	一般出露于Ⅳ级阶地、残积层	一般出露于Ⅲ级阶地、残坡积层	多出露于Ⅱ级阶地、洪积扇、残坡积层	河道、Ⅰ级阶地、河漫滩、坡积层等
颜色	颜色较深，呈黑褐色	颜色以红色为基调，呈红褐色	颜色较纯，黄褐色为主，灰绿色黏性土层	颜色较杂，多为灰色、灰黄色
包含物	胶结较好的黏土，含砾石	含铁锰结核，有蠕虫状白膏泥，呈网纹状黏土	多包含黑色的铁锰质结核，部分含有完整蜗牛壳	含杂物较多，由于重新搬运，沉积蜗牛壳多呈破碎状
岩土性质	承载力高，渗透系数小	承载力较高，具胀缩性	承载力较低，易渗透变形	承载力低，结构松散

（三）几类常见第四纪沉积物特征

第四纪沉积物可分为冲积物、洪积物、残积物、崩坡积物等。其各自特点分别概述如下。

1. 冲积物

由长期地表水流搬运，在河流阶地、冲积平原、三角洲地带等平缓地段所堆积下来的碎屑物，称为冲积物，其特征为颗粒在河流上游地段较粗，向下游逐渐变细，分选性及磨圆度均较好，层理清楚。冲积物特征具体如下。

（1）分选性较好。由于流水搬运能力的变化比较有规律，在一定强度的水动力状况下，只能有一定的碎屑物质沉积下来。如近河床主流线的沉积物粗，远离主流线沉积物细。

（2）磨圆度较好。较粗的碎屑物质，在搬运过程中相互之间以及碎屑物与河底之间不断摩擦，变圆滑。如河床中的卵石，常常是相当圆滑的。

（3）成层性较清楚。由于河流的沉积作用具有规律性变化。如因河床侧向迁移，同一地点在不同时期所处的部位在变化，接受的沉积物的特征也就不一样。此外，就同一地点而言，洪水期沉积物粗而且数量多，枯水期的沉积物细而且数量少；夏季沉积物颜色较淡，冬季沉积物颜色较深，不同时期沉积物的成分也会有差别等。

山区河谷冲积物大部分由卵石、碎石等粗颗粒组成，分选性较差，大小不同的砾石互相交替，成为水平排列的透镜体或不规则的夹层，厚度一般不大，这是进行野外鉴别山区河谷冲积物的一个标准，沉积时代均为 Qh。一般来说，山区河谷的堆积物颗粒大，承载力高，但由于河流侧向侵蚀的结果也带来了大量的细小颗粒，特别是当河流两旁有许多冲沟支汊时，这些冲沟支汊带来的细小颗粒往往和冲积的粗大颗粒交错堆积在一起，承载力也因而降低。

2. 残积物

岩石表面经物理、化学风化作用而残留在原地的碎屑物称为残积物。

残积物在形成的初期，上部的颗粒较细，下部颗粒粗大，但由于雨水或雪水的淋漓，细小碎屑被带走，形成杂乱的堆积物，没有层理、具有较大的孔隙度。残积物颗粒的粗细决定于母岩的岩性，因此，有些地区残积物是粗大的岩块，而另一些地区可能是细小的碎屑。残积物没有经过水平的位移，颗粒具有明显的棱角，但由于大的岩块受到重力作用在下坠过程中可能将周围小的岩块挤出，产生缓慢的、微小的水平位移。

残积物的成分与母岩的岩性密切相关，如花岗岩的残积物中，长石常分解成黏土矿物，石英常破碎成细砂；石灰岩的残积物则往往成为红黏土。残积物的厚度取决于它的残积条件：在山丘顶部常被侵蚀而厚度较小，山谷低洼处则厚度较大，山坡上往往是粗大的岩块。

残积物一般透水性较强，以致残积物中一般无地下水，但当堆积在低洼地段而下伏母岩又为不透水层时，则有上层滞水出现。

3. 洪积物

山区或高地上的暂时水流将大量的风化碎屑物挟带下来，堆积在前缘的平缓地带，这种堆积物称为洪积物。

洪积物具有一定的分选作用。距山区或高地近的地方，堆积物的颗粒粗大，碎块多呈亚角形；离山区或高地较远的地方，堆积物的颗粒逐渐变细，颗粒形状由亚角形逐渐变成亚圆形或圆形；在离山区或高地更远一些的地方，洪积物中则往往有淤泥等细颗粒土的分布。但是，由于每次暂时水流的搬运能力不等，在粗大颗粒的孔隙中往往填充了细小颗粒，而在细小颗粒层中有时会出现粗大的颗粒，粗细颗粒间没有明显的分界线。

洪积物具有比较明显的层理，但在靠山区或高地近的地方，层理紊乱，往往成为交错层理；在离山区或高地远的地方，层理逐渐清楚，一般成为水平层理或湍流层的交错层理。

洪积物中的地下水一般属于潜水，由山区或高地前缘向平原补给。由于山区或高地前缘地形高，潜水埋藏深，离山区或高地较远的地方，地形低，潜水浅；在局部低洼地段，潜水可能溢出地表。此外，如粗大颗粒的洪积物尖灭在细小颗粒的上面时，潜水也可能在粗细颗粒的交接处溢出地表。洪积物的厚度一般是在离山区或高地近的地方厚度大，远的地方厚度小，在局部范围内的变化不大。

4. 坡积物

高处的风化碎屑物由于雨水或雪水的搬运，或者由于本身的重力作用，堆积在斜坡或坡脚，这种堆积物称为坡积物。

坡积物的岩性成分是多种多样的，但与高处的岩性组成有直接关系。坡积物一般具有棱角，但由于经过一段距离的搬运，往往成为亚角形。坡积物没有经过良好的分选作用，细小或粗大的碎块往往夹杂在一起。但由于重力作用，比较粗大的颗粒一般堆积在紧靠斜坡的部位，而细小的颗粒则分布在离开斜坡稍远的地方。

坡积物中一般见不到层理，但有时也具有局部的不清晰的层理。新近堆积的坡积物经常具有垂直的孔隙，结构显得比较疏松。坡积物一般具有较高的压缩性，在水中很易崩解。坡积形成的黄土，其湿陷性一般比洪积或冲积形成的黄土要高得多。坡积层中的地下水一般属于潜水，在坡积物非常复杂的地区，有时形成上层滞水。坡积物的厚度变化比较大，由几厘米到一二十米。在斜坡较陡的地段厚度较薄,在坡脚地段堆积较厚。

(四)第四纪沉积物的岩性

第四纪沉积物岩性主要有碎屑沉积物、化学沉积物、生物沉积物、火山堆积物和人工堆积物。

第四纪碎屑沉积物按粒径分为:砾石、砂、粉砂和黏土4类。第四纪沉积物各种粒径的尺度变化范围较大,常表现为砂砾层、砾质砂土、砾质黏土、含泥质碎石和碎石土块等混合碎屑层岩类。

第四纪有机沉积物、化学沉积物和火山堆积物,依据沉积岩石学方法命名,第四纪有机岩按形成条件分为原地沉积和异地沉积两类。这两类有机沉积都可分为:泥碳、有机质淤泥和有机质碎屑沉积。

第四纪化学岩和火山岩的分类同一般化学岩、火山岩一样。人工堆积物以堆积物性质命名,如填土、垃圾、金属物等。地震堆积直接以地震命名。

(五)第四纪沉积物成因

第四纪沉积物成因研究,对第四纪地层划分、寻找砂矿和水文工程地质研究都有实际价值,也是探讨沉积岩相、沉积环境和沉积机制的重要对象,因而受到重视。

1. 成因标志

主要的成因标志有:动力标志、地貌标志和环境标志。

(1)动力标志。是由沉积物岩性、结构、构造和产状(沉积物沿走向变化和分界线等)所阐明的地质营力和搬运介质的特征,如动水、静水、沟谷水流、冰川和风等。必须利用各种标志来确定相当复杂的第四纪陆相沉积成因,尤其要着重砾石和砂的动力标志研究,这是动力标志研究的关键。

(2)地貌标志。陆相沉积物和地貌存在着一致性或相关性。利用地貌标志,有时可以比用动力标志能更易于确定沉积物成因。例如底碛丘陵和终碛堤,明确指出了底碛层和终碛层的区别;倒石堆形态和坡积裙,指出了重力堆积物和坡积物的区别等。

(3)环境标志。有些第四纪沉积物,如风化壳、冰碛层、黄土和冻土,产生于一定的气候条件下。而淡水、半咸水湖相沉积物环境,则可由其"指相化石"反映出来。故环境标志,也是推断第四纪沉积物成因的重要条件。

2. 第四纪沉积物成因推断

由上所述,第四纪陆相沉积物成因推断,应采用成因标志综合分析方法。这一方法应贯穿到野外观察和室内分析的全过程。

对于年轻的、各种标志明显的沉积物,其成因推断较易;而对于较老的、蒙受风化剥蚀的残余沉积物则比较困难。不同的标志,又因时因地而异,遂造成第四纪陆相沉积成因推断中的困难,特别是由于缺少定量标志,往往使问题变得模棱两可,这是一个值得重视和深入研究的问题。

二、第四纪地层划分对比与定名

(一)第四纪地层划分对比与方法

局部地层层序的拟定包括自然分层和层序的拟定,自然分层只能在野外进行,对剖面的仔细观察和详细描述是非常重要的,它是今后一切综合研究的基础。

根据第四纪沉积物的颜色、岩性、粒度、风化程度、磨圆度、镜下特征、结构面(不整合面)等变化进行自然分层,只要有变化,就可将其分成不同的层。

室内综合研究时可根据野外分层进行适当的合并。第四纪地层划分对比方法有生物地层学方法、气候地层学方法、地貌学方法、比较岩石学方法、年代学方法、古人类古文化及历史(考古法)。

1. 生物地层学方法

生物地层学的基本原理是利用生物演化的不可逆性和间断性(阶段性)对第四纪地层进行划分和对比。方法有:①利用哺乳动物化石,其他化石作为辅助手段;②利用哺乳动物群(组合)而不是"标准化石";③残余种、更新世特有(化)种、现(新)生种的百分比。

生物地层学原则是划分对比第四纪地层的主要原则之一,难点在于难于找到一定数量的有鉴定价值的化石。

2. 气候地层学方法

第四纪全球性气候波动的重要特征是冷与暖、潮湿与干旱的多次节奏性的波动变化。这种气候的波动可以引起植物群的迁徙和古地理沉积环境的巨大变化。环境的改变和自然界一系列环境因素的连锁反应,在第四纪地层中留下了诸多气候因素的烙印,因此利用气候标志划分第四纪地层,既可行又可信。

3. 地貌学方法

地貌发展具有一定的阶段性,形成一系列层状地貌,利用分布于这些不同高程地貌的沉积物的研究,可进行第四纪地层的划分。该方法主要适应于湖、海岸、溶洞以及河谷、阶地比较发育的地区。在利用这种方法时,不仅要考虑高程,还要综合分析沉积物的岩性、结构构造和风化程度,将可能出现的洞穴高度与其中堆积物时代不协调和沉积物间断现象排除。

4. 比较岩石学方法

利用第四纪沉积物的颜色、岩性、结构、构造成因和风化程度的差异划分地层的方法称为岩石地层学方法。该方法是根据堆积物形成的气候-时间不同,沉积物的上述特征不同的原则划分对比地层。

5. 年代学方法

利用各种年代学方法可直接划分年代地层,这是目前国际上广泛应用的一种方法,国内也力求往这方面发展。年代学方法主要有:①物理年代法;②同位素年代法;③其他方法。

6. 古人类、古文化及历史考古法

由于人类发展在地球各大陆大体相似,石器演化明显,分布广泛,研究程度较高,故古人类-考古学资料可用以帮助确定第四纪下限或比较精确地划分对比第四纪地层。具体方法可利用新旧石器时代古文化遗存及历史考古资料等,同时结合测年资料。

第四纪地球大气圈、水圈、岩石圈和生物圈的重大变化事件,都具有一定的内在联系,在进行第四纪地层的划分和对比时,应综合考虑在沉积物中保存的各种事件的证据,以岩性记录为基础,以各种年代学方法为必要条件,以气候、古环境与古生物事件作为补充来进行。

在实际工作中,应充分利用比较岩石学方法、地貌法建立起局部地区的有效层序,再利用生物地层法和古气候学法,并参考古人类-考古学成果,较准确地确定第四纪地层的地质年代以及与其他地区地层的对比关系。

(二)第四系土分类定名

依据《岩土工程勘查规范》(GB50021-2001)对第四系土类进行如下分类。

1. 碎石土

粒径大于2mm的颗粒质量超过总质量50%的土,应定名为碎石土。按表2-7进一步分类。

表2-7 碎石土的分类

土的名称	颗粒形状	颗粒级配
漂石	圆形及亚圆形为主	粒径大于200mm的颗粒质量超过总质量50%
块石	棱角形为主	
卵石	圆形及亚圆形为主	粒径大于20mm的颗粒质量超过总质量50%
碎石	棱角形为主	
圆砾	圆形及亚圆形为主	粒径大于2mm的颗粒质量超过总质量50%
角砾	棱角形为主	

注:定名时,应根据颗粒级配由大到小以最先符合者确定。

碎石类土描述时应描述碎屑物的成分、粒径、含量百分比、形状、坚固程度及密实程度、充填情况等内容。碎石土密实度是反映土颗粒排列的紧密程度,越是紧密的土,其强度越大,结构越稳定,压缩性越小。一般碎石土的密实度分为密实、中密、稍密等3种,其野外鉴别方法见表2-8。

表2-8 碎石土密实度野外鉴别方法

密实度	骨架颗粒含量及排列	可挖性	
		充填物以砂土为主	充填物以黏土为主
密实	骨架颗粒含量大于总重的70%,为交错排列,连续接触	颗粒间孔隙填充密实或有胶结性,镐锹挖掘困难,用撬棍方能松动,井壁稳定	颗粒间充填以坚硬和硬塑状黏性土为主,开挖较困难
中密	骨架颗粒含量等于总重的60%~70%,为交错排列,大部分接触	颗粒间孔隙被充填,用手可松动颗粒,镐锹可挖掘,井壁有掉块现象	颗粒间充填以可塑状黏性土为主,锹可开挖,但不易掉块
稍密	骨架颗粒含量小于总重的60%,排列混乱,大部分不接触	颗粒间孔隙部分被充填,颗粒有时被充填物隔开,用手一触即松动掉落,锹可挖,井壁易坍落	颗粒间充填以软塑或流塑状黏性土为主,锹可开挖,井壁有坍塌现象

注:①骨架颗粒系指各碎石土相应的粒径颗粒;②密实度按表列各项要求综合确定。

2. 砂土

粒径大于 2mm 的颗粒质量不超过总质量的 50%，粒径大于 0.075mm 的颗粒质量超过总质量 50% 的土，定名为砂土。按表 2-9 进一步分类。

表 2-9 砂土分类

土的名称	颗粒级配
砾砂	粒径大于 2mm 的颗粒质量占总质量 25%～50%
粗砂	粒径大于 0.5mm 的颗粒质量超过总质量 50%
中砂	粒径大于 0.25mm 的颗粒质量超过总质量 50%
细砂	粒径大于 0.075mm 的颗粒质量超过总质量 85%
粉砂	粒径大于 0.075mm 的颗粒质量超过总质量 50%

砂土应描述其粒径和含量的百分比，颗粒的主要矿物成分及有机质和包含物。当含大量有机质时，土呈黑色，含量不多时呈灰色；含多量氧化铁时，土呈红色，含少量时呈黄色或橙黄色；含 SiO_2、$CaCO_3$ 及 $Al(OH)_3$ 和高岭土时，土常呈白色或浅色。其野外鉴别特征见表 2-10。

表 2-10 砂土的野外鉴别方法

鉴别方法	砾砂	粗砂	中砂	细砂	粉砂
	鉴别特征				
颗粒粗细	约有 1/4 以上的颗粒比荞麦或高粱颗粒大	约有一半以上的颗粒比小米颗粒大	约有一半以上的颗粒与砂糖、菜籽颗粒近似	大部分颗粒与玉米粉颗粒近似	大部分颗粒与面粉颗粒近似
干燥时状态	颗粒完全分散	颗粒仅有个别有胶结	颗粒基本分散，部分胶结，一碰即散	颗粒少量胶结，稍加碰击即散	颗粒大部分胶结，稍压即散
湿润时用手拍的状态	表面无变化	表面无变化	表面偶有水印	表面水印（翻浆）	表面有显著翻浆现象
黏着程度	无黏着感	无黏着感	无黏着感	偶有轻微黏着感	有轻微无黏着感

3. 粉土

粉土指颗粒直径大于 0.075mm 的颗粒含量少于 50% 而塑性指数 IP＜10 的土。描述粉土时需要描述其颜色、状态、湿度和包含物。一般记录颜色时应将副色写在前面，主色写在后面;状态主要为密实程度,包括密实、中密、稍密,状态分类见表2-11;湿度分类依据天然含水量的多少,包括很湿、湿、稍湿3类,见表2-12。

表2-11 粉土的密实程度分类

密实程度	天然孔隙比 e	野外鉴别特征
密实	$e<0.75$	干、不易捏散
中密	$0.75\leqslant e\leqslant 0.9$	手捏不易变形,用力捏时散成粉末,一按即散
稍密	$e>0.9$	手捏变形,松手后显弹性,一摇即散,两个扰动土块,摇动时不易黏合

表2-12 粉土的湿度分类

湿度	天然含水量(%)	野外鉴别特征
稍湿	$w<20$	土扰动后不易握成团,一摇即散
湿	$20\leqslant w\leqslant 30$	土扰动后能握成团,手摇动时,土表面稍出水,手中有湿印,用手捏水即吸回
很湿	$w>30$	土用手摇动时,有水流出,土体塌溜成扁圆形

4. 黏性土

若土的塑性指数大于10,且粒径大于0.075mm的颗粒含量不超过总量的50%,则该土属于黏性土。若塑性指数 $IP>17$,定名为黏土;若塑性指数 $10<IP\leqslant 17$,定名为粉质黏土。黏性土的野外鉴别可按其湿润时状态、人手捏的感觉、黏着程度和能否搓条的粗细,将黏性土分为黏土、粉质黏土(见表2-13)。

表2-13 黏性土野外鉴别方法

鉴别方法	黏土	粉质黏土
湿润时用刀切	切面很光滑,刀刃有黏腻的阻力	稍有光滑面,切面规则
用手捻时的感觉	湿土用手捻摸有滑腻感,当水分较大时,极为黏手,感觉不到有颗粒的存在	仔细捻时感觉到有少量细颗粒,稍有滑腻感,有黏滞感
黏着程度	湿土极易黏着物体(包括金属与玻璃),干燥后不易剥去,用水反复洗才能去掉	能黏着物体,干燥后易剥掉
湿土搓条情况	能搓成直径小于1mm的土条(长度不短于手掌),手持一端不致断裂	能搓成直径2~3mm的土条

黏性土应描述其颜色、状态、湿度和包含物。一般记录颜色时应将副色写在前面,主色写在后面。黏性土的状态是指其在含有一定量的水分时,所表现出来的黏稠稀薄不同的物理状

态,它说明了土的软硬程度,反映土的天然结构受破坏后,土粒之间的联结强度以及抵抗外力所引起的土粒移动的能力。土的状态可分为坚硬、硬塑、可塑、软塑、流塑等。野外测定土的状态时,可采用重为76g、锥角为30°的金属圆锥的下沉深度来确定,其判断标准见表2-14及2-15。

表2-14 黏性土状态野外鉴别方法

圆锥下沉深度(mm)	土的状态	圆锥下沉深度(mm)	土的状态
$h<2$	坚硬	$7\leqslant h<10$	软塑
$2\leqslant h<3$	硬塑	$h>10$	流塑
$3\leqslant h<7$	可塑		

表2-15 目力鉴别粉土和黏性土

鉴别项目	摇振反应	光泽反应	干强度	韧性
粉土	迅速、中等	无光泽反应	低	低
黏性土	无	有光泽、稍有光泽	高、中等	高、中等

5. 人工填土及淤泥质土

人工填土应描述其成分、颜色、堆积方式、堆积时间、有机物含量、均匀性及密实度。淤泥质土尚需描述颜色、嗅味等特性。人工填土与淤泥质土的野外鉴别见表2-16。

表2-16 人工填土与淤泥质土的野外鉴别

鉴别方法	人工填土	淤泥质土
颜色	没有固定颜色,主要决定于夹杂物	灰黑色有臭味
夹杂物	一般含砖瓦砾块、垃圾、炉灰等	池沼中有半腐朽的细小动植物遗体,如草根、小螺壳等
构造	夹杂物质显露于外,构造无规律	构造常为层状,但有时不明显
浸入水中的现象	浸水后大部分物质变为稀软的淤泥,其余部分则为砖瓦炉灰渣,在水中单独出现	浸水后外观无明显变化,在水面有时出现气泡
湿土搓条情况	一般情况能搓成3mm的土条,但易折断,遇有灰砖杂质甚多时,即不能搓条	能搓成3mm的土条,但易折断
干燥后的强度	干燥后部分杂质脱落,无固定形状,稍微施加压力即行破碎	干燥体积缩小,强度不大,锤击时成粉末,用手指能搓散

三、河流地貌基本知识

(一)河谷地貌

河谷是由河流长期侵蚀而成的线状延伸的凹地,它的底部有着经常性的水流,至于其他成因如构造运动所成的谷地如果没有河流出现,都不能称为河谷。

河谷由谷坡和谷底两大部分组成,谷坡的形态有凸形、凹形、直线形、阶梯形等。谷底是夹在两坡之间的平坦面,这个平坦面由河床及河漫滩组成。其中河床是河谷中最低部分,它有经常性的水流,在它两侧为高起的河漫滩,它只是在洪水泛滥时才被淹没,故又称为洪水河床。

河谷的发育过程大致有 3 个阶段,并且相应地产生 3 种谷形。

1. 峡谷

峡谷又称"V"形河谷,流水沿着地形的原始倾斜地面开始侵蚀时以垂直下切侵蚀为主,这在由基岩组成的山区河谷中表现最为明显。河谷横剖面呈"V"形,两壁较陡,谷底狭窄;谷底即为河床,没有河漫滩,河床纵剖面坡降很大,河床底部起伏不平,水流湍急,沿河多急流、瀑布;河谷平面形态较平直。如我国著名的长江三峡——瞿塘峡、巫峡、西陵峡;又如金沙江上的虎跳涧峡谷,深达 2 500~3 000m,谷底宽不到 100m。

2. 河漫滩河谷

"V"形河谷进一步发展,下切作用减弱,侧向侵蚀加强,谷底拓宽,并有河漫滩发育,就转变为箱形的河漫滩河谷。河漫滩河谷谷底的扩宽是有限度的,它的宽度大小与河流流量、河岸抗冲强度和河床纵比降三者有关。此外,地下水和坡面片流对河谷的拓宽也有明显的影响。在湿润气候区,由于地下水量丰富而造成滑坡和强烈的片流侵蚀,加速了谷坡的后退;而在干旱地区,这些作用不明显,故谷坡较为稳定。

3. 成形河谷

当河漫滩河谷因侵蚀基准面下降而河流重新下切时,原河漫滩就转化为阶地,然后河流又在新的基准面上开辟新的谷地。这种具有阶地的河谷称为成形河谷。它表明经历了较长时间的发展过程。

按河谷发育的一般规律是上游多成深窄的峡谷,中下游多是宽敞的河漫滩河谷和成形河谷,下游以河漫滩河谷为主。

河漫滩河谷和成形河谷两岸常有不对称现象,其中一坡长而缓,谷底有着宽阔的河漫滩;另一坡短而陡,河床逼近谷坡。造成这种不对称性的原因有:地球偏转力的影响,河谷两坡倾斜度不等,河谷两侧不等量上升,单斜岩层的影响,河谷两侧岩层软硬不同,以及两坡小气候不同的影响。

(二)河床地貌

1. 河床纵剖面

河床纵剖面是指由河源至河口的河床底部最深点的连线。从宏观看,纵剖面是一条上凹形的曲线,它的上游坡度大而下游坡度小。但微观看,曲线上每一段都并非平整,而是呈阶梯状高低起伏的。这是因为河流对河床的作用是在许多因素参与下进行的。影响纵剖面形态的因素主要有4个方面：地质构造和地壳运动的影响、岩性的影响、地形的影响以及支流的影响。

1）地质构造和地壳运动的影响

河床纵剖面的巨大起伏首先与地质构造有关，在大地构造上升区和下降区，地形高差甚大，往往造成纵剖面上大规模的阶梯，如长江由发源地至金沙江段为新构造强烈上升区，河流运行于青藏高原和崇山峻岭之中，造成深切的峡谷，河床纵剖面急陡。当流入相对下降的四川盆地后，纵比降明显减小，发育了典型的河曲。随之又横贯过著名的三峡，这又是新构造运动显著的穹窿抬升区，河床纵比降亦明显增加。流出三峡后，进入了近代下沉的江汉平原，河床蜿蜒曲折，纵比降又显著减小。

2）岩性的影响

它是影响河床纵比降的重要因素之一，坚硬的岩石抵抗流水侵蚀力大，河床不易下切，深度较浅，但容易展宽，形成以侧蚀为主的侧向侵蚀区；相反，岩性软弱的河床，下切明显，形成以垂直侵蚀为主的深向侵蚀区。不同岩性交替出现的河床，必然导致不同比降的交替出现。

3）地形的影响

河床沿程地形的宽窄，直接影响到水流对河床的冲淤变化和纵比降的大小。如在高水位期河道束窄段或河底凸起段，水面落差比河道扩张段或河床凹陷段的大。故前者在高水位期冲刷，河床加深，成为深向侵蚀区；后者河床淤积，河床展宽，成为侧向侵蚀区。若两者交替出现，河床则产生一系列的阶梯。

4）支流的影响

有支流加入的主流河床，由于水沙增加而使水情及泥沙性质发生变化，这种变化也反映在纵剖面上。

2. 侵蚀基准面与河床纵剖面的关系

河流的下切侵蚀并不是无止境的，往往受到某一基面的控制，河流下切到这一基面后即失去侵蚀能力，这一基面是个水平面，称为河流侵蚀基准面。由于地球上大多数的河流注入大海，水流活动受到海平面控制，尽管河流下蚀的深度在个别地段因局部流水动力、岩性或地壳下沉等因素影响可以达到海平面以下（如长江三峡段河床上有在海平面以下30～45m的深槽出现，在武汉以东有些地方的河床竟低于海平面几十米至近百米）。但是，海平面对河流侵蚀深度还是有一定的限制作用，任何一条河流都不可能出现河床全部低于海平面的现象。因此，海平面一般就认为是河流的终极基准面，或称永久侵蚀基准面。此外，如果河流注入湖泊，或支流汇入主流，那么湖面或主流水面就成为该河或支流的侵蚀基准面。就一条河流各河段而言，造成急流或瀑布的坚硬岩坎可作为其上游河段的侵蚀基准面。这些侵蚀基准面存在时间较短，影响范围也较局部，因而统称为临时侵蚀基准面，或局部侵蚀基准面。

当侵蚀基准面下降时，可能出现3种情况。第一，侵蚀基准面下降后出露的地表倾斜度大于原来的纵剖面时，河流侵蚀复活，从河口向上游进行溯源侵蚀。第二，侵蚀基准面下降后出露的地表倾斜度小于原来的纵剖面时，河流将出现回水现象，发生沉积。第三，侵蚀基准面下降后出露出的地面与原来纵剖面的倾斜度一致时，纵剖面不会发生大的变化。

当侵蚀基准面上升时，它对河流的影响只有一定的距离，该距离取决于回水高度、河流比降及流速等，在这距离内，一般发生堆积，而在此以上影响不到。

从总的看，河流下游，特别是河口地区，堆积旺盛，河床比降减小，加上侵蚀基准面的影响，下切受到限制。在河流上游,特别在河源处,水量较小,下切力也弱,只有在河流的中游下切最强。因为这里水量和流速都较大,有足够的力量进行侵蚀和搬运泥沙,所以河床纵剖面的基本形态是呈上凹形曲线。但因原始地形、地质构造、地壳运动和局部水力等影响,这条曲线不是平滑的。

3. 河床平衡剖面

在河流长期作用下,河床纵剖面发展到一定阶段时,就趋向于平衡,这时的纵剖面称为平衡剖面。所谓平衡主要是指"动力平衡",平衡时的河流侵蚀力与河床阻力相等,此时由河流上游带来的泥沙等于河流带走的泥沙,即冲淤平衡。

但是河流是一个开放系统,它与周围环境不断发生物质和能量的交换,由于组成环境的因素具有复杂性和多变性,如流域内的地质构造、岩石、气候、植被的变化或河流流量、含沙量、坡度、地形的改变等都不可能使河流上游的来沙与当地河流的挟沙力相等,于是河床也就发生冲刷或淤积。如果输入的泥沙超过当地水流的挟沙力时,过多的泥沙将会沉积下来,使河床淤高;当来沙少于当地挟沙力时,不足的泥沙将从当地河床中得到补充,使河床刷深,此时河床的平衡剖面将受到破坏。

4. 山地河床地貌

山地河流发育比较年轻,以下蚀作用为主,河床纵剖面坡降很大,多壶穴(深潭)、石质深槽、岩坎、跌水(瀑布)、浅滩,河床底部起伏不平,水流湍急,涡流十分发育。

急流和涡流是山地河流侵蚀地貌的主要动力。河底旋涡流挟带着砂、砾石,具有较强的冲蚀力,旋磨河床底部的坚硬岩石,形成深陷的凹坑,称为壶穴。壶穴发育在岩面上,成为石质河床加深的主要方式。当壶穴彼此连通之后,河床即加深了,这些崩溃了的壶穴,就成为新河道上一条条石沟地形,一条深水道便产生出来了。原来的石质河床此时也会部分露出,形成高水河床。

5. 平原河床地貌

根据平原河道的形态及其演变规律,可以将它分为3种类型:顺直河道(顺直微弯型)、弯曲河道和分汊河道。其中分汊河道又可划分为相对稳定型和游荡型两亚类。

1)顺直河道

河道的顺直与弯曲,人们往往把河道的长度与其直线距离之比值作为划分标准。这一比值称为弯曲率,它的大小变化一般在1~5之间。顺直河道弯曲率为1.0~1.2,而弯曲率为1.2~5的称为弯曲河道。

顺直河道在平原或山地中都有分布,不过平原区的顺直河道比山地更少,长度更短。在全球,顺直河道比弯曲及分汊河道都要少得多。

顺直河道中,主流线位于河床的中央,流速也最大,它的两侧形成两个对称的横向环流:洪水期河心水面高而两岸低,呈凸形,表层水流由中央流向两岸,到达岸边后下沉成为底流;而底流由两岸底向河心相汇,然后再上升。这种环流往往使两岸受到冲刷,河心堆积,故洪水期容易出现塌岸。枯水期和平水期,河心水面比两岸低,表层水流从两岸向河心集中,然后下降成底流,底流从河心向两岸分流,最后又沿岸边上升,构成与洪水期流向相反的两个环流,此时河心底部受到冲刷,两岸发生堆积。

顺直河道的形成条件,在山地(河流上、中游)主要受地质构造和岩性制约;在平原(河流下游),只发生在河道两岸有节点(指山丘、岩岸、堤坝等抗击水流的地点)的地段,因为这里迫使主流线在中央,避免了两岸因受到冲刷而弯曲。此外,如果河道两岸的组成物质抗冲性较强(如黏土、粉砂质黏土等)且厚度大时,两岸不易遭受破坏,对直道的产生也十分有利。

顺直河道不易保存,而且大多数略带弯曲,原因是河道在各种自然条件的影响和地球偏转力的作用下,主流线经常偏离河心,折向一边向河岸冲击,因此河道出现了弯曲。上游一旦弯曲,下游水流便作"之"字形的反复折射,于是产生了一连串的河湾。在湾顶上游,来水集中,水力加强,发生冲刷并形成深槽;在两个相邻河湾之间过渡段以及湾顶对岸,水流分散,水力减弱,发生沉积,形成河湾之间的浅滩和紧贴岸边的边滩。这样,深槽与浅滩交替分布,边滩犬牙交错,三者构成了微弯河道中最基本的微地貌。但是,这些地貌是很不稳定的,当洪水来时,主流线趋直,边滩物质移向下方深槽处堆积,原来受侵蚀的河岸,很快因上边滩的下移而受到保护,深槽和浅滩的位置也跟着向下游移动。如果深槽、浅滩和边滩经常变位,水深很不稳定,则会给水利工程和河港建设带来不利的影响。

2) 弯曲河道

它是平原地区比较常见的河型,又称为曲流,它的弯曲率一般都在1.5以上,如长江的上荆江为1.7,下荆江为2.84,南运河为1.96,均属典型的弯曲河道。

3) 分汊河道

平原上发育的无论是直道还是弯道,如果河床中出现一个或几个以上的江心洲时,都会使河床分成两股或多股汊道,造成河道宽窄相间的藕节状,这种河道称为分汊河道。平原上分汊河道按其稳定程度分为相对稳定型和游荡型两大类。

(三) 河漫滩

河漫滩是在河流洪水期被淹没的河床以外的谷底平坦部分。被普通洪水淹没的部分,称为低漫滩,特大洪水泛滥被淹没的部分,称为高漫滩。在大河的下游,河漫滩可宽于河床几倍至几十倍,这种大型的河漫滩又称为河岸平原。

1. 河漫滩的生成

河漫滩是河流发育过程中的产物,苏联学者桑采尔认为它是在河流侧向侵蚀和河床横向迁移过程中形成的。最原始的河漫滩出现在年青时期的"V"形谷内,由于河流的侧向侵蚀,使谷坡逐渐后退,谷底开始展宽,在河湾的凸岸处形成狭窄的和由粗大砾石所组成的雏形滨河床浅滩。随着侧向侵蚀作用的不断进行,凹岸继续后退,凸岸处雏形浅滩不断扩大加高,以致在河流平水期也大片露出,发展成为雏形河漫滩。这时因河谷仍比较窄,洪水时水深和流速仍然较大,在谷底的堆积物仍以粗粒的推移质如砾石和沙等为主,而悬移质如泥和粉沙则被水流带往下游。雏形河漫滩形成以后,谷底进一步扩宽,滩面再度淤高,洪水时由于滩面水深变浅而流速减小,洪水中的大量悬移质就可以在那里沉积下来,构成由粉沙及黏土组成的沉积层,这样雏形河漫滩就发展成为真正的河漫滩。

由此可见,河漫滩在沉积上具有二元结构的特点,它分为上、下两部分:下部为粗粒的河床相堆积物,如砾石、卵石和粗沙,代表河床侧向移动过程中的产物;上部为细粒的河漫滩相堆积,如黏土及粉沙等,是洪水泛滥期的堆积,故河漫滩又有泛滥平原之称。

河漫滩堆积物的厚度,在山区比平原要小,甚至很大的河流也很少超过 10~15m,而且组成物质粗大,主要是砾石,悬移质极少。河漫滩的宽度大小不一,由十多米至数十千米不等,这与河流大小、发育时间长短以及受侵蚀的自然条件等有关。

2. 河漫滩的类型及其地貌

1) 河曲型河漫滩

它是随弯曲河道横向移动发育而成的河漫滩，由于洪水期水流侵蚀力特大，每次洪水凹岸都有一次明显的后退，侵蚀下来的物质通过单向环流被带到凸岸堆积，在凸岸形成多条大致平行的弧形沙堤和沙堤间狭窄的弧形洼地，它常为沼泽或湖泊。这些弧形地形向河流下游方向辐聚，呈扇形汇集在一起，称为迂回扇地形。

2) 汊道型河漫滩

它是心滩并岸而成的河漫滩，洪水期心滩的两侧对岸发生强烈侵蚀，泥沙通过底流带到心滩两岸堆积，成为高起的沙堤，沙堤之间为洼地。因此，当心滩并岸后所成的河漫滩有着与河流轴线平行的沙堤和它们之间的洼地等特点。

3) 堰堤型河漫滩

它发生在顺直或微弯河床两岸，微地貌由河岸向陆可分为3个部分。

(1) 天然堤带（滨河床沙堤）。当洪水泛滥时，河水溢出河床，流速骤减，大量而较粗大的泥沙首先在贴近河床处堆积下来，形成沿河两岸分布的沙堤，又称天然堤。

(2) 泛滥平原带。天然堤以外，洪水堆积物逐渐减少，地形上由高起的天然堤转变为低下的平地，地面宽广，成为河漫滩的主体部分。

(3) 湖沼洼地带。位于远离河床、接近谷坡的坡麓部分，是河漫滩中最低洼的地带。

(四) 河流阶地

阶地是分布于谷坡上的阶梯状地貌，属谷坡的一部分。因它高出河漫滩，并以最大洪水也不能淹到而与后者区别开来。阶地由阶地面和阶地坡组成。阶地面比较平坦，微向河床倾斜；阶地面以下为阶地斜坡，坡度较陡，是朝向河床急倾斜的陡坎。阶地高度一般指阶地面与河流平水期水面之间的垂直距离。

阶地沿河谷分布但往往并不连续，一般多保存在河流的凸岸。在许多河谷中阶地也不只是一级，而是有数级，标记阶地级序采用从新到老的方法，即自下而上编号，把最新的超出河漫滩或河床的最低一级阶地，称为第Ⅰ级阶地，其余向上依此类推。

1. 阶地的成因

阶地的生成主要是由地壳的相对升降运动、侵蚀基准变化和气候的变化所引起，使原来河谷底部的河漫滩脱离了现代河面及河流作用范围，因此它应是一种古河流地貌。

1) 地壳升降运动

当地壳相对稳定或下降时，河流以侧向侵蚀作用为主，此时塑造出河漫滩；然后地壳上升，河床纵比降增加，水流转而进入积极下切，于是原来的河漫滩成了河谷两侧阶地。

地壳多次间歇性上升，就可以形成几级阶地。如长江由宜昌至董市河段及重庆市附近等地，都有5级阶地；珠江中下游河谷中也有2～4级阶地。由地壳运动形成阶地比较普遍，但由于运动的升、降性质不同，阶地形态表现也有差异。大面积上升地区，河流普遍下切，阶地分布的范围也大。有时，在同一时期内地壳运动并非均一地发展，某一地区上升的幅度大、速度快，而另一地区上升的幅度小、速度慢。因此，同时形成的阶地将有不同的高度，如长江三峡地区中部阶地高,东西两侧降低。若在同一时期内不同地段地壳运动方向不一致,则上升地区将形成阶地,而下降地区则发生堆积,没有阶地形成,甚至早期原有的阶地被埋藏成为埋藏阶地。

2)气候变化

气候变化影响到河流水量和含沙量。气候变干时,河水量减少,地面植被稀疏,坡面侵蚀加强,河水含沙量相对增多,此时河床堆积填高;反之,气候湿润期,河水量增多,植被茂盛,河水含沙量相对变少,导致河流向下侵蚀,形成了阶地。由于气候的干湿变化引起堆积、侵蚀交替作用,所成的阶地称气候阶地。

冰期和间冰期的交替,在同一河流的上下游可形成交叉式的阶地,冰期时源于冰川作用区的河流,挟带大量冰川侵蚀的碎屑物在上游段发生加积;而下游因冰期海面下降,即侵蚀基准面下降引起近海的下游河段下切加强形成阶地。间冰期时,气候转暖,植物增生,河源地区进入河流的泥沙减少,上游段河流下切加强,形成阶地;下游段因间冰期时海面上升,即侵蚀基准面上升,出现回水,堆积加强,并将冰期所成的阶地掩埋,形成埋藏阶地。如法国罗讷河上游的最后一次冰期的阶地,高出当地河面30m,而相应阶地在下游则位于罗讷河三角洲沉积物之下至少50m。

3)侵蚀基准面下降

由地壳升降运动或气候变化引起。由地壳变动引起侵蚀基准面变化而成的阶地,称为地动型;由气候变迁引起的侵蚀基准面变化而成的阶地,称水动型。基准面下降后,河流向外伸展,原来河口附近出现裂点,加速河流下切。以后裂点位置不断上溯,裂点以下出现阶地,阶地面与裂点以上的河漫滩位置相当。

2. 阶地的类型

河流阶地根据形态和结构特征,可划分为侵蚀阶地、基座阶地、堆积阶地和埋藏阶地4种基本类型,如图2-31。

1)侵蚀阶地

由基岩构成,有时阶地面上残留极薄层河流冲积物。它多发育在河谷上游及山区河谷中,在不太长的河段中,高度比较稳定。这类阶地的阶地面是河流侵蚀削平不同的岩层而成,故称为侵蚀阶地。

2)基座阶地

阶地由两种物质组成,上部是河流冲积物,下部是基岩。它是由于河流下切的深度超过了原冲积层的厚度,切到基岩内部而形成的。它分布于新构造运动上升显著的山区。

如果基座阶地形成以后,由于气候或构造的原因,在新一轮的河流侵蚀—堆积过程中,河谷中堆积较厚的冲积物,超过阶地基座高度并把基座覆盖起来,与较高的老阶地在结构上呈嵌入关系的新一级阶地,称为嵌入阶地。

3)堆积阶地

阶地全由河流冲积物所组成,一般在河流的中下游最为常见。堆积阶地根据多级阶地之间的接触关系,还可分为上叠阶地、内叠阶地等。

内叠阶地是阶面和阶坡都由冲积物组成,新老阶地冲积层呈切割关系,但是各阶地基座近于同一水平,反应河流每次下切到基座为止。这种阶地发育在以新构造上升为主的地区。上叠阶地由不同时代冲积物上叠组成,新阶地叠置于老阶地之上且分布于老阶地内。

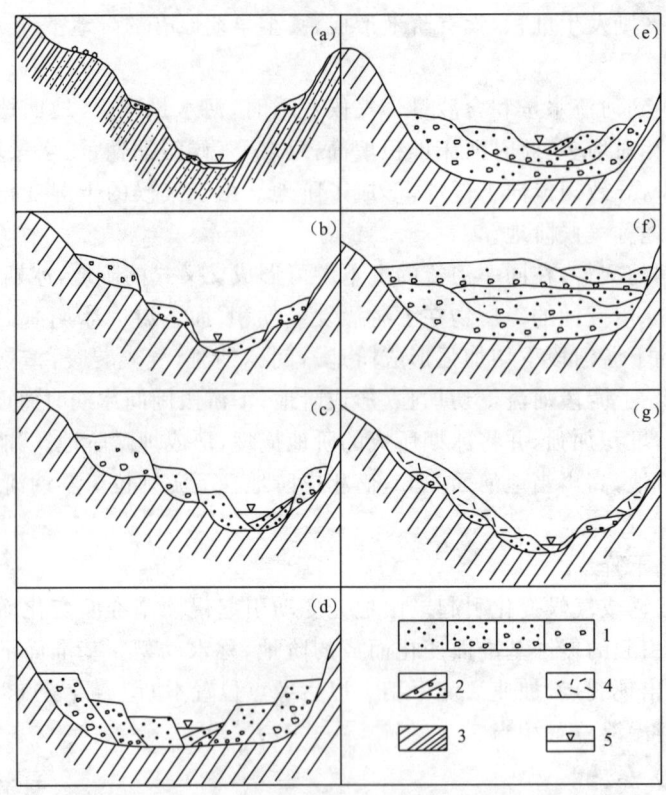

图 2-31 阶地类型示意图(据杜恒俭,陈华慧等,1981)
1. 不同时代冲积层;2. 现代河漫滩;3. 基岩;4. 坡积物;5. 河水位
(a)侵蚀阶地;(b)基座阶地;(c)嵌入阶地;(d)内叠阶地;(e)上叠阶地;(f)掩埋阶地;(g)坡下阶地(为斜坡堆积物所掩埋)

4)埋藏阶地

早期形成的阶地被后期冲积物覆盖埋入地下,就成为埋藏阶地,这种阶地不显露于地面。

上述 4 种基本类型的阶地,可以在同一条河流的同一地段出现,也可以在一条河流的不同地段出现。河流阶地有对称分布的,也有不对称分布的。前者在河谷两侧同一高度上分布着;后者在河谷两侧左右错列在不同高度上,它反映以河流为轴心、两侧不等量的上升运动。

3. 非河流作用形成的阶地(假阶地)

在河谷斜坡上往往看到形态上很像河流阶地的阶梯地形,但它的形成不是河流的作用,不属于河流阶地的范畴,所以,这种非河流作用形成的阶地称为假阶地。

在河谷中常见的假阶地有以下 4 种。

1)构造阶地

在岩层为水平构造的地区,因岩性软硬不同,抵抗风化与剥蚀的强度不同,这种因差别风化与差别剥蚀而成的阶地称为构造阶地,它的高度及级数与河流作用无关,更不反映河流深切作用的强度与次数。

2)冲积锥、洪积扇阶地

河谷两侧的溪沟在主流谷底所形成的冲积锥与洪积扇,受到主流的侧蚀作用常形成河曲陡壁,它高出河漫滩之上,很像河流阶地。有时由于随主流的摆动,引起支沟侵蚀基面的相对下降,支沟遂加深河床,切入冲积锥或洪积扇之中,并在其前端再沉积成新的冲积锥或洪积扇。由于新老冲积锥或洪积扇的高度不同,常误认为是河流阶地之残部。

3)滑坡阶地

谷坡上不稳定的岩石或土体在重力作用及地下水作用下,常发生大块的滑动,即滑坡(地滑)。滑坡体凸出在谷坡上,形状也很像阶地。滑坡阶地的物质全为谷坡上部的岩石土体。在阶地的前缘也时常产生滑坡,而造成假阶地。在野外工作中我们必须注意区别真正的阶地与假阶地。在寒冻风化作用强烈的地区,因融冻泥流作用,在谷坡上形成起伏不大的泥流阶地,它的特点是级数多而面积小,全由泥流堆积物所组成。

阶地往往被坡积物所改造,或被坡积物所埋藏,在西伯利亚由于坡积物的发育,常常把阶地完全埋没了。

四、第四纪地质野外调查方法

野外第四纪地质观察研究是第四纪地质最基本最重要的工作方法。地质工作者,除在地质测量过程中不放弃对可能遇到的第四纪地质现象进行观察外,还应安排一定路线,进行专门第四纪地质研究,以保证工作质量。路线应穿河谷阶地、山坡、分水岭,以及第四纪沉积露头良好的地段。要善于把一般观察与重点研究,宏观了解与细微分析,区域性普查和具体任务要求结合起来,观察记录应详尽、客观而有重点。

(一)航空、卫星照片的应用

航空、卫星照片的应用,有利于区域地貌第四纪地质研究,便于对各类地貌形态和第四纪沉积物的组合及分布规律进行综合性分析对比,为编制小比例尺第四纪地质图和地貌图提供可靠资料。

(二)露头观察描述

第四纪地质野外调查,应充分研究各种天然露头(如沟壁、陡崖、土坑)和人工露头(井、坑)。在覆盖区,要利用钻孔、坑探和地球物理方法进行研究。人工露头数量,应按具体任务要求,按规范决定。

第四纪地层工作和老地层研究一样,要从地层剖面研究开始。野外地层剖面的基本研究任务是分层描述。即按剖面上宏观的和细微的特征(如颜色、粒度、成分、结构、剥蚀面等),将剖面分成若干层描述。在开始工作阶段,分层应尽量客观细致,记录应当详细,但不等于连篇累牍的冗长描述,要采用统计、素描、照相和必要的准确文字描述,以加强记录的客观性和科学性。要特别注意那些有科学价值和实际价值对象的观察记录,如气候层(冰碛层、纹泥、泥碳、风化壳等)、化石层、火山灰层、风化层、陆相中的海相夹层、湖积层、含矿层和含水层等。剖面分层研究有如下几点要求。

(1)露头位置。指出露头所在地貌位置和高度。

(2)沉积物颜色。指出干色、湿色和次生色等。

(3)岩性。按不同岩性情况描述。

①砂砾层。一般情况下,要研究沙砾层中砾石与充填物含量、砾石岩性、砾径、圆度、形状、

产状等。由于第四纪沉积的松散性,在野外要充分进行砂砾层研究,这将会提供一系列关于沉积物成因、来源和地层划分对比的重要资料。

②砂和土状沉积。野外砂和土状沉积研究,可参考表2-17进行,并指出沉积物名称。在野外,可用华西列夫斯基表确定砂的粒径及其各级粒径含量,用放大镜研究砂的成分和圆度。更详细的工作应在室内进行。

表2-17 砂土状沉积野外鉴定特征

陆相沉积名称	肉眼观察或放大镜观察情况	干土性质	湿土性质	颗粒含量(%) <0.01mm	颗粒含量(%) <0.02mm	与海相沉积相应的名称
砾石	2mm颗粒含量大于50%	碎裂	—	—	—	
砂土	几乎全部为大于0.25mm的颗粒	松散	在湿度不大时具有表观的黏浆性,过度潮湿时即处于流动状态	5		砂
黏土质砂	几乎全部为大于0.25mm颗粒组成,少数为黏土	松散		5~10		淤泥质砂
粉质黏土	占多数的粉土颗粒中,偶见大于0.25mm颗粒	用锤击或用手压,土块易碎	有塑性,不能搓成细长条,弯折时断裂,可以捏成球形	10~50	2~30	砂质淤泥
黏土	同类细粉土,不含大于0.25mm的颗粒	硬土不易被锤击成粉末	可塑性,有黏性和滑感,易搓成直径小于1mm细长条,易搓成球形	>50	>30	黏土质淤泥

③有机沉积物。首先应指出是原地埋藏还是异地堆积。其次应分为:泥碳、有机质淤泥和含有机质碎屑进行描述。应指出有机沉积的含水性,有无大型植物化石,如树干、叶、果实等。

④化学沉积物。除成层化学沉积物(如盐类)之外,这里主要指诸如薄层铁壳、铁锰结核、薄层石膏层等,应注意观察描述,可能提供关于古气候的证据。

⑤其他。巨大的漂砾和各种细微结构等,都具有重要的意义,应加以研究。

(4)结构、构造。由于第四纪沉积物的松散易动性,应特别注意在野外及时研究剖面结构构造。研究结构的方法,素描清晰,胜于摄影;摄影真实、简便,应两法并用,但尤应注意素描,素描时会增强对于观察和摄影所忽视的重要细节。

①层理。区别不同类型层理。测定层理产状,分析层理物质组成,注意观察不同成因沉积中的砂质层理,尤其要注意斜层理的研究。斜层理的倾斜度取决于不同成因,而其倾斜方向则表示介质运动方向。

②剖面中各种沉积物配置所反映的结构特征,对成因确定有很大价值。如冲积层的"二元结构""包裹结构",冻土的"扰动结构""冰楔结构"和冰湖的"纹泥结构"等。还应当注意,这些结构是以单旋回还是多旋回出现。

(5)厚度测量。第四纪沉积物厚度一般较小,要分层仔细测量,注意厚度变化,并确定厚度变化性质。

(三)样品和化石采集

动植物化石采集,应注意在洞穴堆积、湖积、河漫滩堆积、红土和黄土中寻找哺乳动物化石。如发现人类化石和大量哺乳动物化石,最好报请有关专业机构发掘。一般情况下,要注意寻找有鉴定价值的哺乳动物化石,如完整的骨架、头骨、牙床、角和牙齿等,并注意化石是否有搬运磨圆痕迹。发掘化石时,要精心仔细,妥善带土包装,以免损坏难得的化石标本。采集植物化石时,要逐层用小刀剥取,注意保留周围的土及原岩,用棉纸包好(待室内修理),并注意收集果实、种子、树干化石,要防止标本干缩、污染和混淆。

其他:孢粉、古地磁、绝对年龄、重砂、砂砾层试样,要按专门要求采取,一般专著和规范均有所述。

(四)室内实验室分析

现代第四纪地质和地貌研究的实验室分析项目很多,技术手段也不断发展,常见有常规分析、成因-环境分析、古气候分析和极性与年代测量。

(五)地貌、第四纪地质剖面图

有价值的剖面是实测剖面、实测-解释剖面和地貌-第四纪综合剖面图。

1. 实测剖面

在标志地层地点或重要工程地区,应绘制全仪器测量实测剖面,方能满足要求,一般情况则用皮尺实测即可。图上应表示沉积物岩性、成因、地质年代、接触关系、产状、厚度,以及同前第四纪岩层接触关系,并标出含矿层、化石地点。

2. 实测-解释剖面

该剖面是表示地下沉积物的钻孔联合剖面,钻孔距离、井口高度、岩层厚度都应精确,但整个剖面结构是根据对资料的分析编制而成。编制这一剖面,特别要注意沉积物成因分析、标志层、掩埋河谷、冰碛层等。

3. 地貌-第四纪综合剖面

该剖面是表示一个地区地貌、第四纪发展历史的图件,相当于一般的地层柱状图。作法是以一个贯穿全区的地貌—第四纪剖面为基础,再补充以其余主要地貌和第四纪沉积,按高度、形成顺序和接触关系,表示出不同阶段地貌第四纪沉积的发展历史。图件的水平比例尺不受限制,高度则按一定比例表示。

(六)第四纪地质图的编制

第四纪地质图是该地区第四纪地质综合研究的主要成果。第四纪地质图是在广泛的野外调查中掌握充足实际资料(包括足够数量观察点、路线剖面、实测剖面及主要地层界线,在覆盖区还应有必要的钻孔资料)的基础上,结合遥感影像资料提供的信息,在选定比例尺的地形图上编制的。

第四节 水文地质基础知识及野外调查方法

水文地质学是研究地下水起源、形成及其分布规律,指导人们合理开发利用地下水并有效防止地下水危害的科学。

工程地质研究水文地质条件的目的是研究与地下水活动有关的工程地质问题和不良地质现象,以便采取必要的防治措施。水文地质条件是决定工程地质条件优劣的重要因素。地下水位较高一般对工程不利,地基土含水量大时,黏性土会因此而处于塑态甚至流态,容许承载力降低,道路易发生冻害等。水库库岸常因地下水位升高而造成浸没,隧洞及基坑开挖需进行排水,甚至引起地下工程、巷道涌水与淹没等问题。地下水位较低时常引起水库渗漏、渗透变形等问题。地质灾害的发生也多与地下水的参与有关。总之,地下水对工程岩土性质、应力分布及工程岩土体稳定性的影响很大,对它的研究具有重要的工程实际意义。

一、自然界中的水循环

在自然界中水的分布极为广泛,分布于大气圈、地球表面和地壳表层中。我们将其分别称为大气水、地表水和地下水。自然界中水的总量约为 $1\,338\times10^{15}\,\mathrm{m^3}$,在海洋中分布有 $1\,300\times10^{15}\,\mathrm{m^3}$,埋藏在地面以下的地下水的总量约为 $8.4\times10^{15}\,\mathrm{m^3}$,其中 50% 的地下水埋藏在地面以下 1km 范围以内。因此,水文地质学的研究对象——地下水只是自然界中水的极少一部分,然而它却与大气水、地表水形成了一个相互联系的整体。自然界中水的循环就是反映了大气水、地表水和地下水三者的相互联系。

在太阳热的作用下,水蒸腾变成水蒸气进入大气圈,并随大气运动,在适宜的条件下形成降水。降水中的一部分汇集于江河湖沼形成地表水,部分渗入地下。渗入地下的水,部分滞留于包气带中(其中的土壤水为植物提供了生长所需的水分),其余部分渗入饱水带岩石空隙中,成为地下水。地表水与地下水有的重新蒸发返回大气圈,有的通过地表径流或地下径流返回海洋。自然界中的水循环就是在太阳辐射和重力共同作用下,以蒸发、降水和径流等方式周而复始进行的。也就是水通过蒸发进入大气,通过降水又返回陆地和海洋(图 2-32)。

水循环分为小循环与大循环。海洋与大陆之间的水分交换为大循环。海洋或大陆内部的水分交换称为小循环。通过调节小循环条件,加强小循环的频率和强度,可以改善局部性的干旱气候。目前人力仍无法改变大循环条件。

二、岩土体渗透性

(一)岩土体的空隙性

岩土体空隙是地下水储存场所和运动的通道。空隙的多少、大小、形状、连通情况和分布规律,对地下水的分布和运动具有重要影响。将其作为地下水储存场所和运动通道研究时,可分为 3 类:松散岩类中的孔隙、坚硬岩石中的裂隙和可溶岩石中的溶隙。

1. 孔隙

松散土体是由大小不等的颗粒组成的。颗粒或颗粒集合体之间的空隙,称为孔隙。孔隙

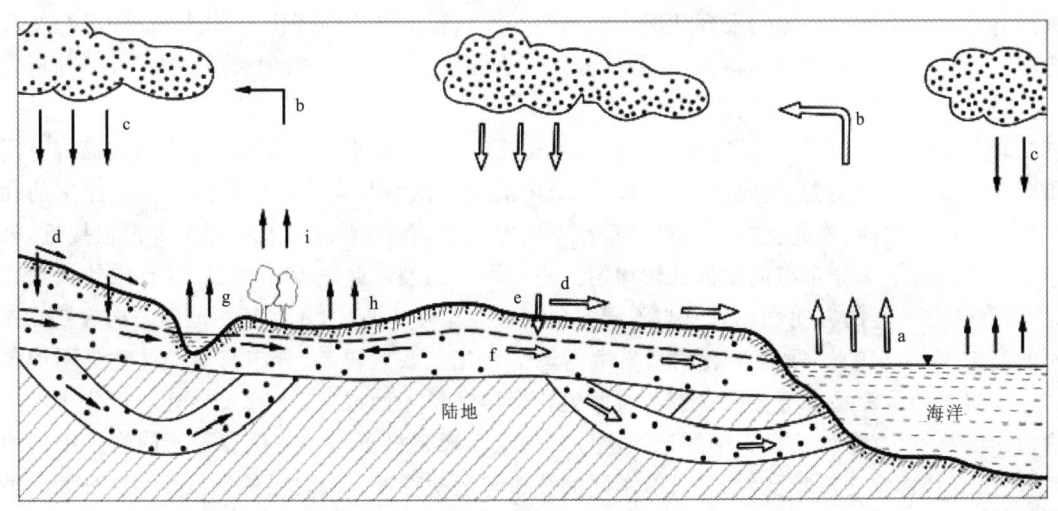

图 2-32 水循环示意图(引自王大纯等,2005)

a. 海洋蒸发;b. 大气中水汽转移;c. 降水;d. 地表径流;e. 入渗;f. 地下径流;g. 水面蒸发;h. 土面蒸发;i. 叶面蒸腾

体积的多少是影响其储容地下水能力大小的重要因素。孔隙体积的多少可用孔隙度表示。孔隙度是指某一体积岩石(包括孔隙在内)中孔隙体积所占的比例,常用小数或百分数表示。表 2-18 给出了主要松散土体孔隙的数值。

表 2-18 松散土类孔隙度参考数值(引自王大纯等,2005)

土的类别	砾石土	砂土	粉砂土	黏土
孔隙度变化区间	25%~40%	25%~50%	35%~50%	40%~70%

2. 裂隙

坚硬岩石,包括沉积岩、岩浆岩和变质岩,一般不存在或只保留一部分粒间孔隙,而主要发育各种裂隙。按裂隙的成因可分成岩裂隙、构造裂隙和风化裂隙。成岩裂隙是岩石在成岩过程中由于冷凝收缩(岩浆岩)或固结干缩(沉积岩)而产生的。岩浆岩中成岩裂隙比较发育。构造裂隙是岩石在构造变动中受应力而产生的。这种裂隙具有方向性,大小悬殊(由隐蔽的节理到大断层),分布不均匀。风化裂隙是风化营力作用下,岩石破坏产生的裂隙,主要分布在地表附近。

裂隙的多少以裂隙率表示。裂隙率是裂隙体积与包括裂隙在内的岩石体积的比值,称为体积裂隙率,常用小数或百分数表示。另外,还可用面裂隙率或线裂隙率表示裂隙的多少。野外研究裂隙时,应注意测定裂隙的方向、宽度、延伸长度、充填情况等。

3. 溶隙

可溶的沉积岩,如石灰岩、白云岩、岩盐和石膏等,在地下水作用下会产生空隙,这种空隙称为溶隙(穴)。溶隙的规模十分悬殊,大的溶洞可宽达数十米,高数十米乃至百余米,长达几千米至几十千米,而小的溶孔直径仅几毫米。

自然界岩土体中空隙的发育状况十分复杂。固结程度不高的沉积岩,往往既有孔隙,又有裂隙。可溶岩石由于溶蚀不均一,有的部分发育岩溶,而有的部分则为裂隙。因此,须分析岩土空隙的成因及控制因素,查明其发育规律。

岩土中的空隙,必须以一定方式连接起来构成空隙网络,才能成为地下水有效的储容空间和运移通道。松散土类、坚硬岩石和可溶岩石中的空隙网络具有不同的特点。松散土中的孔隙分布于颗粒之间,连通良好,分布均匀,在不同方向上,孔隙通道的大小和多少都很接近,赋存其中的地下水分布与流动都比较均匀。坚硬岩石的裂隙是宽窄不等、长度有限的线状缝隙,往往具有一定的方向性。只有当不同方向的裂隙相互连通时,才在某一范围内构成彼此连通的裂隙网络。因此,赋存于裂隙基岩中的地下水相互联系较差,分布与流动往往是不均匀的。可溶岩的溶隙是一部分原有裂隙与原生孔缝溶蚀扩大而成的,空隙大小悬殊且分布极不均匀。因此,赋存于可溶岩石中的地下水分布与流动通常极不均匀。赋存于不同岩层中的地下水,由于其含水介质特征不同,具有不同的分布与运动特点。按岩层的空隙类型区分为3种类型地下水即孔隙水、裂隙水和岩溶水。而水在空隙中的存在形式主要有:结合水、毛细水、重力水、气态水和固态水,普通意义上的地下水即指重力水。

结合水是指受颗粒表面电场作用力吸引而包围在颗粒周围,不传递静水压力不能任意流动的水,称为结合水。松散土类的颗粒具有吸附水分子的能力。根据库仑定律,电场强度与距离平方成反比。因此,离固相表面近的水分子受到的静电引力大;随着距离增大,吸引力减弱,而水分子受重力的影响就愈显著。据水分子所受吸引力大小,结合水可分为强结合水和弱结合水。

重力水是指能在重力作用下自由运动的水。岩土空隙中的重力水能够自由流动。井泉取用的地下水都属重力水,是水文地质研究的主要对象。

毛细水是指因毛细现象形成的水。如将一根玻璃毛细管插入水中,毛细管内的水面即会上升到一定高度,这便是发生在固、液、气三相界面上的毛细现象。松散土中细小的孔隙通道构成毛细管,因此在地下水面以上的包气带中广泛存在毛细水。即使是粗大的卵砾石,颗粒接触处孔隙大小也总可以达到毛细管的程度而形成弯液面,将水滞留在孔角上形成孔角毛细水。

在未饱和的空隙中存在着气态水。气态水可以随空气流动而流动。另外,即使空气不流动,它也能从水汽压力大的地方向小的地方迁移。气态水在一定温度、压力条件下,与液态水相互转化,两者之间保持动平衡。岩土温度低于0℃时,空隙中的液态水会转变为固态水。含有固态水的土叫冻土。

以上各类水中,对于工程地质而言,结合水和毛细水等往往具有重要的意义,是影响岩土工程性质产生不良工程地质现象(如浸没等)的重要因素。

(二)岩土体的渗透性

岩土体的渗透性能常用渗透系数表示,其定义为:水力梯度等于1时的渗透流速(单位为m/d或cm/s)。渗透系数愈大,岩土的透水能力愈强,因此,可用渗透系数定量说明岩土体的渗透性能。

研究表明:地壳表层各类岩土体的渗透性能有很大的差异,表2-19为各类松散土体的渗透系数参考值,表2-20为岩土透水性分级标准。

表 2-19　松散岩土渗透系数参考值(引自王大纯等,2005)

岩性	渗透系数(m/d)	岩性	渗透系数(m/d)
粉质黏土	0.001～0.1	中砂	5～20
粉土	0.1～0.5	粗砂	20～50
粉砂	0.5～1.0	砾石	50～150
细砂	1.0～5.0	卵石	100～500

表 2-20　岩土透水性分级标准(引自李智毅等,1994)

透水性等级	渗透系数 K(cm/s)	岩体特性	土类
极微透水	$<10^{-6}$	完整岩石,含等价开度<0.025mm 裂隙岩体	黏土
微透水	10^{-6}～10^{-5}	含等价开度 0.025～0.05mm 裂隙岩体	粉质黏土
弱透水	10^{-5}～10^{-4}	含等价开度 0.05～0.1mm 裂隙岩体	粉土
中等透水	10^{-4}～10^{-2}	含等价开度 0.1～0.5mm 裂隙岩体	粉砂—粗砂
强透水	10^{-2}～10^{0}	含等价开度 0.5～2.5mm 裂隙岩体	砂砾—卵石、碎石
极强透水	>100	含连通或等价开度>2.5mm 裂隙岩体	粒径均匀的漂石

岩土体的渗透系数一般采用室内实验和现场试验求得,现场试验主要有抽水试验、压水试验及注水试验等方法。

抽水试验是在现场打钻孔,自孔中抽水使地下水位下降,并在一定范围内形成降落漏斗。当孔中水位稳定不变后,降落漏斗渐趋稳定。此时漏斗所达到的范围,即为抽水影响范围。在井壁至影响范围边界的距离,称为影响半径。根据抽水试验所观测到的水位与水量等数据,按地下水动力学公式即可计算含水岩土体的渗透系数等水文地质参数。抽水试验适应于求取地下水位以下含水层渗透系数的情况,不适应于地下水位以上和不含水岩土体的情况。

钻孔压水试验是测定裂隙岩体的单位吸水量,以其换算求出渗透系数,并用以说明裂隙岩体的透水性和裂隙性及其随深度的变化情况。压水试验是借助于专门的止水栓塞与孔壁密贴,把一定长度的试验段隔离开来,然后通过水泵将一定水头压力的水压入试验段内,使之从孔壁的裂隙向周围的岩体内渗透,经过一段时间后,其渗透水量最终趋向于一个稳定值,即可按公式 $\omega = Q/s \cdot L$ 计算试验段岩土体的单位吸水量(ω)。

注水试验一般在钻孔中进行,是野外测定岩土体渗透性的一种简单的方法。其原理同抽水试验,只是以注水代替抽水。通常用于地下水埋藏深,抽水试验有困难或为求得包气带岩土层的渗透系数等。

三、地下水的基本知识

(一)包气带、饱水带及含水层、隔水层概念

地表以下一定深度,岩石中的空隙被重力水所充满,形成地下水面。地下水面以上称为包气带;地下水面以下称为饱水带(图2-33)。

在包气带中,空隙壁面吸附有结合水,细小空隙中含有毛细水,未被液态水占据的空隙中包含空气及气态水,空隙中的水超过吸附力和毛细力所能支持的量时,空隙中的水便以过路重力水的形式向下运动。上述以各种形式存在于包气带中的水统称为包气带水。

包气带自上而下可分为土壤水带、中间带和毛细水带(图2-33)。当中间带由粗细不同的岩性构成时,在细粒层中可含有成层的悬挂毛细水,细粒层之上局部还可滞留重力水形成上层滞水。包气带水来源于大气降水入渗和地表水体渗漏的水,以及由地下水面通过毛细上升输送的水和地下水蒸发形成的气态水。包气带的赋存与运移受毛细力与重力的共同影响。重力使水分下移;毛细力则将水分输向空隙细小与含水量较低的部位,在蒸发影响下,毛细力常常将水分由包气带下部输向上部。在雨季,包气带水以下渗为主;雨后,浅表的包气带水以蒸发与植物蒸腾形式向大气圈排泄,一定深度以下则继续下渗补给饱水带。

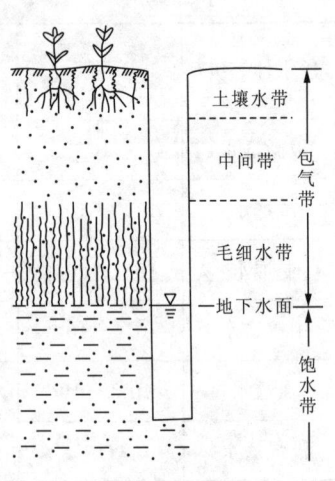

图2-33 土壤水分带
(引自王大纯等,2005)

饱水带岩土空隙全部为液态水所充满,水体是连续分布的,能够传递静水压力,在水头差的作用下,可以发生连续运动。饱水带中的重力水是开发利用或为某种目的排水的主要对象。

包气带是饱水带与大气圈、地表水圈联系必经的通道。饱水带通过包气带获得大气降水和地表水的补给,又通过包气带蒸发与蒸腾排泄到大气圈。因此,研究包气带水的形成及其运动规律对阐明饱水带水的形成具有重要意义。

岩层按其渗透性可分为透水层与不透水层。饱含水的透水层便是含水层。不透水层通常称为隔水层。含水层是指能够透过并给出相当数量水的岩层。隔水层则是不能透过与给出水,或者透过与给出的水量微不足道的岩层。应当指出,隔水层并不是完全不透水,只是相对含水层来说其透水能力很小,以致可以忽略不计,因此又有相对隔水层的说法。某些岩层,尤其是沉积岩,由于不同岩性呈互层状,有的层次发育裂隙或岩溶,有的层次致密,因而在垂直层面方向上隔水,但在顺层的方向上又是透水的。

(二)地下水类型

根据地下水的埋藏条件与含水介质类型,可将地下水分为不同的类型。按地下水的埋藏条件,可将地下水分为包气带水、潜水及承压水。按含水介质(空隙)类型,可将地下水区分为孔隙水、裂隙水及岩溶水(表2-21,图2-34)。在进行地下水或泉命名时常用综合法,如空隙潜水、岩溶裂隙承压水等。

表 2-21　地下水分类表(引自王大纯等,2005)

埋藏条件＼含水介质类型	孔隙水	裂隙水	岩溶水
包气带水	土壤水,局部黏性土隔水层上季节性存在的重力水(上层滞水)过路及悬留毛细水及重力水	裂隙岩层浅部季节性存在的重力水及毛细水	裸露岩溶化层上部岩溶通道中季节性存在的重力水
潜水	各类松散沉积物浅部的水	裸露于地表的各类裂隙岩层中的水	裸露于地表的岩溶化层中的水
承压水	山间盆地及平原松散沉积物深部的水	组成构造盆地、向斜构造和单斜断块的被掩覆的各类裂隙岩层中的水	组成构造盆地、向斜构造和单斜断块的被掩覆的岩溶化岩层中的水

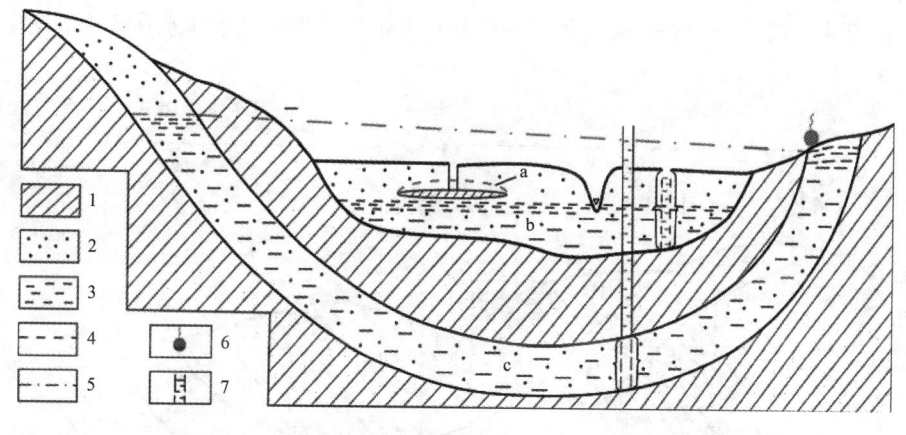

图 2-34　潜水、承压水及上层滞水(引自王大纯等,2005)
1.隔水层;2.透水层;3.饱水部分;4.潜水位;5.承压水测压水位;6.泉(上升泉)7.水井,实线表示井壁不进水;a.上层滞水;b.潜水;c.承压水

1. 潜水

饱水带中第一个具有自由表面的含水层中的水称作潜水。潜水没有隔水顶板,或只有局部的隔水顶板。潜水的表面为自由水面,称作潜水面;从潜水面到隔水底板的距离为潜水含水层的厚度;潜水面到地面的距离为潜水埋藏深度。潜水含水层厚度与潜水面潜藏深度随潜水面的升降而发生相应的变化。潜水的基本特点是与大气圈、地表水圈联系密切,积极参与水循环。

潜水与大气圈及地表水圈联系密切,气象、水文因素的变动,对它影响显著。丰水季节或年份,潜水接受的补给量大于排泄量,潜水面上升,含水层厚度增大,埋藏深度变小。干旱季节排泄量大于补给量,潜水面下降,含水层厚度变小,埋藏深度变大。潜水的动态变化有明显的季节变化特点。

潜水的水质主要取决于气候、地形及岩性条件。湿润气候及地形切割强烈的地区，有利于潜水的径流排泄，往往形成含盐量不高的淡水。干旱气候下由细颗粒组成的平原盆地，潜水以蒸发排泄为主，常形成含盐高的咸水。潜水容易受到污染，对潜水水源应注意卫生防护。

潜水面上任一点的高程称为该点的潜水位。利用同一地方的潜水等水位线图与地形图可以求取各处的潜水埋藏深度，并判断沼泽、泉的出露与潜水面的关系以及潜水与地表水体的相互补给关系等。

2. 承压水

充满于两个隔水层（或称相对隔水层）之间的含水层中的水，称作承压水。承压含水层上部的隔水层称作隔水顶板，下部的隔水层称作隔水底板。隔水顶、底板之间的距离为承压含水层厚度。

承压性是承压水的一个重要特征。图 2-35 表示一个基岩向斜盆地。含水层中心部分埋没于隔水层之下，是承压区；两端出露于地表，为非承压区。含水层从出露位置较高的补给区获得补给，向另一侧出露位置较低的排泄区排泄。由于来自出露区地下水的静水压力作用，承压区含水层不但充满水而且承压。当钻孔揭穿隔水顶板时，钻孔中的水位将上升到含水层顶部以上一定高度。钻孔中静止水位到含水层顶面之间的距离称为承压高度，这就是作用于隔水顶板的以水柱高度表示的附加压强。井中静止水位的高程就是承压水在该点的测压水位。

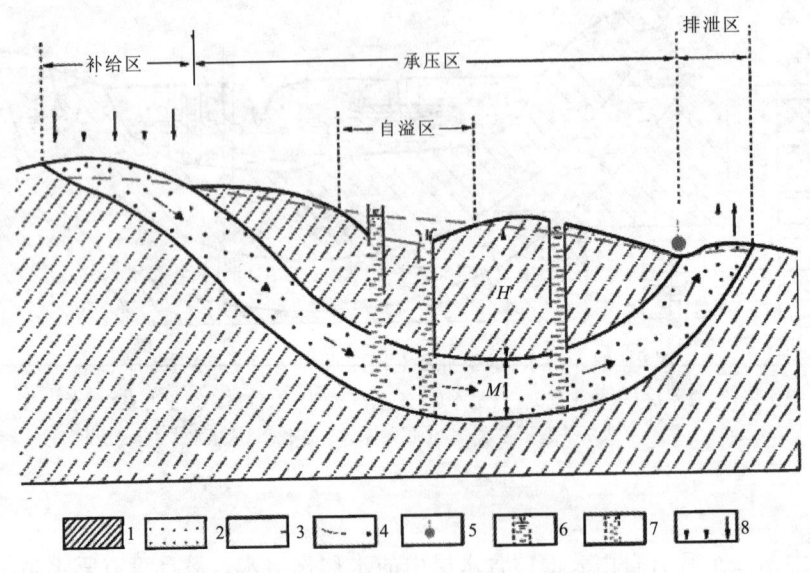

图 2-35 基岩自流盆地中的承压水（引自王大纯等，2005）
1. 隔水层；2. 含水层；3. 潜水位及承压水测压水位；4. 地下水流向；5. 泉；6. 钻孔，虚线为进水部分；7. 自喷井；8. 大气降水补给；H. 承压高度；M. 含水层厚度

承压水主要靠大气降水与地表水的入渗补给，并通过范围有限的排泄区，以泉或其他径流方式向地表或地表水体排泄。

在接受补给或进行排泄时，承压含水层对水量增减的反应与潜水含水层不同。潜水获得补给或进行排泄时，随着水量增加或减少，潜水位抬高或降低，含水层厚度加大或变薄。承压含水层接受补给时,由于隔水顶板的限制,不通过增加含水层厚度而容纳增加的水量。获得补给时测压水位上升,一方面,由于压强增大含水层中水的密度加大;另一方面,由于孔隙水压力增大,有效应力降低,含水层骨架发生少量回弹,空隙度增大(含水层厚度也有少量增加)。由于上部受到隔水层的隔离,承压水与大气圈、地表水圈的联系较差,水循环也缓慢得多。承压水不像潜水那样容易污染,但是一旦污染后则很难使其净化。

3. 上层滞水

当包气带存在局部相对隔水层时,其上会积聚具有自由水面的重力水,这便是上层滞水。上层滞水分布最接近地表,接受大气降水的补给,通过蒸发或向隔水底板的边缘下渗排泄。雨季获得补充,积存一定的水量。旱季水量逐渐耗失。由于其水量小,动态变化大,只有在缺水地区才能成为小型供水水源或暂时性供水水源。包气带中的上层滞水,对其下部潜水的补给与蒸发排泄,起到一定的滞后调节作用。上层滞水极易受污染。

(三)泉的类型

泉是地下水的天然露头,在地形与含水层或含水通道相交的点地下水出露成泉。山区丘陵及山前地带的沟谷与坡脚,常可见泉出露。而在平原地区很少有。在地形、地质、水文地质条件十分有利的条件下,可出现成群的泉。如举世闻名的泉城——济南,在 $2.6 km^2$ 范围内出露 106 个泉。

按补给泉的含水层的性质,可分为上升泉及下降泉两大类。上升泉由承压含水层补给,下降泉由潜水或上层滞水补给。仅根据泉口的水是否冒涌来判断是上升泉或下降泉是不合适的,下降泉泉口的水流也可显示上升运动[图 2-36(d)、(e)、(f)];反之,通过松散覆盖物出露的上升泉,泉口附近的水流也可能呈下降运动。

按出露原因,下降泉可分为侵蚀泉、接触泉与溢流泉。沟谷切割揭露潜水含水层时,形成侵蚀(下降)泉[图 2-36(a)、(b)]。地形切割达到含水层隔水底板时,地下水被迫从两层接触处出露成泉,这便是接触泉[图 2-36(c)]。大的滑坡体前缘常有泉出露,这是由于滑坡体破碎、透水性良好,而滑坡床相对隔水,实质上这也是一种接触泉。潜水流前方透水性急剧变弱,或隔水底板隆起,潜水流动受阻而涌溢于地表成泉,这便是溢流泉[图 2-36(d)、(e)、(f)、(g)]。

上升泉按其出露原因可分为侵蚀(上升)泉、断层泉及接触带泉。当河流、冲沟等切穿承压含水层的隔水顶板时,形成侵蚀(上升)泉[图 2-36(h)]。地下水沿导水断层上升,在地面高程低于测压水位处涌溢地表,便成为断层泉[图 2-36(i)]。岩脉或侵入体与围岩的接触带,常因冷凝收缩而产生隙缝,地下水沿此类接触带上升成泉,就叫作接触带泉[图 2-36(j)]。

(四)地下水水位

地下水面或测压水面(承压水)的绝对标高称为地下水的水位,同时把地下水面或测压水面至地面的铅直距离叫做地下水埋深。对于潜水来说,地下水面为自由面,或称潜水面;对承压水来说,地下水受上覆隔水层控制,承受有静水压力,当钻孔揭穿其隔水顶板时,孔内水位将上升到含水层顶部以上一定高度,钻孔中静止水位的高程就是承压水在该点的测压水位。

地下水位可通过揭穿地下水面的井或钻孔进行测量。当一个地区有足够多的地下水位测量数据,就可以绘制出这个地区的等水位线图或等水压线图。利用同一地方的潜水等水位线图与地形图可以分析各处的潜水埋藏深度,并判断沼泽、泉的出露与潜水面的关系以及潜水与地表水体的相互补给关系等。

（五）地下水的基本运动规律

地下水在岩土体空隙中的运动称为渗流。发生渗流的区域称为渗流场。在岩土体空隙中渗流时,水的质点做有秩序的、互不混杂的流动,称作层流运动。如在具狭小空隙的岩石(如砂、裂隙不很宽大的基岩)中流动的水,常为层流运动。水的质点无秩序地、互相混杂的流动,称为紊流运动。作紊流动时,水流所受阻力比层流状态大,消耗的能量较多。如在宽大的空隙中(大的溶隙、大裂隙),水的流速较大时,容易呈紊流运动。

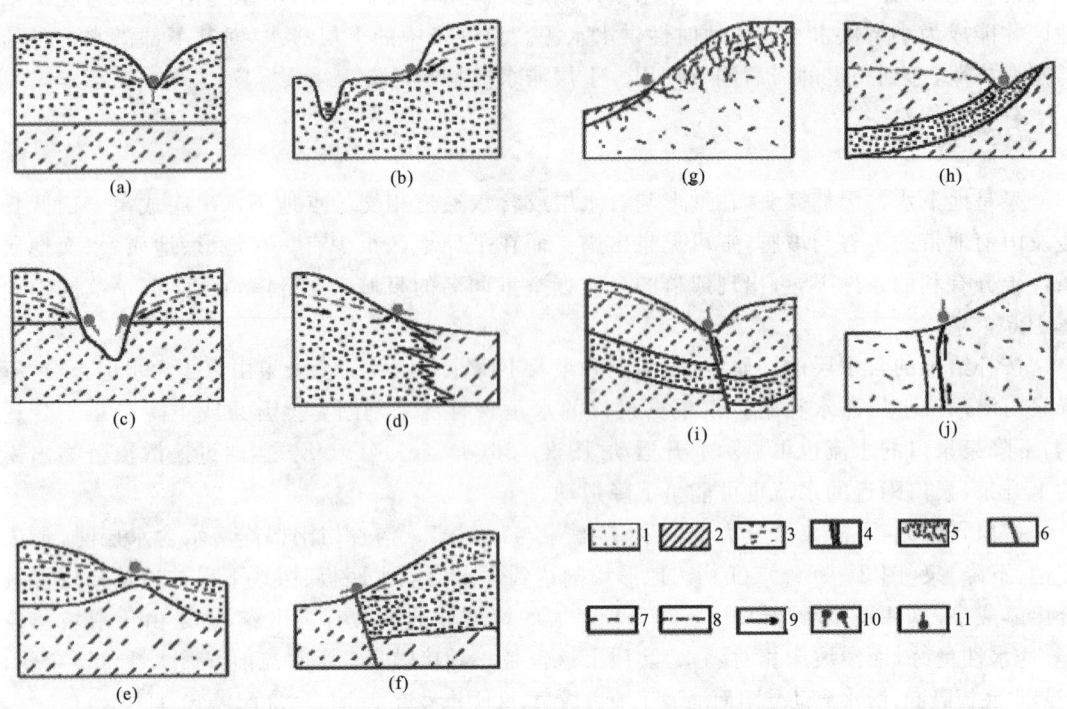

图2-36　泉的类型(引自王大纯等,2005)

1.透水层;2.隔水层;3.坚硬基岩;4.岩脉;5.风化裂隙;6.断层;7.潜水位;8.测压水位;9.地下水流向;10.下降泉;11.上升泉

水只在渗流场内运动,各个运动要素(水位、流速、流向等)不随时间改变时,称作稳定流。运动要素随时间变化的水流运动,称作非稳定流。严格地讲,自然界中地下水都属于非稳定流。但是,为了便于分析和运算,也可以将某些运动要素变化微小的渗流,近似地看作稳定流。本节主要介绍重力水作稳定流运动的基本规律。

1. 达西定律

法国水力学家达西(Darcy,1856)通过大量的实验,得到线性渗透定律:

$$Q = Kw\frac{h}{L} = KwI$$

式中:Q为渗透流量;w为过水断面;h为水头损失($h = H_1 - H_2$,即上下游过水断面的水头差);L 为渗透途径;I 为水力梯度(相当于 h/L,即水头差除以渗透途径);K 为渗透系数。

从水力学已知,通过某一断面的流量 Q 等于流速 V 与过水断面 w 的乘积,即:$Q=wV$,据此达西定律也可以另一种形式表达:$V=KI$,V 称作渗透流速,其余各项意义同前。

从达西定律 $V=KI$ 可以看出。水力梯度 I 是无因次的,故渗透系数 K 的因次与渗透流速 V 相同,单位一般采用 m/d 或 cm/s。令 $I=1$,则 $V=K$,意即渗透系数为水力梯度等于 1 时的渗透流速。水力梯度为定值时,渗透系数愈大,渗透流速就愈大;渗透流速为一定值时,渗透系数愈大,水力梯度愈小。由此可见,渗透系数可定量说明岩石的渗透性能。渗透系数愈大,岩石的透水能力愈强。松散土的渗透系数常见值可参见表 2-19。

在达西定律中,渗透流速 V 与水力梯度 I 的一次方成正比,故达西定律又称线性渗透定律。绝大多数情况下,地下水的运动都符合线性渗透定律,因此,达西定律适用范围很广。它不仅是水文地质定量计算的基础,还是定性分析各种水文地质过程的重要依据。深入掌握达西定律的物理实质,灵活地运用它来分析问题,是水文地质工作者应当具备的基本功。

2. 流网

渗流场内可以作出一系列等水头面和流面。在渗流场的某一典型剖面或切面上,由一系列等水头线与流线组成的网格称为流网。流线是渗流场中某一瞬时的一条线,线上各水质点在此瞬时的流向均与此线相切。

作流网时,首先根据边界条件绘制容易确定的等水头线或流线。边界包括定水头边界、隔水边界及地下水面边界。地表水体的断面一般可看作等水头面,因此,河渠的四周必定是一条等水头线。隔水边界无水流通过(通量为零),所以,平行隔水边界可绘出流线,而作稳定流动时,地下水面是一条流线。作等水头线和流线后,根据流线跟等水头线正交这一规则,在已知流线与等水头线间插补其余部分,这样就可作出一张完整的流网了,图 2-37 为河间地块流网

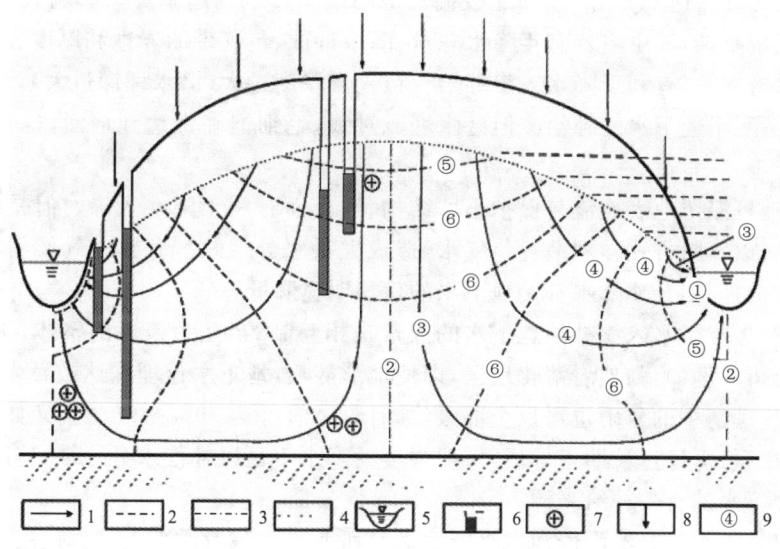

图 2-37　河间地块流网示意图(引自王大纯等,2005)

1. 流线;2. 等水头线;3. 分流线;4. 潜水面;5. 河水位;6. 井、涂黑部分有水;7. 代表矿化度大小的符号,圆圈愈多,矿化度愈大;8. 降水入渗;9. 绘制流网的大致顺序

示意图。从这张流网图可以获得以下信息:①由分水岭到河谷,流向从由上向下到接近水平再向上;②在分水岭地带打井,井中水位随井深加大而降低,河谷地带井水位则随井深加大而抬升;③由分水岭到河谷,流线愈来愈密集,流量增大,地下径流加强;④由地表向深部,地下径流减弱;⑤由分水岭出发的流线,渗透途径最长,平均水力梯度最小,地下水径流交替最弱,近流线末端河谷下方,地下水的矿化度最高。

(六)地下水的补给、径流与排泄

地下水经常不断地参与着自然界的水循环。含水层经由补给从外界获得水量,通过径流将水量由补给处输送到排泄处向外界排出。在补给与排泄的过程中,含水层除了与外界交换水量外,还交换能量、热量与盐量。因此,补给、排泄与径流决定着地下水水量、水质在空间与时间上的分布。

1. 地下水的补给

含水层从外界获得水量的过程称作补给。补给除了获得水量,还获得一定盐量或热量,从而使含水层的水化学与水温发生变化。补给获得水量,抬高地下水位,增加了势能,使地下水保持不停的流动。由于构造封闭,或由于气候干旱,地下水长期得不到补给,便停滞而不流动。地下水的补给来源有大气降水、地表水、凝结水,以及来自其他含水层或含水系统的水等。与人类活动有关的地下水补给有灌溉回灌水、水库渗漏水,以及专门性的人工补给。

大气降水入渗补给地下水的过程与机制相当复杂。以松散沉积物为例,目前一般认为,松散沉积物中的降水入渗存在活塞式与捷径式两种方式。在砂砾质土中主要为活塞式下渗,而在黏性土中活塞式与捷径式下渗同时发生。

大气降水下渗补给地下水的多少主要取决于地表岩土的入渗能力,常用降水入渗系数 α 表示,α 即每年总降水量补给地下水的份额,常以小数表示,α 通常变化于 $0.2 \sim 0.5$ 之间,我国南方岩溶地区 α 可高达 0.8 以上,西北极端干旱的山间盆地则趋于零。影响大气降水补给地下水的因素比较复杂,其中主要有年降水总量、降水特征、包气带的岩性和厚度、地形、植被等。

包气带渗透性好,有利于降水入渗补给。包气带厚度过大(潜水埋深过大),则包气带滞留的水分也大,不利于地下水的补给。但潜水埋藏过浅,毛细饱和带达到地面,也不利于降水入渗。

森林、草地可滞留地表坡流与保护土壤结构,这方面有利于降水入渗。但是浓密的植被,尤其是农作物,以蒸腾方式强烈消耗包气水,造成大量水分亏缺。尤其在气候干旱的地区,农作物复种指数的提高,会使降水补给地下水的份额明显降低。

应当注意,影响降水入渗补给地下水的因素是相互制约、互为条件的整体,不能孤立地割裂开来加以分析。例如,强烈岩溶化地区,即使地形陡峻,地下水位埋深达数百米,由于包气带渗透性极强,连续集中的暴雨也可以全部吸收,有时 α 值可达 $70\% \sim 90\%$。又如,地下水位埋深较大的平原、盆地,经过长期干旱后,一般强度的降水不足以补偿水分亏缺,这时集中的暴雨反而可成为地下水的有效补给来源。

地表水对地下水的补给沿着河流纵断面而有所变化。一般说来,山区河谷深切,河水位常低于地下水位,起排泄地下水的作用,洪水期则河水补给地下水。山前由于河流堆积作用,河床处于高位,河水常年补给地下水。冲积平原与盆地的某些部位,河水位与地下水位的关系随季节而变。而在某些冲积平原中,河床因强烈的堆积作用而形成所谓"地上河",河水经常补给地下水。

大气降水与地表水是地下水的两种主要补给来源,从空间分布上看,大气降水属于面状补给,范围普遍且较均匀;地表水则可看作是线状补给,局限于地表水体周边。从时间分布比较,大气降水持续时间有限而地表水体持续时间长。干旱地区降水稀少,它对地下水的补给微不足道。发源于山区,依靠高山冰雪融水或降水供给水量的河流,往往成为地下水主要的甚至是唯一的补给来源。

2. 地下水的径流

地下水由地形较高处补给,向河谷及地形低洼处流动,形成地下水径流。时空上,径流导致地下水质水量的不断变化。地下水在不同介质中流动,呈现不同的流动状态和不同的径流特点,如在第四系土石堆积物内流动,沿着相互连通的孔隙中运动,成为面状;在裂隙岩体中流动,其流动方向及渗流量受岩体裂隙发育控制,地下水沿着互相连通的裂隙呈脉状流动,呈现流量、水压力、流动方向的各向异性和不均一性;在岩溶含水层中流动,受岩溶发育特征控制,地下水从各个方向的裂隙-溶隙中集中向岩溶管道或暗河流动,形成复杂的地下水径流系统。

3. 地下水的排泄

含水层失去水量的过程称为排泄。在排泄过程中,含水层水质也发生相应变化。研究含水层的排泄包括排泄去路、排泄条件与排泄量等。

地下水常通过泉、向河流泄流及蒸发、蒸腾等方式向外界排泄。此外,还存在一个含水层(含水系统)向另一含水层(含水系统)的排泄。用井孔抽汲地下水,或用渠道、坑道等排除地下水,均属地下水的人工排泄。

泉是地下水的天然露头,也是地下水排泄的重要方式。在地形面与含水层或含水通道相交点地下水出露成泉。山区丘陵及山前地带的沟谷与坡脚,常可见泉出露;而在平原地区很少有泉出露。根据补给泉的含水层的性质,可将泉分为上升泉及下降泉两大类。据泉的出露原因可分为侵蚀泉、接触泉与溢流泉。

当河流切穿含水层时,地下水沿河呈带状排泄,称作地下水的泄流。在河流上选定断面,通过定期观测河水流量,可得出地下水的泄流量。

地下水的蒸发排泄实际上可以分为两种:一种是与饱水带无直接联系的土壤水的蒸发,另一种是饱水带潜水的蒸发。影响潜水蒸发的主要因素有:气候、潜水埋深、包气带岩性和地下水流动系统的规模。气候愈干燥,相对湿度越小,潜水蒸发便愈强烈。潜水面埋藏愈浅,蒸发愈强烈。包气带岩性主要通过其对毛细上升高度与速度的控制而影响潜水蒸发。砂砾土毛细上升高度太小,而亚黏土与黏土的毛细上升速度又太低,均不利于潜水蒸发。粉质亚砂土、粉砂等组成的包气带,毛细上升高度大,而毛细上升速度又较快,故潜水蒸发最为强烈。干旱、半干旱地区地下水流动系统的排泄区是蒸发浓缩作用最为强烈的地方。

植物生长过程中,经由根系吸收水分,在叶面转化成气态水而蒸发,这便是叶面蒸发,也称蒸腾。蒸腾的深度受植物根系分布深度的控制。在潜水位深埋的干旱、半干旱地区,某些灌木的根系深达地下数十米,由此可见,蒸腾作用的影响深度是很大的。但在实际工作中,求算总腾发量很不容易,而且要区分土壤水蒸发、潜水蒸发与蒸腾也是相当困难的。

四、地下水野外调查方法

(一)野外调查的目的与任务

地下水野外调查或称水文地质测绘水文地质工作的基础,它通过对调查区地质、水文地质现象及井泉等进行系统的调查与综合研究,达到查明调查区地下水分布及其形成条件的目的,为进一步工作提供水文地质资料。

地下水野外调查的任务是观测与记录地下水及其露头的状况和现象,分析地下水的成因及补给、径流与排泄关系等,并按照规定的图例填绘在地形图上,形成水文地质图件和相应的文字记录等。

(二)野外调查的工作方法

地下水野外调查常采用与地质、水文地质测绘相同的方法,具体方法是追索法、穿插法或两者结合的方法。调查测绘的比例尺取决于调查阶段、工作性质和工作区的自然条件。比例尺不同,对地质、水文地质研究的详细程度和测图的精度要求也有所区别。在水文地质普查阶段,基本上采用1∶200 000的比例尺测绘,在地区条件简单或不马上开发地区,则可用1∶500 000的小比例尺进行。在水文地质初勘阶段,一般多使用比例尺1∶50 000~1∶25 000进行地区性测绘。详勘阶段,则采用1∶10 000~1∶5 000的比例尺,等等。

各种比例尺的地下水调查作用并不完全一样。中小比例尺的水文地质测绘,经常作为完成地下水普查的主要工作方法,是一项具有战略意义的调查工作。它为制定国民经济建设规划提供所需的水文地质资抖,又是各项专门性水文地质工作的基础。大比例尺的调查测绘则主要用于专门性的各种工作范围。

地下水野外调查工作大致分为以下3个阶段。

1. 准备阶段

在野外工作之前,首先根据生产任务,充分收集自然地理、地质、水文地质方面的有关资料并编制设计书。同时,准备必要的野外工作装备和工具,包括交通工具、测试测量用具(如三角堰、温度计、测绳等)、文具(如地形图、记录本、表格等)等。

2. 野外工作阶段

在野外工作期间,基本工作方法就是对控制全区水文地质条件的观测线进行系统的综合性地表观测与描述、测制水文地质图。在观测线上有意义的地点布置观测点,详细观测记录该点及沿途所观察到的地质、构造、第四纪、地貌、水文地质工程地质现象。凡有代表性的观测点,均应测制剖面或绘制素描图。相邻的观测点应分析研究其相互关系,并经常把有关的观测点连成一个完整的剖面。通过点线观测,综合分析,查明测绘区地下水的分布及其补给、径流、排泄条件。

观测线应布在地质、水文地质条件变化最大的方向上,即垂直地层、含水层走向、构造和地貌单元走向,穿越地下水的补给区、径流区和排泄区,以便较多地看到地层与地下水的天然露头。对有意义的地质、水文地质界线,如岩体边界、导水断裂等还可沿线进行追索。

观测点应布在地质或水文地质有意义的地方,如地层界线、地貌界线、断裂带、接触带矿体露头,以及井、泉、钻孔、沼泽、河流与地下水发生水力联系地段、空隙发育典型地段等。另外,在调查中要深入做好访问工作,同时引入新的探测技术,以便收集更多的资料,加快工作速度。

3. 室内整理

分野外的阶段整理和最终整理。阶段整理内容包括清理野外记录簿、各类记录表格、卡片及标本、清绘草图、检查定额完成情况。最终整理内容为清绘最后图件和编写工作报告。具体整理方法和内容可参考有关文献。

(三)野外调查的内容

为了查明工作地区的水文地质和地下水成因类型,野外调查工作是关键的工作。其内容应包括以下几点。

(1)地形地貌特征,重点要调查研究河谷阶地分布范围、阶地性质(侵蚀、堆积、基座)、阶地级数、阶地地层结构、岩性成分、厚度及其相变情况等。

(2)基岩地层岩性,包括地层时代、岩石矿物组成、结构构造等。

(3)第四系松散沉积物的分布范围、地貌部位、成因类型、土类、结构,厚度及其相变情况等。

(4)地质结构,尤其应对岩石空隙(孔隙、裂隙、溶隙)的发育规律及含水性,褶皱构造、断裂的贮水、导水条件进行详细的调查研究。

(5)可溶岩分布及其岩溶发育情况。

(6)各类岩土体的透水性和含水性。

(7)地表水体(江、河、湖泊与地下老窿积水等)分布及其与地下水的关系。

(8)地下水露头(井、泉和钻孔)的水文地质调查,调查内容见下节。

(9)与地下水有关的现象,如浸没、土壤盐碱化等。

(10)大气降水、气温等气象资料收集与整理。

显然,工作区的地质、水文地质条件和工作目的不同时,调查研究的内容也是不同的,应根据实际情况与目的要求确定其研究内容。

(四)地下水露头的调查

地下水天然露头与人工露头的调查研究在地下水调查中极为重要。特别要注重研究最低排泄点的地下水露头。地下水的天然露头有泉、沼泽、地下河的出口等,人工露头包括井、钻孔、地下老窿积水等。本节主要介绍泉、井的调查内容。

1. 泉的调查

泉的调查应包括下列几方面内容:泉的出露位置、标高、泉附近的地形,泉的成因类型,含水层的情况,泉水的物理性质,泉的涌水量、动态及利用情况等。表2-22为泉水调查记录表。

泉的出露位置。可用定地质点的方法加以确定,编号后标在图上。标高可用气压计或地形等高线确定。大比例尺填图时,泉的位置应该用仪器(经纬仪、平板仪)确定。若当地有河流,则要测出泉和河水位的相对高差,以说明泉的出露和当地侵蚀基准面的关系。

表 2-22 泉水调查记录表

野外编号		地点			
室内编号		坐标	$X=$	$Y=$	（图幅号：　）
泉名		出露标高			（m）
补给泉的含水层		泉水温度			℃
泉的类型		测泉温时气温			℃
泉水流量	（L/s）	水样编号			
测流量方法及原始数据		物理性质			
泉水动态					
泉的整修与利用状况					
泉水出露的地形、地质、水文地质背景					
平面图		剖面图			

调查日期：　年　月　日　　　调查人：　　　　审核人：

泉的类型。主要通过仔细观测泉水的涌水情况及其出露条件而定。泉水呈集中水股还是呈渗水流出；上涌或是下流，有否气泡逸出；泉水出口处岩性是什么，是裂隙还是溶隙中流出。有时，为了查明泉的出露条件，有必要清理泉口的表土，揭露补给泉的含水层的性质，同时结合地质观察一起分析，并作素描图。

泉水的物理性质一般在野外通过直接感觉初步测定，水温用水温计测定。泉流量的测定须根据具体条件选用适宜方法。流量较小的泉（<1L/s）当用容积法测定，而流量较大的泉使用堰测法。当泉的流量为 1~20L/s 时，使用三角堰最为适宜。当泉的流量极大时，可使用流速仪或浮标法测定流量。

泉的动态与利用情况一般通过访问获得。了解泉流量在一年中的变化情况、最大值、最小值和各自出现的时间及其与降水的关系等。为研究泉水的化学成分应在泉口处取样，简分析水样 0.5L，详分析一般取水样 2~2.5L。水样瓶要洁净，瓶外贴上标签。取样后马上送实验室分析。

2. 井（钻孔）的调查

表 2-23 为井的调查记录表。其调查内容包括井的位置、井口标高、井深、水深、水位、井地质剖面、井水化学成分与物理性质、井口直径、井底直径、井型、井的漏水量与地下水水位水量变化情况、井的结构及使用情况等。井的调查主要通过访问当地居民及井的建设者获得。选择调查的民井最好是新井。

表 2-23 井调查记录表

野外编号		地点			
室内编号		坐标	$X=$	$Y=$	（图幅号： ）
井名		井口标高			（m）
井口至地面高度	m	水面至地面深度			m
井口直径	m	井深			m
气温	℃	水温			℃
色		味			
出水量	（m³/d）	水的透明度			
水样编号		水样采取深度			m
水位动态					
井的开挖情况与井壁结构					
井的类型与使用情况					
井所在部位的地形、地质、水文地质条件					
平面图		剖面图			

调查日期： 年 月 日　　　调查人：　　　审核人：

（五）地表水体的调查

地表水体往往是地下水的补给来源或排泄场所，对地表水调查常能说明本地区地下水的补排关系。在无雨干旱季，河流流量实际上相当于地下水天然径流量。在无支流情况下，下游河段流量的增加或混浊等都说明有地下水补给河水的现象。相反，河流流量突然变小，甚至完全漏失，说明河水补给地下水。

常见的地表水体有：江河、湖泊、池塘和矿山老窿积水等。调查内容应包括：地表水体类型、分布情况、水体面积和水量、水位、水质及其动态变化，对河流还要调查流量、河水位、流速、含沙量及其动态变化，研究地表水体与地下水的补排关系和地表水体对地下水径流量、水位及水质的影响。这些资料除向当地水文站及有关单位收集外，还应仔细研究泉水出露河床地段，河水突然漏失地段的地层，岩性、构造以及渗漏量。为查明渗漏段内地表水和地下水的补给关系，可在河流渗漏段的上下游两个断面上，分别测定河流流入渗漏段的流量 Q_1 与流出渗漏段的流量 Q_2，当 $Q_1 > Q_2$ 时，说明该段河流地表水补给地下水；反之，当 $Q_1 < Q_2$ 时，说明地下水补给了地表水，而其补给量为 $Q = Q_2 - Q_1$。如果工作区内没有水文资料，必要时应在河流不同地段，设立水文站或水文气象站，进行长期观测，定期测定河流流量、水位、水质、流速、含沙量。

(六)气象资料的搜集及其整理

大气降水往往是一个地区地下水最主要的补给来源之一,因此,在地下水调查中,应搜集工作区的气温、降水和蒸发方面的资料:如年平均、最高、最低气温,开始降雪和结冰时间,融化时间;年平均降水量、年最大降水量、各月降水量、最大日降水量,最大降水强度及其延续时间;蒸发量,各月蒸发量等。资料收集后,可编成气象要素变化图,有时为了研究地下水与气候的关系,往往在上述图上同时标出地下水位随时间的变化曲线。

由于地下水与其周围环境有着密切的联系,影响地下水的形成与分布规律的因素乃是多方面的,除了上述调查内容外,如植被情况、人类活动情况等环境因素对当地地下水的形成和分布也有明显影响。因此,进行调查时,必须结合工作区的具体条件确定研究内容及重点。

第五节 物理地质现象及野外调查方法

一、岩体风化基础知识及野外调查

组成地壳的岩石其形成环境是十分复杂的,在内力与外力地质作用下,深埋于地下的岩石可能露出地表,进入与成岩环境绝然不同的新环境中,此时必然要通过岩石的各种变异才能适应新的环境。我们说岩体风化是指岩体(岩石)在各种风化营力作用下,发生的物理和化学变化过程,并由于风化的岩体残留于原位的风化物质形成所谓的风化壳。

由于风化作用使岩体矿物成分与化学成分产生变化,岩石的结构、构造改变,完整性遭到破坏,恶化了岩体的工程性质。因此,在工程选址、岩土体稳定、地基处理、灾害防治、工程造价等方面都有重要意义。

(一)风化类型

引起岩石风化的营力很多,但主要的是太阳热能、水溶液(地表、地下及空气中的水)、空气(O_2及CO_2等)及生物有机质等。按照风化营力及其引起的岩石变异的方式不同,风化作用一般分为物理风化、化学风化和生物风化3种。

物理风化是由于温度的变化(特别是昼夜的温变)、水的冻融、干湿交替、盐类结晶、矿物水化和植物根劈等作用引起岩石的机械破碎,而不伴随化学成分和矿物成分的显著变化,其结果既破坏了岩石的结构构造,降低了岩石的强度,又为化学风化开了方便之门。这种作用主要发生在干寒地区,如我国西北的干旱寒冷及高山寒冷地区,岩石的风化深度较小,一般小于10m。

化学风化是岩石在氧、水溶液及生物有机质等作用下所发生的一系列复杂的化学反应,引起其结构构造、矿物成分和化学成分发生变化的过程。其实质是原岩中较活泼的元素发生迁移、改变,较稳定的元素残留原地,原生矿物不断变异、与新环境相适应的次生矿物不断形成的过程。在风化过程中,化学反应的方式较复杂,有氧化、还原、水化、水解、碳酸化、硫酸化、去碳等。以水化、溶解、水解和氧化作用最为常见。化学风化多发生于温暖潮湿的地区,深度可达百米以上。

生物风化既有物理风化特点,又具有化学风化特征。生物新陈代谢产生有机质或机械破坏,如释放大量有机物酸及 CO_2,加强水溶液溶解能力。

(二)风化结果

岩体风化主要造成如下变化。
(1)岩体结构构造发生变化。
(2)岩体完整性遭受破坏,结构性丧失,空隙性增大,破碎成块石、碎石或土体。
(3)岩石的矿物成分和化学成分发生变化。
(4)可溶矿物溶解流失,耐风化矿物残留下来,形成稳定的次生矿物,如绿泥石、绢云母、高岭石、蒙脱石等。
(5)岩体的工程地质性质发生变化,如岩体力学强度与抗变形性能降低、压缩性增大等。
(6)岩体渗透性增强。
(7)次生矿物的抗水性降低、亲水性增强,易崩解、膨胀、软化等。

(三)影响岩体风化的因素

1. 气候

气候是控制风化营力的性质及强度的主要因素。反映气候特点的气象要素很多,其中对岩石风化影响较大的主要是温度和降雨量。在昼夜温差及冷热更替频繁的地区,有利于物理风化作用。温度的高低,不仅直接影响岩石热胀冷缩和水的物理状态,而且对矿物在水中的溶解度、生物的新陈代谢、各种水溶液的浓度和化学反应的速度都有很大的影响。降雨为岩石化学风化提供了必需的水溶液,控制着风化营力的性质和强度,影响风化作用类型及风化速度。在降雨量小而蒸发量大的干旱地区,多为物理风化。在潮湿多雨地区,则以化学风化为主,风化较强烈,风化速度较快,风化深度大。因此,不同气候条件下风化作用的类型和强度、风化产物的性质等均不相同。

2. 岩性

岩体的抗风化能力与其形成环境、矿物成分及结构构造关系极为密切。当成岩环境与地表环境差异愈大时,原岩风化变异愈强烈,即岩石的抗风化能力愈弱。

岩石抗风化能力的大小,主要取决于组成岩石的矿物成分及结构。在地表环境下,常见造岩矿物的抗风能力是不同的。一般情况下,矿物在风化过程中的稳定性由大到小的顺序是:氧化物＞硅酸盐＞碳酸盐和硫化物。当岩石中不稳定矿物含量较多时,其抗风化能力较弱;相反,则其抗风化能力较强。各类岩石的抗风化能力由大到小的顺序如下。岩浆岩:酸性岩(花岗岩)＞中性岩(闪长岩、安山岩)＞基性岩(玄武岩)＞超基性岩(橄榄岩)。变质岩:浅变质岩＞中等变质岩＞深变质岩。沉积岩:抗风化能力大于岩浆岩、变质岩,风化厚度一般不大。

主要矿物的风化变异趋势如下。斜长石→绢云母→绿泥石、蛭石→蒙脱石,或高岭石化;黑云母→水云母化;辉石、角闪石→绿泥石→蒙脱石;白云母→伊利石→蒙脱石→高岭土;石英→硅酸→石髓→次生石英。一般情况下岩石风化的最终产物常表现为石英、高岭土、氧化铁、铝土矿的组合。

3. 地质构造

岩体中保存了不同成因的结构面,如断层、节埋、劈理、片理、片麻理、层理、沉积间断面、侵入岩体与围岩的接触面等,构成了风化营力侵蚀岩体的良好通道,对加深及加速岩体的风化起了有力的促进作用。

由于各种结构面的存在,又使得岩体风化不均匀,往往形成囊状风化(沿着断层带、裂隙密集带)(图2-38);差异风化(图2-39)和球形风化(图2-40)等。

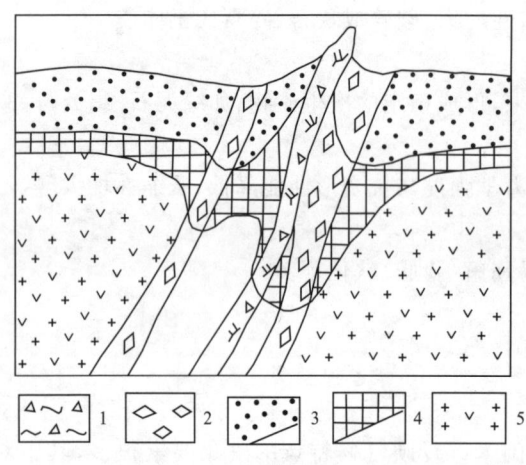

图2-38 囊状风化

1.糜棱岩和角砾岩;2.碎裂岩;3.强风化岩体及其底板界线;4.弱风化岩体及其底板界线;5.微风化和新鲜岩体

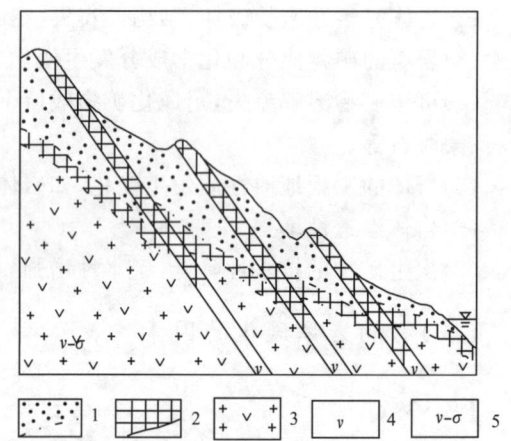

图2-39 岩性不同导致的差异风化

1.强风化岩体及其底板界线;2.弱风化岩体及其底板界线;3.微风化和新鲜岩体;4.岩脉;5.花岗-闪长岩

4. 地形

地形条件既可直接影响岩石的风化作用,又可通过对气候及水文地质条件的影响,间接地影响岩体的风化。在不同地形条件下(高度、坡度、切割程度等),风化作用的类型、风化速度、风化程度、风化壳厚度及其空间分布是不同的。地形不同还影响沟谷侧侵作用和残积物滞留条件。

一般来说,高海拔地区以物理风化为主;低海拔地区以化学风化为主,速度较快。陡坡地段,风化速度较大,风化壳较薄;缓坡地段,风化速度较慢,风化壳较厚。

图2-40 球形风化现象

5. 其他因素

地壳运动的特点控制着风化作用发生的总趋势。地壳长期处于相对稳定的地区,岩体与风化营力接触的时间较长,风化变异彻底,风化壳分布广泛,厚度也较大。地壳强烈上升的地区,虽然风化速度较快,但易遭外力侵蚀剥蚀,风化壳厚度往往并不大。

人类活动如基坑、边坡、隧洞开挖、砍伐森林等,将已风化的岩体或覆盖层挖除,使得风化微弱甚至新鲜岩体裸露,并与活跃的风化营力直接接触从而加剧了岩体风化。

(四)风化壳及风化分带

遭受风化的岩石圈表层叫做风化壳,它是原岩在一定的地质历史时期各种因素综合作用的产物。表层不同深度的岩石,遭受风化的程度不同,形成不同成分和结构的多层残积物,由此构成了复杂的风化壳剖面。不同岩石、不同地区,风化壳有很大差别,其厚度也有很大差别,厚者可达几百米。地壳表层保留的主要为现代时期形成的风化壳。当风化壳形成后,被后来的堆积物掩埋,被保留下来的成为古风化壳。

在风化壳铅直剖面上,从上到下岩体的风化程度是不同的,岩体的风化程度总是在地表比较强烈,从地表向下至岩体内部,风化程度逐渐变弱,直至新鲜基岩,其物理力学性质也不相同。因此风化壳在铅直剖面上具有分带性,应对整个风化壳剖面按照岩体风化程度不同进行分带,以便区别对待,这对于建筑场地的选择、工程设计、施工和处理等都是十分必要的。

风化壳为什么会具有分带性呢?原因如下。①不同深度岩体与风化营力接触时间和程度不同,风化营力多是由表及里的。因此,上部岩体总是与风化营力首先接触。当风化作用经历某一时间后,岩体已经发生了一定程度的变化,而深部岩体可能刚与风化营力接触或尚未与风化营力接触。因而,地表的岩体与风化营力接触的时间比其下部岩石长,故其风化程度也比下部岩体深。②矿物风化具有阶段性,如主要硅酸盐矿物风化逐步转变具有阶段性。因此,在整个风化壳剖面上,因矿物的组合不同而显示其分带性。

1. 分带的原则

为工程建筑目的而进行的风化壳垂直分带应考虑以下原则。①充分反映各风化带岩石变化的客观规律,反映各风化带岩石所具有的不同特征。②分带的标志应有代表性、明确,便于掌握。③定性与定量相结合。④分带数目既不要过多,也不太少。一般采用三分法、四分法或五分法,目前地矿与水利水电部门多采用四分法即:全风化带、强风化带、弱风化带、微风化带。

2. 分带的标志

主要包括下列几个方面。

(1)颜色。风化程度不同的岩石,在外观上首先表现在颜色上的差异。如有的岩石新鲜时为灰绿色,风化后由下往上则变为:黄绿色、黄褐色、棕红色。

(2)岩体破碎程度。随着岩石风化程度的加深,完整坚硬的岩体逐渐破碎成块石、碎石、砂、粉黏粒。在风化剖面从上到下的不同部位上,这些颗粒所占的比例是不同的,上部以粉、黏粒为主,夹有砂及碎石;向下过渡为以砂粒为主夹有粉、黏粒及碎石;再向下以碎石为主夹有块石及少量粉黏粒;再向下则以块石为主夹碎石等。破碎程度还表现在风化产物破碎时的难易,如用锤难以击碎的,用锤易击碎的,用手指能捏碎的,轻微接触即行松散的等。

(3)矿物成分的变化。如前所述,不同矿物的抗风化能力是不同的,岩石中总是那些不稳定的矿物首先风化。即使同一矿物在不同风化阶段所形成的新矿物也不一样。此外,化学风化在不同时期起主要作用的化学反应是不同的。因此,在风化壳剖面的不同部位具有不同的矿物共生组合,根据具体条件下风化岩石中矿物的共生组合规律,如全风化带,除石英外,大部分矿物已经变异,形成稳定的矿物,如黏土矿物等;弱、微风化带,矿物变异主要发生在块石裂缝周围,形成薄膜状。

(4)水理性质及物理力学性质的变化。在风化壳剖面上,由上到下这些性质变化的趋势是:①孔隙性和压缩性由大到小;②吸水性由强到弱;③声波速度由小到大;④强度由低到高等。这些性质指标的变化是风化壳分带的重要定量标志。

(5)钻探掘进及开挖中的技术特性对于风化程度不同的岩石,其完整性和坚固性不同,因此,勘探中的钻探方法、钻进速度、岩心采取率、掘进方法及难易程度是不同的;同时,施工中开挖方法及进度亦各异。

表2-24列出了各风化带的基本特征。

表2-24 岩石风化壳分带及各带基本特征(引自《工程地质手册》,2007)

风化分带	岩石颜色	矿物颜色	岩体破碎特点	物理力学性质	声速特性	其他特点
全风化带	原岩完全变色,常呈黄褐、棕红、红色	除石英外,其余矿物多已变异,形成绿泥石、绢云母、蛭石、滑石、石膏、盐类及黏土矿物等次生矿物	呈土状,或黏性土夹碎屑,结构已彻底改变,有时外观保持原岩状态	强度很低,浸水能崩解,压缩性能增大,手指可捏碎	纵波声速值低,声速曲线摆动小	锤击声哑,锹镐可挖动
强风化带	大部分变色,岩块中心部分尚较新鲜	除石英外,大部分矿物均已变异,仅岩块中心变异较轻,次生矿物广泛出现	岩体强烈破碎,呈岩块、岩屑,时夹黏性土	物理力学性质不均一,强度较低,岩块单轴抗压强度小于原岩的1/3,风化较深的岩块手可压碎	纵波声速值较低,声速曲线摆动大	锤击声哑,用锹镐可挖,偶须爆破
弱风化带	岩体表面及裂隙表面大部分变色,断口颜色仍较新鲜	沿裂隙面矿物变异明显,有次生矿物出现	岩体一般较好,原岩结构构造清晰,风化裂隙尚发育,时夹少量岩屑	力学性质较原岩低,单轴抗压强度为原岩的1/3~2/3	纵波声速值较高,声速曲线摆动较大	锤击发声不够清脆,须爆破开挖
微风化带	仅沿裂隙表面略有改变	仅沿裂隙面有矿物轻微变异,并有铁质、钙质薄膜	岩体完整性较好,风化裂隙少见	与原岩相差无几	纵波声速值高,声速曲线摆动较小	锤击发声清脆,须爆破开挖

3. 分带的方法

风化壳分带的方法随工程要求及勘察阶段而定,如初勘时以定性分带为主;详勘时以定量分带为主,同时考虑定性标志。目前进行风化壳分带的方法主要有以下几种。

1)工程地质分析法

属定性分析法,通过观测风化岩石的颜色、破碎程度、坚固性、矿物成分等方面的变化特点为主,兼以开凿岩体的难易程度及锤击声的音响特点等鉴别岩体的风化程度,根据现场观测及实践经验确定风化等级界限。一般而言,全风化带岩体已完全风化成土状物,原岩面貌也完全丧失,残留物以碎石土为主;强风化带内原岩结构已基本破坏,宏观观察隐约能见到原岩体形貌,风化物以块石为主,混杂有一定数量的碎石土,部分块石内部仍保持新鲜状态;弱风化带原岩保存完整,岩体结构局部破坏,主要沿裂隙面产生深度风化,形成风化条带或网络状,风化层厚度一般为十几厘米至几十厘米;微风化岩体总体完好,结构完整,只是沿裂隙面发生浅表层风化,风化层厚度一般为几厘米至几毫米的薄膜状。各带宏观形貌如图2-41。该分析方法适于初勘阶段,有较大的人为性。

2)指标定量法

指标定量法是通过现场和室内实验,实测风化岩石的物理力学性质指标,结合工程地质分析进行分带的方法。实践中有用单项指标值进行分带,也有采用多项指标综合进行分带的。

(1)声波速度法。岩石风化后,声波速度变慢,据声波在风化程度不同的岩体中传播纵波速度 V_p(m/s)作为风化壳分带的依据。一般采用的分带界限为:全风化带,$V_p<2\,000$;强风化带,$V_p=2\,000\sim3\,000$;弱风化带,$V_p=3\,000\sim5\,000$;微风化带,$V_p>5\,000$。

(2)风化系数法(K_y)。

风化系数法(K_y)用下式表示:

$$K_y=\frac{K_n+K_w+K_R}{3}$$

式中:$K_n=n_1/n_2$ 为孔隙率系数;$K_w=w_1/w_2$ 为吸水率系数;$K_R=R_1/R_2$ 为强度系数(单轴抗压强度);n、w、R 分别为孔隙率、吸水率和单轴抗压强度;符号中的下角标1、2分别为新鲜岩和风化岩石。根据风化系数进行分带的标准为:全风化带,$K_y\leqslant 0.2$;强风化带,$K_y=0.2\sim 0.4$;弱风化带,$K_y=0.4\sim 0.9$;微风化带,$K_y=0.9\sim 1.0$。

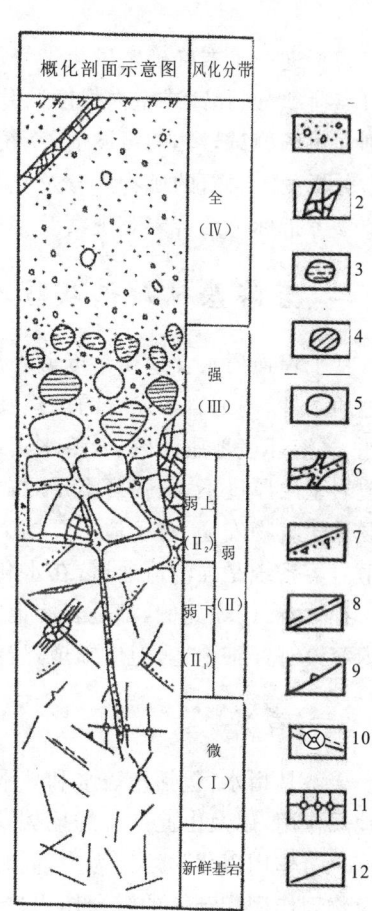

图2-41 概化剖面示意图
(据满作武,1993,稍改)

1.碎屑状疏松风化岩;2.碎块状半坚硬风化岩;3.半疏松状风化块球体;4.半坚硬风化块球体;5.坚硬状风化块球体;6.风化夹层;7.疏松状风化裂隙;8.半坚硬状风化裂隙;9.沿裂面表皮状风化;10.风化囊;11.串珠状风化;12.裂隙

(五)野外调查方法

野外工作中,在工程实施的位置选择良好的露头,其露头剖面能总体反映该区代表性风化状态,如一个露头不足以完整反映各风化带情况,可选择多个露头配合观察,构成对整个风化状况的认识。对于重大工程往往借助于勘探平硐、钻探或竖井直接观测进行分带。斜坡剖面调查时,应首先站在一定距离宏观观察,从风化岩体颜色、风化物破碎程度、地质形貌特征等方面总体观察分析,一般可以大致了解风化剖面的分带特征。然后依据前面介绍的风化分带依据,贴近露头从地表往下详细了解各带的岩石破碎程度、结构性、矿物变化情况,为了观测的连续性,最好沿坡走向每隔5~10m间距选择一个纵断面从上至下依次观测,初步确定分带的位置。

为了进一步准确确定风化带特征及划分风化壳,只是野外观察调查是不够的,应结合样品进行点荷载、回弹锤或室内强度试验,确定不同风化岩的强度;采用单道地震仪或声波仪按选择剖面现场测试岩体的声波值;系统采样在室内进行X衍射、薄片镜下鉴定、扫描电镜、物理化学分析测定岩石的矿物成分及化学成分;钻孔岩芯的RQD值也是判别岩体风化完整性的重要参考指标。结合宏观观察及定量指标值,就可以比较准确确定岩体风化带。

二、岩溶基础知识及野外调查

从工程地质水文地质角度调查岩溶的目的是为了充分了解调查区岩溶发育规律、岩溶水文地质条件、场地岩溶发育的规模及分布情况等,结合工程实际,分析其可能带来的工程地质问题、岩溶环境地质问题、岩溶水资源情况等。当岩石经溶蚀后的地下溶空场所足够大,而且上覆岩土层厚度不大、强度不足时,尤其在水流渗透或外荷载作用下,便可以产生地面塌陷,危及场地建筑物安全;对于地下开挖工程,因其巨大溶洞集水,当揭穿洞体时会引起施工期突水;地下岩溶系统是强渗流通道,在水利工程中,是地表水体向外围渗漏的重要场所,强烈渗漏影响工程效益,诸如此例,都是岩溶地区工程建设中经常遇到的重大工程地质问题。本教程对这些内容没有详细论述,但应知道,岩溶调查往往是结合解决工程地质水文地质问题而进行的。

(一)岩溶形态

岩溶是指水(包括地表水和地下水)对可溶性岩石进行的以化学溶蚀作用为主的改造和破坏地质作用,以及由此产生的地貌及水文地质现象的总称。

岩溶作用以化学溶蚀为主,同时还包括机械破碎、沉积、坍塌、搬运等作用,是一个化学作用及物理作用相结合的综合作用过程。

可溶性岩石包括碳酸盐岩、硫酸盐岩、卤化物等。

岩石溶蚀后形成独特的地貌,包括地表形态:峰丛(溶洼)、孤峰(溶蚀平原)、石牙、溶孔、溶槽、溶沟、溶洞。地下形态:溶隙、溶洞、暗河。如图2-42所示。

经溶蚀化的岩体水文地质条件复杂化,透水性增强,地下水流态、动态及不均匀性增大,出现伏流、地下河、岩溶泉,构成了独特的水文地质系统(单元)。

(二)碳酸盐岩的溶蚀机理

参与岩溶过程的主要营力是水,水的侵蚀、溶蚀作用是经常性、缓慢的长期作用过程。

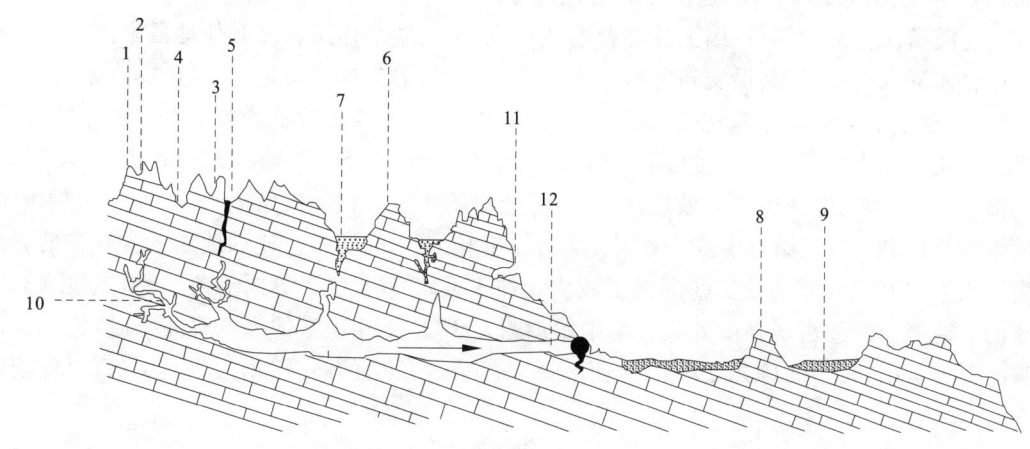

图 2-42 岩溶地貌形态示意图

1. 石牙;2. 溶沟(槽);3. 石林;4. 漏斗;5. 落水洞;6. 峰丛;7. 溶洼;8. 孤峰;9. 溶蚀平原;10. 溶隙;
11. 溶洞;12. 暗河;💧. 岩溶泉

碳酸盐为难溶盐,溶解度很低,如 25℃时,溶解度为 14.2mg/L。由于水的化学成分复杂,且随环境条件而变化,使得碳酸盐岩石处于长期、多变、多种溶蚀效应作用下。溶蚀反应处在由表及里、地下溶蚀优先的复杂地质体之中。

溶蚀过程涉及固、水、气三相,实质是 9 个离子化合物的平衡体系的动态变化,9 个离子是:CO_2,H_2CO_3,HCO_3^-,CO_3^{2-},Ca^{2+},$CaHCO_3^+$,$CaCO_3$,H^+,OH^-。

溶蚀过程如下(以 $CaCO_3$ 的溶解和沉积为例):

① $CaCO_3 \rightleftharpoons Ca^{2+} + CO_3^{2-}$　② $CO_2 + H_2O \rightleftharpoons H_2CO_3 \rightleftharpoons H^+ + HCO_3^-$

由①及②　$CaCO_3 + CO_2 + H_2O \rightleftharpoons Ca^{2+} + 2HCO_3^-$

上述反应也可表示为离子平衡式:

$Ca^{2+} + CO_3^{2-} + H^+ + HCO_3^- \rightleftharpoons Ca^{2+} + 2HCO_3^-$

化简为:

$CO_3^{2-} + H^+ \rightleftharpoons HCO_3^-$

上述表明:$CaCO_3$ 在水中溶解的实质是 CO_3^{2-} 与 H^+ 结合生成 HCO_3^-,因此 H^+ 的浓度是溶解的关键。天然水中,H^+ 浓度很低,故 $CaCO_3$ 在天然纯水中溶解很少,形成岩溶主要是因为水中含有过量的 CO_2,与水结合电离 H^+,促使 $CaCO_3$ 溶解。任何能在水中产生 H^+ 的物质均可能使 $CaCO_3$ 溶解。H^+ 含量多少用 pH 值表示,当 pH 值小于 6.36 时,水具强烈侵蚀性;pH 值为 10 以上时,水不具侵蚀性。

水中的 CO_2 主要来源于大气、土壤的生物作用等外界环境的补给,大气、生物、岩石、水构成一个岩溶动态系统。岩溶是一个复杂的物理化学动态过程:在不平衡状态,当 $CaCO_3$ 溶解或 CO_2 逸出达到平衡,或析出 $CaCO_3$(沉淀);当水中补充 CO_2,系统转化为不平衡状态,$CaCO_3$ 再度溶解,如此往复进行。

除补充水的 CO_2 影响岩溶作用外,以下几种情况同样会改变水的溶蚀能力。

(1)两种不同饱和度的溶液混合后,水的溶解性增强。

(2)如果有两种温度不同而饱和度相同的水相混合,或一种水溶液由高温变为低温,都可

以加大 CO_2 的溶解度,从而加强溶液的溶蚀能力。

在地质条件特殊的部位,因上述混合溶蚀效应,常使岩溶作用较之其他地段强烈。这些特殊部位有地下水面附近,断层交错等地下水渗流汇合点,河谷岸坡附近,温泉出露点附近等。

(3) 天然地下水中成分较复杂,大致有两类离子:一类是与碳酸盐岩溶解产生的相同离子,如 Ca^{2+}、Mg^{2+}、CO_3^{2-} 等;另一类是不同的离子,如 Na^+、Cl^-、SO_4^{2-} 等。这些离子对溶液的溶解性都有一定影响,即产生离子效应。比如:①酸离子效应。任何酸解离出 H^+ 后,溶液中 H^+ 浓度增加,H^+ 和 CO_3^{2-} 结合生成 HCO_3^-,从而加速 $CaCO_3$ 的溶解。比如地质上含硫酸的岩层渗出的地下水有较大溶蚀性。②同离子效应。加入 Ca^{2+} 或 CO_3^{2-} 等同等离子后,减缓水对碳酸盐的溶蚀能力。③离子强度效应。水中增加与 $CaCO_3$ 不相一致的强电解离子时,它们会以较强的引力吸引 Ca^{2+} 或 CO_3^{2-} 离子,从而降低 Ca^{2+} 与 CO_3^{2-} 的结合,增大水对 $CaCO_3$ 的溶解性。

(三)影响岩溶发育的因素

岩溶发育的条件是:具有可溶性岩石,具有溶蚀能力的水,具有良好的水循环交替条件。凡是影响上述 3 个条件的因素均是影响岩溶发育的因素。

1. 碳酸盐岩岩性的影响

碳酸盐岩被溶解程度如何,主要取决于岩石的性质,如组成物的化学成分、矿物成分及结构。碳酸盐岩是指碳酸盐矿物含量超过 50% 的一类沉积岩。主要化学成分是 $CaCO_3$、$MgCO_3$、SiO_2、Fe_2O_3、Al_2O_3 及黏土杂质等。常见的岩石有:灰岩、白云岩、白云质灰岩、灰质白云岩、硅质灰岩、泥质灰岩等。

不同岩石,其溶解性是不同的,可用两个指标表示:

$$比溶蚀度\ K_V = \frac{试样溶蚀量}{标准试样溶蚀量}(试验前后的质量差)$$

$$比溶解度\ K_{CV} = \frac{试样溶触速度}{标准试样溶解速度}(单位时间的溶蚀量)$$

K_V 及 K_{CV} 越大,说明岩石的溶蚀强度和溶蚀速度越大。研究表明:方解石含量越高,即 CaO/MgO 比值越大,K_V 及 K_{CV} 越大。当 CaO/MgO 比值在 1.2~2.2 之间(相当于白云岩),相对溶解度在 0.35~0.8 之间;CaO/MgO 比值大于 10(相当于石灰岩),相对溶解度接近于 1;介之白云岩与灰岩之间者,相对溶解度在 0.8~0.99 之间。酸不溶物含量越高,K_V 及 K_{CV} 越小。矿物结晶越小,其比表面积越大,K_V 越大。碳酸盐岩经变质后常呈粒状变晶,白云岩也常呈晶粒结构,灰岩多呈微晶、泥晶或亮晶颗粒结构。白云岩类通常因结构及微孔隙性,在有的情况下具有微渗透性,而大多数灰岩孔隙度都小于 2%,渗透率几乎等于零。

我国碳酸盐岩不溶物含量都较低,成分较纯,主要是方解石,白云石次之,而且时代愈老白云石含量愈高。实际上寒武系以前的碳酸盐岩以白云岩为主,奥陶系以后以灰岩为主,中国的岩溶主要发育在奥陶系以后的地层中。

2. 地形地貌的影响

地形地貌条件通过影响水的入渗、循环交替条件,进而影响岩溶发育的规模、速度、类型及空间分布。比如一个地区的区域地貌格局宏观上控制了某地区的地表水文网及地下水排泄基准面的性状,从而控制了地表地下水的运动趋势,进而控制了岩溶发育的总体形式。

3. 地质结构构造的影响

从区域性角度，大地构造格局控制碳酸盐岩分布，比如地台、地槽区碳酸盐岩具有不同沉积建造类型，岩溶发育具有明显差别。

对一个具体地区而言，影响岩溶发育的构造条件主要有如下几方面。

1) 断裂的影响

成岩、构造、风化、卸荷等作用形成的各种破裂面，为地下水入渗和流动提供了通道，同时为地下水有效向深部渗入并形成深部岩溶提供了条件。

例如，沿断裂面岩溶发育强烈，各组破裂面相互交织、延伸进而控制了岩溶发育的形态、规模、速度和空间分布，使得岩溶发育具有宏观不均一性；同时，各种破裂面相互交织，使地下水混合溶蚀效应明显，促进岩溶发育。

2) 褶皱的影响

褶皱的类型和部位不同，裂隙发育程度不同，岩溶强度不同，如核部比翼部发育，背斜比向斜发育。褶皱的形态、性质、尺寸和方向影响了可溶岩的空间分布，也影响岩溶发育的特征。

3) 岩层组合特征的影响

可溶岩与非可溶岩可能在不同地段形成十分复杂的各种组合形式，因而岩石溶蚀性存在显著差异，从而形成复杂的岩溶现象。如下 4 种类型的组合形式，岩溶发育明显不同。

(1) 厚而纯的碳酸盐岩。地下水在岩体内运动可以大致分为包气带垂直渗流、季节变动带垂直及水平两向渗流、饱水带近河谷水平渗流、深循环带远排泄点水平渗流。渗流方向总体上决定了垂向及水平向岩溶发育的程度。该结构最有利于岩溶发育。

(2) 碳酸盐岩夹非可溶性岩层。由于非可溶岩的存在影响地下水运动，岩溶发育没有纯厚碳酸盐岩充分，不一定具备上述 4 个分带特点。但也常有岩溶现象发育，其程度因不可溶岩夹层的厚度和夹层多少而不同。

(3) 非可溶性岩层与碳酸盐岩互层。岩溶作用一般较弱，往往因非可溶岩的隔水作用，定得形成局部地下水系统，从而可能形成多层岩溶现象。

(4) 非可溶性岩层夹碳酸盐岩。非可溶岩的隔水作用，使得地下水循环交替条件很差，岩溶发育极弱。

4. 新构造运动的影响

地壳的上升、下降、相对稳定运动的性质、幅度、速度和波及范围，控制着水循环交替条件及其变化趋势，从而强烈地控制着岩溶发育的类型、规模、速度、空间分布及岩溶作用。

地壳较快上升期：侵蚀基准面相对下降，地下水位适应排泄基准面而逐渐下降，侧向岩溶欠发育，规模小而少见，分带现象不明显，以垂直形态的岩溶为主。

地壳相对平稳期：侵蚀基准面和地下水面相对稳定，溶蚀作用充分进行，分带现象明显，侧向岩溶规模大，可形成较大规模的水平岩溶和暗河，岩溶地貌较明显典型。

地壳下降期：常形成覆盖型岩溶，地下水循环条件变差，岩溶作用受到抑制或停止。

从更长的地质历史时期来看，地壳运动包括以下几种类型。

(1) 间歇性上升。上升→稳定→再上升→再稳定，水平溶洞成层状分布，高程往往与该区域阶地、台地相对应。

(2) 振荡升降。岩溶作用由弱到强，由强到弱反复进行。以垂直形态的岩溶为主，水平溶洞规模不大,而且成层性不明显。

(3)间歇性下降。下降→稳定→再下降→再稳定。岩溶多被埋于地下,规模不大,但具成层性,洞穴中有物质充填。

从层状洞穴的分布情况及充填物的性质,可查明岩溶发育特点及形成的相对年代。

5. 气候的影响

1)温度的影响

水温度升高,水中 CO_2 的溶解度减小,不利于岩溶作用。一般情况下,水温升高 $20\sim30$℃,溶于水中的 CO_2 减少一半;同时,温度升高,化学反应速度也大大加快,有利于岩溶作用,一般温度升高 10℃,化学反应速度加快一倍。

气候对植被、细菌及土壤空气中的 CO_2 含量有重大影响,湿热地区较干旱区岩溶作用强烈。

温度对岩溶作用的影响具有两面性,总的来讲,温度的升高有利于岩溶作用的进行,温度降低不利于岩溶作用进行。

2)降水的影响

水直接参与岩溶作用,充足的降水是保证岩溶作用强烈进行的必要条件。水是溶蚀作用的介质和载体,充足的降水保证了水体良好的循环交替条件,促进岩溶作用的强烈进行。非岩溶地区的外源水比岩溶地区内源水具有更强侵蚀性。相同气温条件地区,降水量的差异使得岩溶差别很大。

(四)岩溶野外调查

岩溶调查应以查明工程地质条件对岩溶发育的控制作用、岩溶发育的现状、岩溶发育规律、岩溶系统的分布和特征为基础,结合岩溶水文地质条件,岩溶工程地质问题进行分析,为工程建筑的实施提供可靠的地质背景资料。

1. 地质背景条件调查

在灰岩分布区,地形地貌是岩石经剥蚀风化、水流侵蚀、溶蚀及重力堆积等各种作用下形成的,地形地貌影响了岩溶发育,同时也是一定程度溶蚀作用的结果。要调查山体形态和走势,地形分水岭展布,沟谷切割深度及形态,地表水文网发育特征及配置,台状地貌(如平面、阶地、台地等)分布及高程。各地貌单元分布、成因、物质组成、形成时代。注意分析地形地貌与区域构造、地层岩性与岩溶现象之间的关系。

地层分布及岩性是决定岩溶发育的基础,通过资料分析及野外踏勘调查,搞清楚调查区发育哪些地层及其分布情况。区分可溶岩与不可溶岩,可溶碳酸盐岩还要按岩石性质进一步区分其溶蚀差异性,明确一个地区哪些地层具备岩溶化的物质基础。注意一个地区有哪些地层具备相对隔水性能,以及其岩性及分布稳定性、岩层的组合结构特征(如单一结构型、互层结构型、夹层结构型等),这对于控制一个地区岩溶发育有重要控制作用。

一个地区岩溶发育与该区构造格局、主体构造型式及形态特征、构造线方向、规模及分布紧密相关。要注意研究调查区具有区域性及区段性控制作用的褶皱发育情况,有一定规模的断层发育特征,主要构造裂隙的发育特征等。一个地区的构造格局实质上就决定了可溶岩、不可溶岩、隔水岩层及透水岩层的空间分布,从而控制了该区岩溶总体发育条件和规律。对于单体的岩溶现象,其发育与断层裂隙有密切关系,其发育方向、规模、形态、网络格局很大程度与构造发育相一致。

2. 岩溶发育特征专门调查

1）岩溶现象调查

岩溶地区都会发育各种岩溶现象，小到浅表部的溶槽、溶孔、落水洞等，大到溶蚀洼地、地下溶洞、暗河等。各种岩溶现象的发育一般并非孤立的，它们之间往往存在时空上的联系。地表调查时，对于溶蚀洼地、漏斗、落水洞、竖井、宽大溶槽、溶沟、溶洞等现象应注重调查。

岩溶漏斗、溶蚀洼地、槽谷都是岩溶区最常发育的大型岩溶负地貌。漏斗是规模小一些的碟状或椎状封闭洼地，而溶蚀洼地规模更大，底部较平坦，洼地内部也可发育漏斗。重点调查各岩溶现象分布位置、分布面积、形态、长轴方向、底部高程、底部覆盖物情况，洼地内漏斗及落水洞发育位置、高程、特征，洼地发育与岩性、构造等关系，洼地接收降水汇集下泄情况。这些地貌现象往往平面上呈串分布，调查分析其若干洼地平面展布，对于帮助分析地下岩溶系统十分重要。

落水洞、天窗、竖井等都属于竖向"井状"溶空地貌，它们大都是地表水向地下下泄的集中通道，多发育于漏斗、洼地内，呈串分布，与地下管状流或地下河方向相对应，两者都是岩溶系统的组成部分。应详细调查它们发育的位置、地面高程、体积大小、洞体形态、长轴方向、发育深度、地下水位及动态。如能深入洞内调查，应了解其与地下暗河之间的关系，测量地下水流动方向、流速、流量、水质，内部堆积物，溶隙发育等细微特征。

溶洞常发育于河谷坡岸地带，一般都是曾经地下水流的集中排泄口，或者是现代地下暗河系统的地下水排泄点。要调查溶洞的高程、深度、形态、形成条件、它与构造及岩层之间的关系。一般而言，溶洞高程代表该时期地壳处于稳定溶蚀时期，它与该地区某级台地、阶地、侵蚀面等高程相对应，这个阶段岩溶相对于地壳抬升期更为发育。溶洞通常为地下河的出口，是长时期水流作用活跃的场所，除洞体本身外，发育各种堆积物，对其进行调查有时可以得到重要信息，比如化学堆积物石钟乳、石笋，采样进行铀钍年龄测定可以判断溶洞形成时期，结合氧碳同位素研究，可以恢复40万年以来的气候环境；溶洞内常会发现如现代河流沉积类似的流水沉积物及相应地貌单元，调查其沉积物的成分、结构、磨圆度、厚度以及地下河展布形态、阶地、坡降、叠坎等形貌，可以间接地帮助判断地下河物质来源、地下水动力学特征等，从而有助于分析岩溶系统的发育特征。

2）岩溶水文地质调查

岩溶系统自成一个水文地质系统（单元），存在自身的地下水补给、径流、排泄条件。基于这一点，野外针对岩溶水文地质方面的调查，显得尤为重要。水文地质调查成果也是帮助分析岩溶发育规律，确定地下岩溶系统的重要证据。岩溶水文地质调查也应进行地层岩性分析，构造条件分析，含水、隔水地层的分析，从地下水补给、排泄、径流条件入手进行调查。

地下水可以是远距离集中补给，也可以是沿地下水流系统分散补给，补给区一般分布在地形较高地段，往往发育若干洼地、盆地、漏斗、落水洞等地貌单元。

径流区一般都会受厚而稳定的隔水岩层限制，地下水赋存于可溶岩地层中，当地下水流出点确定之后，结合地层分布、构造条件、地形条件及沿途落水洞等发育情况，一般可以大致确定岩溶地下水的流向。

岩溶地下水排泄点的调查十分重要，有一定规模的地下岩溶系统，往往总可以找到地下水出口，即排泄点，排泄点一个或若干个，大的排泄点可能以溶洞形式出现，小一些的可能是发育于溶隙的泉水点等,人工凿井也可成为地下水排泄点。野外凡是井泉、溶洞等地下水流出点都应进行调查,调查方法在前面水文地质调查中已有介绍,即对地下水溢出形式、出水点高程、水量、水质、水温、地下水动态、形成条件等加以详细调查,记录卡片。根据同一含水系统地下水物理化学性质具有相同和相似的原则,从调查及水质分析中得到的大量信息,可以很好地帮助分析地下水系统及岩溶系统发育特征。比如地下水温的明显差异,水质的明显差异,可以认为地下水来源于不同含水系统;地下水透明度、水温、动态变化、地下水动态与降水强度时效性,能帮助判断地下水补给区的远近;氢氧同位素能帮助确定岩溶水补给区,^{14}C氚等测定地下水年龄,估算水的运程、速度等。

查明一个地区岩溶发育特征及岩溶系统发育情况是一项十分复杂的工作,大多数情况下,地表调查条件良好的地区,通过以上地质背景条件调查,岩溶现象发育特征调查,以及岩溶水文地质调查,基本可以大致查明调查区岩溶发育规律、岩溶系统分布的基本情况。野外地质调查是最基本的重要工作,应通过填图方式,按一定工作精度要求认真进行。地表覆盖严重、植被十分发育、地表裸视条件不好,野外调查的工作条件受到限制的地区,此时,应结合轻型物探、钻探等开展勘探工作。有时为了准确确定岩溶水系补、径、排关系,需要补充一些试验工作,最有效直接的是地下水连通试验。连通试验是一种示踪试验,通过在可能的补给区的某个点(如落水洞)投入某种指示剂,在预判的可能多个出水口处,连续观测指示剂是否出现,以及其出现的时间、浓度、时段等,以判断投入量与观测点地下水是否具有连通性,即表明补给区与排泄区是否属于一个岩溶水文地质系统,同时也可间接确定地下水运动途径、水流速度等。连通试验指示剂类型有化学性指示剂,如石盐、荧光素等;物理性指示剂,如谷糠、木屑、石松孢子等。连通试验只能在有水流的条件下使用,有时一个管道内,部分有水,部分无水,为了查明岩溶系统内某些点位间的水力联系情况,可以在岩溶管道的某些部位,通过某些点的封堵集水、放水等方式,察看某些点位间的水位、流量、水质变化,判断它们之间的连通性;也可以在无水通道点采用释放并观测烟雾、灌(注)水方法探明其试验点之间的连通性。

三、斜坡基础知识及野外调查

斜坡是指地表一切具有侧向临空面的地质坡体,是一类广泛的地貌类型。斜坡有自然形成和人工开挖形成的,前者称为天然斜坡,后者称为人工边坡。发育于水体岸边的斜坡称为岸坡,存在于不同工程部位的边坡可以结合工程类型称为如矿山边坡、基坑边坡、路堑边坡等。

斜坡是具有一定高度、坡度要素的几何地质体,其基本的几何要素包括:坡面、坡肩、坡顶、坡脚、坡高、坡角及坡体。斜坡坡面有直线型、内凹型、外凸型及复合型等多种几何形态。

工程建设(尤其山区)中,常与斜坡打交道,可能因为斜坡失稳而带来重大影响,进行斜坡稳定性研究具有重要意义。

(一)斜坡的类型

斜坡可以按不同属性分为不同类型,经常用到如下几种分类。

按斜坡的高度,把岩质坡总高度大于30m、土质坡总高度为大于20m的斜坡称为高坡,小于此高度者称为一般斜坡。

按坡角大小,把坡角≥30°的称陡坡,坡角15°~30°的称为中坡,坡角<15°的称为缓坡。

按构成坡体物质的种类分为:土质斜坡、岩质斜坡、岩土结合斜坡。

按斜坡的结构特征分为:类均质土坡、层状结构坡、块状结构坡、碎裂岩体结构坡、散体结构坡。

(二)斜坡应力分布

地面水平状态的地质体,经风化剥蚀侵蚀或人工开挖形成斜坡几何体后,一般大约在坡面向山体内部 3~6 倍坡高范围内,坡体原始应力状态发生明显改变,应力大小及方向重新调整,形成新的重分布应力状态,结果如图 2-43。

斜坡重分布应力的特点主要包括以下两方面。

(1)斜坡体一定范围主应力迹线发生明显偏转:愈接近临空面,最大主应力 σ_1 愈接近或平行于临空面,σ_3 与之正交,向坡内逐渐恢复到原始状态。

(2)在坡脚及坡肩附近形成应力集中区。

①坡脚附近最大主应力显著增高。这一带是坡体中应力差或最大剪应力最高的部位,形成最大剪应力增高带,往往产生与坡面或坡底面平行的压裂面。

②在坡顶面和上坡面的某些部位,坡面的径向应力和坡顶面的切向力可转化为拉应力,形成张力带,易形成与坡面倾向近一致的拉裂面。

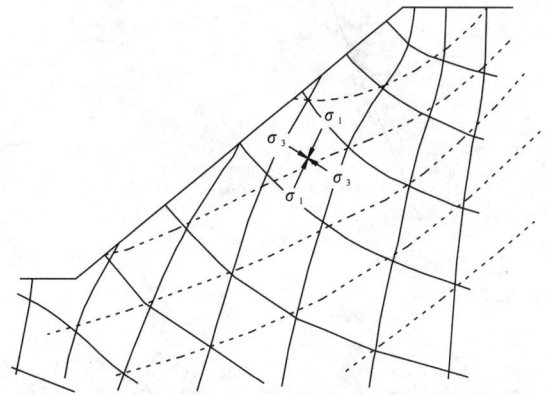

图 2-43 斜坡重分布应力分布形式

③与主应力迹线偏转相联系,坡体内最大剪应力迹线由原始的直线变成似圆弧线,弧的凹方朝着临空方向。

④坡面处由于侧向压力趋于零,实际上处于两向受力状态,而向坡内转为三向受力状态。

对于近地表浅部的斜坡,重分布应力主要由初始重力演化而来,重分布应力的大小及方向的变化程度主要取决于初始应力大小、斜坡地质结构、斜坡高度及坡度大小等。

(三)斜坡变形破坏的基本形式

1. 斜坡变形及形式

斜坡变形破坏是斜坡向稳定演化的一个过程和形式。

斜坡受到侵蚀、开挖等卸荷作用产生应力释放效应,引起斜坡表层岩土体的弹塑性回弹、局部拉裂松动和蠕变,即斜坡产生变形。变形也可理解为斜坡的局部的破坏,此阶段斜坡仍保持整体性。变形经过一个时段后可能终止,也可能逐步发展,破坏面扩大贯通,最终导致斜坡整体脱离母体而破坏。

斜坡变形形式主要包括以下 4 方面。

1)卸荷回弹

对于短时间内开挖岩土形成边坡,伴之产生卸荷、初始应力释放、侧应力减弱,开挖面处会产生回弹变形。其变形肉眼很难觉察,变形量小则几毫米,多则几厘米。

2) 拉裂松动

斜坡形成过程中,高陡坡的上坡面和坡顶形成的张力带及拉应力集中,往往使岩体沿原有薄弱面拉裂,形成上宽下窄的拉张裂缝,发育密集时导致局部岩体松动,如图 2-44(a)。

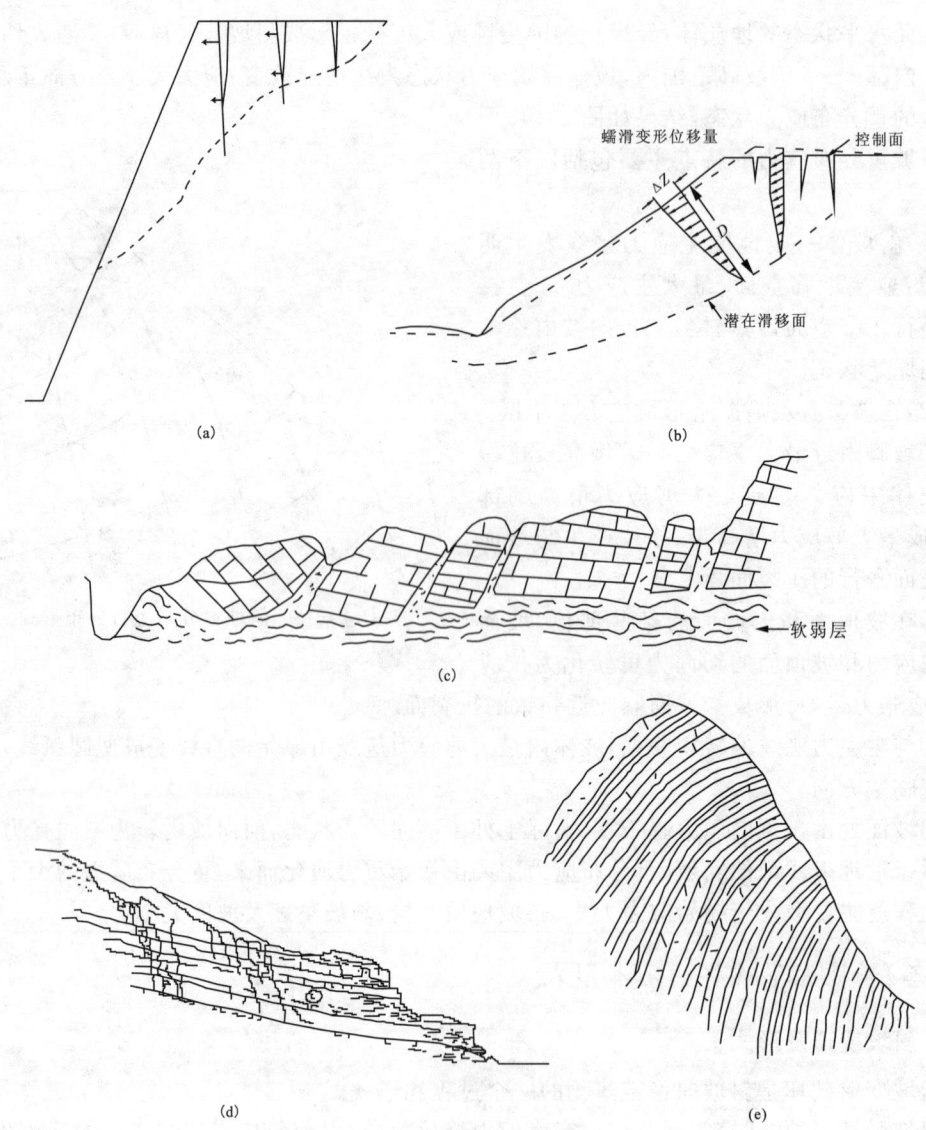

图 2-44 斜坡变形示意图(引自张卓元等,1994)
(a)拉裂松动;(b)坡体蠕动;(c)软基底蠕滑;(d)软弱夹层面蠕滑;(e)弯曲倾倒变形

3) 蠕动变形

蠕动变形指的是斜坡岩土体在自重应力为主的长期作用下,向临空面方向某一时段缓慢而持续的变形。

(1) 整体蠕滑。斜坡松散软弱岩土体在重力的长期作用下,向临空面方向缓慢剪切变形,构成一个剪变带,其位移由坡面向坡内逐渐降低直至消失,如图 2-44(b)。

(2)弱层蠕滑。斜坡下部或坡体内部,因存在软弱基底或夹层,主要在剪应力作用下,坡体沿滑移软弱面向临空方向缓慢剪切变形。按其形成机制分为两种:①弱基座蠕滑[图2-44(c)];②受软弱夹层面控制蠕滑[图2-44(d)]。

(4)弯折倾倒变形。由陡坡及直立板状岩体组成的斜坡,当岩层走向与坡面走向大致相同时,在自重应力长期作用下,由前缘开始向临空面方向弯曲、折裂,并逐渐向坡内发展的变形[图2-44(e)]。

2. 斜坡破坏及形式

坡体稳定条件不断恶化,斜坡变形连续发展,最终坡体岩土体脱离母体向临空面整体运动称之为斜坡破坏。因其坡体条件不同,产生的破坏形式也不同,通常可以把破坏划分为落石、表层流动、崩塌、滑坡几种形式。

1)落石

落石是单个块石或团块,由斜坡上部沿坡面向下滚落的破坏现象。

2)表层流动

表层流动是坡面浅表层松散土石体饱水条件下,形成似泥流形式的滑动破坏现象。

3)崩塌

陡坡上的岩土体产生以下落运动为主(崩落、错落、坠落)的破坏现象。

崩塌类型及破坏形式可分为如下几种。

(1)拉裂倾倒式崩塌。峡谷、岸坡、悬崖等地段陡立层状、高倾角裂隙发育的岩体或黄土,形成几乎分离的柱状、板状土石块体,在自重或外力矩作用下,沿下部支点发生向临空面翻转或倾倒破坏。翻倾初期或翻倾过程中伴随着岩体拉裂作用。

(2)滑移式崩塌。陡坡地段存在倾向临空面的结构面、软弱夹层面或土石接触界面等岩土结构条件,受剪切力作用,块体开始以滑移方式产生运动,然后产生崩落或坠落式破坏。有时滑移面并非单一面,而由多结构面构成,可能产生断续式滑移崩落破坏形式。

(3)坐落式(或坠落式)崩塌。陡坡或上部突出的悬崖地段,发育上硬下软结构地层,或厚层黄土、黏土、碎石土层,发育陡倾角节理裂隙。当下部软土层开挖、侵蚀掏空,或者受上部重力作用下部软层变形并向临空面鼓胀挤出,导致上覆地层产生下沉式变形,伴之拉裂,块体最终坐落式崩塌或坠落破坏。

几种典型破坏形式如图2-45所示。

4)滑坡

斜坡岩土体依附于内在的贯通结构面,在外力作用下,失去原来的平衡状态,产生以水平运动为主的滑动现象。

(1)滑坡的基本要素。滑坡破坏因其整体性和协调性、受滑面及边界条件严格制约、各部位受力变形的差异等特点,在很多情况下,显示诸多变形破坏特有形式,一般把其称为滑坡的要素,如图2-46所示。

滑动面(带):滑坡体与滑坡床之间的分界面。按其形态可分为圆弧状、平面状和阶梯状等。

滑坡床:滑坡面之下未滑动的岩土体。

滑坡体:脱离母体产生滑动的部分。

滑坡周界:滑坡体与周围未变位岩土体在平面上的分界线。

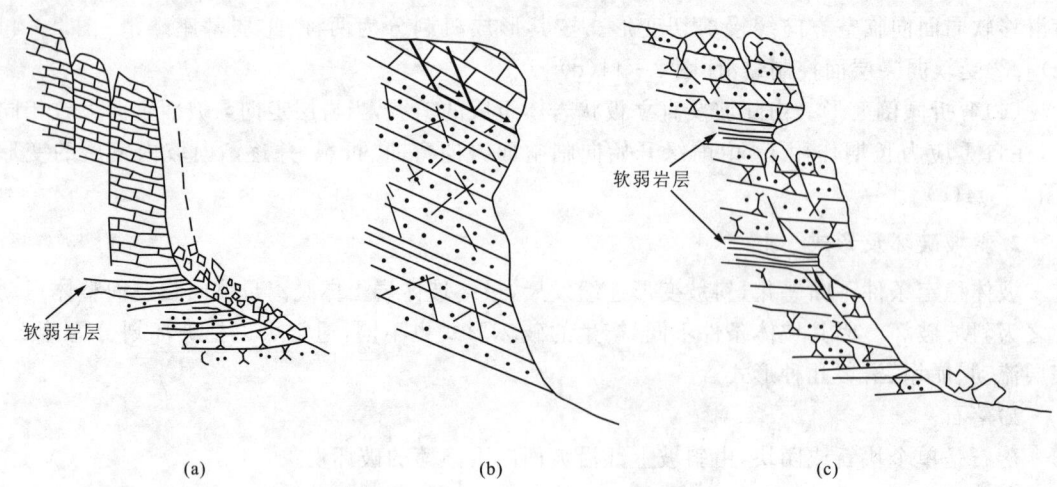

图 2-45 斜坡崩塌破坏的形式(引自张卓元等,1994)
(a)拉裂倾倒式崩塌;(b)滑移式崩塌;(c)坐落式(或坠落式)崩塌

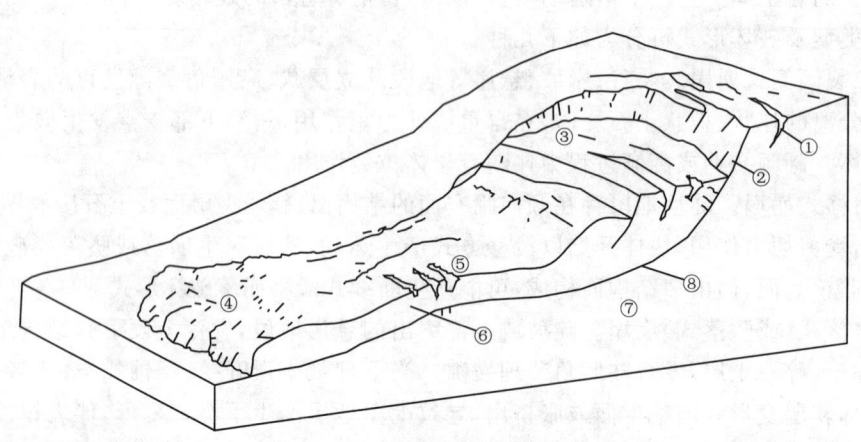

图 2-46 滑坡形态要素示意图
①后缘环状拉裂隙;②滑坡后壁;③横向裂缝及滑坡台阶;④滑坡舌及隆张裂隙;⑤滑坡侧壁及羽状裂隙;⑥滑坡体;⑦滑坡床;⑧滑坡面(带)

　　滑坡壁:滑坡体后缘由于滑动作用所形成的母岩陡壁,其坡角多为 35°~80°,平面上多呈圈椅状。滑坡壁上常见铅直方向的擦痕。

　　滑坡台阶:滑坡体下滑时各部分运动速度不同而形成的错台。

　　滑坡舌:前部伸出如舌状的滑体部位。常伸入沟谷、河床。最前端滑坡面出露地表的部位,称滑坡剪出口。

　　滑坡洼地(湖):滑坡体与滑坡壁之间拉开形成的凹槽,当周边土体形成反坡地形时便成为封闭状洼地,有水时称为滑坡湖。

　　主滑线:滑体运动速度最快的纵向线。

　　滑坡裂隙:滑坡体在滑动过程中各部位受力性质和大小不同,则产生不同力学性质的裂隙,包括如下几种类型。

拉张裂隙:位于滑体后部、滑床后壁,弧形分布,与滑动方向垂直。

剪切裂隙:羽状分布于滑坡体中前部的两侧,因滑坡体与滑坡床之间的相对位移的力偶作用形成,与滑动方向斜交。

鼓张裂隙:分布滑体前缘,由于滑体后部的推挤鼓起而形成,与滑动方向垂直。

扇形裂隙:位于滑体舌部,因前部岩土体向两侧扩散产生,放射状,呈扇形分布。

(2)滑坡类型。滑坡分类繁多,常用分类如下。

①按岩土体类型分类。

土体滑坡:其中包括黏性土滑坡、黄土滑坡、堆填土滑坡和堆积土滑坡。

岩石滑坡:其中包括破碎岩石滑坡和完整岩石滑坡。

②按滑坡的动力学特征分类。

推动式滑坡、牵引式滑坡、混合式滑坡、平移式滑坡。

③按滑动面与层面的关系分类。

无层滑坡:在均质、无层理的岩土体内部沿最大剪带滑动。

顺层滑坡:坡体沿原生、次生的软弱夹层、上部松散堆积物与下部基岩接触带等弱面滑动。

切层滑坡:多发生在岩层近于水平的平迭坡,构造面控制,滑动面切穿层面。

④按滑动面深度分类。

浅层滑坡($<6m$);中层滑坡($6\sim20m$);厚层滑坡($20\sim50m$);巨厚层滑坡($>50m$)。

⑤按滑坡发生时代划分。

今滑坡(全新世末至今);新滑坡(Qh^3);老滑坡(Qh^{2-1});古滑坡(Qp);始滑坡(第三系)。

(四)影响斜坡稳定性的因素

影响斜坡稳定性的因素十分复杂,斜坡内部岩土软弱性、坡体结构及不利的地形往往是斜坡潜在不稳定性的主要内因,可能通过振动、降水、开挖卸荷、加载等外在因素的诱发作用,导致斜坡失稳破坏。

1. 岩土类型及性质的影响

岩土类型和性质表现在岩土强度、自稳能力;结构性,如层理、软弱夹层、原生节理、片理等发育情况;不良性质,如土的膨胀性、湿陷性、对水的作用的敏感性等。

岩土自身的强度大小是决定其自稳性能的重要原因,例如同样坡形条件下,由强度大的岩土或由软弱岩土组成的斜坡,稳定性极不相同。只从岩土强度看,坚硬完整岩石能在很高陡的斜坡状态下维持长期稳定,而软弱岩土坡只能维持低矮状态。

不同岩土结构的差异性影响斜坡稳定性,例如具有层状结构的岩层,其层理,尤其是软弱夹层的存在是不利的条件;风化差异性的不同,如在火成岩地区,斜坡上方往往存在巨厚层强风化岩土,对斜坡稳定性是不利条件;对于土质斜坡,土的空隙性、结构松散,遇水软化性、湿陷性、膨胀性等都是不利于斜坡稳定的重要因素。

事实上,斜坡崩塌滑动破坏常见于结构松软的土石坡,以粉粒为主的新近黄土坡,软弱结构面理发育的岩体坡等。

2. 地质结构的影响

斜坡地质结构指的是斜坡岩土中发育的各种类型结构面及相互组合关系。对于土体坡而言,除裂隙黏土、裂隙黄土、土层与基岩不整合接触面以外,土层几乎不发育其他结构面,所以土坡结构控制作用不明显。而基岩斜坡,因发育构造裂隙面、风化裂隙面、原生结构面、变质片理面等,对其稳定性影响极大,可以说坚硬岩体的结构面基本控制了斜坡的稳定性。

结构面对斜坡稳定性的影响程度取决于4个方面。

(1)结构面的软弱性。如结构面由强度低的泥化层、夹泥碳质页岩层等,都是极不利的软弱结构面。

(2)结构的展布范围。结构面延展性、贯穿性愈好,则危害性愈大。沉积岩的软弱层面、不整合面、断层面、长大裂隙面是最容易构成斜坡失稳的控制性滑面或界面,它的存在容易与其他结构面相互组合,形成斜坡失稳滑移面及边界条件。

(3)结构面的密集程度。裂隙密集使得岩体破碎、坡体完整性破坏,易形成可动结构体。例如,密集结构面的岩坡常常发育锥形体、楔形体、梭形体、槽形体等结构块体,从而产生块体崩滑破坏。

(4)结构与临空面间的关系。没有临空面,块体是不能自由滑落的,只有当潜滑体有向临空面滑动的趋势时,才有滑动的可能。对于基岩坡而言,决定其趋势的是结构组合后总体有向临空面倾向一致的控滑面,因而层状结构坡的顺坡结构、楔体主控滑面或交线倾向坡面情况是最不利的结构组合。

3. 地形地貌的影响

坡高及坡度是决定坡体稳定的地形要素中最主要的因素,斜坡坡度越大、坡高越高,斜坡稳定性越差。

4. 振动的影响

振动由地震、爆破、机械运动等引起,其中地震的强烈振动对斜坡稳定产生的影响最大。地震振动可以短时内迅速增大静水压力,使得斜坡固锁段发生松动、整体强度减弱,对于饱水砂土斜坡还有振动液化问题。地震振动作用强弱取决于地震强度、振动方向和持续时间。比如震中区振动强度大,并以垂直振动为主,远离震中区,振动方向渐渐趋于水平,振动强度迅速减弱。潜在滑移体质量越大,受振动作用力也越大。随着地震震级的增大,振动强度大幅提高,例如,当地震震级达到8度以上,震中区斜坡受到的振动作用是巨大的。

通常考虑地震加速度及滑体质量,按惯性力方式计算滑体受到的振动力,并视其振动方向为水平,在斜坡稳定性计算中计入此振动力。

5. 水的作用

降水转化为地下水后,在斜坡空隙内存留及渗透,对斜坡岩土体特别是潜在滑移软弱面产生泥化软化作用、静水压力及动水压力作用。坡前地表水体对斜坡的冲刷破坏作用及浸泡软化作用等有时也是斜坡失稳十分重要的诱发条件。可以说,绝大部分斜坡失稳都是水诱发的。

(1)侧向水压力。当斜坡体内存在竖向透水裂隙,比如处在蠕动挤压阶段坡体后缘先出现拉张裂缝,暴雨期裂缝充水会产生巨大静水压力。静水压力在斜坡破坏过程中的作用很大,一方面它可使尚未完全与中部滑面贯通的张裂缝迅速向下延伸扩大而贯通,另一方面使牵引段滑体增加一个巨大的附加力,如10m高的水头,将增加500kN/m的附加力,20m高的水头将增加2 000kN/m的附加力,使接近极限平衡的坡体迅速产生滑动,许多滑坡发生在雨期这是主因。只有准确判定斜坡充水裂缝的发育情况及部位,才能有效评价水压力作用。

(2)浮托力。当斜坡失稳块体的控滑面为隔水层及滑体孔隙充分饱水时(图2-47),应计算地下水对滑体产生的浮力作用,它减小了滑体正应力和摩阻力。常用的计算方法是对地下水位以下的滑体部分取其饱和重度,水上部分仍取天然重度,或者是以水头高h代替滑带土的孔隙水压力,在正压力中减去孔隙水压力,两者应该是一致的。在有些堆积层滑坡和破碎岩石滑坡中,常常因地下水分布不均匀,或呈鸡窝状,或呈脉状,而找不到统一的地下水位,因而难以把握地下水存在的真实形式。

对于裂隙发育的岩体斜坡,可以简化为潜滑体的后缘裂隙及滑面以下均充水,按如图2-48所示计算侧向水压力及滑面上块体承受的浮托力。

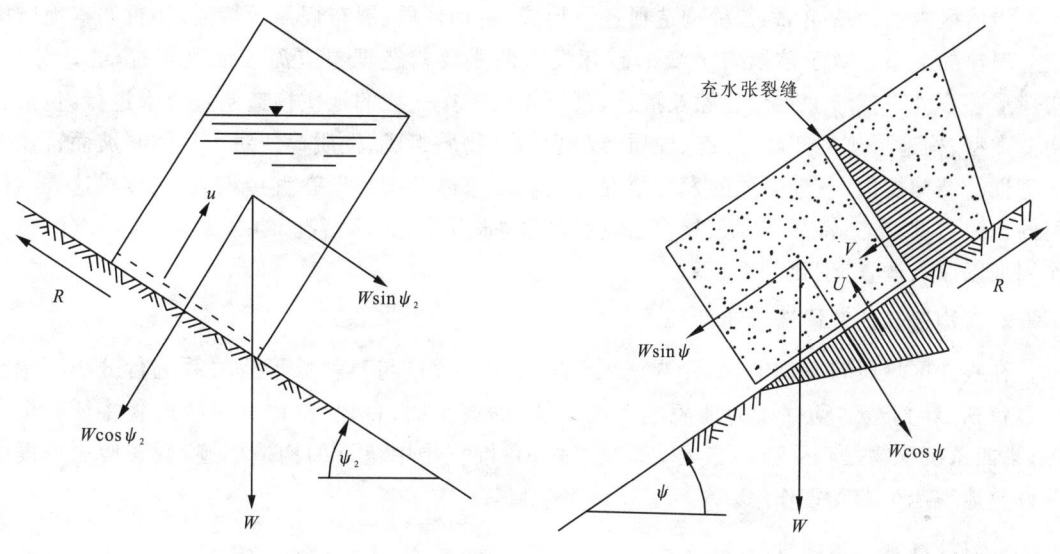

图2-47 孔隙介质滑坡浮托力　　图2-48 裂隙充水滑坡浮托力

(3)动水压力。当地下水在坡体内向排泄点流动时,会对坡体岩土产生动水压力,一般由于地下水流速缓慢,动水压力较小,往往不予考虑。但在某些情况下,如水库水位上升时地下水位被抬高,库水位骤降时,水力坡度突然增大,陡增的动水压力常常造成库岸滑坡,此情况应充分考虑动水压力作用。

(4)软化效应。斜坡岩土被水浸泡一定时间后,使土石坡体及夹层潜滑面产生软化,抗剪强度大幅降低,对坡体稳定极为不利。

(5)水库(河流)水对斜坡产生浸泡软化、表水压力、冲刷、掏空作用。

(五)斜坡的野外调查

斜坡调查应包含如下内容。

1. 斜坡的形态特征及稳定状况

除总体了解调查区所处的地质背景外,重点放在微地貌调查上,包括分水岭、山脊、斜坡、陡崖、沟谷、台地、塌落溶蚀、侵蚀等地貌特征。调查描述各地貌类型的形态要素、几何尺寸、组合关系、形成原因、物质组成、形成时代、演化历史及特征等。重点调查对斜坡形成有重要影响作用的地貌要素,如自然坡的坡形、坡率、坡高、展布情况,其形成与岩性、崩滑地质现象有何联系。从形态上定性地区分各坡段的稳定状况,在坡形的平直、圆顺、陡崖、台坎、坡脚堆积物形迹方面加以仔细考察。

2. 组成坡体地层岩性

查明地层岩性组成情况,弄清其地层层序、地质年代、成因类型、岩性岩相特征、接触关系、岩土性质、结构特征、分布情况。这些应按照一般调查要求对其有关的内容加以详细的规范性描述。岩性与地形的陡缓、接触过渡关系、分布的自然规律都紧密相关,考察其局部的变化情况,是否因其坡体变形破坏而出现异常现象。

3. 坡体地质构造

弄清区内的构造轮廓,各种构造形迹及形成、运动性质、展布规律及特征,注重调查地质构造与斜坡的关系。对于控制斜坡变形破坏发生的重要构造现象应深入细致调查,统计分析。构造形迹不外乎褶皱、断层、裂隙及形迹,其调查内容按一般的地质构造调查要求进行,包括其构造类型、构造形迹的产状、形态、性质、规模、构造物质组成、性质等。对于具体斜坡而言往往关键性的结构层面、节理裂隙的发育情况与其斜坡整体及细部形态直接相关,应该对这类结构面的成因类型、形态特征、产状、规模、宽度、高度、张开度、充填情况、组合关系、对斜坡的控制作用加以深入调查、细致分析。

4. 新构造运动及构造活动性

在收集区域资料基础上,结合调查区新构造活动形迹与对斜坡形成关系进行分析。调查内容包括:新构造运动存在的地貌单元及特征,如夷平面、台地、阶地等层状地貌特征及标高等;第四系沉积物是否受新构造运动影响,考查在堆积物中留下的构造形迹;调查历史地震情况以及地震产生的震害作用。

5. 斜坡区地下水调查

应具体调查地下水在斜坡中的赋存状态,地下水排出点位置,水量大小,水质情况,地下水流动情况及流速,地下水位高程及动态,地下水补给斜坡区的形式,地下水对斜坡稳定作用及影响方式。

6. 坡体结构类型调查分析

坡体结构指坡体内岩、土体及结构面的分布和排列顺序、位置、产状及其与临空面之间的关系,它是边坡稳定或失稳变形的地质基础。在上述地质调查的基础上,应分析坡体结构类型,从而分析坡体开挖后可能出现的变形类型和发生的部位。

坡体结构划分为以下类型。

(1)类均质体结构。如黏性土、黄土、堆积土(崩积、坡积、洪积和冰积)和残积土层结构,无明显软弱夹层,其可能的变形类型为坍塌及沿弧形滑面的滑坡。当地下水发育,含水量过高时,会发生溜坍。属于土质边坡稳定问题。

(2)近水平层状结构。指土层、半成岩地层和岩层产状近水平(倾角小于10°),一般较稳定。但有上覆层沿下伏基岩面的顺层滑动,如膨胀土滑坡;也有同种土层中的滑坡;当上覆厚层硬岩层,下伏软岩时,既会发生硬岩的崩塌,又会形成错落性(软岩挤出型)滑坡;此外还有切层滑坡。

(3)顺倾层状结构。土层或岩层层面倾向临空面(开挖面),倾角大于10°,最易形成顺层面和接触面的顺层滑坡。当有软弱岩层或夹层时,倾角10°～30°最易滑动;当有多个软夹层时,会形成多层滑坡,并具牵引扩大特点。当无软夹层时,倾角大于30°也不一定滑动,它取决于层面倾角与层间综合内摩擦角的对比,只有前者大于后者而且处在临空状态时才会滑动。这类边坡变形、失稳最多,应特别重视。

(4)反倾层状结构。岩层面倾向山体内,一般稳定性较好,大滑动失稳者少,但可以受节理面控制产生崩塌。当岩体受构造破碎或下伏软岩时会形成切层滑坡。软质岩层倾角较陡(>70°)时,易发生倾倒变形。

(5)斜交层状结构。指层面倾山内或倾临空面,但其走向与边坡走向斜交,夹角小于35°,可能受层面和节理面两者控制发生滑坡和崩塌。当夹角大于35°时,很少发生滑坡变形。

(6)碎裂状结构。指断层破碎带或多条断层交汇处,岩体十分破碎,又存在倾向临空面的次级小断层,既可坍塌变形,又可沿小构造的滑坡变形,也可发生沿弧形面的滑动。

(7)块状结构。指厚层块状岩体,岩块强度高,如花岗岩、玄武岩等,一般边坡稳定受风化程度和构造面控制。当有倾向临空面的构造面及其组合,且有地下水作用时,易发生崩塌和滑坡。

(六)斜坡变形破坏体的专门调查

对具体斜坡崩滑破坏地质体,除上述一般性斜坡调查工作外,还应进行专门的调查工作。应根据其崩、滑体的变形破坏情况实施相应的调查内容。

1. 崩塌体变形破坏特征调查

崩塌变形破坏往往在特定环境条件下,受某些主要地质结构条件控制,在初步分析后,应判明控制崩塌的主要地质因素,有针对性地进行重点、详细的调查测量分析工作。如崩塌临空面结构条件,软弱结构层面等控制条件,岩溶发育的控制作用,底部采空、浸蚀诱发作用等。

调查崩塌体的边界条件。依据其地质、地貌等发育特征,结合变形破坏的影响范围及变形观测资料,可以大致确定崩塌体的临空面、侧边界和底边界等。

崩塌变形形迹及形式的调查。查明变形裂缝的产状、宽度、长度、展布及形态,发育深度、尖灭层位,裂缝的形态、溶蚀、充填情况等,裂缝的力学性质,裂缝错动方向、位移量等,裂缝发育与相关地质地貌、变形作用的关系,裂缝系统分布及相互关系、相关规律性。

有的崩塌体产生了先期崩塌并在坡脚处形成堆积物,对此应调查堆积物的形态、范围、方量、地形、坡度、物质结构、块度大小,崩积物运动距离及运动路径,以及历史上产生崩塌堆积的次数、发生时间、诱发的次生灾害情况。

未来崩塌成灾条件下,可能进一步产生破坏作用的因素、破坏范围、破坏形式、堆积场地的形态、容量、崩塌物可能越过堆积区向下运移的可能性以及可能波及的范围和危险区。

崩塌发生一般是由某些作用因素诱发的,比如不合理开挖,降雨作用产生巨大水压力,地震、爆炸等振动作用,底部采空引起失重下沉,地表水体的冲刷掏蚀作用等,针对各种因素的作用方式、强度、时效性等进行具体调查分析。

2. 滑坡的变形破坏体特征调查与滑坡识别

1)滑坡一般性调查

单体滑坡调查应从其形成地质环境条件、滑坡要素特征、滑坡物质组成、滑坡诱发因素诸方面着手进行。

(1)滑坡体形貌调查。

①滑坡区及其周围的地面坡度、相对高度、坡面形态。

②滑坡区及其周边沟谷的分布和形态特征,如"双沟同源"等。

③滑坡区河岸及谷坡受冲刷、淤积及河道变迁情况,如河岸突出、河流改道等。

④滑坡周界及形态,滑坡壁的走向、高度、陡度及擦痕指向和倾角。

⑤滑坡台阶的位置、个数、平台宽度、阶坎高度、反坡及洼地情况。

⑥滑坡前缘形态,临空面高度、坡度和形态,滑动面(带)的剪出口个数和位置。

⑦滑坡裂缝的分布位置、性质、形状、宽度、深度、错台、延伸长度、充填情况、发生的时间及变化情况。

⑧滑体上建筑物和树木变形情况,如房屋和挡墙开裂、倾斜,树木发生歪斜出现"马刀树"、"醉汉林"等。

⑨根据地形地貌、沟谷分布、裂缝情况等对滑坡进行分条、分级。

(2)滑坡区地层岩性和地质构造调查。

①土的成因类型、分布位置、颗粒组成、湿度、密实程度,软弱层及不同土层接触面情况。

②滑坡区及周边的岩层层序、岩性、岩体结构、软弱结构面、软弱夹层及层间错动、不整合面的特征和性质,岩石的风化破碎程度、含水情况等。

③褶皱、断层、节理、劈理等的分布、性质、产状、组合关系、发育程度,与滑坡周界及滑动面的关系。

(3)滑坡区水文地质调查。

①滑坡区沟系分布和发育特征、径流条件和降雨情况。

②井、泉、湿地、水塘的位置、类型、流量及其随季节的变化,必要时做流量、流速等测定。

③生产、生活及灌溉水的水源、水量及渗透情况。

④地下含水层位置、层数、流向、流量及补给和排泄条件,需经勘察查清,一般地表调查只作初步推断。

(4)滑坡区的调查访问。

①滑坡的发生、发展历史及主要触发因素。

②滑坡区的地貌演变,地表水和灌溉水等向滑体的渗透、补给、冲蚀,河流冲刷,以及修建道路、房屋、开矿、弃渣等人为活动情况与滑坡的关系。

③斜坡、房屋、道路、水渠、古墓等变形、位移,以及井、泉、水塘渗漏或突然变干、浑浊等情况。

④变形监测资料收集与分析。

⑤滑坡引起的灾害情况。

2)滑坡的主要特征与识别

(1)新生滑坡的特征与识别。新生的滑坡是近期发生的滑坡,其变形形迹比较明显,一个发育完全的滑坡只要仔细调查裂缝的性质、产状和分布位置,就不难确定其规模和范围。滑坡后缘与各分级后缘出现拉张裂缝且最早发生,两侧出现羽状裂缝和剪切裂缝,前缘出现放射状裂缝和鼓胀裂缝,以及建筑物(如挡土墙、侧沟等)出现倒八字裂缝,当滑坡即将整体滑动时会出现剪出口的剪裂缝和其附近垂直滑动方向的鼓丘。掌握了这些特征不仅可圈定滑坡的范围,确定其发育阶段,而且还可对复杂的大型滑坡区作出滑动条、块的划分。

(2) 古老滑坡的特征与识别。

①河岸、沟岸或阶地后缘线的突出,特别是河流凹岸(冲刷岸)的突出。正常河岸是较平顺的,如岸坡滑动后前缘堆积于河岸、沟岸,压埋卵石层而形成"凹岸突出"的特殊地貌形态,若滑坡压掩或挤压现代河床,常见岸边大孤石堆积,它系河水冲走了滑坡体的细小颗粒而留下冲不走的大孤石。

②山坡上部出现较明显的圈椅状滑坡壁,低者数米至数十米,高者可达百米。陡壁下的滑坡平台或缓坡(有时呈现向山倾的反向坡)较两侧山坡低,又与河流阶地不对应;而山坡下部则较两侧山坡突出。整个山坡呈现台坎相间的台阶状,有时有洼地和湿地分布。

③若为岩层滑坡,在滑坡前缘和两侧沟谷中发现岩层与两侧稳定山体岩层不连续,产状发生较大变化,或变陡,或变缓,或发生倒转。

④"马刀树"现象。滑体上原来垂直生长的树木由于滑坡滑动而倾倒或歪斜之后又向上生长,呈现出"马刀状"。从树林的年轮变化可推断滑坡发生的年代。

⑤"双沟同源"现象。一般稳定的山坡上冲沟常顺直而平行分布,但滑坡滑动时与两侧稳定山体间发生剪切破坏,岩土体被破坏,易沿此带形成冲沟,该两侧冲沟向山坡上方沿原裂缝向滑坡后缘洼地集中,类似于双沟同源,这是古老滑坡的独具特征。

⑥滑坡区整体形貌与周边自然斜坡原貌形成显著差别,呈下凹、凸起、波折等非剥蚀侵蚀地貌形态特征。

⑦滑坡形成巨厚层堆积物,其成分应为其本地段的岩土,一般没有外来成分,岩土堆积结构明显区分于冲积、坡积、洪积等堆积物特征。

以上现象的综合分析和验证,容易识别古老滑坡的存在。

(3) 潜在滑坡的特征和判断。古老滑坡具有较为明显的滑坡特征,不难识别。已经发生活动的滑坡,特别是发育完全的、动态明显的滑坡,由于变形形迹清楚,也容易识别。实际工作中感到困难的是如何判断人类工程活动改变斜坡状态后是否产生滑坡?可以从以下几方面分析判断。

①从斜坡形态特征和已有变形上调查和判断。从统计意义上讲,自然斜坡坡度陡于 45°的斜坡多发生崩塌而少滑坡,坡度为 15°~45°的斜坡多发生滑坡而少崩塌。阶梯状的山坡陡坡部分常由硬岩构成容易崩塌,而缓坡部分常为软岩构成而发生滑坡。由黏性土形成的特别平缓的如 10°左右的斜坡,人工开挖后也可发生滑坡。

②从坡体结构上调查和判断。斜坡变形破坏的类型很多,则滑坡与其他变形破坏类型的最主要区别是它沿一定软弱面(带)发生滑动。因此,是否存在"潜在滑动面"就成为判断是否会发生滑坡的关键,也即调查测绘的重点。

哪些软弱面易形成滑动面?在土质斜坡中有:土层下伏的基岩顶面,不同成因土层的分界面,不同时代堆积的土层分界面,透水与隔水性能不同的土层界面,含水层的顶面和底面,类均质土层中最大剪应力面。在岩质斜坡中有:岩层层面(特别是泥质岩层的层面),不整合面、整合面,缓倾角的断层面,错动面(如层间错动带),片理面、大节理面,不同风化岩层的分界面,以上各种面的组合面。

调查中要注意了解这些面的产状、在坡体上的分布位置、破碎泥化及含水状态,以及它们与临空面或开挖面的关系,如倾向临空面则易滑坡,倾向山内则不易滑动。其走向与临空面走向夹角小于30°容易滑动,大于45°则不易滑动。从这些软弱结构面在坡体上的分布还可判断会出现整体滑动还是局部滑动。

③从岩土的强度上调查判断。并非所有倾向临空面或开挖面的软弱结构面都会发生滑坡,它取决于软弱面的倾角α大小与面上综合内摩擦角Φ值的对比。α大于Φ时易滑动,反之则不易滑动。有些硬质岩层如石灰岩和砂岩倾角陡达40°~50°也不滑动,但当其中夹有泥岩、泥灰岩、页岩等软质岩相对隔水时就很容易发生滑坡,因后者岩性软弱,受水作用后强度低。

④从地下水的分布和水量调查判断。地下水是斜坡失稳滑动的主要作用因素之一,斜坡是否滑动很大程度上取决于地下水的分布和作用,同样地层、同样坡体结构的斜坡,地下水发育者易滑动,否则不易滑动。

⑤从人类工程活动对斜坡的改变程度上调查和判断。结构不利的坡体潜伏着滑动的危险,但是否会滑动和滑动发生早晚(施工期或运营期)又与人工改变的程度有关。削弱斜坡支撑力大,在施工过程中就会发生滑坡,削弱小时引起斜坡松弛应力调整有较长过程,可能在工程完工后3~5年,甚至10年以上才发生滑坡。这要考虑坡体的蠕动变形特征去分析判断。

第六节　工程建筑及主要工程地质问题

一、水利水电工程

自然界中,水能资源是一种廉价的,不污染环境,且具有再生性的能源。开发利用水能资源需进行水利水电工程建设,它的主要目的是兴利除害,造福人类。水利水电建设的目的是多方面的,有防洪、灌溉、发电、航运、城市及工业给排水等。在进行一项水利水电工程规划设计时,通常需按照综合利用的原则,使其尽可能地发挥最大效益。水利水电工程一般由挡水、泄洪、输水、发电、通航等建筑物组成,称之为水利枢纽。坝、闸等挡水建筑是主体工程,其上游形成的人工湖称为水库。

我国地域辽阔,水能资源较为丰富,而且是开发利用水资源最早的国家之一。早在春秋战国时期,就修建了举世闻名的都江堰、郑国渠和灵渠等水利工程;隋朝建成的大运河,连接海河、黄河、淮河和长江四大流域,至今仍是世界上最长的运河。新中国成立后,水利水电建设更是得到了飞速发展,据不完全统计,全国已建成的水库有87 000多座,其中包括三峡水利枢纽、龙滩电站及小浪底水库等大型水利水电工程,为我国的社会主义现代化建设发挥了重要作用。

水利水电工程不同于其他工程建筑物。首先,水对建筑物有多种作用,这些作用中最主要的是水对建筑物的静压力和动压力,巨大的静水压力对水工建筑物的稳定性有特别重要的意义,它是确定建筑物各部分尺寸的主要依据;由于动水压力、扬压力等的作用,渗透水流速增大,潜蚀能力加强,使水工建筑物建成后问题更为复杂。其次,水利水电工程的建成,使广大范围内水文和水文地质条件发生变化,这种变化就可能引起水库岸坡再造、渗漏、淤积和坝下游河床冲刷等作用。水文地质条件的变化主要是广大范围内的地下水廻水,会引起农田的沼泽化、盐渍化及矿坑涌水量增加等。水荷载、空隙水压力的增大还会引起水库诱发地震等问题。以上这些都会危及建筑物安全,都需要从地质上给予考虑。

水利水电工程地质问题复杂而多样,可谓集各类建筑工程之大成。这些问题都需要通过工程地质勘察,做出预测和分析评价。本节主要就水坝、水库和引水渠道的主要工程地质问题及其勘察要点进行简要论述,而其他水工建筑物的工程地质问题与别的建筑类似,故不予论述。

(一)水坝及主要工程地质问题

1. 水坝类型及其对工程地质条件的要求

水坝起拦挡水流、抬高上游水位的作用,是水工建筑物中的主要建筑。水坝类型较多,不同类型的水坝其工作特点和对工程地质条件的要求不同。按筑坝的材料不同,主要可分为散体堆填坝和混凝土坝两类。前者是适应于较大变形的柔性结构,又可分为土坝、堆石坝、干砌石坝等;而后者则是对变形敏感的相对刚性结构,按结构又可分为重力坝、拱坝和支墩坝等。

1)土坝

土坝是利用当地土料堆筑而成的历史最悠久、采用最广泛的坝型。它的优点是:①可以就地取材、造价相对较低;②结构简单、施工容易;③属柔性结构物,抗震性能好;④对地质条件要求低,几乎在所有条件下均可修建。因此,各国坝工建设中所占比例最大。我国 15m 以上的水坝中,土坝占 95%;美国土坝比例占 45%;日本占 86%。

土坝对工程地质条件的要求包括如下几方面。

(1)坝基有一定强度。由于土坝允许产生较大的变形,故可以在土基(软基)上修建。但它是以自身的重力抵挡库水的推力而维持稳定的结构物,体积很大,荷载被分布在较大面积上,所以要求坝基材料具有一定承载能力和抗剪强度。选择坝址时,应避免采用淤泥软土层、膨胀、崩解性较强的土层、湿陷性较强的黄土层以及易溶盐含量较高的岩层作为坝基。

(2)坝基透水性要小。避免砂卵石层或岩溶化强烈的碳酸盐岩类坝基,以免产生严重渗漏,影响水库蓄水效益,甚至出现"干库"。

(3)附近应有数量足够、质量合乎要求的土料,包括一般的堆填料和防渗土料。

(4)要有修建泄洪道的合适地形、地质条件。

2)堆石坝

坝体用石料堆筑而成,它也是一种就地取材的古老坝型。现今由于机械化施工和定向爆破技术的不断发展,堆石坝已成为一种经济坝型。

堆石坝对工程地质条件的要求与土坝大致相同,但地基要求要高些。一般岩基均能满足此种坝的要求;而松软的淤泥土、易被冲刷的粉细砂、地下水位较低的强烈岩溶化地层,则不适于修建此种坝型。此外,修建堆石坝需有足够的石料,其质量的要求是有足够的强度及较高的抗风化和抗水能力。

3)重力坝

重力坝也是一种常见坝型,有混凝土重力坝和浆砌石重力坝。由于它结构简单,工作可靠、安全,对地形适应性好,施工导流方便,易于机械化施工,使用年限长,养护费用低,安全性好,所以重力坝在近代发展很快,在各种坝型中的比例仅次于土坝。

重力坝对工程地质条件的要求包括如下几方面。

(1)坝基岩石坚硬完整,有较高的抗压强度,以支持坝体的重量;同时,也应具有较大的抗剪强度,以利于抗滑稳定性。当坝基中有缓倾角的软弱夹层、泥化夹层和断层破碎带等软弱结构面时,对重力坝的抗滑极为不利,尤其是那些倾向与工程作用力方向一致的缓倾角结构面。坝基中若有河流覆盖层和强风化基岩时,需清除或加固。

(2)坝基岩石的渗透性要弱。

(3)有足够的、合乎质量要求的砂砾石和碎石等混凝土骨料。

4)拱坝

拱坝在平面上呈圆弧形,凸向上游,拱脚支撑于两岸。作用于坝体上的库水压力等,借助于拱的推力作用传递给拱端山体,并依靠它的支承来维持稳定。典型的薄拱坝,比起相同高度的重力坝可节省混凝土量80%。

拱坝对工程地质条件的要求包括如下几方面。

(1)坝址应为左右对称的峡谷地形。河谷高宽比应小于2,愈狭窄的"V"字形峡谷,愈有利于发挥拱坝的推力结构作用。

(2)坝基及拱端应坐落在坚硬、完整、新鲜、均匀的基岩上,岸坡和拱端岩体稳定,且无与推力方向一致的软弱结构面存在。

(3)拱坝要求变形量小,应特别注意地基的不均匀沉降和潜蚀等现象。

2. 坝址区主要工程地质问题

1)坝基渗漏问题

坝基渗漏是指水库蓄水后由于坝上、下游的水头差,使库水在一定的压力下通过坝基岩土体向下游渗漏。其结果首先是影响水库的蓄水效益,渗漏量不大时,会延长库水蓄积时间;渗漏严重时,水库大部或全部丧失效益。其次是渗流会产生坝基渗透变形,不利于坝体稳定。另外,渗漏还可能引起下游地区的浸没、沼泽化及边坡失稳等不良地质作用。

(1)坝基渗漏条件分析。构成坝基渗漏必须满足的条件,是存在渗漏通道及其良好的连通性。只有上游(库区)有入口、下游有出口,中间能连通,水流才能沿渗漏通道漏出。渗漏通道一般是指具有较强透水性能的岩土体,可归纳为透水层、透水带和岩溶管道3种类型。

透水层主要为第四纪砂、卵石层,胶结不良的砂、砾岩层也有一定的透水性,但比较微弱。具有气孔构造的火山岩,如玄武岩、流纹岩等,因气孔为裂隙沟通也常有较强的透水性。透水带主要是断层破碎带和裂隙密集带,在岩体中这是主要渗漏通道,当破碎较为严重而充填物较少时,其透水性很强。岩溶管道是在可溶性岩石分布地区,当岩溶发育强烈的岩层通过坝区时,由溶洞、暗河及岩溶裂隙等互相连通而构成的管道,可能造成严重的坝基渗漏。

对基岩透水层、透水带来讲,连通性受地质构造的控制。纵向河谷(岩层走向与河流流向平行)透水层的连通性良好,横向河谷透水层连通性较差,要么只有入口没有出口,要么只有出口没有入口,而且倾斜的隔水层常将其隔住,无论倾向上游还是倾向下游,倾角是大还是小,都不能兼顾入口、出口和通道。只有在向斜构造(图2-49)情况下,或透水层与透水带相组合(图2-50),透水岩层才能具有良好的连通性。在这种情况下,坝基不但存在渗漏问题,而且其抗滑稳定性也是很差的,一般不宜选作坝址。

在基岩坝基中应研究各种可能的渗漏通道,如层面、不整合面、断层、透水岩层的各自特点及其连通性,在有隔水层情况下它们之间的水力联系。在坝址勘察中常用压水试验了解岩体的透水性,大型水利枢纽有时也采取群孔抽水试验以检查压水试验成果,应用这些资料得出坝基渗透剖面,找出可能的集中渗漏带。

(2)坝基渗漏计算。坝基渗漏量计算方法很多,一般可归纳为3种:①解析法解法,按照经典水文地质公式计算渗流量,但对地质条件做了简化,多为近似公式和经验公式;②模拟试验法,有电模拟和数值模拟两种,可模拟不同条件下的渗漏问题;③数值解法,多用有限元或有限差分法,它可以处理各种复杂边界条件和非均质问题,是目前发展的趋势。有关渗漏量计算可参考相关文献,如水力学等,在此不做介绍。

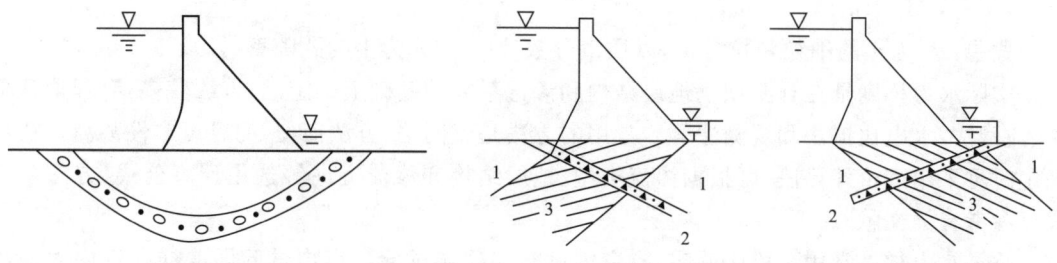

图 2-49 透水层在向斜情况下的连通性示意图

图 2-50 坝基透水层与透水带组合而连通的示意图
1.透水层;2.断层破碎带;3.隔水层

2)绕坝渗漏问题

绕坝渗漏条件分析。在坝接头的岸边地带,若岩土具有一定的透水性,就可能形成库水绕过坝肩向坝下游渗漏的情况。筑坝后,由于库水位的抬高,与坝相接的岸边地带处于两种水流的作用下,其一是原来即向河谷流动的地下水流,另一为由坝上游水库绕过坝肩地带的渗透水流。这两种水流相互作用的结果决定了绕坝渗漏带的宽度。水库的壅高愈大则绕渗带的宽度愈大;相反,岸坡流来的地下水流量愈大,则绕渗带的宽度愈小。有关渗漏量计算可参考相关文献,如水力学等。

3)坝基渗透稳定问题

(1)坝基渗透变形的形式。渗透变形是指土体在渗透水流作用下其颗粒发生移动或颗粒成分及土的结构发生改变的现象,分为管涌和流土两种。管涌指在渗流作用下,单个土颗粒发生独立移动的现象。管涌一般发生在不均粒系数较大的砂砾层中,严重时会危及坝体安全。流土是指一定体积的土颗粒在渗流作用下整体发生移动的现象,在粉细砂土和黏聚力弱的粉土中最为常见。在坝下游坡脚渗透水流逸出处,当其动水压力超过土体自重时,即可产生流土。

(2)坝基产生渗透变形的必要条件是地下水动力和土石的粒度成分,此外,还受工程因素和宏观地质因素等的影响。宏观地质因素指的是坝基地层结构和地形地貌条件。在单一结构型情况下,若为砂卵(砾)石层,一般会发生管涌型渗透变形,而其强烈程度则取决于细颗粒的含量。在多厚层和多薄层结构型情况下,是否会发生渗透变形,主要取决于表层黏性土的性质、厚度和完整程度。在沟谷切割影响渗流的补给和渗径长度的条件下,若沟谷将弱透水的表土层切穿时,则有利于渗透的补给,渗径缩短而加大水力梯度,并使下游的渗流出口临空,就极有利于渗透变形的发生。

(3)坝基渗透变形预测。一般坝下游坡脚处系渗透水流逸出段,最容易发生渗透变形,所以需重点预测坝下游渗透上升段范围内的渗透变形,只要该地段实际水力梯度超过了允许水力梯度,就可能发生渗透变形。

预测的步骤如下:①判定渗透变形的类型(形式);②确定坝基各点(主要是下游坝脚处)的

实际水力梯度;③确定临界水力梯度;④确定允许水力梯度;⑤划分出可能发生渗透变形的范围。渗透变形的类型可按土的细粒含量判别:

当 $P_c \geqslant \dfrac{1}{4(1-n)} \times 100\%$ 时　　　　流土

当 $P_c < \dfrac{1}{4(1-n)} \times 100\%$ 时　　　　管涌

式中:P_c 为土的细粒颗粒含量,以质量分数计(%);n 为土的孔隙率(%)。

实际水力梯度是在查明坝基地层结构和渗透系数的基础上确定的,方法较多,有理论计算法、流网法、水电比拟法和观测法等。常用的方法是流网法,方法简便,而且可靠性甚高。初步确定时可采用理论计算法,可根据渗流类型、地层结构和渗流方向等选用计算公式(方法与公式可参考有关文献)。

临界水力梯度常用试验法确定,有室内试验和现场试验。室内试验即取样在室内大型渗透仪或管涌仪中进行。对大型工程且坝基工程地质条件又比较复杂时,则应进行现场试验。

确定允许水力梯度时,首先要确定安全系数。安全系数与地基土性质及建筑物等级有关。根据经验,一般对在固定水头差作用下发生连续管涌现象的危险性管涌土,选用安全系数 2~3;而非危险性管涌土,选用安全系数 1.5~2.5 较为合适。安全系数确定后,即可获得允许水力梯度:

$$I_{允} = \dfrac{I_{cr}}{m}$$

式中:I_{cr} 为临界水力梯度;m 为安全系数。不同土的允许水力梯度参考值列于表 2-25 中。允许水力梯度确定后,以实际水力梯度与之比较,若实际水力梯度大于允许水力梯度,则该坝基是危险的,反之,是安全的。

表 2-25　各种土允许的水力梯度参考值

土的类别	$I_{允}$
密实黏土	0.5~0.4
粗砂、砾石	0.3~0.25
粉质黏土	0.25~0.2
中砂	0.2~0.15
细砂	0.15~0.12

防治坝基渗漏及渗透变形的措施有:①对松散土体坝基采取垂直截渗(黏土截水槽、灌浆帷幕、混凝土防渗墙)、水平铺盖、排水减压(排水沟、减压井)和反滤盖重等措施;②对裂隙岩体坝基采取灌浆帷幕、排水孔、防渗井、斜墙铺盖等措施。

4)坝基抗滑稳定问题

(1)坝基滑动破坏的类型。修建在岩基上的刚性坝,坝基可能的滑动破坏类型有 3 种,即表层滑动、岩体浅部滑动及岩体深部滑动。表层滑动是混凝土坝体底面与基岩接触面之间发生的平面剪切破坏(图2-51),它主要受接触面剪力强度的控制。当坝基岩体坚硬完整、无控制滑移的软弱结构面存在,岩体强度远大于混凝土与基岩接触面的强度时,就可能发生此种型式的滑动破坏。岩体浅部滑动,是当坝基浅部岩体的抗剪强度既低于混凝土与基岩接触面的强度,又低于深部岩体的强度时发生滑动破坏。产生的条件是坝基浅部岩体破碎,裂隙网络发育,抗剪强度低,不足以抵抗库水的推力,其破坏面往往呈参差状[图2-52(a)]。此外,另有一种条件是坝基由水平产出的薄层状软弱岩层组成,在库水推力作用下浅部岩体发生滑移弯曲破坏[图2-52(b)]。当坝基岩体一定深度范围内存在软弱结构面,它与其他结构面组合时可发生深部滑动(图2-53),此时岩体强度将主要由岩体中抗剪强度最低的软弱结构面控制。由于这种滑移型式较多,所以是工程地质重点研究的对象。此外,当坝基岩体不均一、强度高低不等,或局部地段存在组成深部滑动的软弱结构面时,地基滑动破坏将可能部分在坝基接触面上,部分在岩体软弱结构面上发生,即为混合滑动(图2-54)。

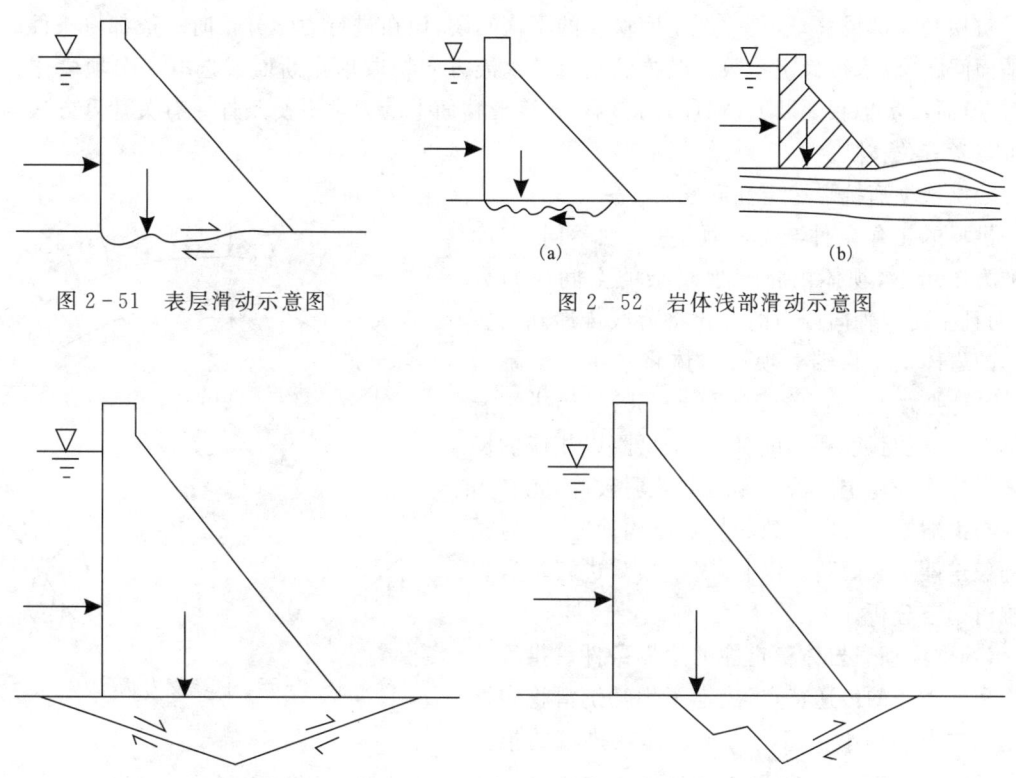

图2-51 表层滑动示意图　　　　图2-52 岩体浅部滑动示意图

图2-53 岩体深部滑动示意图　　　　图2-54 混合滑动示意图

(2)影响坝基抗滑稳定性的因素。坝基抗滑稳定性决定于坝体所受到的各种作用力与坝基或坝基岩体抗滑力之间的平衡关系。坝所受到的作用力包括以下几种。①坝体自重与设备重量。②水压力。③扬压力,由坝基下地下水形成的浮托力和渗透压力两部分组成。由于扬压力具降低有效应力的作用,从而会降低潜在滑移面上的抗剪强度,这对重力坝影响很大。④淤砂压力。⑤地震荷载,主要是地震时由建筑物自重引起的地震惯性力。⑥风浪压力。

坝基及岩体抗滑力应考虑以下几个因素。①可能滑移面的抗剪强度,由滑移面的内摩擦角和黏聚力的大小决定。②侧向切割面的阻滑作用。③坝下游抗力体的阻滑作用。

(3)坝基抗滑稳定性计算。坝基抗滑稳定计算方法有刚体极限平衡法、有限单元法和地质力学模型试验法等。这里仅介绍刚体极限平衡法。

对坝基表层滑移情况,主要核算坝体混凝土与坝基接触面的抗滑稳定性,计算公式为:

$$K = \frac{f(\sum V - u) + cA}{\sum H}$$

式中:K 为抗滑稳定系数;$\sum H$ 为作用在滑移面上的各种水平力的总和;$\sum V$ 为作用在滑移面上的各种垂直力的总和;u 为作用在滑移面上的扬压力;A 为滑移面面积;f 为摩擦系数;c 为黏聚力。

对坝基浅部滑移,根据其滑移特点分析,它主要是沿坝基下不深的水平软弱面或风化破碎岩体滑动,在性质上与表层滑移类似,所以可采用表层滑移稳定计算公式。抗剪强度数值利用软弱或破碎岩体的试验结果及经验值确定。

对坝基深部滑移,这是一个空间块体的平衡问题,但在进行力学分析时一般都将条件简化为平面问题,以求得稳定系数。其方法是沿着水流方向切取单宽断面或选取一个坝段作为计算对象,而不考虑相邻断面(坝段)的影响,核算滑移面上的力学平衡条件。有关计算方法与公式可参考有关文献。

5)拱坝坝肩抗滑稳定性问题

拱坝的工作条件与土石坝、重力坝不同,在库水推力作用下,坝体内将产生复杂的空间应力分布,而且主要以轴向压力的方式将荷载传递到河谷两岸的岩体上。拱端对坝肩岩体将产生法向推力 P_H、切向剪力 P_V 和力矩 M(图 2-55)。当拱端岩体具有足够的强度和刚度时,则给拱圈以相应的反力来保持坝体稳定。若拱端岩体软弱破碎,尤其当存在与拱端推力方向一致的软弱结构面时,将对拱坝的稳定性带来威胁。因此,对拱坝需进行坝肩岩体抗滑稳定分析。

(1)拱坝坝肩岩体稳定性的边界条件。拱坝的结构和受力后的传递特点,决定了坝基抗滑稳定性问题比重力坝为小。但是两岸岩体在拱端的推力

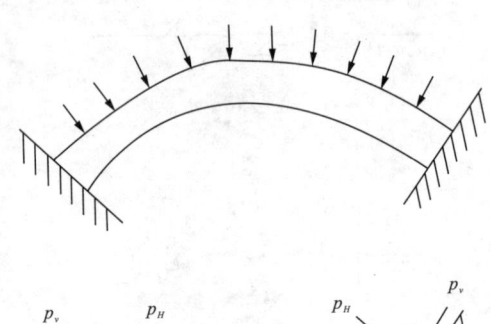
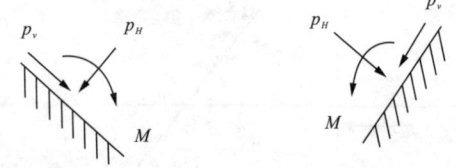

图 2-55 拱端受力状况

作用下则易于发生滑动,并对坝体造成威胁,成为拱坝突出的工程地质问题。而岸坡又是天然的倾斜临空面,下游常有或大或小的沟谷切割,使拱端岩体变得单薄。在地质营力的长期作用下,岸坡受到风化剥蚀,适于修建拱坝的陡坡河岸往往发育有卸荷裂隙,以及岩体中固有的各种结构面,其中有些性质软弱,延续性较强,在某些结构面的组合下,易形成对拱坝坝肩岩体稳定性不利的边界条件。结构面组合分析的目的是分析可能出现的分离体及其边界面,应特别注意找出可能滑动面的位置与规模。岩体中倾角平缓且走向与河流近平行结构面的组合,对坝肩稳定是不利的(图 2-56)。如果这些结构面性质软弱,充填有泥质物,则具备了滑移面的条件。在临空面方面,平直的岸坡足以满足滑移的要求,下游横切沟谷则成为类似坝基滑移的陡立临空面,使条件更为恶化。大型的横河断裂同样可成为潜在临空面(图 2-57)。

(2) 拱坝坝肩岩体稳定计算。首先应确定岩体内可能出现的分离体及其边界面,应特别注意找出可能的滑动面,然后分析分离体沿滑动面滑动的可能性。由于临空面的影响,其滑动比较复杂,因此,坝肩岩体稳定性计算问题,往往是一个空间块体平衡问题。其计算原理与坝基抗滑稳定计算类似,在此不重复。

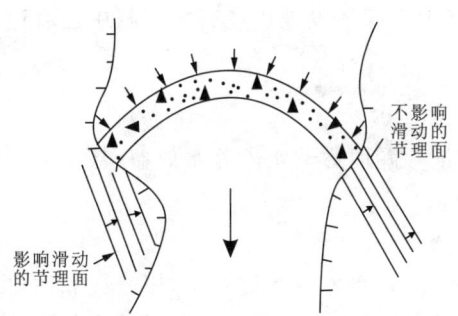

图 2-56 不利于拱坝坝肩稳定的断层节理

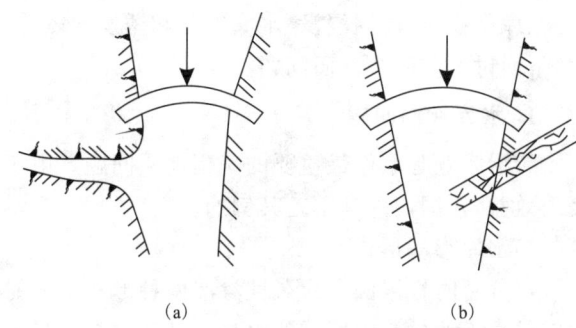

图 2-57 坝下游横向临空面对坝肩稳定的影响
(a)下游冲沟横切;(b)断层破碎带的影响

3. 坝址选择的工程地质论证

选择坝址是水利水电建设中一项具有战略意义的工作。它直接关系到水工建筑物的安全、经济和正常使用。选择一个地质条件优良的坝址,并据此合理配置水利枢纽的各个建筑物,以便充分利用有利的地质因素、避开或改造不利的地质因素,为规划、设计和施工提供可靠依据。

坝址选择时,应首先了解整个流域的工程地质条件,选择出若干个可能建坝的河段,经过地质和经济技术条件的比较,制定出梯级开发方案,并确定首期开发的河段或坝段。进一步研究首期开发段的工程地质条件,提出几个供比选的坝址,经过工程地质勘察和概略设计后,对各比选坝址的地质条件、可能出现的工程地质问题、各建筑物配置的合理性、工作量、造价和施工条件等进行论证,选定一个坝址。坝址比选是一项十分重要的工作,它决定了以后的勘察、设计、施工的总方针,因而需要地质、水工设计及施工等人员相互配合、详细讨论后决定。然后,在选定的坝址区再提出几条供比选的坝轴线,进行详细的勘察和各种试验,为设计提供各种必要的地质资料和参数,并主要由地质条件确定施工的坝线。坝址选择时,考虑的因素包括区域稳定性、地形地貌、岩土性质、地质构造、水文地质条件和物理地质作用以及建筑材料等,还要预计到可能产生的工程地质问题和处理这些问题的难易程度、工作量大小等。

围绕坝址或要开发的河段,对区域地壳稳定性和区域场地稳定性进行深入研究,特别是地震的影响直接关系着坝址和坝型的选择。不同地貌单元,其岩性、结构有其自身的特点,如河谷开阔地段,其阶地发育、二元结构和多元结构往往存在渗漏和渗透变形问题。古河道往往控制着渗漏途径和渗漏量等。因此,在坝址比选时要充分考虑地形、地貌条件,同时在坝址区无重大滑坡、崩塌、泥石流等物理地质现象。岩土性质对坝址的比选具有决定性意义,因此,首先要考虑岩土性质。高坝特别是混凝土高坝,应选择坚硬、完整、新鲜均匀、透水性差而抗水性强的岩体作为坝址。岩溶区的坝址应尽量选在有隔水层的横谷,且陡倾岩层倾向上游的河段上。同时还要考虑水库是否有严重的渗漏问题。天然建筑材料的种类、数量、质量和开采条件及运输条件对工程的质量、投资影响很大,在选择坝址时应进行勘察。

(二)水库及主要工程地质问题

水库蓄水以后,库周及临近地区的水文地质条件发生了很大变化,并将影响其地质环境。当存在某些不利因素时,就会产生一系列工程地质问题。一般来说,水库工程地质问题有水库渗漏、库岸稳定、库周浸没、水库淤积和诱发地震等。其中水库诱发地震在有关文献中已有论述,下面讨论前四个方面问题。

1. 水库渗漏问题

渗漏问题是水库最主要的工程地质问题。由于大量渗漏而影响水库蓄水效益,甚至完全丧失效益,在国内外是不乏其例的。

1)水库渗漏形式

可分暂时性渗漏和永久性渗漏两种形式。暂时性渗漏是水库蓄水过程中,用来饱和库盆包气带岩土体的空隙所需的水量。其特点是水量不渗漏到库外,而且经过一定时间后就会停止。此种形式的渗漏除干旱地区外,一般来说研究意义不大。永久性渗漏是库水通过某渗漏通道向库外的渗漏。这种渗漏是长期持续的,对水库蓄水效益有重要影响。

永久性渗漏途径可分为3种情况:①通过分水岭向邻谷渗漏[图2-58(a)];②通过河湾向河谷下游渗漏[图2-58(b)];③通过库盆底部向远处低洼排泄区渗漏[图2-58(c)]。

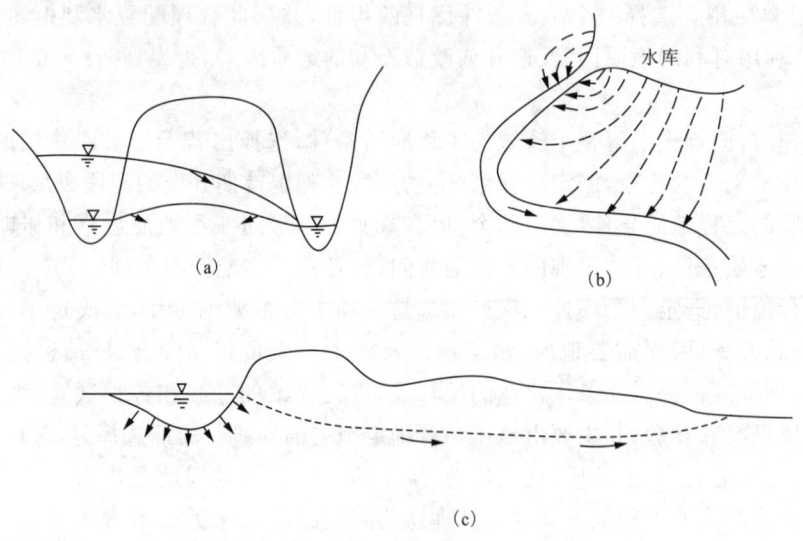

图2-58 永久性渗漏的3种途径

2)水库渗漏条件分析

对水库渗漏条件的分析,是进行水库渗漏工程地质研究的基础工作,主要包括地形地貌、岩性、地质结构和水文地质条件等方面。

(1)地形地貌条件。水库附近沟谷的切割深度和密度,对水库渗漏至关重要。当相邻沟谷切割很深,低于库水位,且与水库间的分水岭比较单薄时,由于渗透途径短,水力梯度大,有利于库水渗漏。特别是在库周水文网切割密度和深度大的山区,容易产生水库渗漏。当分水岭很宽、邻谷高于库水位时,则不会产生库水向邻谷的渗漏。有时分水岭较宽,但由于水库回水范围内河流支流(沟谷)发育,将某段分水岭切割得比较单薄,亦可能形成渗漏地段。

山区或平原河流均可形成急剧转弯的河曲,若在河湾地段筑坝,就会在库区与坝下游河流之间形成单薄的河间地块,此时上下游之间水力梯度大,应特别注意库水向下游河道渗漏的问题。河流多次改道变迁形成的古河道若通向库外时,库水就会沿着古河床堆积物向库外渗漏。

(2)岩性及地质结构条件。库区地层的岩土性质和地质结构,决定了渗透介质的透水性能。渗透性强烈的岩土体和构造破碎带,构成水库的渗漏通道。特别是碳酸盐岩和未胶结的砂卵(砾)石层,是构成水库渗漏主要通道。

地质结构对水库渗漏的影响也很大。当宽大而胶结较差的断层破碎带切过分水岭通向邻谷时,就有可能形成集中渗漏通道,形成邻谷渗漏。若河谷地段有强岩溶化地层与隔水层分布时,不同的构造条件对水库渗漏的作用不同。纵向河谷向斜构造,一般不会发生水库渗漏[图2-59(a)]。而纵谷背斜构造,库水则有可能向邻谷渗漏[图2-59(b)]。当岩层倾角较大时,无论向斜谷或背斜谷,水库渗漏的可能性均会减小[图2-59(c)]。当纵谷断层切断渗漏通道时,往往对防渗有利[图2-59(d)]。

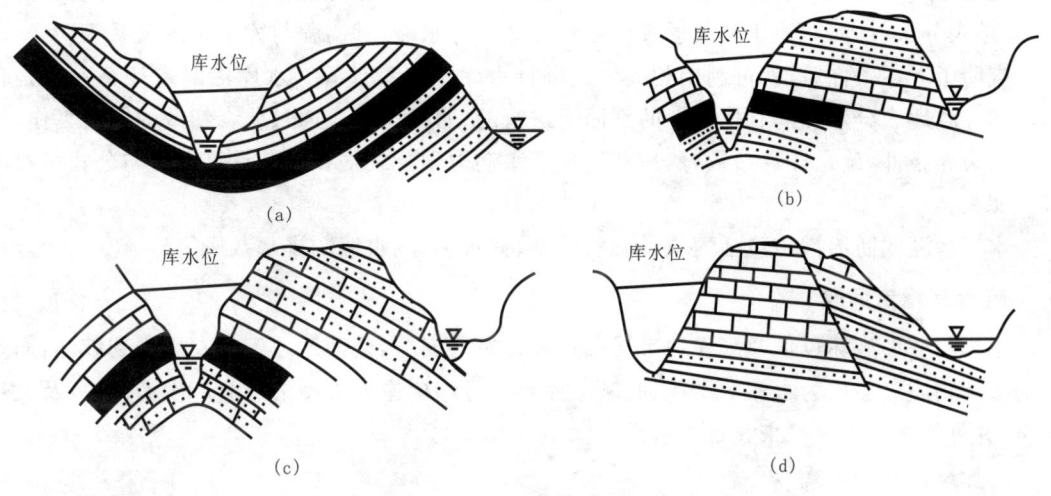

图2-59 地质构造对水库渗漏影响的几种情况

(3)水文地质条件。在预测水库是否会发生渗漏时,查明库周有否地下分水岭以及分水岭的高程与库水位的关系尤为重要。如果地表分水岭的两侧均有潜水补给的泉时,必定存在地下分水岭。非岩溶地区的河间地块一般都存地下分水岭,而且与地表分水岭的位置经常是一致的;但是岩溶地区的地下分水岭则经常不与地表分水岭相一致,甚至根本就不存在地下分水岭。

根据有无地下分水岭以及地下分水岭的高程与水库正常高水位之间的关系,可大致判断库水向邻谷渗漏的可能性。①地下分水岭高于水库高水位,不会发生渗漏[图2-60(a)]。②地下分水岭低于水库正常高水位,视地下水位壅高情况,有可能发生渗漏[图2-60(b)]。③无地下分水岭,且蓄水前河谷水流就向邻谷排泄,蓄水后严重渗漏[图2-60(c)]。④无地下分水岭,蓄水前,邻谷水流向库区河流排泄,但水库正常高水位高于邻谷水位,蓄水后仍有可能发生渗漏[图 2-60(d)]。若邻谷水位高于水库正常高水位,则蓄水后不会发生渗漏[图 2-60(e)]。

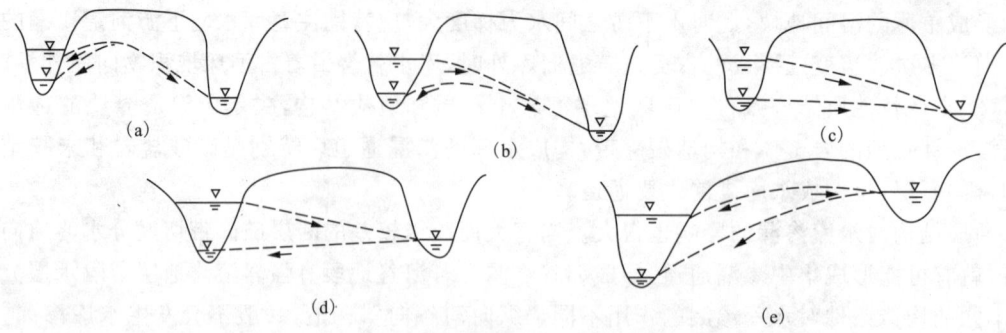

图 2-60 水库水位与邻谷水位对渗漏的影响示意图

归纳以上分析,研究岩溶地区水库渗漏,必须查明以下 4 个重要条件:①渗漏途径和通道,尤其是集中渗流带;②河谷地段岩溶发育的强度和深度;③隔水层的分布、厚度、完整性及深度;④地表分水岭,河间地块和地形垭口处有无地下分水岭,其高程与库水位的关系等。

查明了上述条件后,就可利用相关公式进行水库渗漏量计算。水库渗漏量计算一般是在选定的穿越地表分水岭的有代表性的剖面上进行的。计算前,应通过认真细致的勘察工作,查明渗漏边界条件,确定计算参数,然后利用地下水动力学公式估算。其计算方法与公式可参考有关文献。

水库渗漏的防治措施包括灌浆、铺盖、堵塞、截水墙、隔水墙和排水减压等。

2. 库岸稳定问题

库岸的变形破坏可危及滨库地带居民点和建筑物安全,使滨库地带的农田遭到破坏;而库岸的破坏物质又会成为水库的淤积物,减小库容。近坝库岸的大型滑坡会产生涌浪,危及大坝安全,并可能给坝下游带来灾难性后果。

1) 库岸破坏的形式

库岸破坏的形式主要有塌岸、滑坡、崩塌等。因库水和地下水的长期作用,使得岸坡不断后退,最终形成浅滩而达到稳定。

滑坡是库岸破坏的主要形式。目前国内外一般采用模型试验和计算两种方法来求得库岸滑坡的涌浪高度。影响涌浪高度的最主要因素是滑坡的滑速。崩塌包括小规模块石坠落和大规模的山(岩)崩,岩崩是峡谷型水库岩质库岸常见的破坏形式,它常发生在由坚硬岩体组成的高陡库岸地段。水库蓄水后,由于坡脚岩层软化或下部库岸的变形破坏,从而引起上部库岸的岩体崩塌(图 2-61)。

2) 水库塌岸的预测

定量估计水库建成蓄水后塌岸的范围,某一库岸地段塌岸宽度和速度,某一期限内和最终的塌岸宽度,以及形成最终塌岸宽度所需的年限,以便给防治措施提供依据。塌岸预测分短期预测和长期预测两种。短期预测的期限,由刚蓄水时至预定的最高水位为止,一般 2~3 年。该期限内水库未进入正常运行阶段,水位升降变化无规律,库岸因初次湿化而大量坍塌。在短

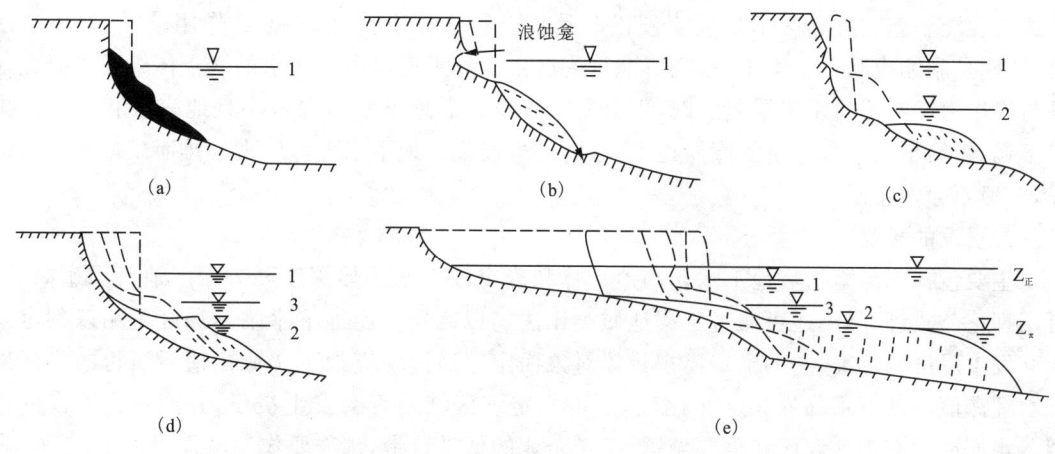

图 2-61 水库塌岸过程示意图

(a)水库岸壁的初期破坏;(b)浪蚀龛及浅滩的形成;(c)库水位下降时的塌岸作用;(d)库水位上升时的塌岸作用;(e)最后岸坡的形成;图中1、2、3表示不同高程库水位

期预测的基础上进行长期预测,以确定最终塌岸范围。其预测方法主要有计算法、作图法、工程地质类比法和试验法等。具体方法可参考相关文献,在此不予论述。

库岸稳定的措施包括抛石、护坡、护岸、丁坝、防波堤等。

3. 库周浸没问题

水库蓄水后水位抬高,引起水库周边地区地下水壅高。当库岸比较低平,地面高程与水库正常高水位相差不大时,地下水位可能接近,甚至高出地表,产生种种不良后果,称之为浸没。

浸没对库岸地区工农业生产和居民生活会造成危害,它使农田沼泽化和盐渍化;建筑物强度降低甚至破坏,影响其稳定和正常使用;附近居民无法居住,或采取排水措施,或迁移他处(图 2-62);浸没区还会造成附近矿坑充水,使采矿条件恶化。因此,浸没问题常常影响到水库正常高水位的选择,甚至影响到坝址选择。低矮的丘陵、山间盆地和平原地区的水库,由于周围地势低平最易形成浸没,且其影响范围也较大。

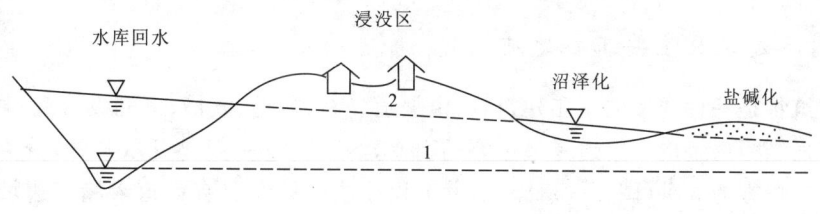

图 2-62 水库回水及浸没示意图

1)浸没产生的条件

浸没现象的产生,是各种因素综合作用的结果,包括地形、地质、水文气象、水库运行和人类活动等。可能产生浸没的条件如下。①受库水渗漏影响的邻谷和洼地。平原水库的坝下游

和围堤外侧,特别是地形标高接近或低于原来河床的库岸地段,容易产生浸没。②岩土有一定的透水性能。基岩分布区不易发生浸没。黏性土和粉砂质土,由于毛细作用较强,易发生浸没,特别是胀缩土和黄土类土,浸没影响更为严重。如果库岸由不透水的岩土体组成或研究地段与库岸之间有不透水岩层阻隔时,不会发生浸没。③地下水埋深较小且地表水和地下水排泄不畅,补给量大于排泄量的库岸地带,容易产生浸没。地下水埋深较大且排泄条件良好的地段,一般不会发生浸没。

2) 浸没的预测

主要包括水库蓄水后地下水壅高值计算和确定地下水临界深度两方面。地下水壅高值,可用理论公式计算外,还可通过工程地质类比法加以确定。而地下水临界深度是用以判定是否会发生浸没的标准,它的确定需视具体对象而定。通过计算地下水壅高值后所得的实际地下水埋深值与地下水临界深度相比较,即可判定该区域是否会发生浸没,并圈定出浸没的范围。水库周围有大片农田和重要城镇、工矿企业的低平地带,都需要作浸没预测工作。

浸没的防治措施包括:工程措施(疏、排地下水)、农业措施(改变作物种类、耕作方法)。

4. 水库淤积问题

水库形成后,河水流入水库后流速锐减,水流搬运能力下降,所挟带的泥沙就会沉积下来,形成水库淤积。淤积的粗粒部分堆于上游,细粒部分堆于下游,随着时间的推移,淤积物逐渐向坝前推移。修建水库的河流若含有大量泥沙,则淤积问题将成为该水库的主要工程地质问题之一。

水库淤积虽然可以起到天然铺盖以防止水库渗漏的作用,但是大量淤积物堆于库底,将减小有效库容,降低水库效益;严重的淤积,将使水库在不长的时间内失去有效库容,缩短使用寿命。河水中所挟带的泥沙亦称固体径流,包括悬移质、跃移质和推移质。一般河流的年平均含沙量是 $5\sim100\text{N/m}^3$,但我国流经或发源于黄土高原的河流,其含沙量大大超出上述数字,如黄河的年均含沙量 313N/m^3,最大含沙量 2.8kN/m^3,每年挟沙量 16 亿 t,居世界大河的首位。

造成水库淤积的固体物质来源是与流域内的岩性、地貌、水土流失以及外动力地质作用密切相关的。其来源主要有:流入库区河流所挟带的泥沙,水库汇水区内泥石流的发生规模和数量,库岸塌岸范围及数量和库周水土流失等。

防治水库淤积的措施包括:水保措施(整治沟谷、植树造林)和工程措施(加固库岸、修建拦砂库、清淤等)。

(三)引水建筑及主要工程地质问题

引水建筑物是一种线型的水工建筑物,由渠道、输水隧道、渡槽、倒虹吸管道、闸门、跌水与泄槽等一系列结构物组成。渠道是最主要的引水建筑物,它一般是开敞式的,分为挖方的、填方的和半挖半填方的 3 种(图 2-63)。渠道工程地质问题主要有渠道渗漏和边坡稳定、渠道淤积和冲刷等。

1. 渠道渗漏问题

渠道渗漏影响渠道的效益,同时由于渗漏会造成渠道附近地下水位抬升,条件适宜时将引起沼泽化、盐渍化,在黄土区则会引起湿陷变形,山区渗漏还会导致斜坡滑动等现象。

基岩地区渠道渗漏一般不严重。渗漏的主要条件取决于基岩的破碎程度和渗漏通道特

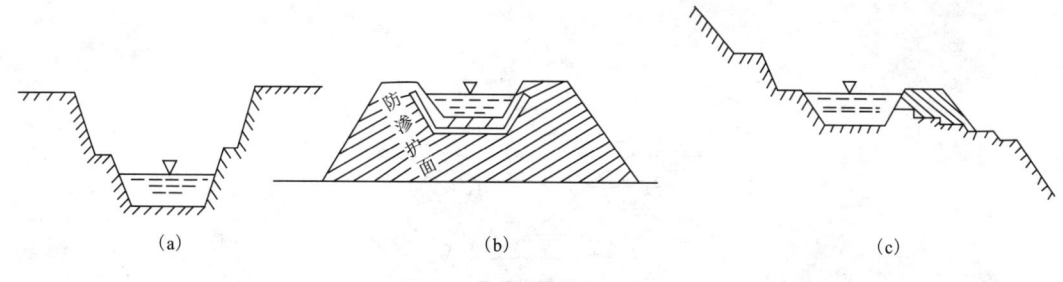

图 2-63 渠道横断面形状
(a) 挖方的;(b) 填方的;(c) 半挖半填方的

征。渗漏通道包括透水岩层、断层破碎带、节理密集带、岩溶发育带和强烈风化带等。在第四纪松散堆积层地区,渠道渗漏取决于松散土体的成因类型、岩性及其透水性。在山前地带多为坡积物和残积物,坡积物一般上部颗粒粗,坡脚处颗粒细,通过粗颗粒时则易渗漏。残积物一般颗粒粗大,透水性好,应同时考虑垂向渗漏和侧向渗漏。洪积物透水性变异很大,大型洪积扇上部,一般为粗大颗粒,透水性强,而中、前部颗粒逐渐变小,透水性也相应变弱。平原地区一般在顶部为细小的黏土颗粒,可以找到相对稳定的黏性土作为相对隔水层。当地下水位高于渠水位时不会发生渗漏。地下水位越低,渗漏越严重。

渠道渗漏过程分为不同的阶段,不同阶段其渗漏边界条件有差别。因此,不同渗漏阶段应采用相应的渗漏量计算公式。具体可参考有关文献。

渠道渗漏的防治措施包括:绕避、防渗(设置防渗材料)、土质改良(灌浆、强夯、硅化加固)等。

2. 渠道稳定问题

渠道稳定问题包括渠边坡和渠底稳定以及山坡渠道的斜坡稳定问题。关于边坡稳定性分析可参考有关文献,这里仅就渠道的工作条件进行分析。

渠道过水后,水面以下的边坡为水所饱和,由于自重增加及岩土体抗剪强度降低,水下部分的边坡角一定要小于水上干燥边坡角。

修建于山坡上的盘山、傍山渠道和山前地带的渠道,常以挖方或半挖方半填方的形式通过。对于这种斜坡型的渠道,首先要评价斜坡本身的稳定性,在此基础上再将开挖渠道通水后的渠道连同斜坡的稳定性一起评价。尤其当斜坡的坡度较陡,坡积层很厚,或斜坡上基岩风化较严重的情况下,由于渠水渗透使附近的岩土体饱水,增加了斜坡自重,并降低其抗剪强度,会使斜定性大为下降,而发生斜坡连同其上渠道的整体滑动(图 2-64)。为灌溉和供水目的而修建的渠道,其干渠常位于地形位置较高的山坡或山前斜坡地段,因而此类问题较为突出。

3. 黄土区渠道的湿陷变形问题

黄土分布区气候比较干旱,为满足城市及工农业用水,常修建一些引水工程。但在湿陷性黄土地区的渠系工程,除了同样会产生渠道的渗漏和稳定问题外,还会产生湿陷变形等特殊工程地质问题。

据研究,黄土地区运河、渠道的湿陷变形特点是在放水以后不久(有时在 1~2 日内),即在河渠两侧产生许多裂缝,并形成以渠道线为中心、向两侧逐级抬升的阶梯状湿陷台阶。这说明渠道中心线附近饱水土层厚度最大,因此湿陷变形最为强烈。当渠道水文动态发生改变,这种现象仍可重新发生。

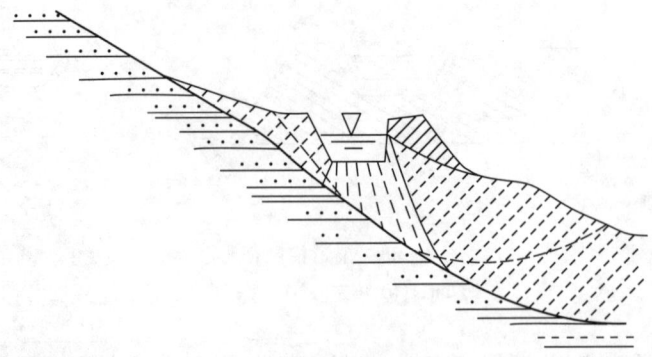

图 2-64　斜坡连同渠道整体滑动示意图

防治黄土区渠道工程湿陷变形的措施除防渗外,还可以采用预浸水、强夯和土垫层法等。

二、港口工程地质

(一)港口工程基本概念

港口按所在位置可分为海岸港、河口港和内河港,海岸港和河口港统称为海港(港口工程地质勘察规范)。

河口港,位于河流入海口或受潮汐影响的河口段内,可兼为海船和河船服务。一般有大城市作依托,水陆交通便利,内河水道往往深入内地广阔的经济腹地,承担大量的货流量,故世界上许多大港都建在河口附近。河口港的特点是,码头设施沿河岸布置,离海不远而又不需建防波堤,如岸线长度不够,可增设挖入式港池。

内河港,位于天然河流或人工运河上的港口,包括湖泊港和水库港。湖泊港和水库港水面宽阔,有时风浪较大,往往需修建防波堤等。

港口包括陆域和水域两大部分。陆域上的工程有:码头、栈桥、船坞、船台、仓库和民用建筑等。根据码头性质不同,设有不同的码头工程。有为旅客上下船的码头,专门的油码头、煤码头,还有军用码头等。水域是供船舶航行、运转、锚泊和停泊装卸之用的。

码头建筑物,要在各种荷载作用下有足够的强度和稳定性,满足使用要求,便于施工和坚固耐用。码头的结构型式有重力式、桩式(板桩式和高桩式)和混合式,适应于不同的水深和地基条件。又有岸壁式和透空式,以适应于不同的水动力条件和岸坡条件(图2-65)。

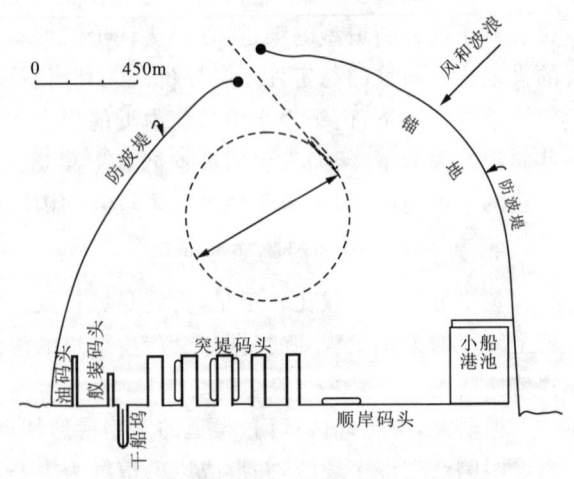

图 2-65　大型人工港口的典型布置图
(据李炎保,蒋学炼,2010)

防波堤,是一种维护港内水面平稳的主要构筑物,用来构成一个人工水域,其功能是避免波浪的影响供船舶安全停泊,防止外部泥沙进入港区,避免港区和航道的淤塞。除掩护功能外,一些防波堤还兼作码头和行车道。防波堤按其断面形状及对波浪的适应有斜坡式、直立式、混合式、透空式和浮式等类型,以及新近发展起来的有防波功能的喷气和喷水消波设备(李炎保等,2010)。目前防波堤的最大水深已达数十米,一般都采用斜坡堤和混合堤,上部还采用多孔或格栅结构,以增加消波效能。大型船舶吃水深度过大,在为其建设传统型码头已很不经济的情况下,利用大型船舶抗风浪性能较好及其货物装卸可通过管道或栈桥式输送带进行的特点而发展起来的泊系统,实质上是一种新型的离岸码头。

码头按结构形式分为:重力式码头、板桩码头、高柱码头、混合式码头等(图2-66)。

河泊装卸系统分固定式和浮式两类。前者包括外河码头、岛式码头、塔式码头等,后者有多点或单点系泊装卸系统(图2-67)。

一般要求有足够的水深,离岸较远,波浪和流速不太大并可满足船舶装卸泊稳的要求、冲淤不太严重、足够的活动水域等条件。对外河码头式泊位,尚需考虑码头力向以避免横风横流和侧向风浪的影响。

外河码头的结构有高栈桥和具有重力式墩台的桥式,并设有系、靠船桩。系船桩承受系船力,靠船桩则承受撞力和挤压力,通过引桥、引堤与岸上相连,要求有较好的掩护。

(二)港口工程的主要工程地质问题

通过港口工程地质勘察,对港口场地的工程地质条件,即那些对工程建设的安全、经济和有效运营造成约束、风险和灾害的有关条件做出评价,并提供工程设计、施工和运行所需的工程地质参数(张咸恭、王思敬等,2000)。港口工程地质问题涉及面很广,又十分复杂,任何一个问题都找不到现成的答案。因此,必须根据具体的港口工程的规模、性质、等级及其河域的工程地质条件,进行系统的研究工作之后,才能得出科学的评价。

1. 河岸泥沙运动问题

沿岸泥沙运动是河岸带最重要的过程之一,是河流水动力与河岸作用的结合,其结果造成河岸带的侵蚀及物质的重新分配。研究泥沙运动的主要目的是了解河岸带的堆积、冲刷或稳定平衡状态及其可能的发育进程。要求查明泥沙来源、输沙量大小和净输力方向等,以及由于建港改变河岸地形地貌和水动力条件而引起的改变,从而对是否适宜建港作出判断,对如何布置防波堤、港口门和进港航道以防止和避免淤积提出意见。

2. 地震问题

地震可能对港口造成灾难性的结果,可以直接损毁港区场地和摧毁构筑物,或间接地通过地基砂土液化使地基丧失承载力以及产生断裂和滑坡、泥石流等导致构筑物的毁损。地震问题的研究在于查明引起地震的地质条件,确定地区基本地震烈度,并根据场地工程地质条件对场地地震烈度提出意见,对砂土液化问题作出评价,选择良好的港口场地(安全岛),以及提出防震措施。

3. 河流水位变化问题

河流水位波动,特别是水库水位变化,对河岸带和港口影响是很大的。由于河岸带高差一般不大,港口水深有限,陆域高程很低,因此对水位变化特别敏感,直接后果是现今港口的淹没

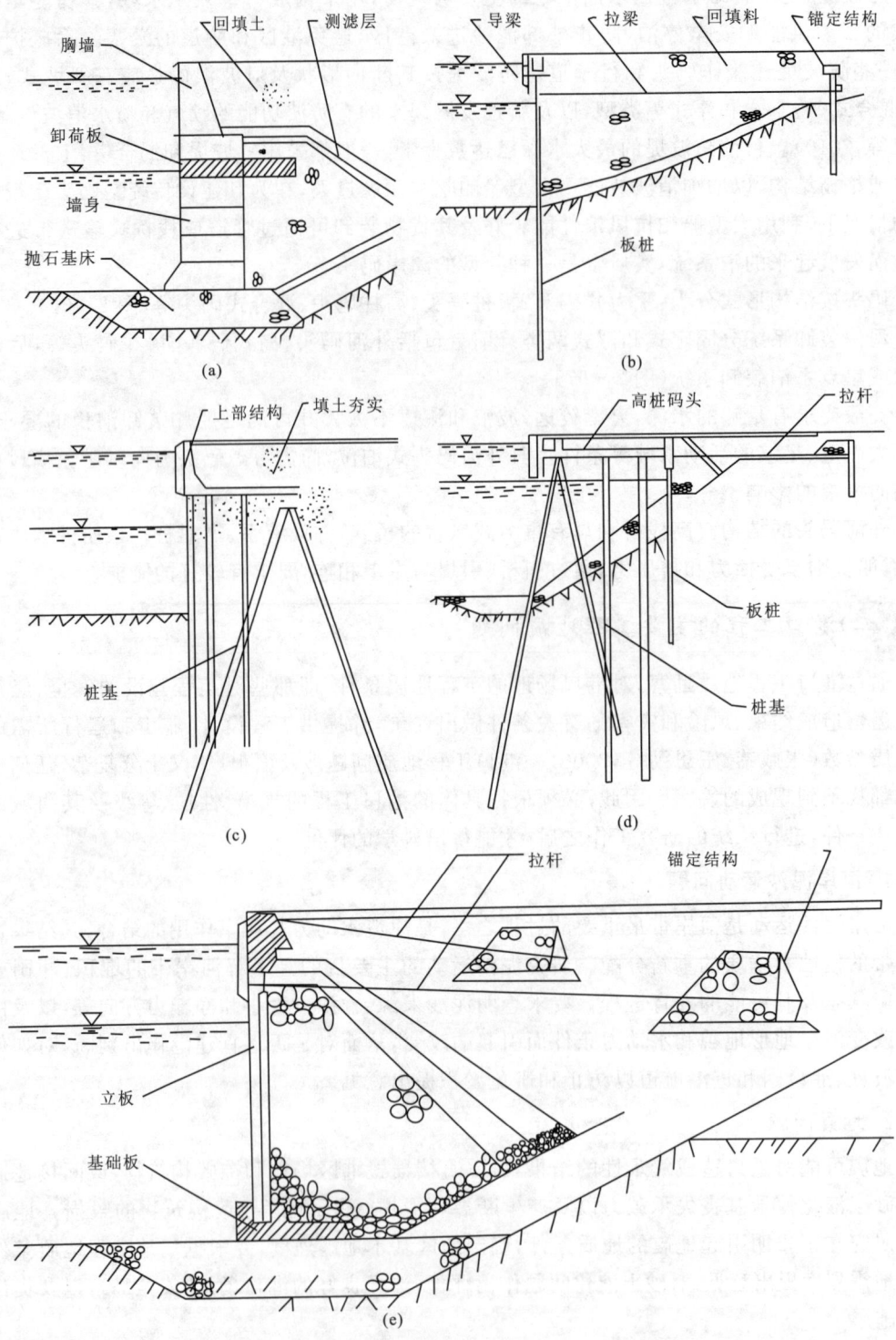

图 2-66 码头的结构形式(据李炎保,蒋学炼,2010)
(a)重力式码头;(b)板桩码头;(c)高桩码头;(d)混合式码头;(e)混合式码头

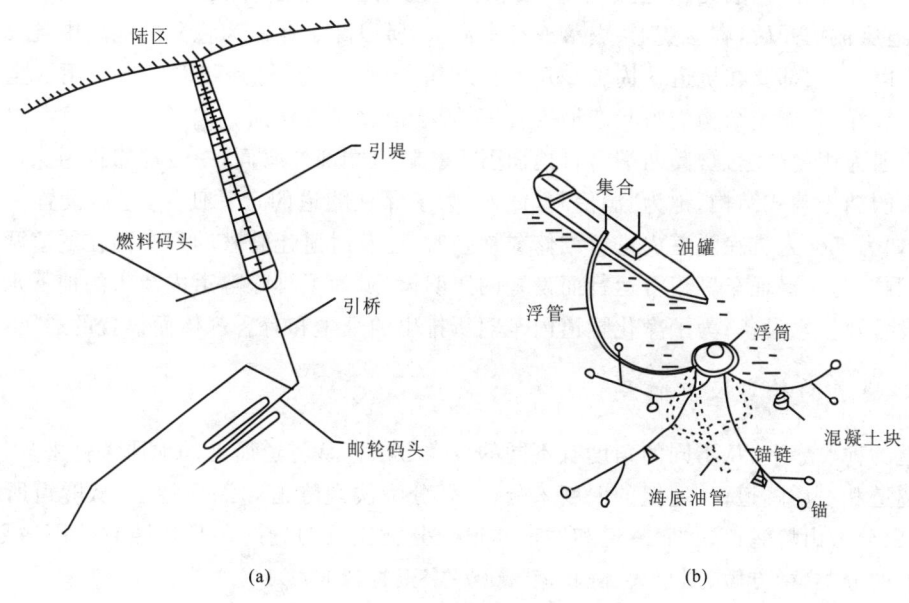

图 2-67 外河(海)系泊(据天津大学等,1988)
(a)用引桥引堤的外河码头；(b)浮筒式单点系泊系统

和废弃,改变其工程地质条件,关系到港口的规划、设计、施工和已建港口的正常使用等重大问题,在港口建设中不仅有重大的理论和实践意义,而且具有重大的经济意义,需要通过多学科的综合研究逐步了解。对港口工程工程地质而言,主要是利用有关水位变化趋势和速率的研究成果,预测河岸工程地质环境条件可能发生的改变,为港口工程的选址、设计及旧港区的改造提供参考意见。

4. 港口地基变形边坡失稳

港口工程的基础都是坐落于河底或插入河底沉积物中,以河底为地基,然而河底沉积土层多为淤泥及淤泥质沉积物,具有高灵敏性、高孔隙性、高触变性、高蠕变性、高液化性、高压缩性、变异性、低渗透性和低强度等性质,这些未固结的沉积物工程特性很差,加上水动力(风、波浪、潮汐、海流等)的作用,使港口工程的地基就更不稳定,承担着比陆地相似建筑物大得多的负荷。根据近10年来对港口工程进行大坝工程事故的分析,世界几百起重大事故,除由于洪水超过设计指标外,另一个重要原因就是由地基问题引起的地基下沉、流沙、滑坡等事故。

三、隧道工程地质

(一)隧道工程基本概念

隧道是一种修建在地下,两端有出入口,供车辆、行人、水流及管线等通过的工程建筑物。隧道工程有两方面的含义:一方面是指从事研究和建造各种隧道及地下工程的规划、勘测、设计、施工和养护,是一门应用科学和工程技术,是土木工程的一个分支；另一方面也指在岩体或土层中修建的通道和各种类型的地下建筑物(王毅才,2007；宋玉香,2007)。

在修建隧道时，一般先在地层内挖出具有一定几何形状的"坑道"，如圆形、矩形、马蹄形等，由于地层被挖开后，容易变形、塌落或有水涌入，所以除了在极为稳固的地层中且没有地下水的地方以外，大都要在坑道的周围修建支护结构，或称之为"衬砌"，以保证使用安全。衬砌的形状和尺寸，应能使结构受力状态最为合理，既不浪费又能稳固。

以交通为用途的隧道，其两端将自地面引入。隧道端部外露面，一般都修筑为保护洞口和排放流水的挡土墙式结构，称为"洞门"。此外，为了保证隧道的正常使用，还需设置一些附属建筑物：如为工作人员在隧道内进行维修或检查时，能及时避让驶来的列车而在隧道两侧开辟的"避车洞"；为了保证车辆正常运行而设置的照明设施；为了排除隧道内渗入的地下水而设置的防水设备及排水设备；为了净化隧道内车辆所排出的烟尘和有害气体而设置的通风系统等。

（二）隧道的种类及其作用

隧道的种类繁多，从不同的角度有不同的分类方法。从隧道所处的地质条件来分，可以分为土质隧道和石质隧道；从埋置的深度来分，可以分为浅埋隧道和深埋隧道；从隧道所在位置来分，可以分为山岭隧道、水底隧道和城市隧道。分类比较明确的还是按照它的用途划分，可以有以下的分类（彭方敏、刘小兵、陈秋南，2007；宋玉香，2007）。

1. 交通隧道

这是隧道中为数最多的一种。它们的作用是提供运输的孔道。

（1）铁路隧道。我国内地有许多地势起伏、山峦纵横的山区。铁路穿越这些地区时，往往会遇到高程障碍。而铁路的坡度平缓，无法拔起需要的高度，同时，限于地形又无法绕避，这时，开挖隧道直接穿山而过最为合理。它既可使线路顺直，避免许多无谓的展线，使隧道缩短；又可以减小坡度，使运营条件得以改善，从而提高牵引定数，多拉快跑。所以，在铁路线上，尤其是在山区铁路线上，隧道方案常为人们所选用，修建的数目也越来越多。例如，川黔线上的凉风垭隧道，使铁路跨越分水岭时，拔起高度小、展线短、线路顺直、造价也低，越岭高度降低了96m，线路长度缩短了14.7km，并避免了不良地质区域。宝成线宝鸡至秦岭一段线路上就密集地设有48座隧道，总延长为17.1km，占线路总延长的37.75％。而宜万铁路，隧道所占比重达52％。由此可见，隧道在山区铁路线上起着十分重要的作用。

（2）公路隧道。公路的限制坡度和最小曲线半径都没有铁路那样严格。所以，以往的山区公路为节省工程造价，常常是宁愿绕行，多延长一些距离，而不愿修建费用高昂的隧道。因此，过去公路隧道为数不多。但是，随着社会生产的发展，高速公路逐年增多，它要求线路顺直、平缓、路面宽敞，于是在穿越山区时，也常采用隧道方案。此外，在城市附近，为避免平面交叉，利于高速行车，也常采用隧道方案。这类隧道在改善公路技术状态和提高运输能力方面起到了很好的作用。铁路隧道与公路隧道按长度分类如表2-26所示。

表2-26　铁路与公路隧道按长度分类

隧道分类	特长隧道	长隧道	中隧道	短隧道
铁路隧道长度(m)	＞10 000	3 000～10 000	3 000～500	≤500
公路隧道长度(m)	＞3 000	3 000～1 000	1 000～250	≤250

(3)地下铁道。地下铁道是解决大城市中交通拥挤、车辆堵塞问题,而又能大量快速运送乘客的一种城市轨道交通运输设施。它可以使很大一部分地面客流转入地下而不占用地面面积。它没有平面交叉,而各走上下行线,因而可以高速行车,并且可缩短车次间隔时间,节省了乘车时间,便利了乘客的活动。在战时,还可以起到人防的功能。迄今为止,我国大部分的一线城市正大规模兴建城市地下铁道,北京、上海、广州、武汉、成都等城市已开始营运,它们为改善城市交通状况、减少交通事故起到了有力的作用。

(4)水底隧道。当交通线需要横跨河道时,一般可以采用架桥或是轮渡的方式通过。但是,如果在城市区域内,河道通航需要较高的净空,而桥梁受两端引线高程的限制,一时无法抬起必要的高度时,就难以克服这一矛盾。此时,采用水底隧道就可以解决。它不但避免了风暴天气轮渡中断的情况,而且在战时不致暴露交通设施的目标,是国防上的较好选择。我国上海横跨黄浦江,全长 2 793m 的越江水底隧道,把黄浦江两岸的交通连接起来。1993 年建成的广州珠江水底隧道,属我国第一条采用沉埋法修建的隧道(地铁与公交、市政管道共用,长1.23km)。1995 年又在宁波甬江建成了第二条沉管水底隧道(高速公路,长 1.019km)。京沪高速铁路在跨越长江时,亦采用长 16.74km 的沉管隧道方案。

(5)航运隧道。当运河需要越过分水岭时,如何克服高程障碍成为十分困难的问题。一般需要绕行很长的路程。如果层层设立船闸则建设投资很大,运转和维修的费用也很高,而且过往船只延误时间很多。如果修建航运隧道,把分水岭两边的河道沟通起来,既可以缩短航程,又可以省掉船闸的费用,迅速而顺直地驶过,航运条件就可大为改善。

(6)人行地道。城市闹区中,行人众多,往来交错,而且与车辆混行,偶有不慎便会发生交通事故。在横跨十字路口处,即使有指示灯和人行横道线,但快速的机动车,也不得不频频地减速,甚至要停车避让。为了提高交通运送能力及减少交通事故,除架设街心高跨桥以外,也可以修建人行地道。这样可以缓解地面交通互相交叉的繁忙景象,也可大大减少交通事故。

2. 水工隧道

它是水利枢纽的一个重要组成部分。水工隧道有如下几种。

(1)引水隧道。它把水引入水电站的发电机组,产生动力资源。引水隧道有的内部充水而内壁承压,有的只是部分过水,因而内部只受大气压力而无水压,分别称之为有压隧道和无压隧道。

(2)尾水隧道。它是把发电机组排出的废水送出去的隧道。

(3)导流隧道或泄洪隧道。它是水利工程中的一个重要组成部分。由它疏导水流并起到补充溢洪道流量超限后的泄洪作用,如举世瞩目的三峡工程即建有导流隧道。

(4)排沙隧道。它是用来冲刷水库中淤积的泥沙,把泥沙裹带送出水库。有时也用来放空水库里的水,以便进行库身检查或修理建筑物。

3. 市政隧道

它是城市中为安置各种不同市政设施的地下孔道。由于城市不断发展,工商各业日趋繁荣,人民生活水平逐步提高,对公用事业的要求也越来越高。许多城市不得不利用地下空间,把它们安置在地下,既不占用地面面积,又不致扰乱高空位置和损伤市容的整齐。市政隧道有如下几种。

(1)给水隧道。城市自来水管网遍布市区,必须有地下的孔道来容纳安置这些管道。它既不占用地面,也避免遭受人为的损坏。

(2)污水隧道。城市污水,除一部分可以净化返用外,仍有大部分的污水需要排放到城市以外的河流中去。这就需要有地下的排污隧道。这种隧道可能是本身导流排送,此时隧道的形状多采用卵形;也可能是在孔道中安放排污管,由管道排污。一般排污隧道的进口处,多设有拦渣隔栅,把漂浮的杂物拦在隧道之外,不致涌入造成堵塞。

(3)管路隧道。城市中,煤气、暖气、热水的供给等,都需要把管路放置在地下的孔道中,经过防漏及保温措施,把这些能源送到各家各户。

(4)线路隧道。城市中,输送电力的电缆以及通讯的电缆,都安置在地下孔道中,这样既可以保证不为人们的活动所损伤或破坏,又可免得悬挂高空,有碍市容观瞻。这些地下孔道多半是沿着街道两侧铺设的。

(5)人防隧道。为了战时的防空目的,城市中需要建造人防工程。在受到空袭威胁时,市民可以进入供躲避用的庇护所。人防工程除应设有排水、通风、照明和通讯设备以外,在洞口处还需设置各种防爆装置,以阻止冲击波的侵入。同时,并要做到多洞连通、互相贯穿,在紧急时刻,可以随时找到出口。

4. 矿山隧道

在矿山开采中,常设一些隧道,从山体以外通向矿床。

(1)运输巷道。向山体开凿隧道通到矿床,并逐步开辟巷道,通往各个开采面。前者称为主巷道,为地下矿区的主要出入口和主要的运输干道。后者分布如树枝状,分向各个采掘面,此种巷道多用临时支撑,仅供作业人员进行开采工作的需要。

(2)给水隧道。送入清洁水为采掘机械使用,并将废水及积水通过泵抽排出洞外。

(3)通风隧道。矿山地下巷道穿过许多地层,将会有多种地下气体涌入巷道中来,再加上采掘机械不断排出废气,还有工作人员呼出气体,使得巷道内空气变得污浊。如果地下气体含有瓦斯,在含量达到一定浓度后,将会发生危险,轻者致人窒息,重则引起爆炸。必须及时把有害气体排除出去。因此需要设置通风巷道,用通风机把污浊空气抽出去,并把新鲜空气补进来。

(三)隧道工程的主要工程地质问题

一些规模较大的长隧道,常是稳定线路和影响工程的控制性工程。它深埋于地下,故遇到的工程地质问题很多,最主要的有:①隧道围岩的稳定性;②隧道涌水、地温及有害气体;③隧道进出口的稳定问题(张咸恭、王思劲等,2000)。

1. 隧道围岩的稳定性

隧道围岩系指隧道周围一定范围内,对隧道稳定性能产生影响的岩体。隧道穿山越岭时,破坏了原有的应力平衡,而在隧道围岩中产生新的应力和变形,这种应力以及松动岩层作用在衬砌上的压力称为围岩压力。围岩压力是评定隧道围岩稳定性的主要内容。隧道围岩稳定性评价,通常采用工程地质分析和力学计算相结合的方法,这里只介绍工程地质分析法,关于力学计算可参阅有关专著。

影响隧道围岩稳定性的主要地质因素有如下几种。

(1)围岩的完整性,如围岩地质构造复杂,地质构造变动大和受强烈风化时,围岩完整性差,稳定性一般不好。

(2)围岩的软硬程度及厚度,硬者、厚者强度大,稳定性就好。

(3)地下水的活动会改变岩石的物理力学性质,降低岩体强度,并能加速岩石风化破坏。

地下水在软弱结构面中活动,可起软化、润滑作用,产生动水压力和冲刷现象,使黏土体积膨胀,地层压力增大,这些会降低围岩的稳定性。关于隧道围岩的稳定性可参看《公路工程地质勘察规范》附录G,根据围岩主要工程地质特征(岩石等级、地质构造影响程度、节理和裂隙发育程度、岩层厚度、风化程度及地下水情况等)、围岩的结构特征和完整状态进行分类评定。

2. 隧道涌水、地温及有害气体

(1)隧道如穿过含水层时,隧道会产生涌水,增大施工困难。当隧道穿过储水构造、充水洞穴、断层破碎带时,特别是受承压水作用时,会遇到突发性的大量涌水,应有所预防。

(2)地温。在开挖深埋山岭隧道时,地温是一个重要问题。一般人在潮湿的坑道中,当温度达到40℃时,就不能正常工作,必须采取降温措施。

(3)有害气体。在开挖隧道时,常会遇到各种易燃、易爆、对人体有害的气体。常见的有:①甲烷(CH_4)为易燃、易爆的气体,在煤系、含油、含碳和沥青地层中常有甲烷等碳氢化合物;②二氧化碳(CO_2)为无毒的窒息性气体,在含碳地层常会遇到;③氮(N)为无毒的窒息性气体;④硫化氢(H_2S)为易燃的有毒气体,溶于水生成淡硫酸液,对隧道衬砌的石灰浆、混凝土及金属有腐蚀作用,在硫化矿床或其他含硫地层中会遇到。

3. 隧道进出口稳定性

隧道进出口地段的稳定与否,一则影响隧道掘进的安全和速度;二则影响着隧道的正常运营。

通常洞口多采取深堑形式。洞口的主要工程地质问题是边坡、仰坡的变形问题。因为边坡、仰坡的变形常引起洞门开裂、下沉、外仰或坍毁等病害,给洞身的施工及以后的运营都会造成威胁。洞口仰坡与一般边坡不同,由于仰坡基座中间受横向掏空,故上部岩体所处的应力环境甚为复杂。在一般边坡易发生变形的地段,仰坡亦多发生变形,特别是第四纪松散堆积物较厚的地区,洞口仰坡更易发生变形。因此宜以"早进洞晚出洞""避免深堑"的原则来防治进出口的稳定问题。应尽可能选在新鲜基岩出露处或风化层较薄的部位,易于汇水的凹地、冲沟之沟口不宜选作洞口。洞口一定要高于多年最大洪水位之上。

对于山岭隧道而言,除以上问题外,应特别注意洞内膨胀岩、断裂构造及断层破碎带、高地应力、偏压、高地温、岩溶等引起的工程地质问题,当隧道存在上述某种或几种工程地质问题时,就必须对其进行分析研究及评价。

四、桥梁工程地质

(一)桥梁工程基本概念

桥梁是供铁路、道路、渠道、管线、行人等跨越河流、山谷、海湾、其他线路或障碍时的架空建筑物。桥梁是一种永久性的公共建筑物,具有广泛的社会性。因此,从一座桥上不仅可看出当时当地社会的发展状况和技术工艺水平的高低,而且更可折射出一个国家和地区政治、经济、科学、技术、文化等各方面的情况。

桥梁是由上部结构(包括桥跨结构、桥面构造)、下部结构(包括桥墩、桥台、基础)、支座、防护设备及调节河流构筑物等组成(姚玲森,2008;刘龄嘉,2006)。桥梁的基本组成见图2-68,拱桥的基本组成见图2-69。

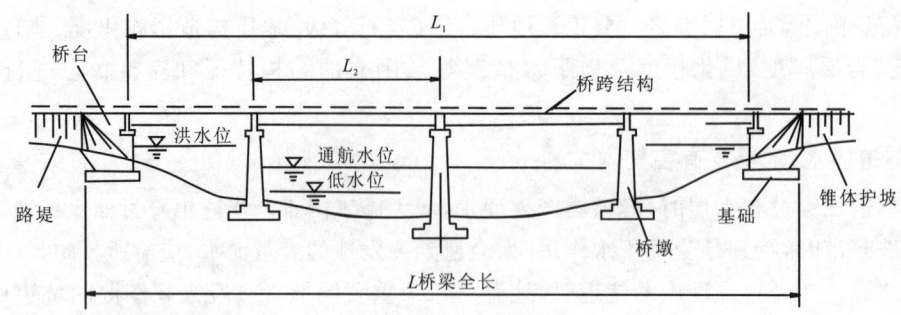

图 2-68 桥梁的基本组成

L_1.净路径;L_2.跨径;L.桥梁全长

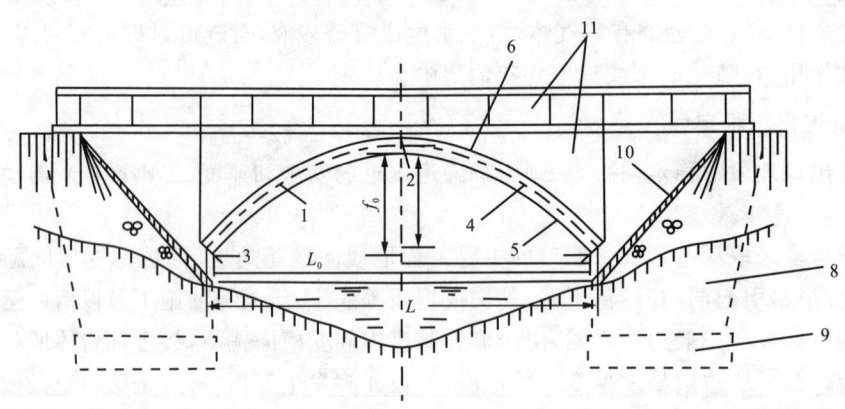

图 2-69 拱桥的基本组成

1.主拱圈;2.拱顶;3.拱脚;4.拱轴线;5.拱腹;6.拱背;7.起拱线;8.桥台;9.桥台基础;10.锥坡;11.拱上建筑;L_0.净跨径;L.计算跨径;f_0.净矢高;f.计算矢高;f/L.矢跨比

桥跨结构是在线路中断时跨越障碍的主要承载结构。

桥面构造是指公路桥的桥面铺装、伸缩缝、人行道、栏杆、安全带、路缘石、防排水设施及照明系统等。

桥墩是多孔桥梁中,处于相邻桥孔之间支承上部结构并将荷载传递到地基上的构造物。

桥台是在岸边或桥孔尽端与路堤连接处,支承桥梁上部结构并将荷载传于地基上的构筑物。它一般具有支承和挡土的功能,使桥梁和路堤连接平顺,行车平稳。

基础是桥墩和桥台中使全部荷载传至地基的底部奠基部分。它是确保桥梁能安全使用的关键。由于基础深埋于土层中,且大部分需在水下施工,所以也是桥梁建筑中比较困难的一个部分。

支座是设置在桥梁上、下部结构之间的传力和连接装置。它不仅把上部结构的各种荷载传递到墩台上,并且要保证桥跨结构能产生一定的变位,使桥梁的实际受力情况符合结构计算图式。

锥体护坡是设置在桥台两侧(形似锥形)保护桥两端路堤土边坡稳定、防止冲刷的构造物。在路堤与桥台衔接处,当桥台布置不能完全挡土或采用埋置式、桩式、柱式桥台时采用。

桥梁工程常用名词和术语包括以下几种。

主桥:对于规模较大的桥梁,通常把跨越主要障碍物(如大江、大河)的桥跨称为主桥。由于通航等原因,主桥常需有一定的高度与跨径,一般采用跨越能力较大的结构体系,是整个桥梁工程的重点。

引桥:将主桥与路堤以合理的坡度连接起来的这一部分桥梁称作引桥。

标准跨径:对于梁式桥和板式桥是指相邻两桥墩中线之间桥中心线长度或桥墩中线与桥台台背前缘线之间桥中心线长度,对于拱桥和涵洞为净跨径。

计算跨径:对于有支座的桥梁,为桥跨结构的相邻两支座中心之间的距离;无支座的桥梁,为支承中心之间的距离;拱桥为拱轴线两端点之间的距离。

净跨径:设计洪水位线或通航水位线上相邻两桥墩(或桥台)间的水平距离,拱桥为起拱线处的水平距离。

总跨径:多孔桥梁中各孔净跨径的总和。

桥梁全长:有桥台的桥梁为两岸桥台侧墙或八字墙尾端间的距离,无桥台的桥梁为桥面系行车道长度。

桥梁总长:两桥台台背前缘之间的距离。

桥梁高度:桥面至低水位(有水河流)之间的距离,或桥面至桥下线路路面(跨线桥)之间的距离,或桥面至桥下沟底(旱桥)之间的距离。

桥梁建筑高度:桥面至桥梁结构最下缘之间的竖向距离。

桥下净空高度:为保证水流、船只、流筏、流木、其他水上漂流物、泥石流、车辆、行人等安全通过所保持的桥下最小空间。

桥面净空高度:又称桥面建筑限界,是指为保证列车、车辆、行人等安全通行,在桥面一定高度和宽度范围内不容许有任何建筑物或障碍物的空间限界。

设计水位:是指相应于设计洪水频率的洪峰流量水位,高水位是指洪峰季节河流中的最高水位,低水位是指枯水季节河流中的最低水位。

(二)桥梁的主要类型

1. 按基本结构体系分类

按桥梁的基本结构体系划分,有梁式桥、拱式桥和索桥等,见图2-70~图2-73(刘龄嘉,2006)。

2. 按工程规模分类

桥梁总长和单孔跨径都是桥梁建设规模的标志,我国《公路桥涵设计通用规范》(JTG D60—2004)规定了公路桥梁的分类标准,见表2-27。

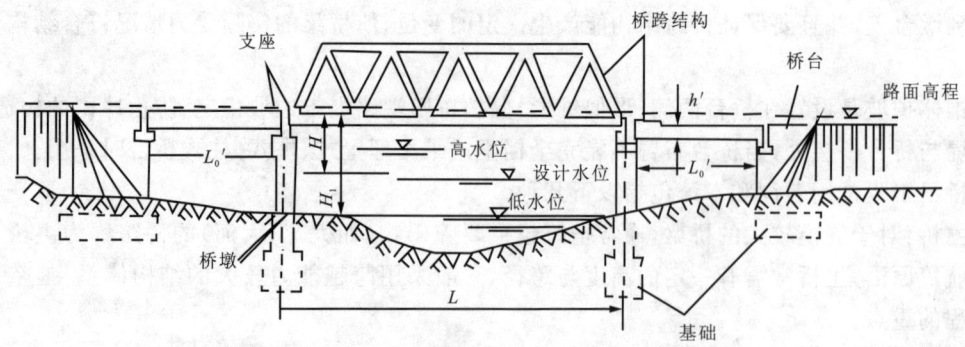

图 2-70 梁式桥概貌

L_0'. 计算跨径;L. 标准路径;H. 设计水位;H_1. 桥梁高度

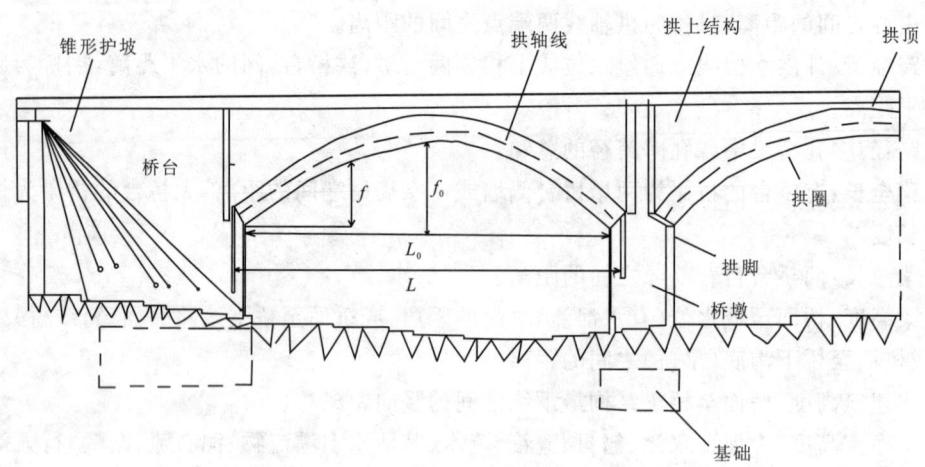

图 2-71 拱桥概貌

L. 净跨径;L_0. 计算跨径;f_0. 拱高;f. 桥下净空高度

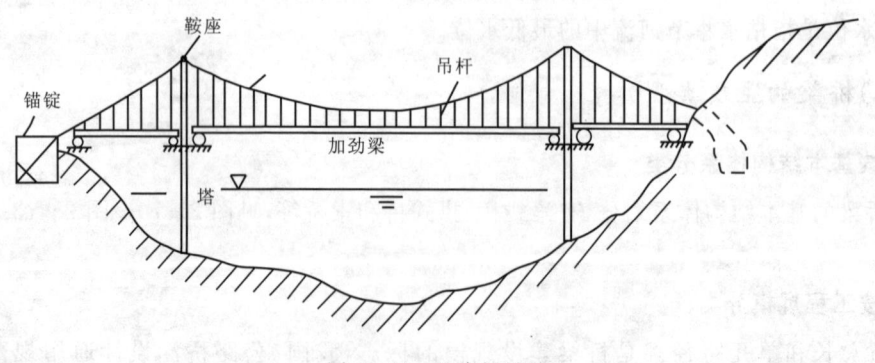

图 2-72 悬索桥概貌

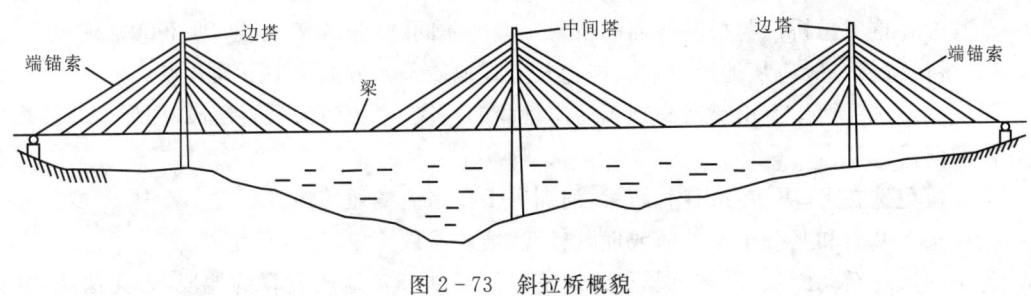

图 2-73 斜拉桥概貌

表 2-27 我国桥梁涵洞分类

桥梁分类	多孔跨径总长 L(m)	单孔跨径 L_k(m)
特大桥	$L>1\,000$	$L_k>150$
大桥	$100\leqslant L\leqslant 1\,000$	$40\leqslant L_k\leqslant 150$
中桥	$30<L<100$	$20\leqslant L_k<40$
小桥	$8\leqslant L\leqslant 30$	$5\leqslant L_k<20$
涵洞	—	$L_k<5$

注:涵洞是指横穿并埋设在路堤中供排泄洪水、灌溉或作为通道的小型构筑物。

3. 按主体结构用材分类

按桥梁主体结构用材分类。有钢桥、混凝土桥、钢及混凝土组合梁桥、石桥、木桥等。混凝土桥又分为钢筋混凝土桥、预应力混凝土桥、部分预应力混凝土桥等。工程上常把混凝土桥和砖石桥统称为圬工桥。

4. 按用途分类

按桥梁用途划分,有铁路桥、公路桥、城市道路桥、公铁两用桥、人行桥、输水桥、农用桥等。

5. 按平面布置分类

桥梁按平面布置分类,有直桥(正桥)、斜桥、弯桥(曲线梁桥)、坡桥和匝道桥等。

此外,还有其他很多分类方式,如:按行车道设在桥跨结构的上、中、下部,分为上承式桥、中承式桥、下承式桥;按梁的截面形式,分为"T"梁桥、箱梁桥等;按跨越对象,分为跨河桥、跨谷桥、跨线桥等。

(三)桥梁工程的主要工程地质问题

大、中桥桥位通常是布置线路的控制点,桥位变动会使一定范围内的路线也随之变动。影响桥位选择的因素有路线方向、水文条件及地质条件。地质条件是评价桥位好坏的重要指标之一。其中着重考虑桥位与桥基方面的主要工程地质问题(张咸恭、王思劲,2000)。

(1)桥位选择一般应从地形、地貌、地物及工程地质条件方面考虑下列几点。

①应尽量选在两岸有山嘴或高地等河岸稳固的河段、平原河流顺直河段、两岸便于接线的较开阔的河段。

②应避免选在上、下游有山嘴、石梁、河洲等干扰水流畅通的地段。

③应选在基岩和坚硬土层外露或埋藏较浅、地质条件简单、地基稳定处。

④不宜选在活动断层、滑坡、泥石流、岩溶以及其他不良地质发育的地段,若无法绕避时,必须作特殊考虑,详见《公路工程地质勘察规范》。

(2)基坑边坡稳定性。在施工过程中,常会发生沿节理面滑坍,顺断层、破碎带坍塌,以及在层状岩石中产生顺层滑坡等事故。

(3)桥台、桥墩地基稳定性及基坑涌水。

①地基软弱或软硬不均,沉降及沉降差过大,致使上部结构破坏,以及倒塌。

②地基因强度过低,会产生整体丧失稳定而倒塌,或墩台基础随滑坡体一起滑坍。

③基坑涌水,在明挖或雨季施工中,对河床地下水的补给来源及其季节变化应尽量估算充足。

第七节 斜坡地质灾害防治工程基础知识

地质灾害防治工程是针对自然或人为作用产生的有害地质作用进行防护与治理的工程或措施。它不同于其他建筑工程,一般不产生直接经济效益。因此,在实现整治目标的基础上,应尽可能降低治理费用。地质灾害防治工程设计与施工还必须遵循地质原则、效益原则、技术原则、目标原则、环境原则、整体优化原则和社会安定原则七项基本原则(刘传正,2000)。地质灾害防治工程设计必须根据地质体的破坏机制对症施治,避免忽视地质条件分析和斜坡破坏机制研究,或仅从地质条件分析出发而忽视工程技术的可行性。在实际工作中,防治工程应以改善地质体自身及周围的生态环境为原则,把地质灾害体作为一个系统工程来对待。

一、地质灾害防治概述

1. 地质灾害防治定义

地质灾害防治是指通过有效的地质工程手段改变由于自然作用或人为因素诱发的对人民生命和财产安全造成危害的地质现象产生的过程,达到减轻或防止灾害发生的目的(地质灾害防治工程设计规范)。

2. 防治原则

(1)以长期防御为主,防御工程与应急抢险工程相结合;应急抢险工程应尽可能与防御工程衔接、配套。

(2)根据危害对象及程度,正确选择并合理安排治理的重点,保证以较少的投入取得较好的治理效益。

(3) 生物工程措施与工程措施相结合，治理与管理、开发相结合。工程治理的方法很多，诸如蓄水工程、分水工程、排水工程、拦挡工程、爆破工程、锚固工程、减载工程、反压工程、护坡工程、停淤工程、排导工程、洞体工程等。工程治理作用明显、见效快，缺点是成本高、专业性强且效果不持久。

生物工程治理是指通过喷撒草种、移植草皮等增加植被覆盖，应用先进的农牧科学技术对山地资源开发利用，以减少水土流失、削减地表径流和控制松散固体物质补给，进而抑制滑坡的发生并促进生态环境的良性发展。生物治理功效持久，成本低，方法较简单，容易广泛开展，能较好地与经济开发相结合。因而生物治理与工程治理可以互为补充。

(4) 因地制宜，讲求实效，治标与治本相结合。大、中型滑坡一般以搬迁避让为主，对不能采取搬迁避让措施的，可进行工程治理。在治理过程中，应针对滑坡形成的诱发因素，分清主次，合理选择治理方案。

3. 防治途径

(1) 防止致灾地质作用的发生，包括作用发生前的预防和发生中的制止。
(2) 避免受灾对象与之遭遇，即移动受灾对象位置、改变致灾作用方向和隔绝两者遭遇通道。

4. 地质灾害防治措施

地质灾害防治措施包括行政措施和工程措施。

1) 行政措施

采取行政法令和技术法规等手段，规范人民群众的生活、生产活动，避免诱发致灾地质作用的发生，监测预报致灾作用的变化动态，使拟建工程设施或流动性人、物避开地质灾害危险区(主动避让)或将处于灾害危险区中的已有居民设施迁出危险区(被动撤离)等。

2) 工程措施

采取建(构)筑物或岩土体改造工程、疏排水工程及生物植被工程等，以加固、稳定变形地质体，调整、控制致灾地质作用，从而制止致灾地质作用的发生、发展及其与受灾对象的遭遇。

一般来说，滑坡治理工程措施主要有"砍头"、"压脚"和"捆腰"三项措施。"砍头"就是用爆破、开挖等手段削减滑坡上部的重量；"压脚"是对滑坡体下部或前缘填方反压，加大坡脚的抗滑阻力；"捆腰"则是利用锚固、灌浆等手段锁定下滑山体。

滑坡的防治措施可归纳为"拦、排、稳、固"4个字。

(1) "拦"即拦挡、拦截，如挡土墙等拦挡工程。
(2) "排"即排水，包括拦截和旁引可能流入滑坡体内的地表水和地下水；排出滑坡体内的地表水和地下水，对必须穿过滑坡区的引水或排水工程做严格的防渗漏处理；避免在滑坡区内修建蓄水工程；对滑坡区地表做防渗处理；防止地表水对坡脚的冲刷等。
(3) "稳"即稳坡，包括降低斜坡坡度、滑坡后部削方减重及滑坡前缘回填压脚，以生物工程和护坡工程来保护边坡等。
(4) "固"即加固，包括采用各种形式的抗滑桩、预应力锚索和预应力抗滑桩、抗滑明洞等工程，或采用灌浆、电化学加固、焙烧等方法以改变滑带岩土的性质来进行加固，增大滑面的抗滑力。

按滑坡治理措施的施工方式、适用条件和主要作用,可将其分为防御避让、护坡护岸、削方压脚、排水防渗、排引地下水、拦挡抗滑、固结加固和生物工程等类型(表 2-28)。

表 2-28 滑坡治理的类型、措施及其主要作用类型

类型	治理措施	主要作用
防御避让	道路和隧洞等改线,居民点和基建工程改址或搬迁	滑坡规模大、治理费用高,以避让防御灾害
护坡护岸	导流堤(丁坝或顺坝) 防波堤(破浪堤) 灰浆抹面、浆砌片石 种植草皮	防止水流和波浪冲刷、冲蚀或岩体风化、土体开裂等
削方压脚	顶部削方减重 前缘填方压脚 斜坡平整、清除不稳定部分	改变斜坡形态,减小剪应力,提高抗滑力
排水防渗	截水天沟 填堵裂缝	防止坡面水入渗
排引地下水	切沟、卧式钻孔 盲井、虹吸管、立式钻孔	降低孔隙水压力和动水压力,减小剪应力,提高抗滑力
拦挡抗滑	压脚垛、挡墙(坝) 锚固桩、抗滑桩 锚杆、锚索	提高抗滑力
固结加固	固结灌浆法 电化学法 冻结法(临时性) 熔烧法	增强岩土强度,提高抗滑力
生物工程	植树造林、保护植被等	防止降雨、水流冲刷侵蚀

二、地质灾害防治等级划分

地质灾害防治工程等级按经济损失、威胁对象及工程投资分为 3 级,详见表 2-29。

表 2-29 地质灾害防治工程等级划分标准

防治工程等级		一级	二级	三级
经济损失		直接经济损失＞1 000 万元，或潜在经济损失＞10 000 万元	直接经济损失 500 万～1 000万元，或潜在经济损失 5 000 万～10 000 万元	直接经济损失＜500 万元，或潜在经济损失＜5 000 万元
威胁对象	城镇	县级以上城市	乡镇	居民点
	人数	＞1 000 人	500～1 000 人	＜500 人
	交通道路	一、二级铁路，高速公路	三级铁路，一、二级公路	铁路支线，三级以下公路
	水利水电	大型以上水库，重大水利水电工程	中型水库，省级重要水利水电工程	小型水库，县级水利水电工程
	矿山	大型矿山	中型矿山	小型矿山
	电网工程	500kV 及其以上变电站，特高压输电线路杆塔	50～500kV 变电站，高压输电线路杆塔	50kV 以下变电站，一般输电线路杆塔
工程投资		＞1 000 万元	500 万～1 000 万元	＜500 万元

三、滑坡主要防治工程设计简介

(一)抗滑桩设计

抗滑桩是穿过滑坡体深入于滑床的桩柱,用以支挡滑体的滑动力,起到稳定边坡的作用,适用于浅层和中厚层的滑坡,是一种抗滑处理的主要措施。

1. 抗滑桩的分类

(1)按抗滑桩的制桩材料分,除木桩、钢筋混凝土桩和钢桩外,还有水泥土桩、CFG 桩、石灰桩、二灰桩,以及碎石桩等。

(2)按抗滑桩桩身的制作方法分,有预制、灌注及与地基土就地搅拌 3 类方法。预制桩主要指钢管桩、"H"形钢桩及混凝土桩,灌注桩有沉管成孔、钻入成孔、冲击成孔、抓掘成孔、螺旋成孔和人工挖孔等几类,搅拌桩则有水泥浆湿法搅拌和水泥粉体喷射干法搅拌两类。

(3)按抗滑桩的直径或截面尺寸分,常有大直径、中等直径和小直径之分。

(4)按抗滑桩的端部形状分,预制桩有尖底、平底之分;钢管桩有开口、闭口之分;沉管灌注桩有采用预制圆锥形桩尖或平底桩靴之分;人工挖孔和机械成孔灌注桩则均有平底或锅底之分。

(5)按抗滑桩的纵向截面形状分,有柱状桩、板桩、楔形桩和锥形桩之分。柱状桩又有直身桩、扩底桩、多节桩、竹节桩、表面带螺纹的桩等。近年又出现了多支盘挤扩桩、DX桩等。

(6)按抗滑桩的横向截面形状分,有圆形、管形、正方形、矩形、十字形、"H"形、箱形、三角形、多角形等。

(7)按抗滑桩的扩底工艺分,对于小直径($\Phi<700$)沉管灌注桩而言,有预(制)扩(底)、振(动)扩(底)、夯(击)扩(底)、挤(压)扩(底)等工法;对于大直径灌注桩而言,有人工扩底、机械扩底等工法;小桩或微型桩扩底,主要采用压力灌浆法。

(8)按抗滑桩的变形和破坏模式分,有刚性桩、半刚性桩和柔性桩。

(9)按抗滑桩的设置形式分,有单排桩、椅式桩墙、门形、"H"形钢排架桩、微型桩群加锚索、预应力锚索桩等。

2. 抗滑桩的设计步骤

抗滑桩的设计技术路线图如图2-74所示。

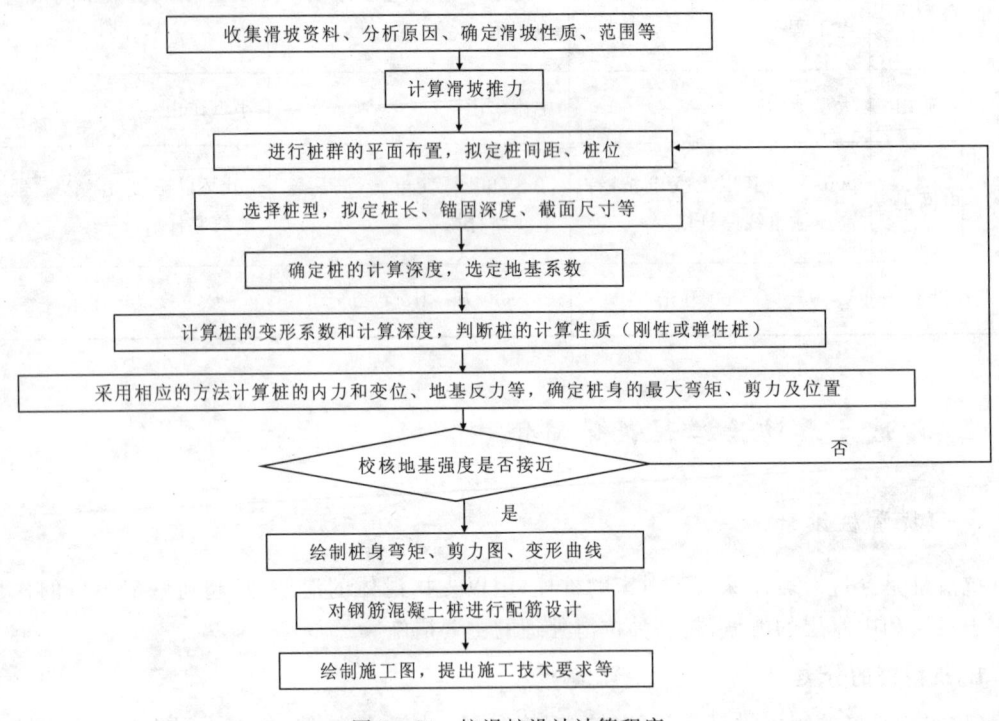

图2-74 抗滑桩设计计算程序

具体而言,即是按以下步骤进行。

(1)首先弄清滑坡的原因、性质、范围、厚度,分析滑坡的稳定状态和发展趋势。

(2)根据滑坡地质断面及滑动面处岩土的抗剪强度指标,计算滑坡推力。

(3)根据地形地质及施工条件等确定设桩的位置及范围。

①根据滑坡推力大小、地形及地层性质,拟定桩长、锚固深度、桩截面尺寸及桩间距。

②根据桩的计算宽度及滑体的地层性质,选定地基系数。

③据选定的地基系数及桩的截面形式、尺寸,计算桩的变形系数(α或β)及其计算深度(α_h

或 β_h),并据以判断是按刚性桩还是弹性桩来设计。

(4)根据桩底的边界条件采用相应的公式计算桩身各截面的变位(位移)、内力及侧壁应力等,并计算确定最大剪力、弯矩及其部位。

(5)校核地基强度。若桩身作用于地基的弹性应力超过地层容许值或者小于容许值过多时,则应调整桩的埋深或桩的截面尺寸,或桩的间距,重新计算,直至符合要求为止。

(6)根据计算的结果,绘制桩身的剪力图和弯矩图。

(7)对于钢筋砼桩,还需进行配筋设计。

3. 抗滑桩内力计算

1)桩的计算宽度的确定

为了简化计算,将空间受力状态转化为平面问题,考虑到桩截面形式的影响,将桩宽(或桩径)换算成相当于实际工作条件下的矩形桩宽度 B_p,B_p 称为计算宽度。计算公式如下(D 为桩中心距,m):

$$\text{矩形桩}\begin{cases}\text{土质地层}\begin{cases}B_p=1.5b+0.5 & b\leqslant 1\text{m}\\ B_p=b+1.0 & b>1\text{m}\end{cases}\\ \text{岩质地层 } B_p=b+\lambda h,\text{且 }b+1\leqslant B_p\leqslant D\end{cases}$$

$$\text{圆形桩(土质地层)}\begin{cases}B_p=0.9(1.5d+0.5) & d\leqslant 1\text{m}\\ B_p=0.9(d+1.0) & d>1\text{m}\end{cases}$$

式中:B_p 为桩的计算宽度(m);d 为桩径(m);b 为桩宽(m)。

2)确定地基反力系数或计算参数

水平地基反力系数一般应通过试验确定。但无试验资料时,可参照相关的文献或规范确定。

3)计算方法选择和桩性质的判定

根据桩的变形系数判断桩的性质(弹性桩或刚性桩),选择相应的计算方法。计算方法很多,常用的有 K 法、m 法。

(1)K 法计算。当 $\beta h_2\leqslant 1.0$ 时,抗滑桩属刚性桩;当 $\beta h_2>1.0$ 时,抗滑桩属弹性桩。其中,β 为桩的变形系数,以 m^{-1} 计,可按下式计算:

$$\beta=\left(\frac{k_H B_p}{4EI}\right)^{\frac{1}{4}}$$

式中:h_2 为桩的锚固段长度(m);k_H 为侧向地基系数,不随深度而变化(kN/m^3);B_p 为桩的正面计算宽度(m);E 为桩的弹性模量(kPa);I 为桩的截面惯性矩(m^4)。

(2)m 法计算。当 $\alpha h_2\leqslant 2.5$ 时,抗滑桩属刚性桩;当 $\alpha h_2>2.5$ 时,抗滑桩属弹性桩。其中,α 为桩的变形系数,以 m^{-1} 计,可按下式计算:

$$\alpha=\left(\frac{m_H B_p}{EI}\right)^{\frac{1}{5}}$$

式中:m_H 为水平方向地基系数随深度而变形的比例系数(kN/m^4),其余符号同前。

4)根据所确定的计算参数、计算的方法、桩的性质等,即可按规范中的各种方法计算出桩沿轴线的弯矩分布图、剪力分布图、桩的水平变位和转角分布图,同时计算出桩身对地层岩(土)体的侧向应力分布图。

4. 抗滑桩的结构设计

1）桩的正截面设计

一般情况下,抗滑桩按受弯构件设计,配筋时按单筋矩形梁考虑。抗滑桩截面形状通常为矩形,其正截面受弯承载力的计算公式如下：

$$M \leqslant \alpha_1 f_c bx(h_0 - \frac{x}{2})$$

式中：M 为弯矩设计值；α_1 为系数,当混凝土强度等级不超过 C50 时取 1.0,当混凝土强度等级为 C80 时取 0.94,其余的采用线性内插；f_c 为混凝土轴心抗压强度设计值,按《混凝土结构设计规范》(GB 50010—2010)取用；b 为矩形截面宽度；x 为混凝土受压区高度；h_0 为截面有效高度。

混凝土受压区高度由下式计算：

$$\alpha_1 f_c bx = f_y A_s$$

式中：f_y 为普通钢筋抗拉强度设计值,按《混凝土结构设计规范》(GB 50010—2010)取用；A_s 为受拉区纵向钢筋的截面面积。

2）桩的斜截面设计

矩形截面的受弯构件,其受剪截面应符合以下条件：

当 $\frac{h_0}{b} \leqslant 4$ 时,$V \leqslant 0.25\beta_c f_c bh_0$

当 $\frac{h_0}{b} \geqslant 6$ 时,$V \leqslant 0.2\beta_c f_c bh_0$

当 $4 < \frac{h_0}{b} < 6$ 时,按线性内插法确定。

式中：V 为构件斜截面上的最大剪力设计值；b 为混凝土强度影响系数,当混凝土强度等级不超过 C50 时取 1.0,当混凝土强度等级为 C80 时取 0.94,其余的采用线性内插。同时满足：$V \leqslant 0.7 f_t bh_0$ 或 $V \leqslant 0.07 f_c bh_0$。

抗滑桩内不宜设置斜筋,当混凝土不满足斜截面抗剪强度时,可采用调整箍筋的直径、间距和桩身截面尺寸等措施,满足斜截面的抗剪强度。当仅配置箍筋时,其界面受剪承载力应符合下列规定：

$$V \leqslant 0.7 f_t bh_0 + 1.25 f_{yv} \frac{A_{sv}}{s} h_0 \qquad A_{sv} = nA_{sv1}$$

式中：V 为构件斜截面上的最大剪力设计值；A_{sv} 为配置在同一截面内箍筋各肢的全部截面面积；n 为在同一截面内箍筋的肢数；A_{sv1} 为单肢箍筋的截面面积；s 为沿构件长度方向的箍筋间距；f_{yv} 为箍筋抗拉强度设计值,按《混凝土结构设计规范》采用。

3）侧向允许应力验算

(1) 当锚固段地层为土层或严重风化的破碎岩层时,桩身对地层的侧压力应符合下列条件：

$$\sigma_{max} \leqslant \frac{4}{\cos\varphi}(\gamma l \tan\varphi + c)$$

式中：σ_{max} 为桩身对地层的侧压应力(kPa)；γ 为地层岩(土)的重度(kN/m)；φ 为地层岩(土)的内摩擦角(°)；c 为地层岩(土)的黏聚力(kPa)；l 为地面至计算点的深度(m)。

(2)当锚固段地层为比较完整的岩质、半岩质地层时,桩身对围岩的侧压力应符合下列条件:

$$\sigma_{\max} \leqslant K'_1 K'_2 R_0$$

式中:K'_1 为折减系数,根据岩层产状的倾角大小,取 0.5~1.0;K'_2 为折减系数,根据岩层的破碎和软化程度,取 0.3~0.5;R_0 为围岩岩石单轴极限抗压强度(kPa)。

5. 钢筋混凝土桩的构造要求

(1)混凝土强度:一般采用 C20,不低于 C15,水下灌注不低于 C20。

(2)主筋保护层厚度:一般不小于 35mm,水下灌注不小于 50mm。

(3)主筋不宜小于 8Φ10,常用 12Φ16 以上,纵向主筋沿桩身周边均匀布置(圆桩),钢筋净间距不应小于 60mm。

(4)配筋率一般为 0.65%~0.20%(小桩径取高值,大桩径取低值)。

(5)箍筋率不低于 Φ6@200,宜采用螺旋箍筋或焊接环式箍筋,钢筋骨架中,应每隔 2m 左右设一道加强箍筋。

(6)钢筋的接长等应符合钢筋混凝土构件的构造要求。

(二)挡土墙工程设计

挡土墙是目前整治中小型滑坡中应用最为广泛而且较为有效的措施之一(朱彦鹏、罗晓辉等,2008)。

1. 种类

挡土墙按照墙的位置、材料、结构形式可以划分为以下几种类型。

(1)按照墙的位置,可分为路堑墙、路堤墙、路肩墙和山坡墙等类型。

(2)按照墙体材料,挡土墙又可分为石砌挡土墙、砖砌挡土墙、混凝土挡土墙、钢筋混凝土挡土墙和加筋土挡土墙等类型。

(3)按照墙的结构形式,挡土墙可分为重力式、衡重式、半重力式、悬臂式、扶壁式、锚杆式、柱板式、垛式等类型。其中,重力式、衡重式多用石砌;半重力式用混凝土浇注,视需要也可以在受拉区加少量钢筋,以节省圬工;其他类型多用钢筋混凝土就地制作或预制拼装。

2. 挡土墙功能

(1)在路堑地段,若开挖后的路堑边坡不能自行稳定,可在坡脚处设置挡土墙,以支撑边坡,降低挖方边坡高度,减少挖方数量,避免山体失稳坍滑。

(2)在地面横坡较陡,填筑路基难以稳定,或征地、拆迁费用高的填方路段,可以在路肩或填方边坡的适当位置设置挡墙,以收缩路堤坡脚,减少填方数量或减少拆迁和占地面积,保证路堤稳定性。

(3)对于沿河路基,为避免沿河路基挤缩河床,防止水流冲刷路基,可以在沿河一侧路基设置挡土墙。

(4)在某些挖方路段,原地面有较厚的覆盖层或滑坡,可以在路堑边坡上方设置挡土墙,防止山坡覆盖层下滑和抵抗滑坡。

其他还有设置于隧道洞口的洞口挡墙和设置于桥头的桥头挡墙(即桥台)等。

3. 各类挡土墙的适用条件(表 2‑30)

表 2‑30 挡土墙适用条件

类型	特点	适用范围
柱板式	由立柱、底板、拉杆、挡板、底板和基座组成,借底板上的土重平衡全墙,基础开挖比悬臂式和扶壁式少,断面尺寸小,可以预制拼装,快速施工	高墙,较适宜于路堑墙,特别适用支挡土质路堑边坡或处置边坡坍滑
钢筋混凝土悬臂式	由立柱、墙趾板和墙踵板 3 个悬臂梁组成,断面尺寸较小;墙高时,立壁下部的弯矩大,消耗钢筋多,不经济	缺乏石料地区,普通高度的路肩墙地基情况可以差一些
钢筋混凝土扶壁式	沿悬臂式墙的墙长,隔一定距离加一道扶壁,使立壁与墙踵板连接起来,更好受力	在高挡墙时比悬臂式经济,其余同悬臂式
加筋挡土墙	由加筋、墙面板和填土 3 个部分组成,借筋带与填料之间的摩擦力保持墙身稳定,施工简便,造型美观,对地基的适应性强,占地少	缺乏石料地区,适用于石质土、砂性土、黄土地区修建较高的路肩墙或路堤墙
石砌重力式	依靠墙身自重抵抗土压力的作用,形式简单,取材容易、施工简单	产砂石地区,墙高在 6m 以下,地基良好,非地震区和沿河受水冲刷时,可以采用干砌
石砌衡重式	利用衡重台上部天宇的下压作用和全墙重心的后移,增加墙身稳定,节约断面尺寸	产砂石地区,山区、地面横坡陡峻的路肩墙,也可以用于路堑。兼有拦挡坠石作用,并用于路堤墙
锚杆式	由立柱、挡板和锚杆 3 个部分组成,靠锚杆锚固在山体内拉住立柱,断面尺寸小,立柱、挡板可以预制	高挡墙,较宜于路堑墙

对于起抗滑作用的挡土墙墙面坡度常用 1∶0.3～1∶0.5 的坡率,有时甚至缓至 1∶0.75～1∶1。其基底常做成反坡或锯齿形,有时还在墙后设置 1～2m 宽的衡重台或卸荷平台。通常抗滑挡土墙布置在滑坡前缘滑床平缓处。常用抗滑挡土墙断面形式如图 2‑75 所示。

4. 挡土墙设计计算

1) 挡土墙力系分析与荷载确定

通常将作用于挡土墙上的力系分为基本力系和附加力系。基本力系是指由边坡或滑坡体和挡土墙本身产生的下滑力和阻滑力,它与边坡的大小、容重、滑动面形状和滑面(带)的抗剪强度指标 c、φ 值等因素有关。附加力系是作用于抗滑挡土墙上除基本力系外的其他力,主要

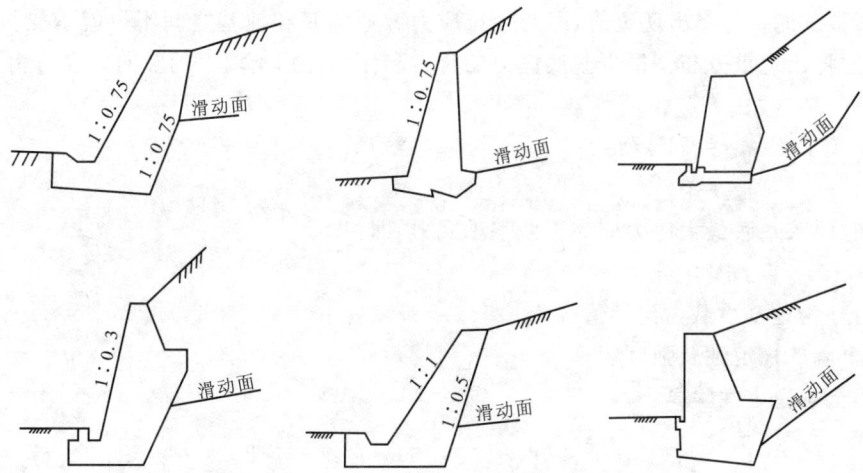

图 2-75 常用的抗滑挡土墙断面形式

包括如下几种。

(1)作用于边坡上的外加荷载:如,建筑物自重,汽车自重等。

(2)对于水库岸坡,水库蓄水时边坡体有水,应考虑的动水压力和浮力。

(3)其他偶然荷载:如地震力和其他特殊力。

2)挡土墙土压力的确定

一般根据朗肯或库伦土压力理论等计算前后主动土压力,将主动土压力作为挡土墙设计力;当挡土墙用于小型滑坡治理时,若滑坡推力大于主动土压力,应把滑坡推力作为挡土墙设计力。但当滑坡推力合力作用点位置较主动压力的作用点高时,挡土墙的抗倾覆稳定性取其力矩大者进行计算。

挡土墙的合理墙高应保证边坡体不发生越过墙顶的滑动。合理墙高可采用试算法进行确定。

3)基础的埋深

基础的埋深应通过计算予以确定。一般情况下,无论何种型式的抗滑挡土墙,其基础必须埋入完整稳定的岩土层中,且有足够的抗滑、抗剪和抗倾覆的能力。对于基岩埋深不小于0.5m,对于稳定坚实土层埋深不小于2m,并将基础置于可能向下发展的滑动面以下。

4)基底应力及地基强度验算

挡土墙的刚度一般很大,基底应力可按直线分布,按偏心受压公式计算,对于矩形墙底,基底应力计算公式为:

$$\sigma_{\max/\min} = \frac{V_k}{B}\left(1 \pm \frac{6e}{B}\right)$$

式中:$\sigma_{\max/\min}$ 分别为基底的最大和最小应力(kPa);B 为墙底宽度(m);V_k 为作用在基底面上的竖向力标准值(kN);e 为合力作用点偏心距(m),$e=B/2-\xi$,一般对于岩石地基,$e \leqslant B/6$,对于土质地基,$e \leqslant B/4$;ξ 为合力作用点与墙前趾的距离(m)。

$$\xi = (M_R - M_o)/V_K$$

M_R、M_o 分别为竖向合力标准值和倾覆力标准值对墙底面前趾的稳定力矩和倾覆力矩

(kN·m)。

当 $\xi \leqslant B/3$ 时，$\sigma_{\min}$ 将出现负值，即产生拉应力。但墙底和地基之间不可能承受拉应力，此时基底应力将出现重分布。根据基底应力的合力和作用在挡土墙上的竖向力合力相平衡的条件，得：

$$\sigma_{\max} = 2V_K/3\xi$$
$$\sigma_{\min} = 0$$

设计时要求基底最大应力应小于地基承载力，即：

$$\gamma_{\sigma}\sigma_{\max} \leqslant \sigma_y$$

式中：σ_y 为地基承载力设计值(kPa)。

5）挡土墙的稳定性及强度验算
（1）挡土墙稳定性验算。
①抗滑稳定性验算

$$K_s = \frac{V_K\mu + E_p}{E_{ax}} \geqslant [K_s]$$

式中：V_K 为作用于抗滑挡土墙上的竖向合力(kN)；μ 为挡土墙基底摩擦系数；E_p 为墙前被动土压力的水平分力(kN)；E_{ax} 为墙背主动土压力或剩余下滑力的水平分力；$[K_s]$ 为挡土墙所允许的最小抗滑安全系数。

②抗倾稳定性验算

$$K_0 = M_H/M_0 \geqslant [K_0]$$

式中：$[K_0]$ 为挡土墙所允许的最小抗倾覆安全系数。

（2）挡土墙截面强度验算。
①偏心压缩的承载力计算

$$N \leqslant \varphi f A$$

式中：N 为由荷载设计值产生的轴向力；f 为砌体抗压强度设计值；A 为截面面积；φ 为承载力影响系数。

$$\varphi = \frac{1}{1 + 12\left(\dfrac{e}{h}\right)^2}$$

对于石砌体挡土墙，偏心距按荷载标准值时不宜超过 $0.7y$，y 为截面中心到轴向力所在偏心方向截面边缘距离。

当 $0.7y \leqslant e \leqslant 0.95y$ 时，应按正常使用极限状态验算：

$$N_k \leqslant \frac{f_{tm,k}A}{\dfrac{Ae}{W} - 1}$$

式中：N_k 为轴向力标准值；$f_{tm,k}$ 为砌体沿近缝截面的弯曲拉强度标准值；W 为截面抵抗矩。

当 $e \geqslant 0.95y$ 时，按下式计算：

$$N \leqslant \frac{f_{tm}A}{\dfrac{Ae}{W} - 1}$$

式中：N 为轴向力设计值。

对于混凝土灌注的挡土墙，则应按素混凝土偏心受压计算。此时，不考虑弯矩，但应考虑稳定系数的影响。

受压承载力应按公式计算：
$$N \leqslant \varphi f_{cc} b(b - 2e_0)$$

式中：φ 为素混凝土构件的稳定系数，对于重力式挡土墙可以取 1.0；f_{cc} 为素混凝土的轴心抗压强度设计值，其值由查表得 f_c 再乘以系数 0.95；e_0 为受压自混凝土的合力点至截面重心的距离；b 为截面宽度，挡土墙计算中多取 1m。

当 $e \geqslant 0.45y'$ 时，应在混凝土受拉区配置钢筋，否则必须满足下式方可不配置钢筋。

$$N \leqslant \frac{\gamma_m f_{ct} bh}{\frac{be_0}{h} - 1}$$

式中：f_{ct} 为素混凝土抗拉强度设计值，由表查出 f_t 值乘以 0.6 确定；γ_m 为截面抵抗矩塑性系数，对于挡土墙计算截面为矩形时取 1.75；b,h 分别为单位长和挡土墙的厚度。

②受剪承载力计算
$$V \leqslant f_v bz$$

式中：V 为剪力设计值(kN)；f_v 为砌体抗剪强度设计值；b 为截面宽度，挡土墙为单位延米长；z 为内力臂，$z = I/S$，截面为矩形时，$z = 2h/3$，h 为截面高度，即挡土墙厚度；I 为截面惯性矩；S 为截面面积矩。

(三) 锚固工程设计

1. 锚杆(索)

岩土锚固技术是把一种受拉构件埋置于土层中，以提高岩体自身的强度和自稳能力的一门工程技术。基本原理就是利用锚杆(索)周围地层岩土的抗剪强度来传递结构物的拉力或保持地层开挖面的自身稳定，由于锚杆锚索的使用，它可以提供作用于结构物上以承受外荷的抗力；可以使锚固地层产生压应力并对加固地层起到加筋作用；可以增加地层的强度，改善地层的力学性能。锚杆是一种将拉力传至稳定岩层或土层的结构体系，主要由锚头、自由段和锚固段组成，通常按是否预先施加应力、锚固机理以及锚固形态分类。

按是否预先施加应力分为预应力锚杆(索)和非预应力锚杆(索)；按锚固机理分为黏结锚杆、摩擦型锚杆、端头锚固型锚杆和混合型锚杆；按锚固形态可分为圆柱型锚杆、端部扩大型锚杆(索)和连续型锚杆(索)。

1) 设计步骤

对边坡锚杆(索)加固设计首先必须进行边坡工程地质调查，在掌握地质情况的基础上，对边坡的破坏方式进行判断，并分析采用锚杆方案的可行性和经济性。如果采用锚杆方案可行，开始计算边坡作用在支挡结构物上的侧压力，根据侧压力的大小和边坡实际情况选择合理的锚杆型式，并确定锚杆数量、布置形式、承载力设计值，计算锚筋截面，选择锚筋材料和数量。在确定锚筋后，按照锚筋承载力设计值进行锚固体设计(包括锚固段长度、锚固体直径、注浆材料和工艺等)。如果采用预应力锚杆还要确定预应力张拉值和锁定值，并给出张拉程序。最后是进行外锚头和防腐构造设计并给出施工建议、试验、验收和监测要求。在边坡锚杆加固中要选择合理的锚杆型式，必须结合被加固边坡的具体情况，根据锚固段所处的地层类型、工程特征、锚杆承载力的大小、锚杆材料、长度、施工工艺等条件综合考虑进行选择。

2)计算方法

锚杆(索)锚固设计荷载的确定应根据边坡的推力大小和支护结构的类型综合确定。首先应当计算边坡的推力或侧压力,然后根据支挡结构的形式计算该边坡要达到稳定需要锚固提供的支撑力,根据这个支撑力和锚杆数量、布置便可确定出锚杆(索)锚固荷载的大小,该荷载的大小是作为锚筋截面计算和锚固体设计的重要依据。

按照设计程序,在确定出锚杆轴向设计荷载后,需要对锚杆进行结构设计。结构设计的第一步就是根据锚杆轴向设计荷载计算锚杆的锚筋截面,并选择合理的钢筋或钢绞线配置锚筋;在配置锚筋后可由锚筋的实际面积和锚筋的抗拉强度标准值计算出锚杆承载力设计值,然后方能进行锚杆体和锚固体的设计计算。

(1)锚固锚筋的截面积计算。假设锚杆轴向设计荷载为 N,则由下式初步计算出锚杆要达到设计荷载 N 所需的锚筋截面:

$$A_g = \frac{kN}{f_{plk}}$$

式中:A_g 为计算出的锚筋截面;k 为安全系数,对于临时锚杆取 1.6~1.8,对于永久性锚杆取 2.2~2.4;f_{plk} 为锚筋抗拉强度设计值。

(2)锚筋的选用。根据锚筋截面计算值 A_g,对锚杆进行锚筋的配置,要求实际的锚筋配置截面 $A_g' \geqslant A_g$。配筋的选材应根据锚固工程的作用、锚杆承载力、锚杆的长度和数量,以及现场提供的施加应力和锁定设备等因数综合考虑。对于棒式锚杆,都采用钢筋做锚筋。如果是普通非预应力锚杆,由于设计轴向力一般小于 450kN,长度最长不超过 20m,因此锚筋一般选用普通Ⅱ、Ⅲ级热轧钢筋;如果是预应力锚杆可选用Ⅱ、Ⅲ级冷拉热轧钢筋或其他等级的高强精轧螺纹钢筋。钢筋的直径一般选用 $\Phi 22 \sim 32$。对于长度较长、锚固力较大的预应力锚杆应优先选用钢绞线、高强钢丝,这样不但可以降低锚杆的用钢量,最大限度地减少钻孔和施加预应力的工作量,而且可以减少预应力的损失。

(3)锚杆(索)的锚固力计算。锚杆极限锚固力(极限承载力)是指锚杆锚筋沿握裹砂浆或砂浆沿孔壁产生滑移破坏时所能承受的最大临界拉拔力,锚杆容许锚固力(容许承载力)是由极限锚固力(极限承载力)除以适当的安全系数(通常为 2.0~2.5)得到。锚杆锚固力的计算方法随锚固体形式不同而异,圆柱型锚杆的锚固力由锚固体表面与周围地层的摩擦力提供;而端头扩大型锚杆的锚固力则由扩座端的面承力及与周围地层的摩擦力提供。对于圆柱型锚杆,锚杆的极限锚固力按下式计算:

$$P_u = \pi L d q_s$$

式中:L 为锚固体长度;d 为锚固体周长;q_s 为锚固体表面与周围岩土体之间的极限黏结强度。

对于端部扩大头型锚杆,可按下式进行计算:

砂土: $P_u = \pi L_1 d q_s + \pi L_2 D q_s + \frac{1}{4}\pi(D^2 - d^2)\beta_c \gamma h$

黏性土: $P_u = \pi L_1 d q_s + \pi L_2 D q_s + \frac{1}{4}\pi(D^2 - d^2)\beta_c c_u$

式中:L_1、L_2、D、d 为锚固体结构尺寸;q_s 为锚固体表面与周围岩土体之间的极限黏结强度;γh 为扩大头上覆土层的容重和厚度;c_u 为土体不排水抗剪强度;β_c 为锚固力因数。

(4)锚杆弹性变形计算。锚杆的变形是由锚杆本身在外荷作用下变形和由于地层徐变引起的变形组成,由地层徐变引起的锚杆变形计算可以通过徐变系数计算锚杆在不同时期的徐变位移。锚杆本身在外荷载作用下变形以弹性变形为主。

(5)锚杆(索)的锁定荷载和锚头设计。对于锚杆,原则上可按锚杆设计轴向力(工作荷载)作为预应力值加以锁定,但锁定荷载应视锚杆的使用目的和地层性状而加以调整。

(6)锚杆(索)的防腐设计。对锚杆进行防腐设计时,应充分调查腐蚀环境,并选择适宜的防腐方法。防腐方法应适应岩土锚固的使用目的,即不能影响锚杆各部件(包锚固体、自由段和锚头)的功能,因此对锚杆的不同部位要作不同的防腐结构设计。永久住锚杆应采用双层防腐,临时性锚杆可采用简单防腐,但当腐蚀环境严重时,也必须采用双层防腐。

2. 锚喷工程

1)设计步骤

锚喷设计的一般过程为:安全系数确定—边坡锚固力计算—锚固角确定—锚杆(索)间距确定—设计锚固力确定—锚杆孔径与直径确定—锚固长度确定—锚杆锚固力校核及拉拔试验—喷砼设计—施工。

2)计算方法

(1)边坡安全系数直接关系到边坡工程的安全性和经济性。其值可依据规范确定,必要时可采用工程地质类比法确定。

锚杆体安全系数应根据预应力锚杆的实用条件、有效使用期和防腐措施,分别确定锚杆材料安全系数、握裹体与内锚段岩体间的拉拔安全系数、锚杆与握裹体间的拉拔安全系数;若锚固采用加套锚杆,还需确定套管与握裹体间的安全系数。

对于重要永久工程,安全系数 $K \geqslant 1.8$;一般工程 $K \geqslant 1.5$;临时锚固工程 $1.2 \leqslant K < 1.5$。

(2)边坡锚固力计算。边坡锚固力是指使斜(滑)坡达到设计要求的安全系数时,所需给岩体施加的某一方向的抗滑力。该锚固力的计算采用极限平衡法。边坡破坏形式不同,该力的计算不尽相同,可分为平面剪切破坏边坡锚固力计算、多平面滑动破坏边坡锚固力计算、圆弧形破坏边坡加固力计算。

(3)锚固参数确定。最优锚固角确定取决于两个方面:一是钻孔施工条件和灌浆条件,滑面或潜在滑面的产状、粗糙程度及力学性质;二是经济最优要求。

锚固角的确定可依据规范,常用的包括《锚杆喷射混凝土支护设计规范》(GB 50085—2001)及日本 VSL 锚固(施工法)设计施工规范。

锚固间距的确定,应充分考虑岩土体的特性。同时,既要注意避免群锚效应,又要保证锚索之间能形成有效的挤压带,使锚索能产生切实的联合作用效果。

(4)设计锚固力确定。在总加固力确定后,在确定锚索间距及沿滑动面方向排数的基础上,可依据下式确定单孔锚索的锚固力,即设计锚固力 T_d:

$$T_d = (T \times d)/n$$

式中:T 为总加固力;n 为锚索排数;d 为锚索间距(m)。

设计锚固力必须满足以下 3 个条件:小于或等于容许拉拔力、小于或等于容许拉力、小于或等于 T_{ad}(地基容许力)。

(5)锚固长度及锚索长度优化确定。锚固段长度确定主要有以下 4 种方法:规范法、根据锚索的设计锚固力确定、根据被锚固段岩体强度确定锚固长度、三维数值模拟分析拟合。

(6)喷砼设计。喷砼设计参数主要包括喷砼厚度、喷砼强度、喷砼材料、钢筋网参数。

①喷砼厚度。《锚杆喷射混凝土支护设计规范》(GB 50085—2001)规定喷砼厚度不应小于50mm,不应超过200mm。公路规范规定,喷砼层厚度一般定为10cm,在稳定性系数较低时,定为15cm。

②喷砼强度。喷射混凝土的强度等级是决定其力学性能和耐久性的重要指标,对支护结构的工作性能和使用效果关系重大。《锚杆喷射混凝土支护设计规范》(GB 50085—2001)规定喷砼强度不应小于C20。

③喷砼材料。要求使用425#以上的水泥以及满足有关规范的砂石,配合比为水泥∶砂∶石为1∶2∶2,水灰比为0.52。使用速凝剂时应满足规范要求。

④钢筋网参数。钢筋网的主要作用是提高喷砼的整体性,防止收缩,使混凝土中的应力均匀分布,并提供一定的抗剪强度,有利于抵抗岩石塌落和承受冲击荷载。

《锚杆喷射混凝土支护设计规范》(GB 50086—2001)规定钢筋网按构造要求设计,钢筋直径宜为4～12mm。

实践表明,当钢筋间距小于150mm时,喷射混凝土回弹大,且钢筋与壁面之间易形成空洞,不能保证砼的密实度;当钢筋间距大于300mm时,将大大削弱钢筋网在喷砼中的作用。因此,规范规定钢筋网间距应为150～300mm。

钢筋保护层厚度不应小于20mm,考虑边坡将承受雨水的长期冲刷作用,因此,钢筋保护层厚度不应小于50mm。

3. 格构

格构加固技术是利用浆砌块石、现浇钢筋混凝土或预制预应力混凝土进行边坡坡面防护,并利用锚杆或锚索加以固定的一种边坡加固技术。它的主要作用是将边坡坡体的剩余下滑力或土压力、岩石压力分配给格构结点处的锚杆或锚索,然后通过锚索传递给稳定地层。根据格构的特点和作用,格构加固技术特别适用于坡度较陡、坡体岩土均匀且较坚硬的公路边坡或公路滑坡。

根据格构采用的材料不同,格构可分为浆砌块石格构、现浇钢筋混凝土格构和预支预应力混凝土格构。

依据地质条件,应选用不同的结构形式。主要分以下3种情况。

①浆砌石格构护坡。主要用于整体稳定性好的斜坡或滑坡的表面防护。

②现浇钢筋砼格构+锚杆。主要用于整体稳定性好,但前部出现溜滑或坍滑,或坡度大于35°时。

③现浇钢筋砼格构+预应力锚杆或锚索,用于斜坡整体稳定性差,且需表面防护的情况。钢筋砼格构梁与预应力锚索复合结构可顺地形而设,变形协调能力强,施工工艺简便,不需要大型机械,不必开挖扰动边坡。

根据格构常用的型式可分为方形、菱形、"人"字形和弧形。

①方形:指顺边坡倾向、沿边坡走向设置方格状的浆砌块石或钢筋混凝土梁。对于浆砌块石,格构水平间距应小于3.0m;钢筋混凝土梁格构水平间距应小于5.0m。

②菱形:沿平整边坡坡面斜向设置浆砌块石或钢筋混凝土梁。对于浆砌块石,格构间距应小于3.0m;钢筋混凝土梁格构间距应小于5.0m。

③"人"字形:指顺边坡倾向设置条带,沿条带之间设置"人"字形条带。格构水平间距应小于3.0m(浆砌块石)或小于4.5m(钢筋混凝土格构)。

④弧形:顺边坡倾向设置条带,沿条带之间设置弧形条带。

格构横向间距应小于 3.0m(浆砌块石),或小于 4.5m(钢筋混凝土格构)。

浆砌石格构设计以类比法为主。断面高×宽不应小于 300mm×200mm,最大不超过 450mm×350mm。水泥砂浆为 M7.5,格构框条采用里肋式或柱肋式,并设置变形缝。为加强稳定性,可在格构节点设置锚杆,长度一般应大于 4m。

格构锚固设计流程图如图 2-76 所示。

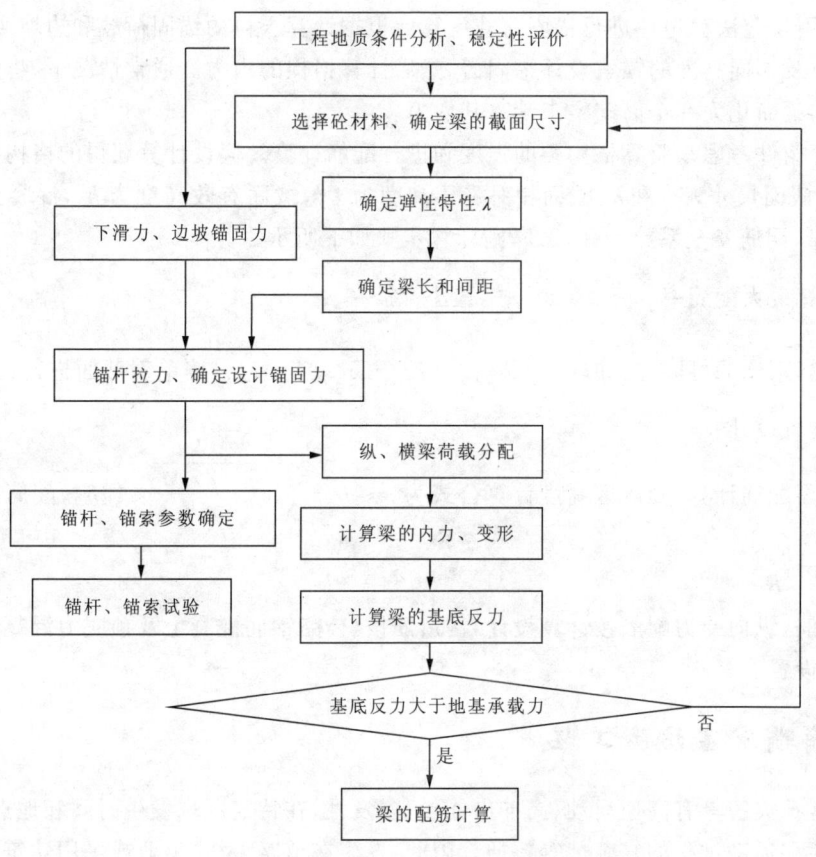

图 2-76 格构锚固设计流程图

1)设计步骤

对于整体稳定性好,并满足设计安全系数要求的边坡,可采用浆砌块石格构进行护坡,采用经验类比法进行设计,坡度一般不大于 35°,当边坡高度超过 30m 时,须设马道放坡,马道宽 1.5~3.0m;对于整体稳定性好,但前缘出现溜滑或坍滑的公路滑坡,或坡度大于 35°的高陡边坡,宜采用现浇钢筋混凝土格构进行护坡,并采用锚杆进行加固。采用经验类比和极限平衡法相结合的方法进行设计。锚杆须穿过潜在滑面 1.5~2.0m,且采用全黏结灌浆;对于整体稳定性差,且前沿坡面须防护和美化的滑坡,宜采用现浇钢筋混凝土格构与预应力锚索进行防护;而对于整体稳定性差、滑坡推力过大,且前沿坡面须防护和美化的滑坡,宜采用预制预应力钢筋混凝土格构与预应力锚索进行防护。

边坡格构加固设计的内容包括:①边坡稳定性分析和荷载计算;②选择格构型式及加固方

案;③拟定格构的尺寸,确定锚杆(索)的锚固荷载;④锚杆(索)的设计计算;⑤格构内力计算及结构设计;⑥加固后边坡的稳定性验算。

2)设计计算方法

对于采用格构加固的高陡边坡设计,首要的问题是计算锚固荷载,边坡在设计所提供的锚固荷载的作用下应处于稳定,并且稳定性系数应达到规范要求,通常情况下应根据边坡的破坏类型确定计算方法。对于无连续滑动面的直立或近直立的边坡,在采用锚杆(索)挡墙加固时,可以采用土压力理论计算土压力或岩石压力,然后确定锚固荷载;对于具有连续的潜在滑动面的边坡,采用条分法稳定性进行锚固荷载反算。根据计算求得的锚固荷载和边坡实际情况,确定锚索分布及不同高度的锚索设计锚固力,然后计算格构的内力。通常情况下,将两个锚固点之间的格构梁简化为一个简支梁来计算其内力。

按受弯构件考虑来验算格构梁的强度和进行配筋计算。假设计算获得的格构梁的最大弯矩为 M_{max},截面尺寸为 b 和 h,截面相对受压高度为 ζ_{jg},截面有效高度为 h_0,混凝土安全系数为 $\gamma_c=1.25$,钢筋安全系数 $\gamma_s=1.25$,则计算步骤如下所示。

(1)计算最大配筋率 $\mu_{max}=0.55\dfrac{R_a}{R_g}$,最小配筋率 $\mu_{min}=0.15\%$。

(2)验算双筋的可能性:如果 $\dfrac{1}{\gamma_c}R_a bh_0^2 \zeta_{jg}(1-0.5\zeta_{jg}) > M_{max}$,按单筋截面进行设计;否则按双筋截面进行设计。

(3)单面配筋计算:受压区高度计算公式为 $x \leqslant h_0 - \sqrt{h_0^2 - \dfrac{2\gamma_c M}{\gamma_b R_a b}} < \zeta_{jg} h_0$,配筋截面积计算公式为 $A_g = \dfrac{R_a bx}{R_g}$。

(4)配筋:纵向受力配筋按计算设计,构造筋按《公路钢筋混凝土及预应力混凝土桥涵设计规范》要求设置。

四、崩塌灾害防治工程

崩塌落石灾害具有高速运动、高冲击能量、多发性、在特定区域发生时间和地点的随机性、难以预测性和运动过程的复杂性等特征。因此,发生在道路沿线、工业或民用建筑设施附近的崩塌落石,常会导致交通中断、建筑物毁坏和人身伤亡等事故。

崩塌落石本身仅涉及少数不稳定的岩块,它们通常并不改变斜坡的整体稳定性,亦不会导致有关建筑物的毁灭性破坏。因此,防止落石造成道路中断、建筑物破坏和人身伤亡是整治崩塌危岩的最终目的。这就是说,防治的目的并不是一定要阻止崩塌落石的发生,而是要防止其带来的危害。因此,崩塌落石防治措施可分为防止崩塌发生的主动防护和避免造成危害的被动防护两种类型。具体方法的选择取决于崩塌落石历史、潜在崩塌落石特征及其风险水平、地形地貌及场地条件、防治工程投资和维护费用等。

图2-77列出了主要的崩塌防治措施。

1. 修筑拦挡建筑物

对中、小型崩塌可修筑遮挡建筑物或拦截建筑物。拦截建筑物有落石平台、落石槽、拦石堤或拦石墙等,遮挡建筑物形式有明洞、棚洞等(图2-78)。

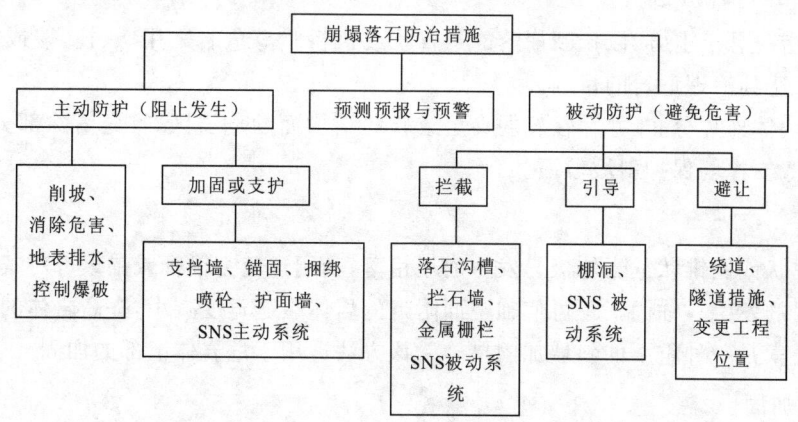

图 2-77 崩塌落石防治主要措施
(据阳友奎,1998,改编)

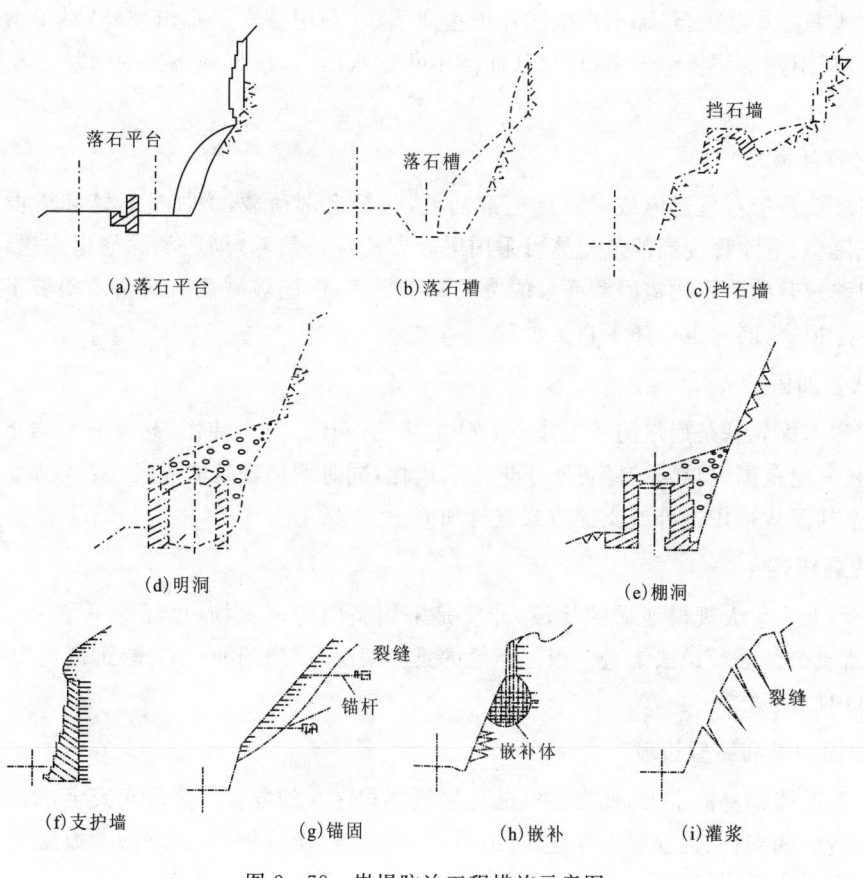

图 2-78 崩塌防治工程措施示意图

在危岩带下的斜坡上,大致沿等高线修建拦石堤兼挡土墙,既可拦截上方危岩掉落石块,又可保护堆积层斜坡的相对稳定状态,对危岩下部也可起到反压保护作用。

2. 支撑与坡面防护

支撑是指对悬于上方、以拉断崩落的悬臂状或拱桥状等危岩采用墩、柱、墙或其组合形式支撑加固,以达到治理危岩的目的。

对危险块体连片分布,并存在软弱夹层或软弱结构面的危岩区,首先清除部分松动块体,修建条石护壁支撑墙保护斜坡坡面。

3. 锚固

板状、柱状或倒锥状危岩体极易发生崩塌错落,利用预应力锚杆或锚索可对其进行加固处理,防止崩塌的发生。锚固工程可使临空面附近的岩体裂缝宽度减小,提高岩体的完整性。因此,锚杆或锚索是一种重要的斜坡加固措施。该方法适用于危岩体上部的加固。

4. 灌浆加固

固结灌浆可提高岩石完整性和岩体强度,经验表明,水泥灌浆加固可使岩体抗拉强度提高 0.1MPa,相当于安全系数提高 0.1 以上。在施工顺序上,一般先进行锚固,再逐段灌浆加固。

5. 疏干岸坡与排水防渗

修建地表排水系统,将降雨产生的径流拦截汇集,利用排水沟排出坡外;对于滑坡体中的地下水,可利用排水孔将地下水排出,从而减小孔隙水压力,减低地下水对滑坡岩土体的软化作用。

6. 削坡与清除

削坡减载是指对危岩体或滑坡体上部削坡,减轻上部荷载,增加危岩体和滑坡体的稳定性。对规模小、危险程度高的危岩体可采用爆破方法进行清除,彻底消除崩塌隐患,防止造成危害。削坡减载的费用比锚固和灌浆的费用要小得多,但削坡减载有时会对斜坡下方的建筑物造成一定损害,同时也破坏了自然景观。

7. 软基加固

保护和加固软基是崩塌防治工作中十分重要的一环。对于陡崖、悬崖和危岩下裸露的泥岩基座,在一定范围内喷浆护壁可防止进一步风化,同时增加软基的强度。若软基已形成风化槽,应根据其深浅采用嵌补或支撑方式进行加固。

8. 线路绕避

对于可能发生大规模崩塌的地段,即使是采用坚固的建筑物,也经受不了大型崩塌的破坏,故铁路或公路必须设法绕避。根据当地的具体情况,或绕到河谷对岸、远离崩塌体,或移至稳定山体内以隧道通过。

9. 加固山坡和路堑边坡

在临近道路路基的上方,如有悬空的危岩或体积巨大的危石威胁行车安全,则应采用修筑与地形相适应的支护、支顶等支撑建筑,或是用锚固方法予以加固;对深凹的坡面须进行嵌补,对危险岩缝应进行灌浆处理。

通过上述崩塌落石的治理措施很难做到完全消除崩塌落石的危险,因此通常仅对即将崩塌的岩石进行清除,作为其他防治方法的配套措施。通过削坡来阻止崩塌落石的土石方工程很大,在经济上往往是不可取的;而作为加固或支护的各种措施都有其特定的适用条件,在坡面整体性和稳定性较好时才能达到防治的目的。

被动防护措施并不试图阻止岩石崩落,但必须避免崩落的岩块危及被保护的对象。在崩塌落石规模较大或(和)发生频繁的区域,采用交通线路绕行、隧道通过或改变工程位置等避让方案可能是最为有效且彻底的预防措施,但由此必然带来工程投资的明显增加。

近几年来,一种全新的 SNS 柔性拦石网防护技术在我国水电站、矿山、道路等各种工程现场的崩塌落石防护中得到了广泛的应用。

第三章　秭归地区自然地理及地质背景

第一节　自然地理气象水文

一、自然地理

(一) 区内交通

秭归县位于湖北省西部，属宜昌市管辖，距湖北省会武汉市约369km，县城位于长江南岸的茅坪镇，著名三峡水库坝址所在地。秭归是楚文化的发源地，具有悠久的历史和深厚的文化积淀，伟大的爱国诗人屈原诞生于此。

全县境域面积2 427km^2，县辖7镇5乡，202个行政村，总人口39.5万人(2005年)。水、陆交通比较发达，长江自古以来是黄金水路交通要道，自三峡水库建成后，水路交通更加便捷，容量大幅提升；陆路有江宜高速公路、汉宜高速铁路、沿江公路干线及通往各乡镇及邻县的公路。行政区划如图3-1所示。

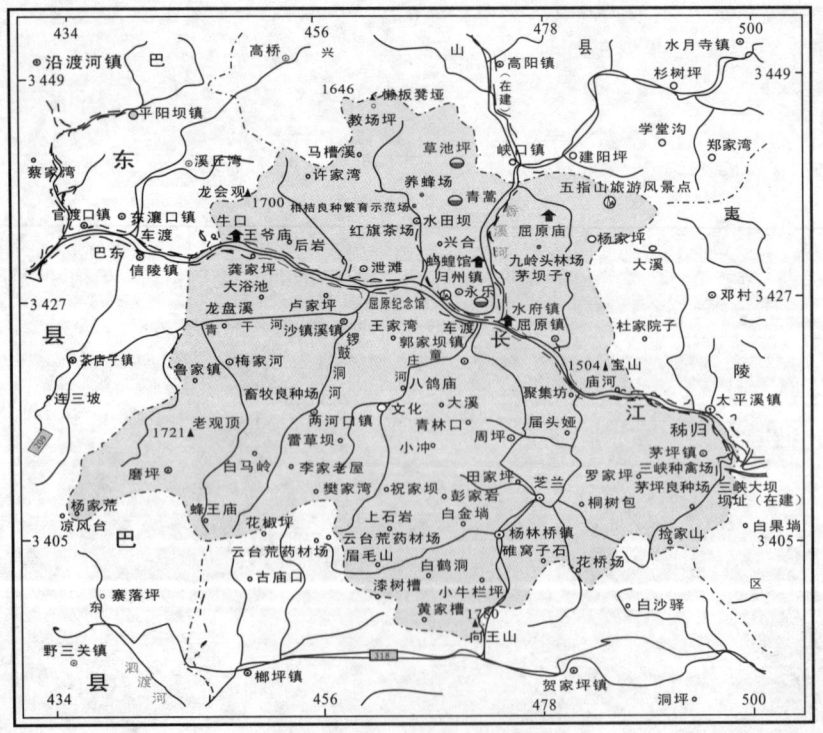

图3-1　秭归县行政区划图

(二)自然资源

1. 矿产资源

秭归县域内共发现矿种 20 多种,探明有一定含量者 10 余种,矿点 50 余处。

(1)煤矿。分布于下二叠统栖霞马鞍山、上二叠统吴家坪、上三叠统沙镇溪和下侏罗统香溪组 4 个层位。

(2)金与金银矿。县内产地有 4 处,均为含金石英脉型矿产,富集于断层破碎带,具一定规模,品位较高。

(3)铁矿。主要贮存于上泥盆统写经寺组地层中,属于低磁高磷赤铁矿,有矿床点 10 处,品位稳定。1~4 个矿层有一定规模,有开采利用价值。

(4)地热。县内有庙垭温泉(又名五龙温泉),位于平睦河东,唐家堡对岸,出露于奥陶系灰岩中,泉出露标高 460m,无色无味无嗅,水温 29.5℃。水的总硬度为 15.14 德国度,总碱度为 5.05,pH 值为 7.7,属弱碱性硫酸重碳酸镁水,涌水量 129.6t/d。

此外还有锰矿、铜矿、铅锌矿、石膏、磷矿、石灰石等矿产。

2. 水力资源

境内水系发育,除长江外,发育多条河溪,其中 8 条水系水能蕴藏量 17.20 万 kW,可开发量 6.06 万 kW,已部分开发,仍有巨大开发潜力。现已建成水电站多座,已纳入全国农村小水电初级电气化试点县,火电装机容量 3 万 kW,年发电量 1.8 亿度。

在两河口、杨村桥、磨坪等碳酸岩地区,有较多的岩溶泉,流量 $0.1m^3/s$ 以上的有 37 处。其中黄龙洞、天生桥等已用于水力发电,其余用于农业灌溉或生活用水。

3. 土地及生物资源

全县耕地面积约 2.67 万 hm^2($1hm^2=1000m^2$)(2009 年数据),多以荒坡谷地为主。农业以多种经营,农林、果、蔬并举。农特资源丰富多样,盛产柑橘、橙、茶叶、烤烟、板栗等,其中脐橙、锦橙、桃叶橙和夏橙号称"峡江四秀",尤以脐橙盛名,有"中国脐橙之乡"的美誉。森林覆盖率达 49.8%。生存大量动物,其中属国家保护动物达 16 种,省级保护动物 42 种,县级保护动物 168 种。野生植物中树木、花卉、药材、野菜等种类繁多。

4. 旅游资源

县域内旅游资源丰富,以山、水及人文资源为特色,如雄浑的长江西陵峡,秀丽的泗溪自然景观,特色的溪谷漂流,闻名遐迩的屈原故里等。秭归以良好的形象对外开放,吸引大量产业和旅游者前往,大大促进了县域经济。该县正在努力实现"特色农业大县,精品工业强县,三峡旅游名县,库区经济富县"的宏伟目标。

二、气象水文

(一)气候

秭归地处中纬度,属亚热带大陆性季风气候,温暖湿润、光照充足、雨量充沛、四季分明、初夏多雨、伏秋多旱、冬春少雨雪。受峡谷地形影响,区内气候垂直变化明显,海拔 1 500m 以上高山区基本无炎热夏季,海拔1 800m以上地带,寒冷天气达226天。不同海拔地带气温相差较大,年平均气温6~18.3℃之间,境内气温呈现中间高、南北低的趋势,极端最高气温达42℃,极端最低气温-8.9℃,最高温多出现在7月,最低温出现在1月。全年无霜期平均260天,低山河谷区平均270~310天,半高山区240~270天,高山区240天以下。初霜日在12月18日左右,终霜日在次年2月13日左右。初雪为12月20日左右,终雪日为次年3月2日左右,年均降雪日数3.9天。风向大多与河谷走向一致,多偏南风,次为偏北风,受地形影响,风速一般较小,年均风速1.2m/s。年均日照1 619.6小时,夏多冬少,日均日照低山区4.4小时,半高山3.5小时,高山区4.1小时。

(二)降水及蒸发

秭归县内年降水量950~1 590mm,平均1 439.2mm。降雨由南向北、从低往高有逐渐增加的趋势,如长江河谷地带平均1 000mm左右,降雨随海拔升高而增加,每升高100m,降雨增加35~55mm。

每年6~8月降水量最大,11、12、1、2月份降水量最小,月降雨量及峰期随不同海拔高程而不同。大部分地区降雨天数为120~140天。日降雨量达50mm以上的暴雨较多,历史上发生两次日降雨150mm的特大暴雨,即1975年8月9日,24小时降雨量358mm;1996年7月4日,24小时降雨量260mm。县域内多年平均降雨分布情况如图3-2所示。

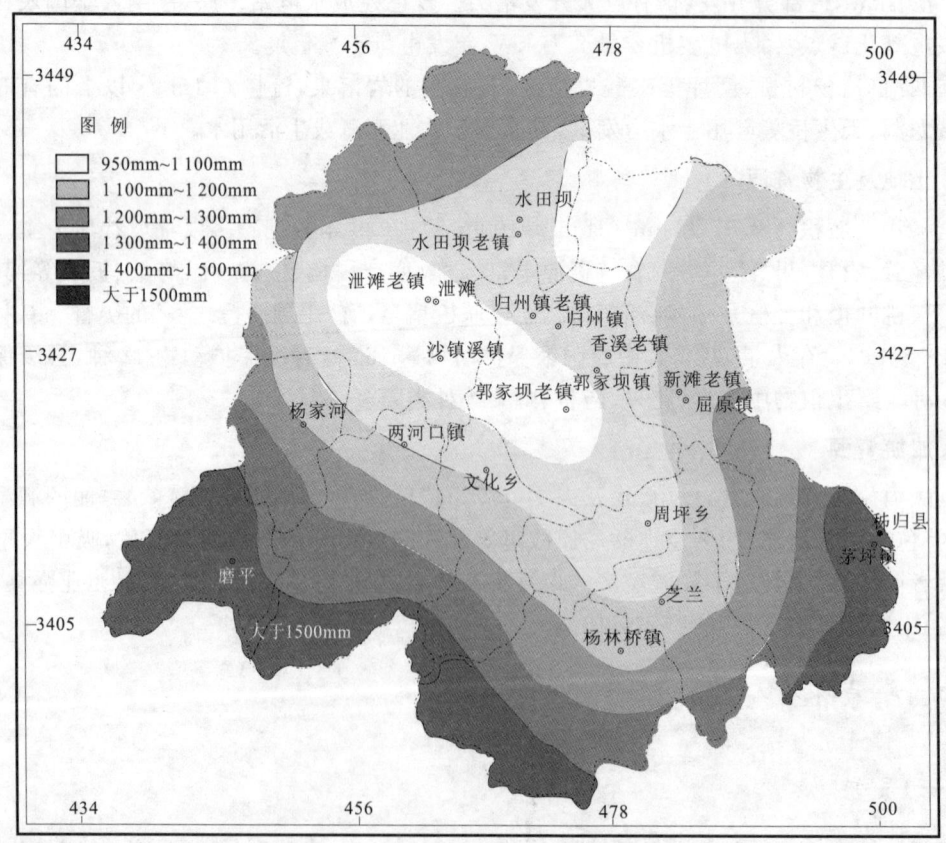

图3-2 秭归县多年平均降雨量等值线图(引自马传明,2011,修改)

年均蒸发量多于降水量,河谷区年均蒸发量 1 429.4mm。8 月份蒸发量最高,平均为 214.8mm;12 月最小,平均为 51.6mm。

(三)水文

区内以长江为干流而发育枝网状水系(图 3-3)。长江自西向东横贯全境,境内江段长 64km,在未建三峡水库前,境内长江水面宽 150~300m,流域面积约 724.4km²,江水流速 1.5~2.0m/s,多年平均流量 1.4 万 m³/s,据记载于光绪二十二年发生最大流量达 11 万 m³/s,水位变幅达 30m。

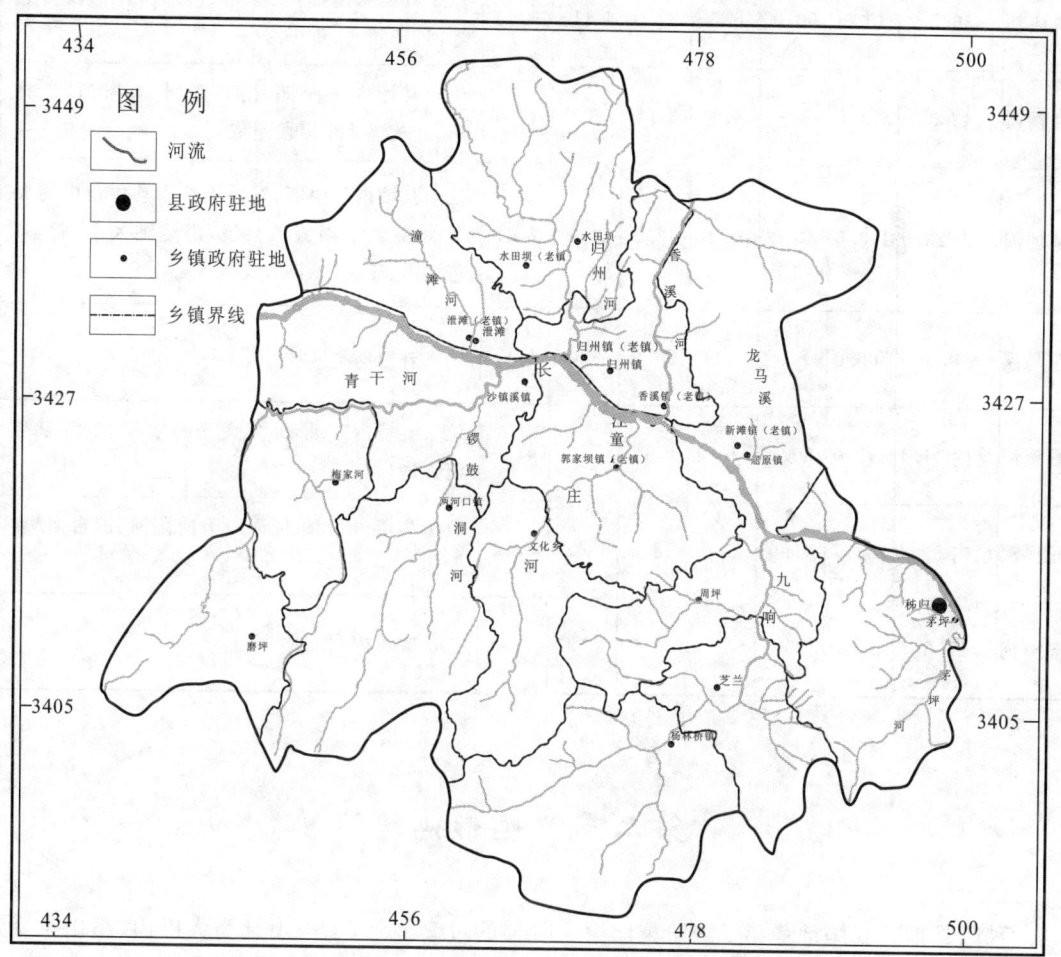

图 3-3 秭归县水系图(引自马传明,2011,修改)

长江流域二级河谷有青干河、童庄河、九畹溪、茅坪河、龙马溪、香溪河、吒溪河、泄滩河。三峡水库修建前这几条河流的基本情况如表 3-1 所示。

表 3-1 县域内长江二级河谷形态、水文特征

河流名称	全长(km)	流域面积(km^2)	河床均宽(m)	平均水深(m)	平均坡降(‰)	总落差(m)	平均流量(m^3/s)	备注
青干河	境内53.9	532.34	50.0	1.0	10.9	873	19.06	发源于巴东绿葱坡,由西南向东北流经两河口、沙镇溪镇,沿途汇纳磨坪乡龟坪河、梅家河、两河口镇锣鼓洞河3条支流
童庄河	36.6	248.00	50.0	0.6	22.0	1 410	6.36	位于县境内南部,发源于云台荒,依河段为仓坪河、平睦河、童庄河
九畹溪	42.3	514.5	40.0~110.0	0.8	30.6	1 073	17.5	位于县境内东南部,由三渡河、林家河、老林河、九畹溪4个河段组成
茅坪河	境内23.9	113.0	40.0	0.2	42.0	277	2.47	位于县境内东南部,发源于长阳县牛角山的大清溪,在斜墩南流入县境,沿途纳大溪、泗溪、芭蕉溪、庙沟、三溪等支流
龙马溪	10.0	509.0	2.5		98.0	980	1.11	位于县境内东北部
香溪河	境内11.1	212.0	80.0	1.5	5.12		47.4	位于县境内东北部,发源于神农架,自游家河流入境内
吒溪河	境内52.4	193.7	40.0		13.5	1 205	8.34	位于县境内北部,依河段为南阳河、凉台河、袁水河
泄滩河	17.6	88.0	120.0		63.0	1 120	1.93	位于县境内西北部

第二节 地形地貌

秭归县地处我国地势第二级阶梯向第三阶梯的过渡地带,境内山脉为大巴山、巫山余脉,鄂西褶皱山地。地貌上划为板内隆升蚀余中低山地,总体地势西高东低,西部隆起山区与东部江汉凹陷平原形成明显的差异。长江自西向东流经境内,将县域分为南北两部分。因其构造地块升降、长江下切及地貌剥夷作用,形成自西向东、自长江两岸分水岭至河谷的层状地貌格局,以长江为最低谷地,显示地势起伏、层峦叠嶂的恢宏景观。

境内山体延绵、谷峰相间、地形陡峻。全县最高峰为云台荒,海拔2 057m;最低点茅坪河口,海拔40m,平均海拔800m,相对高差一般在500~1 300m之间。发育有五指山、马营山、天兴山、梨子山、凉风山、香炉山、向王山7条主要山系,海拔800m以上高山有128座,其中

1 000m以上有87座,2 000m以上有2座。

县域内地形坡度变化大,低山丘陵和中高山剥蚀台地区地形坡度相对较缓,一般为15°左右;中低山区地形坡度15°～25°;峡谷区、中高山向中低山过渡地带,总体坡度大于25°,陡崖发育。地形坡度分区如图3-4所示。

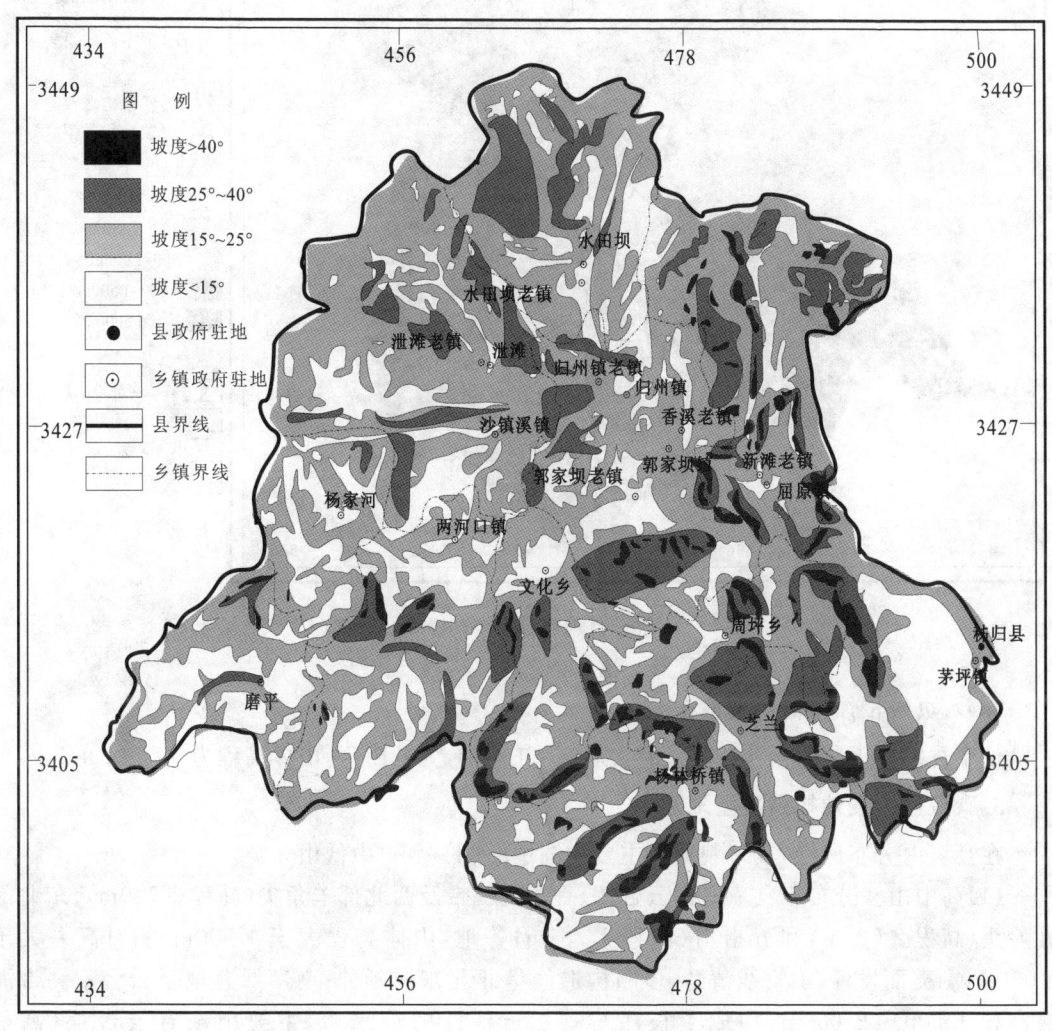

图3-4 秭归县地形坡度分区图(引自马传明,2011,修改)

区内地貌类型主要受不同岩性及不同成因作用影响,形成多种地貌形态,如图3-5所示。

地貌类型主要有4种:结晶岩组成的侵蚀构造类型,砂页岩组成的侵蚀构造类型,碳酸盐岩组成的侵蚀构造类型,侵蚀堆积类型。各类地貌特征简述如下。

1. 结晶岩侵蚀构造类型地貌

位于庙河以东长江及其支流河谷地区,为低山丘陵地貌,地势低缓,高程500m以下,山丘平缓,多为浑圆状山顶。

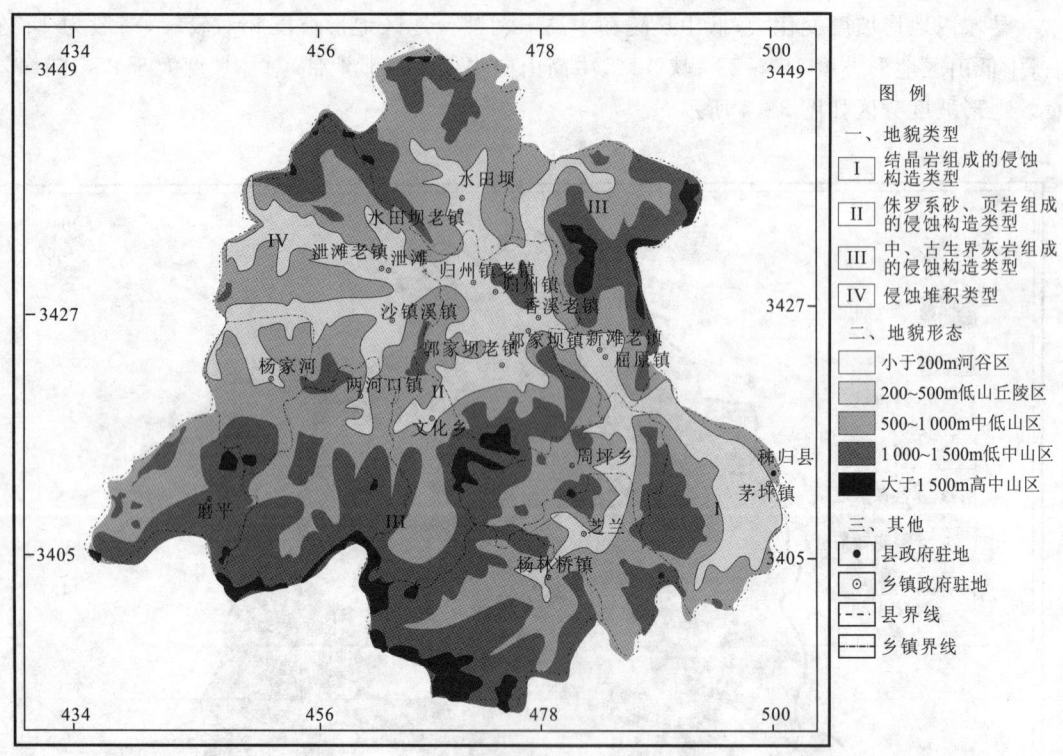

图 3-5 秭归县地貌分区图（引自马传明，2011）

2. 砂、页岩侵蚀构造类型地貌

位于香溪以上归州至水田坝一带、新滩沿江地带，为低山区，山体高程为 500～1 000m。

3. 碳酸盐岩侵蚀构造类型地貌

在县境内分布广泛，其地貌形态主要为高中山、低中山、中低山 3 类。

(1)高中山。分布于县境南部云台荒、香炉山一带及西北部羊角尖(高程 1 749m)、东北部九岭头(高程 2 024m)和五指山(高程 1 787m)等地，山体高程大于 1 500m，相对高差大于 1 000m，剥夷面发育，山脊线清楚，多顺构造线呈北北东向延伸；南部绿葱坡至云台荒一带海拔高程 1 800～2 000m，构成了长江与其支流清江的分水岭，主要山峰有云台荒(高程 2 057m)、香炉山(高程 1 635m)、老观顶(高程 1 721m)、凉风台(高程 1 700m)、漆子山(高程 1 863m)、向王山(高程 1 780m)、大金坪(高程 1 851m)。

(2)低中山。分布与高中山区近一致，山体高程 1 000～1 500m，相对高差 500～1 000m，剥夷面发育。

(3)中低山。分布于县境中部的长江两岸地区，山体高程 500～1 000m，相对高差 200～500m。

4. 侵蚀堆积类型地貌

分布于县境内长江及其支流河谷区，以侵蚀为主，堆积较少，河谷呈宽谷、峡谷相间。

此外，长江及其支流均发育若干阶地、河床地貌及堆积物。

第三节 构造地质背景

一、构造演化历史

本区总体构造格局及形迹都是地质历史时期构造演化的产物,据文献介绍,18~25亿年的古元古代时期,处在活动大陆边缘拉张盆地环境,后接受一套火山岩与陆源碎屑及碳酸岩的沉积(现称之为崆岭群);至中元古代时期(10~18亿年),经历首次区域构造变动即神龙运动,因其热力作用,使盆地沉积在其变质作用下成为变质岩系;到新元古代(8~10亿年),发生大的构造运动(晋宁运动),主体以SE—NNW向挤压作用使前南华系地层强烈褶皱、断裂和变质,伴之多期岩浆侵入,形成了古老的结晶基底(通称黄陵地块)及基底构造。从晚元古代晚期到中生代晚期(1.35~8.0亿年),本区一直处于较稳定陆块环境,构造运动以大面积升降为主导,长期接受地台型沉积作用,这是本区地质事件的主流,仅在晚志留世和早泥盆世期间经历沉积间断并遭受剥蚀作用。在中生代晚期的侏罗纪时期(0.05~1.37亿年),发生了空前规模的造山运动(燕山运动),使沉积于基底以上的盖层岩系普遍褶皱、断裂,伴随差异运动形成断陷、坳陷盆地并接受陆屑沉积,受基底影响及控制,形成了一系列围绕基底的弧形构造,该运动对基底产生影响远较盖层弱,燕山运动形成了本区基本构造框架。0.2~0.65亿年最新的喜马拉雅运动时期,本区全面结束沉积作用,构造作用除红层有轻微变形和江汉盆地伴有玄武岩喷发外,呈现大面积差异升降运动及掀斜运动。

二、构造格局及形迹

在上述地质历史构造演化下,形成了秭归地区基本构造格局(图3-6、图3-7)。按板块构造概念,本区大地构造背景大致以城口-房县断裂为界,北属秦岭褶皱系,南为扬子准地台,地内主要二级构造单元有四川台坳、八面山台皱带、大巴山台缘褶皱带及江汉-洞庭坳陷。本区位于扬子准地台的中西部,八面山台皱带内。

根据构造运动特征及层次,本地区整体上可分为基底构造和盖层构造两大部分。就构造形迹而言,存在褶皱构造、断裂构造、侵入构造(侵入面、侵入岩面理、线理等)。

(一)基底构造

基底褶皱。对象是一套中等变质的片岩、片麻岩、斜长角闪岩、大理岩等,时代上归属于崆岭群。构造作用使这套岩层产生构造褶皱及NE向岩侵褶皱,构造褶皱为早期形成,广泛分布在黄陵地块的中部和北部地区,代表的褶皱有纸厂复向斜和横溪倒转背斜,纸厂复向斜分布于贺家坪—大垭—薄刀岭一线,长12km,横溪背斜分布于横溪—李家院子一带,长约6km;岩侵褶皱形成相对较晚,叠置于NWW向褶皱之上,主要见于黄陵地块的北部,代表性褶皱有圈椅敞穹状复背斜及建山寺复向斜等,其褶皱形态平缓,核部多被岩体入侵占据。

基底断裂。黄陵地块北部主要发育近东西向、北东向、北西向3组韧性剪切系统,地块西部发育北东向及北西向断裂。已发现10余条较大断裂,这些断裂大多以走滑型为主,具有韧

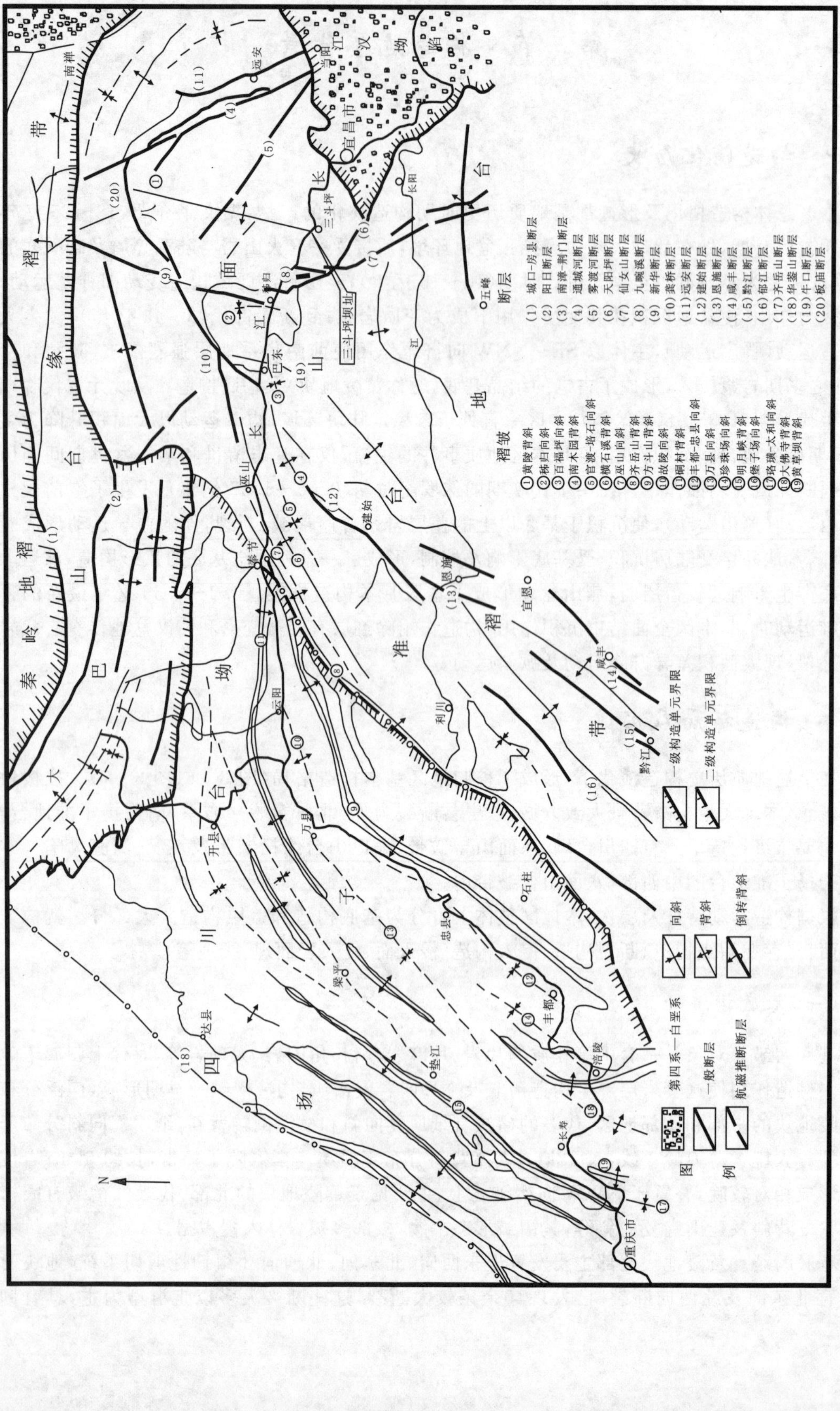

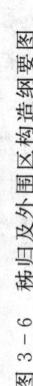

图 3-6 秭归及外围区构造纲要图

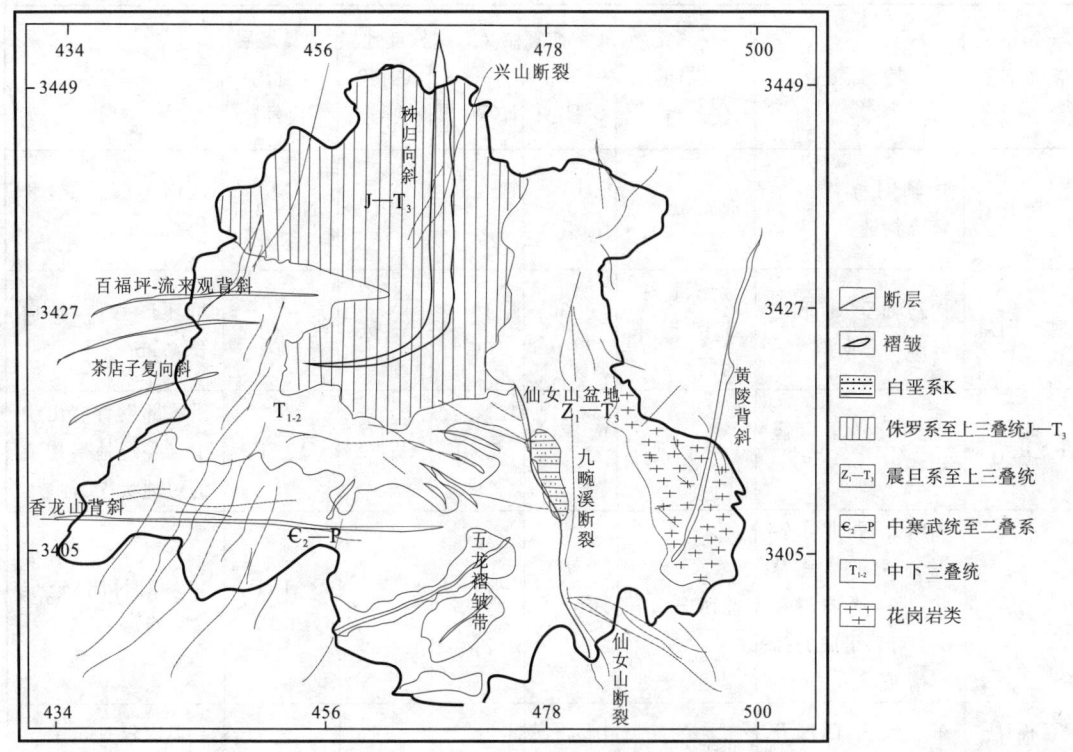

图3-7 秭归县地质构造简图

性剪切的力学特征,除雾渡河断裂外,大都没有切穿盖层,其形迹见于黄陵地块结晶岩体内。雾渡河断裂是这些基底断裂中规模最大的一条,其长约30km,宽度大于506m,燕山运动期使其再度复活并切穿盖层。

(二)盖层构造

盖层构造主要是燕山期构造运动留下的形迹,发生在自震旦系到侏罗系的沉积岩层和基底变质岩中,而在白垩纪第三系地层中构造作用轻微,仅少量宽缓褶皱。

1. 盖层褶皱

本区盖层褶皱发育,比较复杂,主要沿基底周边弧形展布,有南北和近东西两个走向,此外发育大量层间滑动及断裂牵引褶皱。规模大且有控制作用的褶皱主要是轴向近南北向的黄陵背斜及秭归向斜,近东西向褶皱主要发育于秭归地区西部。其特征见表3-2。

表 3-2 秭归地区褶皱特征(引自马传明,2011)

褶皱名称	特征描述	轴向	两翼倾角 S(E)翼	两翼倾角 N(W)翼	核部地层（时代代号）	两翼地层（时代代号）	备注
黄陵背斜	短轴对称背斜呈穹隆构造	北东10°	东10°~15°	西30°~35°	Pt	Nh—T_2	区内为其西翼,长约45km
秭归向斜	向斜轴呈"S"形的开阔对称向斜	近南北向,江南近东西向	东30°以上	西16°~30°	J_3p	T_3s—J_3c	呈环形盆地,轴向长47km
香龙山背斜	短轴背斜呈穹隆构造	近东西向	南8°~14°	北40°	$\in_2$、O_1	O_2—P_2	沿翼部发育有由中上二叠统地层构成的短轴状背、向斜
五龙褶皱带	轴向北西、北东转近东西向,呈鼻状,由4个向斜和3个背斜组成的弧形褶皱	北西向	南22°	北35°	S_1、T_1j	S_1、D、P、T_1d	其东南封闭,地层较平缓
百福坪-流来观背斜	东端倾状,西端开阔的弧形褶皱	北东85°	南35°~50°	北38°~54°	S	T	县境内仅见东端三叠系地层
茶店子复向斜	对称褶皱	北东60°	南20°	北20°~30°	T_2	T_{1+2}	

2. 盖层断裂

具有切割深度较大的断层,构成本区构造格局的重要部分,区域性大断裂有仙女山断裂、九畹溪断裂、新华断裂、天阳坪断裂、水田坝断裂、都镇湾断裂等。伴随较大断裂的差异活动形成断陷、坳陷盆地,如远安、仙女山、恩施、建始等盆地,盆地内发育巨厚的白垩系—古近系红色岩层。主要断裂特征见表3-3。

（三）其他构造形迹

岩体内构造裂隙发育,其大小规模、方向性、力学性状因构造部位、岩性、岩层结构而异。该区一般发育有两组以上裂隙,具有统计上的方位性。

在褶皱发育区及断裂构造的某些部位,发育有层间的滑劈理及褶劈理构造。

变质岩分布地段,普遍发育片理和片麻理,是区域动力变质作用的产物,表现为片状矿物定向排列而呈现的"片理",或片、粒、柱状矿物定向排列的"片麻理"。

侵入岩体与围岩形成面状接触关系,接触面呈现一定的几何形态及产状特征。侵入岩体内部矿物定向排列以及冷凝等作用形成流线、流面及原生面状节理,这也是区内侵入岩体中普遍存在的一类线、面状构造。

表 3-3 秭归地区主要断裂基本特征及活动性

断裂名称	基本特征	产状	现代活动性 年代及年龄	现代活动性 形变率（mm）	现代活动性 活动状况	地震情况
仙女山断裂	北起荒口，南经都镇湾，与渔洋关断裂相交，全长93km。断层带发育角砾岩、糜棱岩及片理化、透镜体。断层带宽10～50m。早期顺扭，中期压扭为主，晚期张扭。切穿基底顶进入底层，为基底Ⅱ型断裂，断差1km。沿断裂带发育多处断层崖、崩滑体、泉水	北段：倾向235°～245°，倾角50°～67°；中段：倾向250°～260°，倾角77°～80°；南段：倾向80°，倾角80°	N_2晚期—Qp_2，15～17万年	垂直：0.06 水平：0.173	西盘下降兼顺扭	1972年3月周坪附近3.7级地震
九畹溪断裂	由相距1km的两条平等断裂组成。南起庙包、基林河一带切过仙女山断裂，在九畹溪附近路口子穿过长江向北延伸，全长约30km。断层带发育角砾岩、糜棱岩、片理化及透镜化现象，宽5～20m。早期逆断，晚期反滑正断。切穿基底顶，断差1.3km，为基底Ⅱ型断裂。发育断层崖及断谷	倾向280°～288° 倾角70°～80°	N_2晚期—Qp_2，14万年	垂直：0.07 水平很低	拉张顺扭	1947—1958年发生有感地震4次；1972年发生3.0级地震
新华断裂	经马桥、新华、夫子岩一带，全长60km，发育角砾岩、碎裂岩、片理化现象，宽度100m左右。早期压兼反扭，晚期顺扭兼张。切入基底层，断差1.5km，为基底Ⅱ型断裂。马桥、两河等地断裂旁偶有温泉出露	倾向290° 倾角50°～70°	46万年		拉张兼顺扭	地震较少
天阳坪断裂	西与仙女山断裂相交，往东经白寺坪、郭家沱，全长约60km。沿断层带发育断层崖、角砾岩、糜棱岩、片理化现象。断层带宽50～60m。属压性多期活动断裂。切穿基底层，断差1.5km，为基底Ⅰ型断裂，控制了白垩系—第三系盆地沉积。沿断裂带分布大量泉	走向NWW，倾向SW为主，局部NE；倾角西缓20°～40°，东陡40°～70°	N_2晚期—Qp_3，24万年	垂直很低 水平：0.07	压兼反扭	近年与仙女山断裂交汇处有微震活动
水田坝断裂	北起冷风垭，南至长江以北，长约20km。断层带破碎角砾岩、糜棱岩及片理化现象。断层带宽5m。由走向NE20°相向倾斜的两断层组成。拉张兼扭性质。切穿基底进入中地壳，断差1.5km，为基底Ⅰ型断裂	倾向290° 倾角70°～直立	Qp_2 10及30万年		拉张兼顺扭	

三、新构造运动及区域稳定性

燕山运动之后,全区转入新构造运动时期,新构造运动总体表现为鄂西山地大面积总体隆升、地震活动及断裂活动等特征。

(一)地壳隆升运动

自喜马拉雅运动以来,大致形成以南津关以西的川鄂山地大面积间歇性隆升,东部的江汉平原相对下降的格局。由于总体上升及间歇性稳定,形成三期五亚期剥夷面及长江下切产生的5~6级阶地地貌。剥夷面及阶地特征见表3-4、表3-5。

表3-4 剥夷面及特征

期次		海拔高度(m)	分布位置	形成时期
鄂西期	云台荒亚期	2 000~1 700	残留于远离长江的分水岭地带	完成于古近纪末或新近纪早期
	召风台亚期	1 500~1 300	川东、湘鄂山地广泛分布	
山原期	周家垴亚期	1 200~1 000	长江及支流两岸广泛分布	早更新世初或新近纪末
	五家坪亚期	800~900	长江支流河谷	
云梦期		250~50	分布于峡外湖盆周缘	早更新世末或中更新世初

表3-5 重庆—宜昌长江干流阶地基本情况表

阶地级序	形成时期		阶地分布地点 $\frac{相对高度(m)}{海拔高度}$							
	年龄	年代	重庆李永沱	云阳	奉节	巫山	新滩大势岭	茅坪三斗坪	宜昌	宜都
T_{VI}	距今(73~40)万年宜昌、云池	中更新世早期							$\frac{120}{170}$	
T_V			$\frac{125}{291(+6)}$						$\frac{102}{152}$	$\frac{49~54}{95~100}$
T_{IV}	T_L(11.2±0.56)万年(宜昌黏土)	晚更新世早期	$\frac{99}{265}$	$\frac{95~97}{205~207}$	$\frac{92~97}{195~200}$	$\frac{94~99}{190~195}$	$\frac{97~101}{156~166}$		$\frac{70~75}{120~125}$	$\frac{35~37}{81~83}$
T_{III}	T_L(9.09±0.45)万年(宜昌黏土)		$\frac{62~67}{225~290}$	$\frac{62~65}{110~116}$	$\frac{62~67}{165~170}$	$\frac{67.5}{163}$	$\frac{70}{135}$		$\frac{30~40}{80~90}$	$\frac{24~29}{70~75}$
T_{II}	^{14}C(24 490±840)年(庙河钙质结核)	晚更新世晚期	$\frac{42~47}{205~210}$	$\frac{30}{140}$	$\frac{32~37}{135~140}$	$\frac{34.5}{130}$	$\frac{35~40}{100~105}$	$\frac{35}{95}$	$\frac{25}{75}$	$\frac{9~14}{55~60}$
T_I	^{14}C(6 510+110)年(宜昌炭化木)	全新世	$\frac{23}{188.5}$			$\frac{19~21}{80~82}$	$\frac{15~20}{75~80}$	$\frac{7~10}{57~60}$	$\frac{7}{53}$	

根据山原期夷平面推算,200万年以来,鄂西山地相对江汉坳陷平均上升速率为0.5mm/a。据长江河谷阶地推断,近20万年以来,地壳平均上升速率为0.3~0.4mm/a。据三峡区大地水准测量资料,三峡地区在总体隆升背景上,总体是重庆—万县段上升5~9mm/a;万县—秭归段下降3~5mm/a;香溪—宜昌段上升2~4mm/a。

(二)断裂活动性

区内未发现证据确凿的第四纪断裂,也未见新近沉积物变形及错断现象,断裂活动性主要表现为老断裂的继承性活动。但据长期监测资料及测绘情况分析认为,仙女山、九畹溪断层最新明显活动年龄分别为17万年和14万年左右,现今仍有小幅度微量位移,对于这两条断裂是否存在活动性,仍有不同看法。

(三)地震活动性及地震地质背景

该区早在公元前143年便有地震纪录,2 000余年来,该区200km半径以内,曾发生过4次6.5级左右的地震,5级以上地震也都在距本区130km以外。自1919年建立三峡库区地震监测台网以来,至1991年共记录到$M>1.0$级地震1 853次,$M>3.0$级61次。距离本区最近60~70km处,曾发生过3次较大地震(1961年宜都潘家湾4.9级,1969年保康马良坪4.8级,1979年秭归龙会观5.1级)。

3级以上地震活动与断裂构造关系密切,中强地震主要沿区内几条深大断裂带发生,尤其在断裂端点、交汇点及突变部位。空间上具成带性特点,距本区较近的地震带有如下3个。①远安—钟祥地震带。位于黄陵背斜东侧,距三峡大坝55km,该带曾发生7次$M>4$级地震,马良坪地震位于此带。②秭归—渔洋关地震带。位于黄陵背斜西侧,距大坝17km,主要由仙女山、九畹溪断裂组成,30多年来,记录$M>1.0$级地震93次,潘家湾地震位于此带。③兴山—黔江地震带。位于黄陵背斜西侧,距大坝50km,主要由郁江断裂、齐岳山断裂等组成,30余年记录$M>1.0$级地震202次,龙会观地震位于此带。区内平均震源深度约11km左右,89%在15km以内,属浅源地震。

航磁、重力、人工地震测深等资料均反映,本区深部构造不复杂,地壳结构完整,壳内介质成层性好,主界面基本连续。不存在与重力梯级带相对应的大断裂,区内地壳基本处于重力均衡状态。前人采用地幔对流模型和重力资料计算三峡地区壳下地应力场,显示地应力总体为北东-南西方向,应力场比较稳定,无明显汇聚和发散现象。中国科学院武汉岩土力学研究所、长江水利委员会长江科学院等单位曾在太平溪—宜昌地段多处测试地面以下几十米深度内的地壳应力场情况,表明地壳浅部的主应力轴向总体趋势为北东-南西方向,各测点因受地形及构造影响,应力方向和数值变化较大,显示由浅向深最大主应力方向有由北东向北偏转现象,应力值不高。

区内几条深大断裂相对来说规模不大、切割不深,多为基底Ⅱ型断裂,属二级或三级构造单元内一般区域性断裂。沿断裂各级夷平面及阶地连续完整,无明显变形和错位。各深大断裂最晚一期较明显的构造活动主要发生在中更新世晚期,其后无明显活动。形变测量其形变率均在0.1mm/a以下,属弱活动或基本不活动类型。这些均表明,该区区域稳定条件好,是一个稳定性较高的刚性地块,为弱震构造环境,属于区域上较稳定地区。

根据"历史重现"和"构造类比"的原则,确定的该区及邻近地区未来震源区是周坪潜在震源区、渔洋关潜在震源区和兴山—巴东潜在震源区,未来最大震级上限为 6.5 级。根据历史地震,按地震危险性分析理论并采用有效衰减关系式计算,得到三峡坝区基本烈度标准值为 Ⅵ 度。

第四节 地层岩性

实习地区发育火成岩、变质岩及沉积岩三大岩类,分布情况如图 3-8 所示。其中沉积岩除第三系缺失外,自新元古界至第四系均有出露,属于我国华南地层区,是华南标准地层分布区,也是我国最早的国际标准地层剖面(原震旦系)所在地,是了解三峡地区地质历史演化的重要区域。

一、沉积岩

就实习区而言,地层分布及厚度受沉积地理环境及构造作用影响,某些地层在不同地段有很大差别。主要表现为东南部大多地层分布范围比西部广,震旦系地层受当时沉积环境影响,西部厚度小,缺少砂质层位,而东部厚度大、层位全;受九畹溪、仙女山等大断裂的影响,寒武系、奥陶系、志留系许多地层被断失或局部增厚;白垩系与区内最新地层主要分布于仙女山地区及零星分布于东南部,是当时一些断陷盆地的沉积物,其不整合于老地层之上;侏罗系地

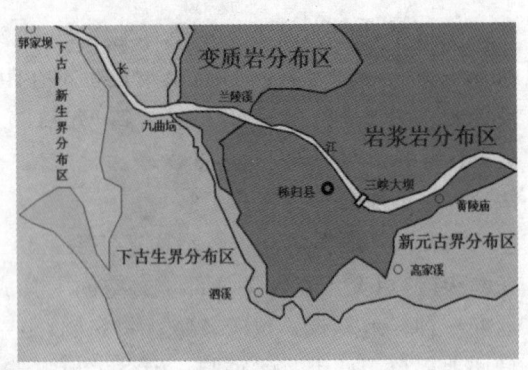

图 3-8 实习区三大岩类分布概图

层主要分布在区内西部的秭归盆地一带,也属较新的构造盆地型碎屑岩类沉积物。下面由老至新加以介绍。

(一)新元古界

新元古界主要围绕黄陵背斜核部展布,实习区内则位于南沱镇、高家溪与九曲垴等处,在平面分布形似"U"字形。区内新元古界地层由南华系、震旦系组成。

1. 南华系(Nh)

在三峡库区,该系地层亦分为上、下统,下统由莲沱组(在长阳一带还发育古城组和大唐组,秭归地区缺失),上统由南沱组组成。分布地域主要围绕黄陵背斜核部边缘。实习区主要为一套陆源碎屑岩系,与下伏变质结晶基底为角度不整合接触。

1)莲沱组(Nh_1l)

莲沱组属于区内最老的沉积岩系,它直接覆盖在古老变质岩结晶基底或黄陵岩基之上。莲沱组的层型剖面位于区内北东的莲沱镇,其岩性主要为一套河流相的砂砾岩、砂泥岩互层与泥页岩等组成的陆源碎屑沉积。由于受当时古地形的影响,莲沱组的厚度在实习区各处变化较大,东部的莲沱镇与南部的高家溪、泗溪一带厚度较大,可达 170~190m,西部的九曲垴一带

厚度仅为20m左右,总体表现为莲沱组由南东-北西方向,其厚度具有逐渐变薄的趋势,反映了当时北西高、南东低的古地理特征。

按岩性组合和粒度变化规律,该处莲沱组可进一步划分为上、下两段。

莲沱组下段(Nh_1l^1)。底部为浅褐色、紫红色中厚—厚层状细砾岩(底砾岩)或含砾岩屑粗砂岩。砾石成分以石英岩、岩浆岩为主,砾石分选较好,圆或次圆状,砾径以2~5cm为主,略具定向(图3-9)。充填物主要为粗砂和少量泥质,斜层理较发育(图3-10)。厚7m。

图3-9 莲沱组下段底砾岩
(张先进 摄)

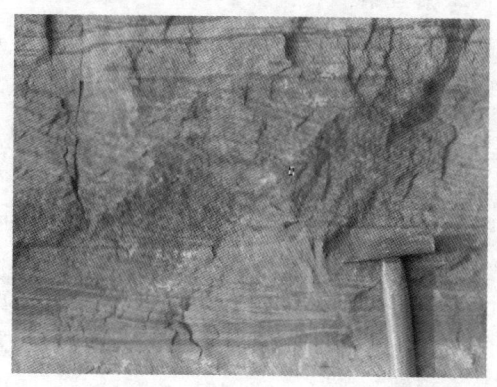

图3-10 莲沱组下段砂岩中的斜层理
(张先进 摄)

下部紫红色、砖红色、灰绿色中—厚层状凝灰质长石石英砂岩、含长石石英砂岩。中—细粒结构,层状构造。碎屑成分以石英为主,次为长石或岩屑,偶见凝灰质,斜层理较发育。总厚20m。

中部砖红色、灰绿色含凝灰质长石石英细砂岩与紫红色、浅灰色粉砂质页岩或凝灰质泥岩互层。水平层理发育。厚50~60m。

上部紫红色泥页岩夹灰绿色、砖红色薄层状细砂岩。水平层理、波状层理发育。厚7~10m。

莲沱组上段(Nh_1l^2)。下部为灰绿色含砾中—粗砂岩、含长石石英中粒砂岩。含砾中—粗粒砂岩厚约1.5m,含长石石英中粒砂岩厚约20m,砾石成分主要为石英岩,次为花岗岩,斜层理发育,与下伏莲沱组下段泥页岩为冲刷接触关系。

中部为紫红色泥页岩与灰绿色中厚层状细砂岩互层。由下至上,砂岩逐渐减少,泥页逐渐增加。厚约25m。

上部紫红色泥页岩夹灰绿色透镜状细砂岩。斜层理发育。厚15m。

2)南沱组(Nh_2n)

原归震旦系中下部地层,现属南华系上统,最初命名地点在湖北秭归南沱镇。

本组为一套紫红色、灰绿色冰碛砾岩与含砾冰碛泥岩,与下伏莲沱组为整合接触,厚约60~110m。主要出露于九曲垴、高家溪、泗溪、九龙湾等处,下部多被覆盖,仅九龙湾处出露较为完整连续。

本组按岩性与颜色特征,可进一步划分为上、下两段。

南沱组下段(Nh_2n^1)。紫红色冰碛砾岩、含砾冰碛泥岩,冰碛砾岩中的砾石成分主要为石英岩、花岗岩、闪长岩,以及少量角闪斜长岩等,大小不一,最大可达50cm,一般20~30cm,砾石无定向,无分选,偶见冰川擦痕。含砾冰碛泥岩,砾石多为石英岩,大小0.5~1cm,无层理,与下伏莲沱组为整合接触,本段厚约30m。

南沱组上段(Nh_2n^2)。灰绿色含砾冰碛泥岩、泥岩,顶部为30~50cm的浅灰色凝灰质粉砂岩,与上覆陡山沱组接触界线处发育厚度仅5~10cm的土黄色或灰白色凝灰质黏土(图3-11)。与上覆震旦系陡山沱组为平行不整合接触,本段厚约90m。

2. 震旦系

震旦系古地理景观以及古气候发生了重大的改变,在经过全球性的冰雪地球事件(南沱组冰碛岩)后,全球气候开始变暖,导致发生了广泛的海侵,本区拉开了漫长的海相碳酸盐岩沉积为主的序幕。

实习区内震旦系以海相的碳酸盐岩沉积为主,部分碳质泥页岩沉积,其中以高家溪、泗溪,以及棕岩头隧道一带较为完整。分上、下两统,下统由陡山沱组组成,上统由灯影组构成。

1)陡山沱组(Z_1d)

层型剖面和最初命名地点位于湖北宜昌夷陵区莲沱镇西侧陡山沱,实习区则主要分布于高家溪、泗溪与九曲垴等处,其中以高家溪出露最为完整,总厚约175m。与下伏南沱组为平行不整合接触。

区内陡山沱组按岩性组合特点,由下至上可以分为4段。

陡山沱组一段(Z_1d^1)。陡山沱组一段俗称"盖帽白云岩"(图3-12)。由下至上岩性为:薄—中薄层深灰色角砾状白云岩、浅黄色粉砂质页岩、中厚层状白云岩、含硅质团块或条带的白云岩,厚4.2m。

图3-11 南沱组顶部凝灰岩、黏土层(张先进 摄) 图3-12 陡山沱一段白云岩(张先进 摄)

陡山沱组第二段(Z_1d^2)。主要由深灰色薄层—中厚层状灰岩、泥质白云岩、浅灰色条带状泥质灰岩与灰质泥岩互层、碳质泥页岩组成,水平层理、波状层理发育,产丰富的微古植物化石。中下部碳质泥页岩中富含硅磷质结核(俗称围棋子状结核),该硅磷质结核碳质页岩厚约2m,全区发育,是南沱组二段重要的标志层。全段厚约148m。

陡山沱组第三段(Z_1d^3)。下部灰、灰白色薄—中厚层状白云岩,浅灰色条带状白云岩与条带状土黄色含粉砂质泥岩互层,其中中厚层状白云岩底部常夹有10cm厚的黑色燧石条带。

上部由浅灰色薄—厚层状白云岩组成。本段岩性和厚度比较稳定，厚 48～60.9m。

陡山沱组第四段（Z_1d^4）。本段岩性与厚度变化较大。泗溪、九曲垴西侧大沟处为黑色薄层硅质岩或粉砂质页岩，厚约 2～22m。高家溪棺材岩一带则为黑色碳质页岩夹深灰色碳质灰岩层，厚 3～15m。其中碳质页岩中含巨型结核（图 3-13）。

2）灯影组（Z_2dy）

层型剖面位于宜昌南沱—石牌沿江的灯影峡地段，实习区内主要分布于高家溪棺材岩、泗溪、茶园坡等处，其中以高家溪棺材岩出露最为完整。按岩性组合特点，自下而上一般划分为蛤蟆井、石板滩、白马沱 3 个岩性段，总体表现为白云岩-灰岩-白云岩组合：即俗称"两白夹一黑"。本组厚度约 245m。据最新资料认为，灯影组为跨过震旦系及寒武系地层，本书仍按老的划分方法。

蛤蟆井段（Z_2dy^h）。下部为浅灰色薄—中层状细晶和角砾状白云岩，常夹 5～10cm 厚的黑色燧石条带，上部为浅灰色中厚层状白云岩，本段厚 24m。

石板滩段（Z_2dy^s）。深灰色纹层状、条带状灰岩，纹层多为灰白色文德带藻形成（图 3-14），含燧石结核，局部发育溶洞角砾岩，偶见叠层石化石。本段厚 170m。

图 3-13　南沱组四段碳质页岩中的结核（张先进　摄）　　图 3-14　灯影组二段纹层状灰岩（张先进　摄）

白马沱段（Z_2dy^b）。底部为厚约 5m 的深灰色条带状白云岩，中上部为浅灰色、灰白色厚层-块状白云岩，裂隙或晶洞发育，其中常见晶形较好的石英小晶簇。本段厚约 55m。

（二）下古生界

实习区下古生界地层出露较全，主要分布于西侧的九畹溪、路口子、周坪桂圆村一带，其中除奥陶系因九畹溪断层的影响出露不完整外，其他各系均连续出露。

1. 寒武系（∈）

本书按老的划分方法，分为下、中、上 3 个统，全部为海相的碳酸盐岩、泥页岩等沉积。实习区内主要分布于九畹溪聚坊、泗溪等处。

1）岩家河组（$∈_1y$）

主要分布在三峡库区黄陵背斜南部三斗坪岩家河（层型剖面处）及西部秭归横墩岩隧道西侧一带，厚 40～55m。按岩性组合特点，本组可分为上、下两段。

岩家河组下段。浅灰色薄层白云岩、泥质白云岩与土黄色粉砂质页岩互层，底部夹灰黑色燧石条带数层,燧石条带厚10~15cm,横向上不稳定,3~5m即尖灭。与下伏灯影组为整合接触(图3-15),厚约15m。

岩家河组上段。下部深灰色薄—中厚层状碳质灰岩夹黑色页岩,碳质灰岩中含直径5~8cm的椭圆形硅质结核,碳质页岩中产小壳动物群,并作为划分震旦系与寒武系的界线。中上部深灰色中厚层状灰岩、薄层状碳质页岩夹透镜状灰岩或硅灰质结核,上部为深灰色中厚层状内碎屑灰岩、碳质页岩,顶为10cm的土黄色、灰白色黏土层。本段整体表征为一个独立的海进海退旋回,厚约40m。

图3-15 岩家河组/灯影组界线(张先进 摄)

2)水井沱组($\in_1 s$)

命名地点在湖北宜昌水井沱,为浅海相碳酸盐岩和碳质泥页岩沉积,含盘虫类和原油栉虫类等化石。与下伏岩家河组为假整合接触,全组厚24~114m。实习区水井沱组以库区南岸横墩岩隧道西侧出露最为完整,按岩性组合特点,本组可进一步划分为上、下两段。

水井沱组下段($\in_1 s^1$)。岩性主要为中厚层状黑色碳质页岩夹深灰色中厚层灰岩及透镜状硅钙质巨型结核(俗称"锅背灰岩"或"飞碟石灰岩",图3-16),巨型结核最大直径可达1.6m,形状多为透镜状、豆荚状或不规则状,成分可分为钙质结核、钨硅质结核、硅铁质结核等,是水井沱组下段的重要标志层。底部为20~30cm的角砾岩,角砾多为菱角状燧石。本段与下伏岩家河组为假整合接触,厚约50米。

图3-16 水井沱组底部碎屑岩

水井沱组上段($\in_1 s^2$)。该段仅发育于库区南岸横墩岩隧道西侧,其他地区未有发现,岩性为浅灰色、灰白色厚层—巨厚层状白云岩、粒屑白云岩,与下伏水井沱组下段为明显接触,接触面不平整,白云岩中夹条带或薄层状砂屑白云岩(图3-17),厚15~18m。

3)石牌组($\in_1 sp$)

命名地点在湖北省宜昌市西石牌溪,为浅海相沉积,由黄绿色黏土岩、粉砂质页岩、粉砂岩和细砂岩夹薄层灰岩和鲕状灰岩等组成。含三叶虫化石,本组总厚185~290m,与下伏水井沱组呈整合接触。在秭归基地实习区主要分布于四溪、茶园坡一带,按岩性组合特点,实习区内石牌组可分为上、中、下3段。

石牌组下段($\in_1 sp^1$)。黄绿色薄层状粉砂质页岩、粉砂岩、石英细砂岩、薄层或条带状灰岩互层,水平层理发育,出露厚约38m,底部地层被覆盖。

石牌组中段($\in_1 sp^2$)。由深灰色薄—中厚层状灰岩、泥质条带状灰岩、团块状灰岩等组成,含三叶虫化石,本段厚180余米。

石牌组上段($\in_1 sp^3$)。茶园坡一带为灰绿色中厚层状粉砂质泥岩,层面富含细小的白云母,水平层理发育,中上部夹灰岩透镜体与条带状鲕状灰岩。泗溪一带则为紫红色灰质团块粉砂质泥岩。本段厚 40~60m。

4)天河板组($\in_1 t$)

命名地点在湖北宜昌天河板,实习区主要分布于九畹溪棕岩头隧道东侧与泗溪等处,以九畹溪出露较为连续完整,岩性主要为条带状灰岩与泥灰岩、灰质泥岩互层,夹内碎屑灰岩、礁灰岩、核形石灰岩、泥页岩等,为浅海—潮坪沉积,厚88m。

实习区内天河板组按岩性组合特点,本组可分为下、中、上3部分。下部为深灰色条带状灰岩、泥灰岩与泥岩、灰质泥岩互层,与下伏石牌组为整合接触。中部为深灰色条带状灰岩、泥灰岩与泥岩、灰质泥岩互层,夹中厚层状内碎屑灰岩(图3-18)、核形石灰岩及古杯礁灰岩,含三叶虫。上部为深灰色条带状灰岩、泥灰岩与泥岩、灰质泥岩互层,夹深灰色泥页岩。

图3-17 水井沱组上段砂屑白云岩

图3-18 天河板组中部内碎屑灰岩(张先进 摄)

5)石龙洞组($\in_1 sl$)

命名地点在湖北宜昌石龙洞附近,厚105m,为浅海相碳酸盐岩沉积。实习区内主要出露于泗溪、九畹溪棕岩头隧道等处,岩性主要为深灰色厚层-块状石灰岩、灰白色厚层-块状灰质白云岩,下部含三叶虫,与下伏天河板组呈整合接触(图3-19)。

6)覃家庙组($\in_2 q$)

实习区覃家庙组主要分布于泗溪、九畹溪聚集坊等处,总厚约260m。下部为浅灰色薄层状泥灰岩与土黄色灰质泥页岩互层,水平层理发育;上部为灰色薄层—中厚层状灰质白云岩、白云岩夹土黄色薄层状泥页岩。其中,厚层状白云岩中富含燧石团块,部分燧石团块经脱玻化后成为玛瑙(图3-20)。

7)三游洞群($\in_3 Sy$)

实习区主要分布于泗溪迷踪泉与九畹溪聚集坊等处。

由下向上分为3段。

一段:灰—深灰色厚层灰岩、白云质灰岩夹白云岩,底部发育叠层石化石。

二段:灰—灰白色厚层白云岩夹少量灰岩及灰质白云岩,夹方解石脉(图3-21),含三叶虫化石。

三段:浅灰—灰白色中厚层砾屑灰岩,含砾屑白云质灰岩、白云岩。

图 3-19 石龙洞组/天河板组界线（张先进 摄）　　图 3-20 覃家庙组二段中的玛瑙（张先进 摄）

2. 奥陶系（O）

一般将奥陶系分为 3 个统 9 个组。其中：下统包括南津关组、分乡组、红花园组、大湾组，中统包括牯牛潭组、庙坡组，上统包括宝塔组、临湘组、五峰组。实习区奥陶系主要出露于路口子与桂垭村等处，因受九畹溪断层影响，本区奥陶系地层不连续，仅断续出露，除庙坡组、临湘组未见出露外，其他各组部分完整出露。

1）南津关组（O_1n）

分布于三峡库区与鄂西地区，命名地点在湖北宜昌南津关，为浅海相碳酸盐岩沉积。实习区内仅出露于九畹溪镇桂垭村，下部以灰色厚层石灰岩及厚层生物碎屑灰岩、中厚层鲕状灰岩为主，顶部夹少许钙质页岩或黄绿色页岩（图 3-22）。含两个化石带，厚 66m，与下伏三游洞群呈整合接触（图 3-23）。

图 3-21 三游洞群中的方解石脉（张先进 摄）　　图 3-22 南津关组鲕状灰岩（张先进 摄）

2）分乡组（O_1f）

分布于三峡库区与鄂西地区，命名地点在湖北宜昌分乡场，为浅海相碳酸盐岩及泥页岩沉积，以灰色中厚层状石灰岩为主夹黄绿色泥页岩，含 1 个化石带，与下伏南津关组呈整合接触。实习区主要发育于九畹溪镇桂垭村、路口子一带，岩性主要为中厚层状生物碎屑灰岩夹灰绿色泥页岩，富含腕足类、头足类，以及海绵骨针等化石（图 3-24），厚 27m。

图 3-23 南津关组/三游洞群界线
（张先进 摄）

图 3-24 分乡组生物碎屑灰岩中的腕足类化石
（张先进 摄）

3）红花园组（O_1h）

分布于三峡库区、鄂西及贵州地区，命名地点在贵州桐梓县以南的红花园附近，为浅海相碳酸盐岩沉积，主要由深灰色、黑色厚层灰岩组成，含角石、海绵、蛇卷螺等。实习区主要出露于九畹溪镇桂垭村委会附近，岩性为深灰色中厚层状生物碎屑灰岩、含碎石条带灰岩（图3-25），与下伏分乡组呈整合接触，厚16m。

4）大湾组（O_1d）

分布于三峡库区及鄂西地区，命名地点在湖北宜昌分乡场大湾附近。为浅海相碳酸盐岩及泥质岩沉积，上部为灰绿色页岩夹瘤状灰岩（图3-26）；中部为紫红色薄层石灰岩，富含头足类化石；下部为青灰色瘤状灰岩夹少许黄绿色页岩，含扬子贝。本组自下而上含3个化石带。实习区内主要出露于桂垭村、路口子等处，岩性主要为灰绿色、紫红色中厚层状灰岩、页岩、瘤状灰岩，厚44m，与上覆牯牛潭组呈整合接触（图3-27）。

图 3-25 红花园组生物碎屑灰岩（张先进 摄）

图 3-26 大湾组瘤状灰岩（张先进 摄）

5）牯牛潭组（O_2g）

分布于三峡库区与鄂西、鄂南地区，命名地点在湖北宜昌分乡场牯牛潭，为浅海相碳酸盐岩沉积，以浅灰色、紫红色瘤状灰岩为主，含头足类、腕足类等。实习区主要出露于桂垭村与路口子南山坡采石场，岩性主要为青灰、灰色及紫灰色薄至中厚层状灰岩、龟裂纹灰岩与瘤状泥质灰岩互层,富含头足类和三叶虫等化石。本组瘤状灰岩与大湾组瘤状灰岩的区别如下:牯牛潭组瘤状灰岩由紫红色灰岩团块组成,团块间充填浅灰色灰岩;而大湾组瘤状灰岩多由透镜状—椭球状泥灰质团块组成,并被泥页岩包裹。实习区内,本组因受到断层影响,出露不完整。厚18～20m,与下伏大湾组整合接触。

6)庙坡组(O_2m)

分布于三峡库区与鄂西地区,命名地点在湖北宜昌分乡场庙坡,为浅海相泥质沉积,以黑色页岩为主,偶夹薄层灰岩及黄绿色页岩,含两个笔石带。实习区仅在路口子南山坡出露,出露厚度2m,与下伏牯牛潭组呈整合接触。

7)宝塔组(O_3b)

因含巨大直壳的鹦鹉螺类震旦角石等形似宝塔而得名,命名地点在鄂西新滩龙马溪艾家山,为浅海相碳酸盐岩沉积,以厚层灰白色、灰褐色龟裂纹灰岩为主,夹薄层泥质灰岩。实习区主要出露于桂垭村、路口子南山坡,岩性主要为浅灰色中厚层状灰岩、偶夹浅紫红色灰岩,局部龟裂纹发育。产震旦角石化石。本组厚17m,与上覆临湘组呈整合接触(图3-28)。

图3-27 大湾组瘤状与牯牛潭组界线

图3-28 宝塔组与临湘组界线(张先进 摄)

8)临湘组(O_3l)

分布于三峡库区与鄂西、湘北一带,命名地点在湖南临湘五里牌附近,为浅海相碳酸盐岩沉积,以灰绿色瘤状灰岩为主,含三叶虫等。实习区内因受九畹溪断层影响未见出露,厚2～20m,与下伏宝塔组呈整合接触。

9)五峰组(O_3w)

广泛分布于长江流域,命名地点在湖北五峰县的渔洋关,为浅海相泥质岩沉积,以黑色页岩为主,夹有黑色薄层硅质岩,富含笔石等。实习区仅在路口子南山坡顶出露,岩性主要为深灰褐色薄层状硅质岩,单层厚度5～10cm,因受构造应力影响,岩石多被一组共轭剪节理切割成豆腐块状。本组出露厚约为8m,与下伏临湘组呈整合接触。

3. 志留系(S)

最新研究成果认为在三峡库区仅发育下志留统地层,自下而上由龙马溪组、罗惹坪组和纱帽组构成,实习区下志留统主要分布于路口子至链子崖、桂垭村至周坪一带,岩性为一套陆源海相碎屑岩系,属于半封闭海盆环境下的砂页岩沉积。

1) 龙马溪组(S_1l)

广泛分布于三峡库区与华中、西南、湖北、湖南地区,命名地点在湖北秭归屈原镇龙马溪。实习区主要分布于路口子、桂垭村委会西侧等处。分下部黑色页岩段和上部黄绿色页岩段。黑色页岩段主要由黑色薄层泥岩、薄层硅质岩互层,上部以黑色页岩为主,产丰富的笔石。黄绿色页岩段主要由黄绿色页岩、粉砂岩或细砂岩组成,发育波痕、泥裂等沉积构造,指示了一种较浅水的沉积环境。本组厚488~600m,与下伏五峰组呈整合接触。

2) 罗惹坪组(S_1lr)

分布于三峡库区与湖北宜昌一带,实习区则主要分布于路口子至链子崖一带,命名地点在湖北宜昌罗惹坪。岩性组合为:下部为黄绿色、紫红色泥岩、页岩,偶夹薄层状灰岩或透镜状灰岩,水平层理发育,产腕足类、笔石等混合相生物群;中部为黄绿色泥岩、钙质泥岩、粉砂岩,夹薄层灰岩或瘤状灰岩;上部为黄绿色粉砂质泥岩夹薄层砂岩、细砂岩,粉砂岩中偶见波痕。主要产笔石等,相伴生的还有牙形石、腕足类、三叶虫、珊瑚和头足类等化石。全组厚350~600m,与下伏龙马溪组为整合接触。

3) 沙帽组(S_1s)

分布于三峡库区与鄂西地区,实习区主要分布于链子崖,命名地点在湖北宜昌罗惹坪以北的纱帽山。岩性主要为灰绿色、紫红色细砂岩夹紫红色、浅灰色泥页岩,中上部泥页岩中夹钙质团块,顶部为20~40cm的古风化壳,岩性为土黄色粉砂质黏土。本组含笔石、三叶虫、腕足类等化石。厚91m,与下伏罗惹坪组呈整合接触。

(三)上古生界

实习区上古生界由中—上泥盆统、中石炭统与二叠系组成,分布于区内的链子崖、周坪、杨林等处。

1. 泥盆系(D)

在三峡库区,泥盆系仅发育中、上泥盆统地层。实习区仅在链子崖、周坪等处见有泥盆系地层出露。其中,中泥盆统由云台观组构成,上泥盆统由黄家磴组与写经寺组构成。因实习区内未发现其完整连续露头,故本教程中的泥盆系各组地层资料主要依据相关露头观测并结合区域地层资料综合而成。

1) 云台观组(D_2y)

中泥盆世时期形成的地层,命名地点在湖北钟祥县的东桥云台观山。实习区以链子崖出露较为典型。下部为灰色厚层状含细砾石英砂岩、灰白色厚层状石英细砂岩。砾石成分主要为石英岩,分选好、圆或次圆状,平行层理、板状斜层理发育。上部灰白色、红色厚层状石英细砂岩,夹薄层状粉砂岩或粉砂质泥岩。斜层理或水平层理发育,含植物化石。为前滨和近滨相砂、砾质沉积。全组厚约50m,与下伏早志留世晚期纱帽组平行不整合接触(图3-29)。

图3-29 云台观组平行不整合砂帽组界线
(张先进 摄)

2) 黄家磴组（D_3h）

命名地点在湖北长阳马鞍山东乡黄家蹬村。实习区以周坪怀抱石、杨林处出露较为完整。岩性以灰色中厚层石英细砂岩、粉砂岩，黄绿、灰绿、黄灰及紫红等杂色泥页岩为主，夹少量灰岩和鲕状赤铁矿，时具交错层理及波痕构造，富含植物化石。为近滨和浅陆棚相砂、泥质沉积。厚约16m，与下伏云台观组呈整合接触。

3) 写经寺组（D_3x）

命名地点在湖北宜都写经寺。实习区仅见于杨林，下部为灰色—深灰色中—厚层灰岩、泥质灰岩、泥灰岩夹页岩、钙质页岩；上部为灰黄、灰绿、灰黑色碳质页岩、砂质页岩、石英砂岩夹粉砂岩；顶部为土黄色泥页岩。为近滨和浅陆棚相砂、泥质和碳酸盐岩沉积。厚约34m，与下伏黄家蹬组呈整合接触。

2. 石炭系（C）

过去，将石炭系划分为下、中、上3个统，目前，国际国内一律采用二分方案。实习区石炭系仅零星出露上石炭统大埔组和黄龙组，分布于链子崖、周坪等处，由于下石炭统出露区多被覆盖，故地层出露不连续，均为零星出露。本教程下石炭统资料主要参考相关区域资料综合而成。

1) 大埔组（C_2d）

在长江以南地区分布广泛，长江以北地区仅出露在秭归的新滩一带。岩性为浅灰—灰白色块状白云岩、白云质灰岩、灰岩，局部地段见底部为角砾岩，并含团块状燧石。含牙形石等化石。本组地层厚8～53m，与下伏写经寺组呈平行不整合接触（图3-30）。

2) 黄龙组（C_2h）

创名地点在江苏省南京龙潭镇西黄龙山。实习区内该组岩性为灰、浅灰肉红色厚层微晶灰岩、生屑灰岩，底为粗晶灰岩，含灰质白云岩角砾、团块，含丰富的蜓类化石，部分珊瑚、腕足类等化石。本组厚33m，与下伏大埔组为假整合接触。

图3-30 写经寺组与大埔组不整合界线
（张先进 摄）

3. 二叠系（P）

过去采用二分，当前采用三分为下（船山统）、中（阳新统）、上（乐平统）3个统。在三峡库区，目前普遍采用的二叠系地层单位自下而上为：下统船山组（马平组）；中统梁山组/马鞍组（马鞍段）、栖霞组/阳新组（栖霞灰岩段）、茅口组/孤峰组/武穴组；上统吴家坪组/龙潭组。总体厚度350～1 060m。

由于实习区下二叠统地层缺失，因此本区二叠系地层仅由中二叠世梁山组、栖霞组、茅口组与晚二叠世吴家坪组组成。主要分布于链子崖—小新滩、周坪等处。

1) 梁山组（P_1l）

命名地点在陕西汉中的梁山。实习区内仅在链子崖、周坪怀抱石出露。下部岩性主要为灰白色中厚层状细粒石英砂岩，夹粉砂岩、黑色泥页岩及煤层，具楔状、波状、大型斜层理，富含植物化石。上部为灰黑色碳质泥岩、粉砂岩,夹薄煤及透镜状灰岩,含腕足类化石等。梁山组是省内主要含煤区,一般可含煤1～3层,但不稳定,多呈透镜状。本组属滨海沼泽相沉积,厚2～20m,与下伏黄龙组为平行不整合接触。

2）栖霞组（P_1q）

命名地点在南京东郊栖霞山。现指位于梁山组与茅口组之间的一套灰岩、硅质岩。

实习区栖霞组主要出露于链子崖、周坪等处。岩性为灰黑色中—厚层状富沥青质、碳质的瘤状灰岩及含燧石结核灰岩。其中,瘤状灰岩主要由团块状灰岩被富含沥青质、碳质的泥岩包裹,外力敲击溢出臭皮蛋味而得名"臭灰岩"。燧石结核灰岩深灰色,中厚层状,燧石结核多顺层断续分布,扁椭球状,大小30cm×10cm（图3-31）。本组化石丰富,主要以底栖类生物为主,如䗴类、珊瑚、腕足类等化石组合。本组属于台地—浅海陆棚相,厚约138m,与下伏梁山组地层为整合接触。

3）茅口组（P_2m）

命名地点在贵州郎岱的茅口河。实习区本组主要见于链子崖,是链子崖危岩体的重要组成岩层。岩性主要为浅灰色中—厚层状砂屑灰岩、泥晶生物碎屑灰岩,含燧石结核或条带。富含大量䗴类、珊瑚、腕足类以及海绵类等化石。因本组较下伏栖霞组颜色较浅,因此华南地层区常有"黑栖霞、白茅口"一说。本组属台地—浅海陆棚相,厚约281m,与下伏地层栖霞组为整合接触。

4）吴家坪组（P_3w）

命名地点在陕西南郑县的吴家坪。鄂西地区为一套浅海碳酸盐岩和海陆交互相沉积。本书沿用吴家坪组原三分段原则,将吴家坪组由下至上分为炭山湾段、下窑段及保安段。实习区吴家坪组主要分布于链子崖至小新滩一带,岩性主要如下。

下部炭山湾段。为青灰色透镜状硅质灰岩夹黄色黏土岩,其顶部夹不规则薄煤层,生物化石稀少。厚2～10m,属于滨海沼泽相,与下伏茅口组为整合接触。

中部下窑段。为一套深灰色中厚层状含燧石结核或条带生物碎屑灰岩、泥质团块生物碎屑灰岩,局部见珊瑚礁灰岩（图3-32,图3-33）。含大量䗴类、腕足类、双壳类与腹足类等化石。厚100～170m,属海侵条件下形成的浅水缓坡相沉积。

图3-31 栖霞组瘤状灰岩（张先进 摄）

图3-32 吴家坪组燧石团块灰岩（张先进 摄）

上部保安段。为灰黑、深灰色薄层状硅质岩、泥岩及泥灰岩，上部夹2～3层黏土岩。以产菊石为特征，另见有大量腕足类、双壳类、腹足类等化石。厚2～10m，属滞留环境下局限海沉积。

(四)中生界

中生界是秭归实习区发育与露头最好的地层之一，主要出露于实习区的西部小新滩至郭家坝、周坪等处。本区中生界的三叠系、侏罗系和白垩系均有出露。其中，三叠系以一套海相的碳酸盐岩、泥页岩的岩性组合为其主要特点。侏罗系则以一套河流相、湖沼相的砂岩、砾岩、泥页岩及煤层等的岩性组合为其主要特点。白垩系则以陆相

图3-33 吴家坪组珊瑚礁灰岩（张先进 摄）

山前冲—洪积相的砂、砾岩为主的岩性组合为其主要特点。

1. 三叠系(T)

实习区内的三叠系主要分布于小新滩至郭家坝334省道两侧，地层露头连续，由东至西沿途分别出露下三叠统大冶组与嘉陵江组、中三叠统巴东组和上三叠统沙镇溪组。

1) 大冶组(T_1d)

命名地点在湖北黄石大冶铁矿附近。在三峡地区及鄂东地区广泛分布。为浅海相碳酸盐岩沉积，厚300～750m。实习区大冶组分布于马岭包隧道至米沧口隧道一带，岩性由下至上可分为4个岩性段。

第一段(T_1d^1)：浅灰、黄灰色薄至中厚层泥晶、微晶灰岩夹灰黑色钙质泥岩，底部为白云岩或灰白色黏土岩，局部为粉砂岩。主要化石有菊石、双壳类等，另有牙形石及少量有孔虫化石。与下伏吴家坪组呈整合接触。

第二段(T_1d^2)：为灰、瓦灰色中厚层状泥晶、微晶灰岩夹纸片状钙质泥岩，具条带状或蠕虫状结构。产少量牙形石及有孔虫化石，偶见菊石类等。

第三段(T_1d^3)：主要为灰黄色、紫灰色薄层泥质条带状泥晶、微晶灰岩。具有泥质条带构造，是本段地层的显著特征。缝合线构造发育。化石稀少，仅见牙形石和有孔虫化石。

第四段(T_1d^4)：为灰、淡紫红色中至厚层状鲕粒灰岩、含鲕状灰岩与灰色薄层状微晶灰岩互层。产双壳类、牙形石和有孔虫等化石。

2) 嘉陵江组(T_1j)

命名地点在四川广元的嘉陵江沿岸，属浅海相碳酸盐岩沉积。实习区嘉陵江组主要分布于米沧口隧道至郭家坝一带。该组在区内厚500～700m，与下伏大冶组整合接触。本书采用原四川地质局执行的四分段意见自下而上为分为4个岩性段。

第一段(T_1j^1)：为灰色中层—厚层状粉晶白云岩夹淡紫色薄层状泥晶白云岩。与下伏大冶组呈连续沉积。仅见牙形石和有孔虫化石，且量少。

第二段(T_1j^2)：为灰色、浅灰色及黄灰色中—薄层状泥晶灰岩夹紫灰色微晶白云岩及角砾状灰岩。

第三段（T_1j^3）：主要为灰、黄灰色中—厚层状灰质白云岩夹薄层状微晶灰岩及白云质灰岩。产少量牙形石及有孔虫化石。

第四段（T_1j^4）：为浅灰、褐灰色中—厚层至块状微晶灰岩、白云质灰岩夹角砾状灰岩，可见石膏、石盐假晶。产双壳类、有孔虫和牙形石化石。与下伏大冶组整合接触（图3-34）。

3）巴东组（T_2b）

创建地点在湖北省巴东县城附近的长江北岸。三峡地区本组自下而上分为5个段。实习区内岩性则分为3段，主要出露于郭家坝镇南334省道旁。

图3-34　嘉陵江组/大冶组界线（张先进　摄）

第一段（T_2b^1）：土黄色泥页岩、粉砂岩夹浅灰色薄层状或透镜状灰岩、泥灰岩。

第二段（T_2b^2）：烟灰色中层状灰质泥岩、泥灰岩，水平层理极发育，中部夹深灰色泥页岩。

第三段（T_2b^3）：紫红色、浅灰色、土黄色泥岩，夹条带状粉—细砂岩。

本组含双壳类组合、植物组合，以及菊石、腕足类等化石。根据岩性组合特点，以及化石类型，巴东组属于滨浅海环境下的沉积组合。本组厚105m，与下伏嘉陵江组为整合接触。

4）沙镇溪组（T_3s）

命名地点在湖北秭归沙镇溪，分布较局限，主要见于秭归和利川两盆地。与须家河组为同一层位地层，二者为横向变化关系。实习区主要分布于郭家坝崔家湾等处。

本组底部为粉砂岩，夹泥岩、煤层和透镜状菱铁矿，中—上部以灰色中厚—厚层状石英砂岩、长石石英砂岩为主，砂岩比较疏松，裂隙中常因铁质浸染而成为褐色。依据岩性组合及化石等特点，实习区沙镇溪组下部的粉砂岩夹泥岩及薄煤层，应属于三角洲与湖沼相沉积，中—上部发育斜层理的长石石英砂岩则属于河流相沉积。本区晚三叠世晚期已开始由浅海向三角洲—陆相河湖环境转变，并结束了本区长期以海相沉积为主的历史。本组地层厚9~158m。与下伏巴东组呈平行不整合接触。

2. 侏罗系（J）

侏罗系主要分布于黄陵背斜西侧的秭归向斜区域，构成了该向斜的核部地层。实习区内则主要分布于郭家坝崔家湾一带。本区侏罗系仅出露下侏罗统香溪组与中侏罗统泄滩组，泄滩组上覆地层陈家湾组则在实习区外归州镇，故本书仅对香溪组与泄滩组进行简述。

1）香溪组（J_1x）

命名地点在秭归香溪河河口，现层型剖面位于秭归泄滩罗家沟新公路旁。香溪组与桐竹园组（J_1t）属于同一时代地层，现多采用香溪组作为三峡地区下侏罗统岩石地层。实习区该组主要分布于郭家坝崔家湾、郭家坝至两河口的公路旁。

香溪组下部为灰黑色细砾岩（图3-35），砾石成分以燧石岩、石英岩为主，砂岩、灰岩次之，分选好，圆—次圆状，充填物主要为粗砂。中部为灰色、灰绿色厚层状石英细砂岩、粉砂岩、泥页岩，泥页岩中夹灰黑色碳质泥岩或薄煤，含大量植物叶化石。石英砂岩中交错层理发育，常见植物茎干化石，部分茎干化石表面炭化。纵向上具多个沉积韵律。上部灰绿色、砖红色厚层状细砂岩夹粉砂岩或泥岩。砂岩中大型交错层理发育,泥岩含大量植物、双壳类化石(图3-36)。

图 3-35 香溪组底砾岩(张先进 摄)　　图 3-36 香溪组炭化的植物茎干化石(张先进 摄)

根据实习区内香溪组的岩性组合特点及化石类型,该组下部砾岩为河床相沉积,中上部为边滩—漫滩相沉积。组厚 150~180m,与下伏地层为整合接触。

2)泄滩组(J_2x)

由孟繁松(1986)等提出,命名地点在秭归县的泄滩。为一套湖相砂泥岩沉积,具有穿时间性发育特点,自下而上分两个岩性段。

上段下部为紫红色泥岩与黄绿、灰绿色中—厚层细粒石英砂岩、粉砂岩互层。中部以黄绿色中—厚层泥岩为主,夹粉砂岩、石英砂岩及紫红色泥岩,产双壳类化石。上部为深灰、灰绿色泥岩夹粉砂岩,偶夹灰岩、泥灰岩,产双壳类化石。

下段下部为灰、黄灰色厚层细粒石英砂岩、薄层泥岩,局部夹粉砂岩。中部为黄绿色薄至厚层钙质泥岩、粉砂岩夹碳质泥岩透镜体,产双壳类化石。上部为黄绿色钙质泥岩、泥灰岩夹含钙细砂岩,中部夹深灰色薄层灰岩或灰岩透镜体,产双壳类化石。本组地层厚 300~500m,与下伏香溪组为整合接触。与自流井组总体为同时异相关系。

3. 白垩系

实习区白垩系仅出露下白垩统石门组,主要分布于周坪仙女山一带,不整合于奥陶系—三叠系之上。

石门组(K_1s)

层型地点位于宜昌市西北 6km 处的石门。本组岩性由下至上可分为两段。

石门组下段(K_1s^1)。灰绿色、砖红色含砾岩屑粗砂岩、中—细粒砂岩,夹泥岩。砾石成分多为紫红色粉砂质泥岩、泥岩,分选较好,顺层分布。砂岩中斜层理发育,泥岩中水平层理发育。厚约 650m,与下伏地层为角度不整合接触。

石门组上段(K_1s^2)。浅褐色巨厚层状砾岩,夹灰色含砾粗砂岩。砾石成分复杂,灰岩、砂岩、花岗岩最为常见,砾径一般多为 20~25cm,最大 40cm,圆或次圆状。砾岩无层理,层间所夹中厚层状含砾粗砂岩偶见斜层理。本段厚约 750m,与下段为冲刷接触关系。

(五)新生界

第四系(Q)

第四系堆积物在县境内发育有更新统(Qp)和全新统(Qh),多沿长江及其支流的河谷、冲沟及缓坡处零星分布,与下伏白垩系地层角度不整合接触。

1)更新统(Qp)

更新统零星分布于县境内河谷阶地、各级剥夷面、斜坡凹地等处,多种成因类型,其中以冲积及残、坡积分布最多。

下更新统(Qp_1)。棕红色粉质黏土及砾石,残留于最低一级夷平面上及相应的盆地内。

中更新统(Qp_2)。棕黄色粉质黏土含砾石或上部粉质黏土、下部砾石层,主要分布于河谷五级—三级阶地上。

上更新统(Qp_3)。黄褐色黏土、粉质黏土和砂砾石,多具二元结构,断续分布河谷二级阶地上。

2)全新统(Qh)

全新统在县境内沿长江及其支流分布,构成河床、河漫滩堆积,为卵石、砂、粉土和黏土。卵石成分复杂,胶结松散,厚1~10m。此外,县境内还见有重力堆积、洞穴堆积、坡积、残积等多种成因类型的全新世堆积,为碎石、岩块、粉土、粉质黏土等的混杂物,厚度和分布一般很小。

本区从南华纪至第四纪,经历了多次的构造运动,从而导致其沉积环境发生了相应的改变。黄陵岩体的侵入,导致本区抬升为陆地,遭受长期的风化夷平作用。南华纪早期,本区地壳开始由东南向西北缓慢下降,接受了一套陆相的碎屑岩沉积;震旦纪本区发生广泛的海侵,从此拉开了本区长达数亿年的海相沉积历史,虽其间发生多次的海侵、海退事件,但总体仍然是以海相碳酸盐岩、泥页岩为沉积主体;三叠纪末本区发生大范围海退,本区成为海陆交互环境,形成了上三叠统沙镇溪组滨海砂泥岩及沼泽含煤沉积;侏罗纪本区地壳缓慢抬升,海水不退出,本区重新进入陆相河流、湖泊及沼泽环境;侏罗纪末期,随着黄陵岩体的隆升,黄陵背斜、秭归向斜逐渐形成,本区差异性升降作用加强,在部分低洼地带,或断陷盆地中形成了白垩系山前冲—洪积砂砾岩沉积。

各时代地层简介见表3-6。

二、岩浆岩

本区岩浆活动主要表现为侵入作用,形成侵入岩,以岩基、岩墙、岩脉形式产出,元古代时期侵入于前震旦系崆岭群中,主体分先后二期侵入,此后还有多期酸—基性岩脉侵入。第一期侵入年龄为16.88亿年,第二期为8.8~8.19亿年,是目前所见岩体的主体,最晚期脉体侵入时期为2.17亿年左右。

(一)黄陵花岗岩基

现广泛裸露于地表二期侵入的以中酸性系列为主体的黄陵花岗岩基,其面积约970km^2,其出露于秭归黄陵地区,组成黄陵背斜的核部基底。据前人研究,该岩体可划分为4个岩系,即:三斗坪石英闪长岩—英云闪长岩、黄陵庙奥长花岗岩—花岗闪长岩、大老岭石英二长岩—二长花岗岩,以及晓峰复式岩体。以下以这个划分为基础分别介绍其岩体特征。

表 3-6 秭归地区地层简表

年代地层			岩石地层				
界	系	统	阶	组	段	代号	厚度(m)	岩性简述

界	系	统	阶	组	段	代号	厚度(m)	岩性简述
新生界	第四系	全新统				Qh^{al} Qh^{pal}	0~10.0	岩块体、卵石、砾、砂、黏土混杂堆积，为河流冲积物、崩积物
		更新统				Qp_3^{al}	0~12.0	岩块体、卵石、砾、砂、黏土混杂堆积，为河流冲积物、崩积物及滑坡堆积
中生界	白垩系	上统	四方台阶 嫩江阶	红花套组		K_2h	491	鲜红色、棕红色中厚层状细砂岩，粉砂岩夹厚层砂岩，含砾砂岩
			姚家阶 青山口阶	罗镜滩组		K_2l	273	灰红色、紫红色、灰色厚层块状砾岩，含粒细砂岩夹粉砂岩
		下统	泉头阶	五龙组	三段	K_1w^3	386	灰色、灰红色块状中厚层粗砾岩砂岩与石英砂岩互层
					二段	K_1w^2	945	浅棕色、灰色、灰白色薄至中层状细—中粒石英砂岩，含粒砂岩
			孙家湾阶		一段	K_1w^1	535	浅灰色、浅灰绿色、紫红色厚层含钙质细粒岩屑砂岩
				石门组		K_1s	>100	紫红色、紫灰色块状中粗砾岩夹砖红色细砂岩透镜体
	侏罗系	中统		泄滩组	上段	J_2x	300~500	下部为紫红色泥岩与黄绿色、灰绿色中厚层细粒石英砂岩、粉砂岩互层；中部以黄绿色中厚层泥岩为主，夹粉砂岩、石英砂岩及紫红色泥岩；上部为深灰色、灰绿色泥岩夹粉砂岩，偶夹灰岩、泥灰岩
					下段			下部为灰黄色厚层细粒石英砂岩、薄层泥岩，局部夹粉砂岩；中部为黄绿色薄至厚层钙质泥岩、粉砂岩夹碳质泥岩透镜体；上部为黄绿色钙质泥岩、泥灰岩夹含钙细灰岩，中间夹深灰色薄层灰岩或灰岩透镜体
		下统		香溪组		J_1x	150~180	底部为深灰色砾岩，含砾石英砂岩与粗中粒石英砂岩；中部主要为灰黄色细砂岩、粉砂岩与泥页岩互层；上部主要为灰黄色、灰色细砂岩、粉砂岩、泥岩夹煤层
	三叠系	上统		沙镇溪组		T_3s	9~158	以灰黄色长石石英砂岩、薄层砂岩及粉砂岩为主，偶夹泥岩、煤层和透镜状菱铁矿
		中统		巴东组	三段	T_2b^3	45	紫红色泥质粉砂岩、粉砂质泥页岩互层，夹薄层状灰岩透镜体，局部含钙质团块
					二段	T_2b^2	40	灰绿色粉砂质泥页岩夹薄层泥灰岩
					一段	T_2b^1	20	土黄色钙质泥页岩，夹灰岩透镜状、条带状灰岩
		下统		嘉陵江组	三段	T_1j^3	500~700	灰—浅灰色中厚层灰质白云岩夹薄层状微晶灰岩及白云质灰岩、白云质灰岩夹角砾状灰岩，可见石膏、石盐假晶
					二段	T_1j^2		灰色、浅灰色至灰黄色中厚层状泥晶灰岩夹紫色微晶白云岩至角砾状灰岩
					一段	T_1j^1		灰色中厚层粉晶灰岩夹紫色薄层状微晶白云岩
				大冶组	四段	T_1d^4	300~790	浅灰色、紫灰色薄—微薄层微晶灰岩，夹厚层状灰岩，顶部为厚层鲕粒灰岩
					三段	T_1d^3		灰黄色、紫灰色薄层泥质条带状微晶灰岩
					二段	T_1d^2		灰黄色薄层泥质条带状微晶灰岩
					一段	T_1d^1		灰黄色、黄绿色泥质岩、泥质灰岩及钙质泥岩或泥岩，局部夹浅灰色薄至中厚层微晶灰岩
上古生界	二叠系	上统	吴家坪阶	吴家坪组	保安段		2~10	灰黑、深灰色薄层状硅质岩、泥岩及泥灰岩，上部夹2~3层黏土岩
					下窑段	P_3w	100~170	深灰色中厚层状含燧石结核或条带状生物碎屑灰岩、泥质团块生物碎屑灰岩，局部见珊瑚礁灰岩
					炭山湾段		2~10	青灰色透镜状硅质灰岩夹黄色黏土岩，其顶部夹不规则薄煤层，生物化石稀少
		中统	茅口阶	茅口组		P_2m	281	灰色中—厚层状含泥生物碎屑灰岩，局部夹燧石条带或结核，富含蜓类化石
		下统	栖霞阶	栖霞组		P_1q	138	深灰色沥青质泥灰岩夹瘤状泥晶生物碎屑灰岩
				梁山组		P_1l	20	灰白色中厚层石英砂岩和粉砂岩、粉砂岩、泥岩及煤层
	石炭系	上统	威宁阶	黄龙组		C_2h	33	灰色厚层—块状生物碎屑砂砾屑泥晶灰岩、亮晶灰岩，局部层段含灰质白云岩角砾和团块
				大浦组		C_2d	53	浅灰块状白云岩、白云质灰岩，含团块状燧石，局部见底砾岩
	泥盆系	上统	锡矿山阶	写经寺组		D_3x	8.2~34	上部为灰黄色、灰黑色薄层碳质页岩、砂质页岩、石英砂岩夹粉砂岩，下部为灰色中厚层灰岩、泥质灰岩夹钙质页岩，普遍夹鲕状赤铁矿和鲕绿泥石菱铁矿
			佘桥田阶	黄家磴组		D_3h	16	灰色中厚层石英砂岩和粉砂岩、泥岩互层，偶夹层状鲕状赤铁矿层
		中统	东岗岭阶	云台观组		D_2y	50	灰白色厚层块状—中细粒石英岩状砂岩，底部含砾石英砂岩，见石英质砂岩

续表 3-6

年代地层			岩石地层				
界	系	统	阶	组	段	代号	厚度(m)	岩性简述

界	系	统	阶	组	段	代号	厚度(m)	岩性简述
下古生界	志留系	下统	紫阳阶	纱帽组	三段	S_1s	91	灰色薄层粉砂岩、中厚层岩屑石英砂岩夹泥岩，顶部岩性为中厚层细粒石英砂岩夹粉砂岩
					二段			
					一段			
			大中坝阶	罗惹坪组	三段	S_1lr	349.6	下部为黄绿色薄层粉砂质泥岩夹瘤状或薄层状泥灰岩，上部以深灰色薄—中层泥灰岩、以生屑灰岩为主
					二段			
					一段			
				龙马溪组	二段	S_1l^2	350	黄绿色粉砂质泥岩、泥质粉砂岩，偶夹钙质泥岩透镜体
					一段	S_1l^1	250	黑色、黄绿色薄层粉砂质泥岩、石英粉砂岩偶夹薄层状石英细砂岩
	奥陶系	上统	赫南特阶	五峰组		O_3w	8	黑灰色、灰黑色薄—极薄层含碳质、硅质泥岩，灰黑色薄层状碳质泥岩
			钱塘江阶	临湘组		O_3l	15	灰色瘤状灰岩或泥灰岩含瘤状，硅质条带发育
				宝塔组		O_3b	19	灰色中厚层龟裂纹泥晶灰岩夹瘤状泥灰岩
		中统	艾家山阶	庙坡组		O_2m	2.5	黄绿色、灰黑色钙质页岩，粉砂质泥岩夹薄层生物屑灰岩透镜体
			达瑞威尔阶	牯牛潭组		O_2g	18	灰色、紫红色中层瘤状生物屑泥晶灰岩，砾状灰岩或中层状泥晶灰岩与瘤状灰岩呈互层状
		下统	大湾阶	大湾组	上段	O_1d^3	28	黄绿色薄层粉砂质泥岩夹生屑灰岩或呈不等厚互层状
					中段	O_1d^2	13	紫红色、灰绿色或浅灰色薄层生物屑泥晶灰岩，瘤状泥晶灰岩，夹少许钙质泥岩
					下段	O_1d^1	14	灰绿色、深灰色薄层含生屑泥晶灰岩，微晶灰岩间夹薄层黄绿色页岩
			道保湾阶	红花园组		O_1h	27	灰色中厚层砂屑生物屑鲕粒灰岩夹灰黑色燧石条带
				分乡组		O_1f	16	深灰色厚层—块状砂屑生物屑灰岩，亮晶砂屑灰岩夹黄绿色薄层泥页岩
			新厂阶	南津关组	四段	O_1n^4	14	灰白色厚层—中层状鲕状灰岩，含砂屑、生物屑、砂屑灰岩，间夹薄层泥晶灰岩
					三段	O_1n^3	11～20	浅灰—深灰色厚层夹中层状亮晶含砾砂屑、鲕粒灰岩，硅质条带发育
					二段	O_1n^2	8～15	浅灰—灰白色厚层微晶—细晶白云岩夹中厚层含砾砂屑、粒屑粉—细晶白云岩
					一段	O_1n^1	10～30	深灰色中厚层砾屑生物屑灰岩，鲕粒灰岩，泥晶灰岩夹白云岩、泥岩
	寒武系	上统	凤山阶	三游洞群	雾渡河组	ϵ_3Sy^2	121.8	灰色、深灰色厚层块状泥晶白云岩，含砾屑细晶白云岩与中层状粉—细晶白云岩不等厚互层状，间夹少量薄层白云岩，含砂屑粉晶白云岩，硅质条带等
			长山阶					
			崮山阶		新坪组	ϵ_3Sy^1	108.2	灰白色厚层—块状含分解石充填晶细晶白云岩与粉细晶白云岩互层，局部层段为中层状泥晶灰岩
			张夏阶					
		中统	徐庄阶	覃家庙组	官山垴段	ϵ_2q^2	190	浅灰色、灰色中厚层白云岩，泥质白云岩夹土黄色白云质页岩
			毛庄阶		磕膝包段	ϵ_2q^1	70	灰色薄层状泥晶白云岩，泥质白云岩与土黄色泥页岩互层
		下统	龙王庙阶	石龙洞组		ϵ_1sl	105	浅灰色中厚层至块状粉晶白云岩
			沧浪铺阶	天河板组		ϵ_1t	88	灰色条带状灰岩、互层灰质泥岩，含核形石灰岩、古杯礁灰岩、内碎屑灰岩
				石牌组		ϵ_1sp	294.9	下部细砂岩、薄层灰岩、灰页岩互层，中部灰岩夹块状灰岩，上部灰绿色粉砂质泥岩
			筑竹寺阶	水井沱组		ϵ_1s	114	上部浅灰色巨厚层状白云岩，中部为深灰色中层泥晶灰岩与碳质泥页岩互层，下部为黑色碳质泥岩夹锅底状灰岩
			梅树村阶	岩家河组		ϵ_1y	50	下部灰黄色泥灰岩与土黄色泥页岩互层，夹硅质条带；上部为深灰色泥晶灰岩、碳质灰岩与碳质泥页岩互层，碳质泥灰岩中含硅质结核
新元古界	震旦系	上统	龙灯溪阶	灯影组	白马沱段	Z_2dy^b	17.5	灰白色厚—中层状白云岩，夹中—薄层状细晶白云岩，局部夹硅质条带
			石板滩阶		石板滩段	Z_2dy^s	136	深灰色、灰黑色纹层状泥灰岩，偶夹燧石条带，局部见叠层石化石
			蛤蟆井阶		蛤蟆井段	Z_2dy^h	8～25	灰—浅灰色中层夹厚层内碎屑白云岩、细晶白云岩，含硅质细晶白云岩
		下统	庙河阶	陡山沱组	四段	Z_1d^4	4～22	黑色薄层硅质泥岩、碳质泥岩夹白云质灰岩
					三段	Z_1d^3	60.9	下部灰白色薄至中厚层状白云岩、粉晶—细晶白云岩，燧石结核及条带发育，上部为薄至厚层状粉晶灰岩
			翁安阶		二段	Z_1d^2	89.2	深灰—黑色薄层泥质灰岩、白云岩夹薄层碳质泥岩，呈不等厚层状叠置
					一段	Z_1d^1	5.5	灰色、深灰色厚层含硅质白云岩，含燧石结核，薄—中层状白云岩、灰质白云岩
	南华系	上统		南沱组		Nh_2n	103.4	下部为紫红色冰碛砾岩，上部为灰绿色含砾冰碛粉砂质泥岩或泥岩
		下统		莲沱组	二段	Nh_1l^2	80	由下往上为浅灰色长石石英含砾砂岩、砂岩夹紫红色泥页岩、紫红色泥页岩夹中厚层状长石英砂岩，构成一个完整的韵律层
					一段	Nh_1l^1	110	由下往上依次为紫红色含砾砂岩、含长石英砂岩或岩屑砂岩、砂岩夹泥页岩或互层、紫红色泥页岩夹中厚层状砂岩，构成一个完整的韵律层
中元古界				庙湾岩组		Pt_2m	864	斜长角闪岩、含透辉斜长片麻岩，偶夹薄层含长透辉石英岩、大理岩等
古元古界				小渔村岩组		Pt_1x	645	角闪片岩、云英片岩、角闪黑云斜长片麻岩、大理岩、透闪透辉岩夹黑云斜长片岩，斜长角闪岩夹黑云斜长片麻岩

1. 三斗坪岩体

该岩体存在于堰湾、小溪口、美人沱、太平溪、西店咀、肖家猪等地。呈近南北向的单斜透镜状产出，侵入体向西突出，东边界较平直。形成于晋宁运动时期，约 $832\pm12Ma$，岩体定位深度约 16km。

岩性特征：小溪口地区为中细粒黑云英云闪长岩，堰湾为粗粒含角闪石黑云英云闪长岩，西店咀为角闪黑云英云闪长岩，太平溪为中粗夹黑云角闪英云闪长岩，美人沱为中细粒石英闪长岩，肖家猪为石英辉长岩、斜长花岗岩。

2. 黄陵庙岩体

分布于黄陵庙地区的下堡坪、蛟龙寺、乐天溪地区。岩体北面和北东面与北部崆岭群呈侵入接触，露头呈 NNE 突出的平缓弓形，西面呈锯齿状侵入围岩，岩浆是自其 NWW 向围岩片理面或先成弱面楔入，东面及南面边界被震旦系覆盖，西南部与三斗坪岩体呈 NNW 向相连。规模巨大，平面近于等轴形。形成比三斗坪岩体稍晚，大约 $819\pm7Ma$。

岩性特征：下堡坪为似斑状黑云花岗闪长岩，蛟龙寺为似斑状黑云奥长花岗岩，乐天溪为含角闪石黑云奥长花岗岩。

3. 大老岭岩体

由于被震旦系覆盖，大老岭岩体的形态、展布多不清楚，分布于马滑沟、田家坪、鼓浆坪、凤凰坪等地。主体部分鼓浆坪单元岩体构造不具有叶理和其他定向构造，石英仅有微弱波状消光，表明其定位时区域应力场已由前两岩体形成时的近南北向挤压变为总体引张的状态，从其侵入体呈多向展布等判断，其定位深度也小于三斗坪和黄陵庙岩体，形成时间晚于此二岩体，据年龄测定为 $786\pm17Ma$。

岩性特征：马槽沟为中细粒含石榴二云二长花岗岩，田家坪为似斑状角闪黑云二长花岗岩，鼓浆坪为不等粒黑云二长花岗岩，凤凰坪为角闪黑云石英二长闪长岩。

4. 晓峰岩墙

侵入体以岩墙形成产出，主要侵入黄陵岩体，还可能侵入大老岭岩体中。形成时间可能为晋宁晚期最晚侵入的岩体，年龄为 $750\pm57Ma$。

岩性主要为花岗斑岩和花岗闪长斑岩。

（二）脉岩

该区脉岩发育，集中分布于崆岭群和侵入岩中。基性、中性、酸性、碱性各类脉岩均有出现。主要形成于晋宁中晚期，大致分两个阶段发育，第一阶段派生出的脉岩主要有石英脉、伟晶岩脉，分布较广泛，多为北西走向；第二阶段派生的岩脉主要有花岗岩脉、斜长花岗岩脉、辉绿岩脉、煌斑岩脉、辉绿玢岩脉、闪长岩脉和长英质岩脉等，走向以近东西和北东向为主。

三、变质岩

该区变质岩以区域变质岩为主，部分受到不同程度混合岩化作用，此外沿断裂带发育动力变质岩，侵入岩与围岩接触带产生接触交代变质作用。

(一)区域变质岩

区域变质岩在黄陵岩体侵入前就已形成,被其岩体侵入褶皱变形,经侵蚀作用,使之零星分布于岩体周边某些地段,为一套中深变质的杂岩系,组成黄陵背斜地区的变质基底岩系。该变质岩系主要源自于一套沉积岩,因此大体上可认定为副变质。形成于太古宙—元古宙,为多期变质产物,年龄在 3 290~1 600Ma 之间。

实习区主要分布有元古界的崆岭群地层的小渔村组和庙湾组。变质岩类型多、岩性分布复杂,主要有如下类型。

1)碱长片麻岩类

该岩类主要有黑云奥长片麻岩、含二云奥长片麻岩、石榴黑云二长片麻岩、黑云二长变粒岩等。

2)云母片岩类

该岩类呈层状产出,厚度一般为 1~2m。岩石呈棕褐色,花岗鳞片变晶结构,片状构造。主要矿物为黑云母(60%)、石英(18%)、斜长石(5%)、普通角闪石(2%),普通角闪石呈纤维状分布于黑云母间。

3)斜长角闪岩及角闪片岩类

该岩类呈层状或似层状夹于其他岩层中,其化学成分与中基性岩和泥灰岩相似,包括含滑石绿泥石片岩、黑云斜长角闪岩、细粒斜长角闪岩、含磁铁石榴岩透闪石角闪片岩、含黑云角闪斜长片麻岩等。

4)云英片岩类

该岩类呈层状产出,以黑云母石英片岩为主,岩石呈灰色,鳞片花岗变晶结构,片状构造。矿物成分为石英(69%)、黑云母(20%)、奥长石(10%)、石榴石(0.5%)等。

5)大理岩及白云石大理岩类

该岩类呈层状产出,包括含方解石白云石大理岩、蛇纹石白云石大理岩、蛇纹石化橄榄石大理岩等。

6)石英岩类

石英岩常与大理岩、石墨片岩相伴生,往往呈夹层出现,岩石质纯呈灰白色,不等粒花岗变晶结构,定向构造。矿物主要为石英(94%~98%),其他矿物为少量白(绢)云母、斜长石、透辉石和微量磷灰石、磁铁矿等。

7)石墨质岩类

该岩类呈层状产出,并常与大理岩、石英岩等共生,所属岩石有石墨片岩、含石墨二云片岩、含石墨黑云斜长片麻岩等。

(二)混合岩

混合岩是岩浆侵入到周边古老变质岩的断裂等部位,在浆液与围岩产生混合岩化作用后,形成局部小范围的混合变质岩,区内主要见于崆岭群的中下部地层,主要混合岩类型有如下几种。

条带状混合岩:区内最常见,其脉体多为长英质,少数花岗质。基体主要为斜长片麻岩及二长片麻岩。

角砾状混合岩：基体呈角砾状分布于脉体之间，形成角砾构造，角砾为斜长角闪岩，脉体成分为长英质。

混合岩化片麻岩：此类岩石受混合岩化作用较弱，有二长片麻岩、黑云斜长片麻岩、角闪斜长片麻岩等。岩石中脉体稀疏，成分为长英质。

（三）动力变质岩

多见于崆岭群岩石的断裂带上，受构造动力挤压及热力作用，使断裂带岩石产生碎裂岩化、糜棱岩化及构造片理化。表现为岩石物质磨细、矿物波状消光、晶体扭曲错断或变形，矿物重结晶及定向排列，产生片理化或流状构造现象等。

（四）接触交代变质岩

主要见于花岗岩体与大理岩的接触带上，发育矽卡岩，有矽卡岩型铜钼矿化现象。主要有透辉石矽卡岩和石榴子石矽卡岩。

第五节 水文地质

本书仅介绍实习区长江以南，东至高家溪、西至童庄河一带的水文地质条件。受地层岩性、构造条件及地形等影响，区内水文地质条件十分复杂，这里从总体特征方面介绍区内地下水类型条件、岩层富水性及地下水赋存条件、地下水补径排条件等。

一、地下水赋存条件及类型

（一）地下水赋存条件

由于地层岩性及结构条件的差异性，地下水分别赋存于松散岩土的孔隙中、岩体的各类裂隙中及岩体溶蚀空隙中。因其孔隙、裂隙、溶空的差异，各地赋水性存在很大差异。由于河溪深切，山高坡陡，地下水位在很多地段埋藏很深，因而大多赋水介质处于饱气带内不含水状态或短时含水状态。

区内分布的泥岩、页岩、页岩夹砂泥岩等，在一定程度上均具有相对隔水性，尤其是分布厚度大、连续性好的地段，总体上相对于上述含水（透水）地层而言，具有很好的阻隔地下水运动的作用。往往在这些地层与透水层接触部位发育泉水，岩溶作用也受到这类地层结构的影响。如水井沱组、石牌组、志留系地层发育厚层的页岩、泥岩，具有区域上隔水意义。

各含水、隔水岩层（组）情况如表3-7所示。

（二）地下水赋存类型

根据地下水赋存条件不同，把地下水划分为如下几类。

表 3-7　含水岩层与相对隔水岩层划分

岩层(组)类型		地层代号	富水性	地下水径流模数 (L/s·km²)
含水岩层(组)	松散岩类含水岩层(组)	Q	弱	
	碎屑岩类含水岩层(组)	Nh_1l、D_{2+3}、T_3、J、K_1	弱	6.53
	结晶岩类含水岩层(组)	Pt、γ	弱	7.46
	碳酸盐岩类含水岩层(组) — 碳酸盐岩含水岩层(组)	Z_2dy、ϵ_1sl、ϵ_{2+3}、O_1、C_2h、P_1q、P_2m、T_1	强	>20
	碳酸盐岩类含水岩层(组) — T_2b^2	T_2b^2	中	10~20
	碳酸盐岩类含水岩层(组) — 碳酸盐岩夹碎屑岩含水岩层(组)	Z_1d、ϵ_1sh、ϵ_1t、O_{2+3}	弱	<10
相对隔水岩层(组)		Nh_2n、ϵ_1s、S、P_1l、P_3w、$T_2b^{1,3}$		

1. 松散土类孔隙水

第四系堆积物有风化残积成因、崩坡积成因、冲积成因等。主要分布于斜坡、河谷、山涧洼地,各类土体的孔隙是地下水的赋存空间,其地下水类型为孔隙水。因其介质成分及沉积年代不同,土体的透水性差别较大。斜坡地表或地势较高处的土层,一般处于饱气带,大气降水往往通过土体向下部基岩渗入,一般气候条件下,这些土体不含水或季节性含水。土体渗透系数差别很大,细粒密实的土体与粗粒松散土体的渗透系数相差几十至几百倍,例如:花岗岩体全风化带砾砂土,渗透系数 K 值为 0.1~2.6m/d;河谷两岸Ⅰ、Ⅱ级阶地上部粉砂土,K 值一般为 0.08~0.2m/d,细砂土 K 值一般为 4.3~8.7m/d,砂卵石为 17~182m/d 不等。

2. 碎屑岩孔隙裂隙水

主要赋存于区内砂岩、泥岩等碎屑岩裂隙中。因岩性差异及构造条件的不同,呈现地下水特征的差异性。

太古宇巨厚层变质岩,莲沱组、南沱组厚层砂岩,泥盆系、侏罗系厚层砂岩;第三系砾岩等都属于裂隙发育的含水介质,岩体内发育复杂的裂隙网络系统,赋存大量裂隙水。含水层埋深一般较大,含水量大小也受岩体结构、地形等影响,一般泉流量小于 1L/s。地下径流模数小于 10L/s·km²。地下水位变动大,属于弱赋水岩层。地下水化学类型为重碳酸钙镁型,pH 值 5.9~8.5,矿化度 0.31~0.38g/L。有的层位透水砂岩与相对隔水层呈夹(互)层状结构,裂隙岩体成为层间含水体,如侏罗系砂泥(页)岩互层结构,地下水沿层间含水介质渗流,具有承压性,地下水承压水头 1~20m 不等,有的高达 49m。

3. 结晶岩裂隙水

结晶岩体发育构造裂隙、风化裂隙。岩体的表层至深部风化分带性十分明显,其中弱风化带以上岩体是主要含水体,新鲜岩体风化裂隙发育少、裂隙开启性不好、含水性较上部风化带弱。该区风化带厚 10~50m 不等,多年平均入渗系数 0.208,泉水流量小于 0.5L/s,地下径流模数 7.46L/s·km², 总体属于弱富水性。地下水埋深一般小于 50m。水化学类型为重碳酸钙镁型, pH 值 5.9~8, 矿化度 0.017~0.13g/L。

4. 碳酸盐岩类裂隙岩溶水

县境内碳酸盐岩因其岩性、岩层结构以及地形条件的差异, 岩溶化程度有显著差别。依据岩溶化差异将碳酸盐岩类裂隙岩溶水划分为两个亚类: 碳酸盐岩裂隙岩溶水和碳酸盐岩夹碎屑岩裂隙岩溶水。

1)碳酸盐岩裂隙岩溶水

本亚类地下水所在含水层的富水性分强、中等两级。

(1)强富水岩层。主要发育在江南青干河流域的磨坪、两河口, 九畹溪流域的杨林桥、芝兰, 以及泗溪流域等地, 岩溶发育比较强烈。含水介质为上震旦统灯影组($Z_2 dy$), 下寒武统石龙洞组($\epsilon_1 sl$)和上寒武统三游洞群($\epsilon_3 Sy$)等, 下奥陶统(O_1), 上石炭统黄龙组($C_2 h$), 下二叠统栖霞组($P_1 q$)、茅口组($P_2 m$)和下三叠统(T_1)嘉陵江组等地层, 岩性为相对稳定的厚度大的白云岩、白云质灰岩及灰岩。

质地较纯的灰岩组成的岩溶含水层中的地下水接受大气降水补给, 在其岩体裂隙及岩溶管道中以脉状、管状流形式流动, 在沟谷或地形低洼处、接触带处大多以泉的形式流出。一定条件下, 岩溶含水层可形成独立的岩溶系统及补、径、排一体的水文地质单元。

岩溶含水层中地下暗河强烈发育, 属强富水岩层。暗河主干展布在地下水循环带的季节变动带或水平循环带内, 发育有 3 种情况: 第一种是大气降水直接渗入暗河, 暗河逐渐扩大, 地下水呈管道流状态; 第二种是大气降水通过落水洞或裂隙渗入地下, 以脉状岩溶泉形式出露地表, 经短暂地表(小型岩溶洼地)径流, 再进入宽大地下暗河, 地下水呈脉-洞状态; 第三种属伏流或暗河, 地表水在地下伏流过程中汇集地下水。这一地区暗河流量达 100~1 000L/s, 泉流量达 50~100L/s, 地下径流模数大于 20L/s·km², 暗河、溶洞泉的总流量约占本类型泉水总流量的 97%, 地下水埋深一般大于 100m。

地下水在垂直循环带或水平循环带内运动的过程中, 常切穿各组灰岩地层, 汇集于各向斜轴部、背斜的两翼、隔水岩层界面、深切溪沟等处, 以岩溶泉的形式出露地表, 且常集成大型岩溶泉, 其流量达 30L/s 以上。地下水渗流场常见有向斜谷地汇流排水型、背斜山地分流排水型、单斜山地同向排水型(纵谷)、单斜山地汇流排水型(横谷)4 种类型。

由于这一地区岩溶发育, 河谷深切, 泉水出露高, 出露低的绝大部分直接补给长江径流, 并且水质好, 主要用于人畜饮用和灌溉部分农田。

(2)中等富水岩层。县境内由白云质灰岩和泥灰岩组成碳酸盐岩裂隙岩溶水的中等富水地段, 包括下石炭统岩关组($C_1 y$), 中三叠统巴东组碳酸盐岩地层, 岩性为灰岩, 含较多泥质, 岩溶中等发育, 中等富水性, 泉流量为 10~50L/s, 地下水径流模数为 10~20L/s·km², 地下水埋深一般大于 100m。碳酸盐岩裂隙岩溶水的化学类型均为重碳酸钙镁型, pH 值为 5.6~8.5, 矿化度为 0.08~0.47g/L。

2)碳酸盐岩夹碎屑岩裂隙岩溶水

分布于庙河等地, 含水介质为上南华统陡山沱组($Z_1 d$), 下寒武统石牌组($\epsilon_1 sp$)、天河板组($\epsilon_1 t$), 中上奥陶统(O_{2+3})的地层, 可溶性岩石和非可溶性岩石夹层或互层, 岩溶发育受地层结构影响, 岩溶欠发育, 含裂隙岩溶水。含水层中出露的泉的流量为 1~10L/s, 水量、水位变化大,地下径流模数小于 $10L/s·km^2$,水质良好,属弱富水岩层。

二、地下水补、径、排条件

一个地区地下水补、径、排系统受当地地表水文网、地形条件、含水(隔水)层结构、岩溶发育等控制。实习区主要位于长江以南沿长江近岸坡地段,长江是当地地表及地下水最低一级排泄基准面,长江的次级水系高家溪、茅坪溪、九畹溪、童庄河等是当地次一级的排泄基准面,由长江及其支流构成该区地表水文网,其水文网很大程度上控制了该区地下水的补、径、排条件。

(一)地下水补给

实习区补给源主要来自大气降水,对于某一含水层而言,还有来自相邻含水层的补给,此外,沟渠、水库、池塘也是局部人工补给源。

大气降水部分下渗到地面以下岩土体内,部分成为地表径流而流失。渗入到地面以下饱气带的水,部分滞留在饱气带岩土中,部分在雨后又蒸发返回大气,剩余部分补给含水层成为可流动的地下水。区内各地因地质条件、植被发育情况、地形等差异,降水入渗存在差异性,一般可入渗到含水层的水仅占降水的20%~50%,降水的入渗率随降雨过程延续而降低。

大气降水能否有效向地下渗入,受很多因素影响,包括降水特征、蒸发强度、入渗带岩性、构造、地形、植被发育程度、地表覆盖物情况等。例如:超强降雨超过地面入渗率时,将产生大量地表径流;降雨强度较小且各次降雨时间较短时,降雨仅是以湿润表层而雨后蒸发消耗。植被发育,有利于降水有效入渗,地形坡度大不利于地面水入渗,山涧、洼地成为集中良好的补给区。上述各影响因素相互制约,共同决定降水是否有效补给。

基岩斜坡、沟谷切割深,地形坡度较陡,岩体裂隙发育,入渗的地下水主要沿裂隙、溶隙等通道呈脉状或网状渗入到地下。当水量不大时,可能渗入到一定深度饱气带内,地下水被岩石吸收而饱和;持续较大降雨时,地下水可能直接垂直渗入到当地地下水面从而转化为水平流动状态。该区地下水埋深大,饱和带很厚,其很强的持水能力将大大延滞对含水层的补给。

从地形条件看,实习区长江以南大气降水补给大致以九畹溪、童庄河、高家溪的支流水系分隔为几个河间地块,形成几大补给域,大气降水分别由广大斜坡地段或山涧洼地等补给地下,转化为地下水而向几条沟谷或支沟渗出。沟谷间存在一些高分水岭地块,如童庄河与九畹溪之间:老虎石—白云山、大玉山—仙女山、峰火山—后板槽。九畹溪与茅坪溪之间的地块:风草坳—柴树场—何家屋场—龙洞坪—高家坡—仙女山。高家溪以南:白杨树岭—鹰子包—淹水淌。在这些河间高分水岭地块间,存有许多洼地,汇集大量降水补给地下。

实习区属基岩山区,大气降水补给地下水并转化为地下径流的过程十分复杂,这里无法确定降水对地下水的实际补给情况。

(二)地下水径流

地下水由地形较高处补给,向河谷及地形低洼处流动,产生径流运动。径流的结果是,导致时空上地下水质水量的不断变化。地下水可能在不同介质中流动,呈现不同的流动状态和不同的径流特点,如在第四系土石堆积物内流动,沿着相互连通的孔隙中运动,成为面状流;在裂隙岩体中流动,其流动方向及渗流量受岩体裂隙发育控制,地下水沿着互相连通的裂隙呈脉状流动,呈现流量、水压力、流动方向的各向异性、不均一性;在碳酸盐岩溶蚀溶隙中流动,除受岩体裂隙控制外,还受岩溶发育特征控制,地下水从各个方向的裂隙—溶隙中集中向构成岩溶渗流系统的溶管或暗河处流动,集中从溶洞出口处流出,形成复杂的地下水径流系统。实习区地形、岩性、构造、岩溶条件很复杂,径流条件也十分复杂,总体上地下水由地形较高处流向河谷,尤其在岩溶泉集中排泄区,是地下水径流的主要去向。

(三)地下水排泄

地下水径流一段距离后,在适宜的地段排出地表,汇入河流。排泄的地点多半是地形低洼的冲沟、洼地、河谷,也有因局部阻水作用在斜坡或地形较高的沟谷处溢出地表。排泄方式有集中点状以泉水形式排泄,或沿河谷岸边呈线状散流排泄,也存在坡面蒸发排泄方式,以及含水层之间排泄的形式。

在实习区,泉是地下水排泄的天然露头,也是地下水在一个系统中集中排泄的主要形式。区内出露大量泉水,流量较大者达 100L/s,大多几升至几十升不等。在地下水径流方向受隔水层阻隔作用,于地形相对低洼处溢出地表,从而形成溢出下降泉,或在地形低洼处自然溢出地表形成侵蚀下降泉,实习区大部分泉属于这两种形式。还有部分地段地下水沿导水断层流动,在地形高度低于测压水位处涌出地表,或在地形低洼处自然溢出地表,形成断层泉。泉水动态、水质受季节性降水影响,有的变动幅度较大,个别补给区远、补给域大的泉水动态变化相对小一些。泉水出露点大多发育在灰岩区,溢出点发育溶洞或宽大溶隙,成为岩溶泉。

在没有集中排泄点的地段,多数情况下,地下水沿河谷岸边分散排入地表水体,成面状或线状渗出,或有小的渗出点,或形成润湿带。实习区几条深切沟谷河水面附近很多地段存在这种排泄方式。

第六节　物理地质现象

实习区发育的物理地质现象主要有岩石风化、岩溶、水土流失、斜坡失稳、泥石流、岩溶塌陷、水库地震等。本书对其中几类作简要介绍。

一、岩石风化

各类岩石经风化后形成风化壳,由表及里形成不同风化程度的分带性,不同岩石由于耐风化程度不同形成风化物的厚度及程度有很大差异。风化残留物是否原地残留或残留多少又因地形坡度及水流作用差异而不同。

结晶岩石是最不耐风化的岩石,其风化物变异特征及残留物分带现象明显。风化后产生物理化学变化,由块体状向碎屑状变化。化学风化结果使得主要造岩矿物辉石、角闪石、长石、云母等产生蚀变,据 X 射线衍射分析,原生矿物风化后,在不同阶段蚀变为次生矿物,如绢云母、绿泥石、绿帘石、水云母、蛭石、蒙脱石、方解石、赤铁矿等,微—强风化带内主要是绢云母、绿泥石、绿帘石等,当蚀变最强烈的全风化时,会出现蛭石、蒙脱石等。风化后岩石破碎,由地表往深部依次出现碎屑状、碎块状、球块状、块体边缘风化至裂隙表面薄皮状风化情况。经强风化或全风化后,原岩面貌全非,岩体结构全部破坏,松散碎屑物占 30% 以上,总体呈散体状结构,岩体强度大幅降低,渗透性大大增强。弱风化带及以下岩体原岩面貌总体清晰可见,结构未完全破坏,仅沿裂隙面及结构面交叉网络带内分布有少于9%～20%碎屑物或仅沿裂隙面分布有几厘米厚薄皮状风化物。风化壳厚度因地形坡度等不同各地呈现差异性,最厚达到80余米,最薄0～5m。一般在山脊及山包部位风化壳厚度最大,陡坡段厚度小。

陆屑沉积岩分布区,如砂岩、泥岩、页岩等全强风化后原岩结构完全破坏,风化物主要为黏土夹杂碎屑(或块石),土质松散,风化层厚度因地形形态及坡度不同差别很大,最厚地段达20余米,有的地段基岩裸露。碳酸盐岩风化残留物多为黏性土或含碎块石黏土,厚度一般不大,个别溶蚀槽谷或缓坡地带保留较厚风化物。

二、水土流失

秭归县境内大部分为河谷斜坡山地,斜坡上残留大量松散堆积物,许多地方开辟成坡耕地,大片土体裸露地表,而且该区为暴雨集中多发区,为水土流失提供了良好的自然环境条件,在大雨季节许多地段因产生坡面流形成片状或浅冲沟形式的水土流失现象。因风化残留物厚度、地形、植被不同,不同地段出现不同程度的水土流失现象,较严重者是结晶岩全风化堆积厚度较大的裸露丘坡地带。

森林植被破坏严重的20世纪80年代是水土流失严重时期,经过几十年的生态环境综合治理,水土流失现象已有减缓,但仍然有县域面积一半左右潜在水土流失区。根据土壤侵蚀强度分区标准,2000年调查统计结果,不发生侵蚀流失的地区占全县总面积的44.96%,发生水土流失的地区占全县总面积的55.04%,平均侵蚀模数5 000t/km²。按强弱程度划分,基本情况如表3-8所示。随着该区生态环境条件变好,植被覆盖率提高,水土流失现象正在不断改善。

表3-8 2000年秭归县水土流失情况

是否发生流失	流失强度	面积(km²)	比例(%)
不发生流失	微度	1 091.08	44.96
发生流失	轻度	769.82	55.04
	中度	485.38	
	强度	78.64	
	极强度	2.08	
合计		2 427.00	100.00

坡地水土流失后使得土壤中的细粒物质及有机质成分严重流失,造成了土层变薄,质地粗化,肥力下降,最终使土地贫瘠化,生产力衰退,影响农业生产及作物产出。此外,被侵蚀的土壤对周边环境带来影响,如埋压田地、毁损建筑和设施等。

三、岩溶

岩溶发育受岩性、构造、地貌、地下水的活动所控制。岩石的成分不同,其溶解程度有很大差别,如黄龙组、栖霞组、大冶组、嘉陵江组等地层的灰岩,其成分以方解石为主,占80%~90%,空隙大,夹碎屑岩少(5%~20%)。碳酸盐岩与碎屑岩的不同组合形式,其岩溶发育程度亦不同,厚度比较大的不溶岩往往控制了岩溶的发育。地下水主要沿岩层的裂隙渗透,并伴随溶蚀作用,而岩层裂隙的展布方向和张开程度随所处构造部位不同而不同,也控制着岩溶的发育方向、形态特征和发育程度。地下水循环交替条件是岩溶发育的重要控制因素,地下水各交替循环带发育不同的岩溶形态和系统,比如在垂直循环带内,主要以垂直岩溶管道发育为主;在水平循环带,岩溶以水平岩溶管道发育为主,在有隔水层和当地排泄基准面等条件的配合下,见有大型暗河、岩溶泉等出露。

区内碳酸盐岩广泛分布,以较纯的灰岩、白云岩为主,次为含一定量泥质、硅质、碳质碳酸盐岩等。在漫长的地质历史发展过程中,地下水循环作用造成碳酸盐岩的岩溶强烈发育,区内各种岩溶形态广泛分布,有溶槽、溶沟、岩溶漏斗、溶蚀洼地、落水洞、溶洞、暗河、岩溶泉等。如较大溶洞有犀牛洞、狮子洞、白岩洞、朝北洞等,洞深50~2 000m不等,洞高3~20m,宽20m以上,这些溶洞均发育石钟乳等,洞内形态奇异多变;有水溶洞、暗河、落水洞28处,主要分布在青干河及九畹溪两条支流上,暗河流量为0.1~1.0m³/s,个别达15~24m³/s。

主要岩溶工程地质问题有坑道岩溶突水、岩溶地面塌陷等。已发现地面塌陷11处,如秭归扬林区1975年8月9日至8月17日因岩溶塌陷产生地震,地震台观测1.0~1.9级地震6次,2.0~2.1级地震3次。据群众反映,类似塌陷在50年及30年以前也发生过。

四、斜坡失稳

区内长江等深大河谷发育,加上交通公路开挖,形成大量高陡斜坡地貌,在一定的岩性、构造、降雨等条件下,许多地段斜坡失稳,产生崩塌、滑坡现象。崩塌、滑坡规模有大有小,较大规模滑坡有新滩滑坡、树坪滑坡、范家坪滑坡、链子崖崩塌体等。据了解,秭归县境内潜在不稳定斜坡694处,其中滑坡514处,崩塌38处。分布情况如图3-37、图3-38所示。

综合分析该区地质背景条件及地然环境条件,斜坡失稳主要受以下因素控制。

(1)崩滑多发生于沟谷岸坡、开挖边坡情况。25°~40°中等倾斜坡,尤其顺层结构坡是斜坡产生滑动的最不利结构条件,40°以上陡坡易于产生崩塌。

(2)斜坡失稳多发生于软硬互层或含软弱夹层岩组及质软的泥岩、泥质粉砂岩碎屑岩地层。分布于谷坡及斜坡的厚层松散堆积层也容易产生滑坡。

(3)秭归地区构造上主要受黄陵背斜和秭归向斜及其他几个小一级的褶皱控制,这些构造条件从控制地层分布、斜坡结构方面影响了崩滑地质灾害的发育,使其灾害点具有群集性、线带性的特点。

(4)崩滑地质灾害发生与降雨量紧密相关,秭归地区表现为降雨对潜在不稳定斜坡的诱发作用。长江河谷区年降雨量为1 000~1 200mm左右时,容易诱发崩滑灾害,灾害发生在时空上与降雨相对应。

(5)人类工程活动是该区斜坡失稳重要影响因素,随三峡水库蓄水、新城镇迁建、公路交通建设、矿产的开采,大大加剧了该区崩滑灾害的发生。

在三峡工程水库建设中,开展了大规模斜坡治理,产生了良好效果。

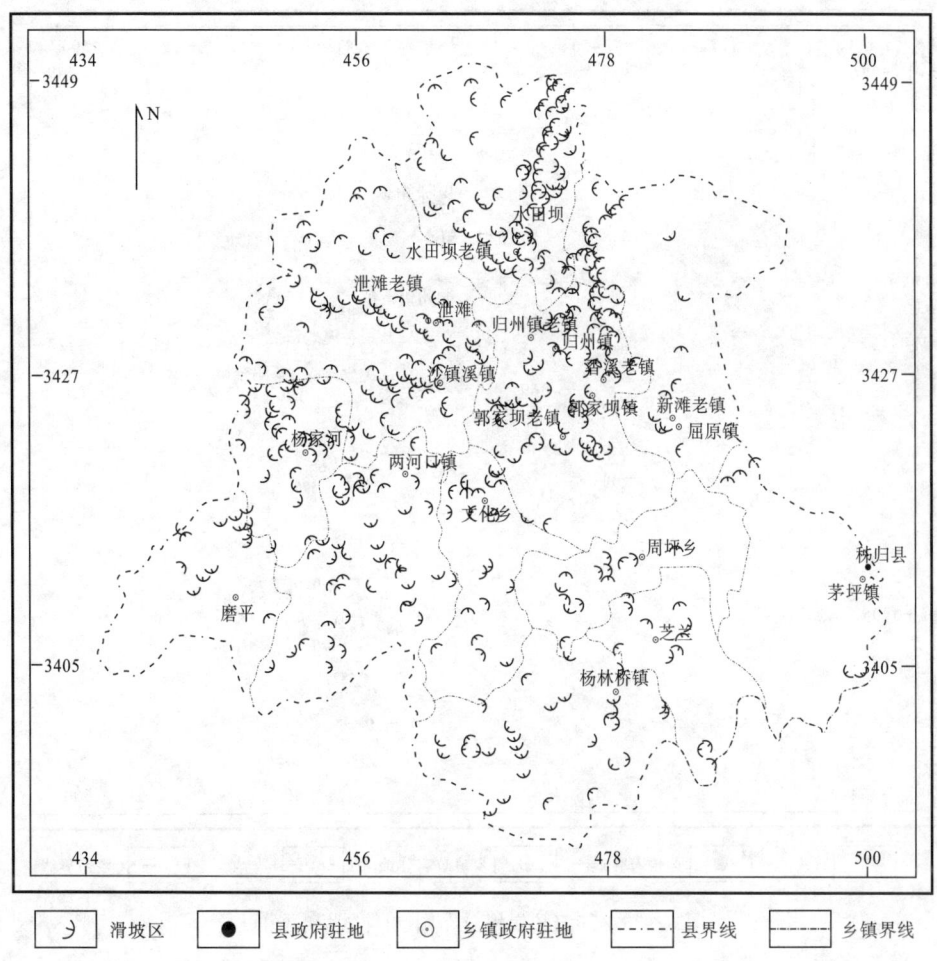

图 3-37　秭归县滑坡分布图(引自马传明,2011)

五、水库诱发地震

三峡水库的建成蓄水,极大地改变了库区地质环境条件,是否会诱发地震,引起高度重视。根据三峡水库水深、坝高、库盆形态等特点,以及近坝段区有关地质背景条件,依目前世界上发震水库条件类比分析,认为该水库诱发地震的可能性如下。

1. 碳酸盐岩-碎屑岩库段

本库段从牛口到庙河全长42km,最大蓄水深度160～130m,新增水头110～90m。库盆岩性为碳酸盐岩与碎屑岩相间分布,组成低山宽谷。经分析,具备发生水库诱发地震的地震地质背景,可能诱发构造型水库地震和岩溶型水库地震。

可能发生构造型地震的地点有两处:①仙女山断裂—九畹溪断裂(交汇处距坝址18km);②建始断裂北延与秭归盆地西缘一些断裂的交汇部位(距坝址52km)。从最坏的角度考虑,预测这两处水库诱发地震的极限震级为5.5～6级,是三峡工程最可能产生水库诱发地震的地

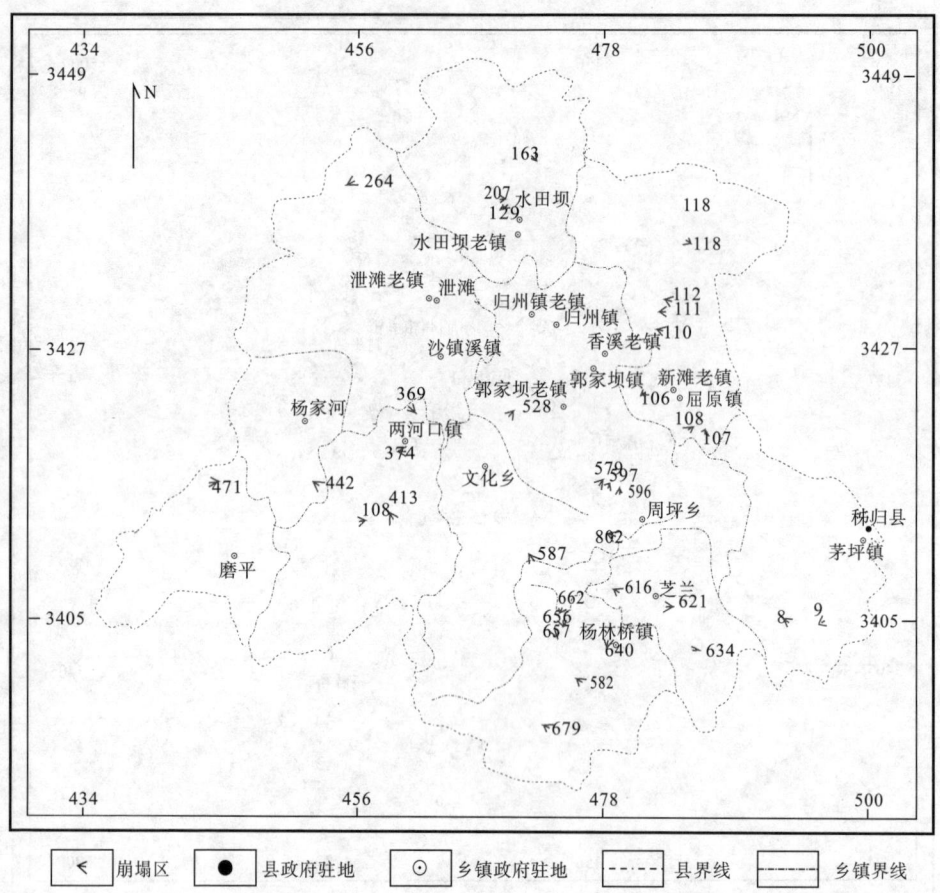

图 3-38　秭归县崩塌分布图（引自马传明，2011）

段和震级。

本库段广泛分布于水库干流和支流河段中的石灰岩地区，可能诱发岩溶型水库地震，但其极限震级不超过 4 级。岩溶型水库诱发地震较为常见，不过多为弱震或中强震，破坏性不大。

2. 结晶岩库段

本库段从庙河到坝址全长 16km，坝前最大蓄水深度 160m，新增水头 110m。库盆岩性为前南华纪变质岩和侵入其间的花岗—闪长岩体及各类脉岩。本库段没有区域性或地区性断裂通过，地震活动水平低，历史上无中强震记载，现今地震活动微弱，岩体一般不透水。经分析，不具备诱发较强水库地震的地质背景，考虑库首段蓄水深度最大，不排除诱发浅源微破裂型小震的可能，即使产生诱发地震，其极限震级在 3.0～4.0 级之间。

第四章 现场实践教学内容及要求

第一节 地层岩性实践教学

教学路线一 兰陵溪-肖家湾岩体—寒武系地层观察

1. 目的及要求

(1) 观察黄陵岩体与崆岭群接触界线。
(2) 观察震旦系寒武系地层及岩性、岩相特征。
(3) 观察地层间的接触关系及其特征。
(4) 练习绘制信手剖面图。

2. 教学内容与方法

【教学点1】
334 省道兰陵溪沿公路向西约 200m。
【教学内容】
黄陵花岗岩与崆岭群接触关系及其岩性观察。
【教学方法】
教师首先向学生概要介绍黄陵花岗岩的背景知识。用 5 分钟的时间,让学生自己观察黄陵花岗岩与崆岭群接触关系及其岩性。然后教师集中讲解与解答。最后,在教师讲解的基础上,学生绘制黄陵花岗岩与崆岭群接触关系的地质素描。

图 4-1 兰陵溪黄陵花岗岩与崆岭群侵入接触关系

【教学点背景资料】
黄陵花岗岩与崆岭群为侵入接触关系(图 4-1)。
点东侧为灰白色中粒黑云母角闪斜长花岗岩:风化面黄褐色,新鲜面灰白色;中粒结构,块状构造。主要矿物成分:石英,他形粒状;长石,自形、半自形,厚板状;暗色矿物主要为角闪石,自形长柱状,其次为黑云母,自形片状。
点西侧为深灰色条带状混合斜长片麻岩(图 4-2):可见其片麻理构造。岩层产状在与花岗岩接触处为近直立或岩层略有倒转。局部脉体含量较高,达到混合岩程度。

【教学点 2】

九曲垴桥中桥西桥头。

【教学内容】

Nh_1l /Pt_2 地层界线、两侧岩性及其组合。

【教学方法】

首先用 5 分钟的时间,让学生自己观察 Nh_1l /Pt_2 地层界线、两侧岩性及其组合。然后教师集中讲解。最后,在教师讲解的基础上,学生绘制角度不整合接触关系的地质素描。

【教学点背景资料】

莲沱组(Nh_1l)与崆岭群(Pt_2)呈角度不整合接触关系。

图 4-2　兰陵溪崆岭群斜长片麻岩

点东侧为灰色斜长片麻岩(崆岭群 Pt_2):深灰色条带状混合斜长片麻岩。

点西侧为莲沱组(Nh_1l):下部为紫红、棕紫及黄绿色粗—中粒长石石英砂岩及长石砂岩;上部主要为紫红色及灰白色凝灰质砂岩和紫褐色及黄绿色砂岩、砂质页岩。底部暗紫红色砾岩与下伏崆岭群呈角度不整合分界。

【教学点 3】

九曲垴中桥西桥头沿公路往西 30m 处。

【教学内容】

Nh_2n / Nh_1l 地层界线、两侧岩性及其组合。

【教学方法】

首先用 5 分钟的时间,让学生自己观察 Nh_2n / Nh_1l 地层界线、两侧岩性及其组合。然后教师集中讲解与解答。最后,在教师讲解的基础上,学生绘制冰碛砾岩的地质素描。

【教学点背景资料】

莲沱组(Nh_1l)与南沱组(Nh_2n)呈平行不整合接触。

点东侧为莲沱组(Nh_1l):紫红色及灰白色凝灰质砂岩和紫褐色及黄绿色砂岩、砂质页岩。

点西侧为南沱组(Nh_2n):灰绿色、紫红色冰碛泥砾岩(杂砾岩),上部夹薄层状砂岩透镜体,冰碛砾岩(杂砾岩)中的砾石分选性差,表面具擦痕。结构杂乱,呈棱角状,无分选。与下伏莲沱组凝灰质细砂岩呈平行不整合接触,与上覆陡山沱组白云岩呈平行不整合接触。

【教学点 4】

九曲垴中桥西桥头沿公路往西 50m 处。

【教学内容】

Z_1d / Nh_2n 地层界线、两侧岩性及其组合。

【教学方法】

首先用 5 分钟的时间,让学生自己观察 Z_1d / Nh_2n 地层界线、两侧岩性及其组合。然后教师集中讲解与解答。最后,在教师讲解的基础上,学生绘制古风化壳的地质素描。

【教学点背景资料】

山坡上见南沱组(Nh_2n)与陡山沱组(Z_1d)平行不整合接触,二者间发育明显的古风化壳(图 4-3)。

点东侧为南沱组(Nh_2n):灰绿色、紫红色冰碛泥砾岩(杂砾岩),上部夹薄层状砂岩透镜体,冰碛砾岩(杂砾岩)中的砾石分选性差,表面具擦痕。结构杂乱,呈棱角状,无分选。

点西侧为陡山沱组(Z_1d):以灰、褐灰、灰白色白云岩为主。下部为灰、褐灰色白云岩,含泥质和硅质磷质结核;中部为灰黑色页片状含粉砂质白云岩;上部为灰、灰白色中—厚层状白云岩夹硅质层或燧石团块组成。底以一层含砾白云岩的底面与下伏南沱组分界,顶部以黑色碳质页岩、硅质灰岩与上覆灯影组分界(图 4-4)。

图 4-3 兰陵溪南沱组与陡山沱组接触关系

图 4-4 陡山沱组与灯影组界线

本段岩性组合特色鲜明,俗称"两白两黑",即灰白色薄层白云岩—灰黑色页片及碎石结核—灰白色薄层白云岩、白云质灰岩—黑色碳质页岩、硅质灰岩。

【教学点 5】

点 4 向西沿公路 200m 处小沟西侧,横墩岩隧道出口沿公路向东南 300m 处。

【教学内容】

Z_2dy / Z_1d 地层界线、两侧岩性及其组合。

【教学方法】

首先用 5 分钟的时间,让学生自己观察 Z_2dy/Z_1d 地层界线、两侧岩性及其组合。然后教师集中讲解与解答。最后,在教师讲解的基础上,学生绘制灯影组(Z_2dy)地层的地质素描。

【教学点背景资料】

灯影组(Z_2dy)与陡山沱组(Z_1d)为整合接触关系。

点东侧为陡山沱组黑色碳质页岩、硅质灰岩。

点西侧为灯影组 Z_2dy 地层,岩性三分:下部灰白色厚层状内碎屑白云岩;中部黑色薄层状含沥青质灰岩,含燧石条带及结核,产宏观藻类;上部灰白色中—厚层状白云岩,含燧石层及燧石团块,顶部为硅磷质白云岩,产小壳化石。以黑色薄层状白云岩出现与其上覆、下伏地层分界,为平行不整合于水井沱组之下,整合于陡山沱组之上的一套地层。

岩家河组$\in_1 y$:位于震旦系和寒武系之间,具有跨系发育特征的地层单位。主要分布在三峡库区黄陵背斜南部三斗坪岩家河及西部庙河秭归一带。下部为浅灰色薄层白云岩、泥质白云岩与土黄色粉砂质页岩互层,夹黑色燧石条带。上部由黑色含碳质灰岩夹黑色页岩组成,夹透镜状灰岩或硅质结核。

【教学点 6】
横墩岩隧道西出口 200m 处。
【教学内容】
$\in_1 s / \in_1 y$ 地层界线、两侧岩性及其组合。
【教学方法】
首先用 5 分钟的时间,让学生自己观察 $\in_1 s / \in_1 y$ 地层界线、两侧岩性及其组合。然后教师集中讲解与解答。最后,在教师讲解的基础上,学生绘制巨大结核的地质素描。
【教学点背景资料】
水井沱组($\in_1 s$)与岩家河组 $\in_1 y$ 呈平行不整合接触。

点东侧为岩家河组 $\in_1 y$:深灰色中厚层内碎屑灰岩、碳质页岩。

点西侧为水井沱组($\in_1 s$):下部为中厚层黑色碳质页岩夹深灰色中厚层灰岩及透镜状硅钙质巨型结核,俗称"锅背灰岩"或"飞碟石灰岩"(图 4-5)。巨型结核最大直径可达 1.6m,形状多为透镜状、豆荚状或不规则状,成分多为钙质结核、硅质结核、硅铁质结核等,是水井沱组的重要标志。上部为浅灰色、灰白色厚层-巨厚层白云岩。岩层产状:200°∠27°。

【教学点 7】
茶园坡隧道东出口往东 300m 山谷。
【教学内容】
$\in_1 sp / \in_1 s$ 地层界线及两侧岩性。
【教学方法】
首先用 5 分钟的时间,让学生自己观察 $\in_1 sp / \in_1 s$ 地层界线、两侧岩性及其组合。然后教师集中讲解与解答。
【教学点背景资料】
地层界线为崩坡积物覆盖。

点东侧为水井沱组($\in_1 s$):中厚层黑色碳质页岩夹深灰色中厚层灰岩及透镜状硅钙质巨型结核,浅灰色、灰白色厚层—巨厚层白云岩。

点西侧为石牌组($\in_1 sp$):岩性可分为 3 段。下段为黄绿色薄层状粉砂质页岩、粉砂岩、石英细砂岩、薄层或条带状灰岩互层(图 4-6),水平层理发育。中段由深灰色薄—中厚层状灰岩、泥质条带状灰岩、团块状灰岩等组成,含三叶虫化石。上段为灰绿色中厚层状粉砂质泥岩,层面富含细小的白云母,水平层理发育,夹灰岩透镜体与条带状鲕状灰岩。

图4-5 水井沱组中的巨型结核(飞碟石)

图4-6 石牌组灰褐色薄层砂岩夹页岩条带状泥灰岩

【教学点8】

茶园坡隧道西出口处。

【教学内容】

$\epsilon_1 t / \epsilon_1 sp$ 地层界线、两侧岩性及其组合。

【教学方法】

首先用5分钟的时间,让学生自己观察 $\epsilon_1 t / \epsilon_1 sp$ 地层界线、两侧岩性及其组合。然后教师集中讲解与解答。最后,在教师讲解的基础上,学生绘制泥质条带灰岩的地质素描。

【教学点背景资料】

石牌组($\epsilon_1 sp$)与天河板组($\epsilon_1 t$)为整合接触关系。

点东侧为石牌组($\epsilon_1 sp$):灰绿色中厚层状粉砂质泥岩,夹灰岩透镜体与条带状鲕状灰岩。

点西侧为天河板组($\epsilon_1 t$):岩性可分为3段。下段为深灰色条带状灰岩、泥灰岩与泥岩、灰质泥岩互层,与下伏石牌组为整合接触(图4-7)。中段为深灰色条带状灰岩、泥灰岩与泥岩、灰质泥岩互层,夹中厚层状内碎屑灰岩、核形石灰岩及古杯礁灰岩,含三叶虫。上段为深灰色条带状灰岩、泥灰岩与泥岩、灰质泥岩互层,夹深灰色泥页岩,与上覆石龙洞为整合接触。

图4-7 天河板组与石牌组岩性分界点

【教学点9】

点8沿着公路向西约200m的加油站处。

【教学内容】

$\epsilon_1 sl / \epsilon_1 t$ 地层界线、两侧岩性及其组合。

【教学方法】

首先用5分钟的时间,让学生自己观察 $\epsilon_1 sl / \epsilon_1 t$ 地层界线、两侧岩性及其组合。然后教师集中讲解与解答。最后,在教师讲解的基础上,学生再次观察风暴角砾岩与核形石灰岩。

【教学点背景资料】

点东侧为天河板组（$\in_1 t$）：深灰色及灰色薄层状泥质条带灰岩，局部夹少许黄绿色页岩及鲕状灰岩。

点西侧为石龙洞组（$\in_1 sl$）：灰、深灰色至褐灰色中—厚层灰岩、白云岩、块状白云岩，上部含少量钙质及少量燧石团块。可见特征明显的风暴角砾岩与核形石灰岩（图4-8）。底部以厚层状白云岩与下伏天河板组泥质条带灰岩整合接触（图4-9）。

图4-8 石龙洞组核形石灰岩

图4-9 石龙洞组与天河板组分界点

【教学点10】

棕岩头隧道西出口

【教学内容】

$\in_2 q / \in_1 sl$ 地层界线、两侧岩性及其组合。

【教学方法】

首先用5分钟的时间，让学生自己观察 $\in_2 q / \in_1 sl$ 地层界线、两侧岩性及其组合。然后教师集中讲解与解答。最后，在教师讲解的基础上，学生再次观察波痕、干裂等沉积构造现象。

【教学点背景资料】

点东侧为石龙洞组（$\in_1 sl$）：灰、深灰色至褐灰色中—厚层灰岩、白云岩、块状白云岩，上部含少量钙质及少量燧石团块。

点西侧以覃家庙组（$\in_2 q$）：薄层状白云岩和薄层状泥质白云岩为主，夹有中—厚层状白云岩及少量页岩、石英砂岩，岩层中常有波痕、干裂构造，并有石盐和石膏假晶。上与三游洞群中—厚层状白云岩呈整合接触，下与石龙洞组厚层状白云岩呈整合接触（图4-10）。

【教学点11】

台上坪隧道西300m处，省道334里程90km处。

【教学内容】

$\in_3 Sy / \in_2 q$ 地层界线、两侧岩性及其组合。

【教学方法】

首先用5分钟的时间，让学生自己观察 $\in_3 Sy / \in_2 q$ 地层界线、两侧岩性及其组合。然后教师集中讲解与解答。最后,在教师讲解的基础上,学生绘制$\in_3 Sy/\in_2 q$地层界线处地质素描。

【教学点背景资料】

点东侧为覃家庙组($\in_2 q$):薄层状白云岩和薄层状泥质白云岩。

点西侧为三游洞群($\in_3 Sy$):灰、浅灰色厚层—块状微—细晶灰岩、白云岩、泥质白云岩夹角砾状白云岩,夹薄层泥质白云岩、白云质灰岩,局部含燧石。与覃家庙组为整合接触(图4-11)。

图4-10　石龙洞组与覃家庙组界线

图4-11　三游洞群与覃家庙组界线

教学路线二　肖家湾-郭家坝奥陶系—侏罗系地层观察

1. 目的及要求

(1)观察奥陶系—侏罗系地层岩性及其组合、岩相特征。

(2)观察地层间的接触关系及其特征。

(3)练习绘制信手剖面图。

2. 教学内容与方法

【教学点1】

鲤鱼潭隧道西出口西陵峡村肖家湾。

【教学内容】

$O/\in_3 Sy$地层界线、两侧岩性及其组合。

【教学方法】

用5分钟的时间,让学生自己观察$O/\in_3 Sy$地层界线、两侧岩性及其组合。然后教师集中讲解与解答。最后,在教师讲解的基础上,学生仔细观察奥陶系灰岩中的沉积结构与生物化石。

【教学点背景资料】

此处奥陶系(O)与寒武系三游洞群($\in_3 Sy$)呈断层接触。

点东侧为三游洞群($\in_3 Sy$):灰、浅灰色薄层—块状微—细晶白云岩、泥质白云岩夹角砾状白云岩。

点西侧为奥陶系厚层灰岩、生物碎屑灰岩、瘤状灰岩等(图4-12、图4-13)。因受九畹溪断层影响,奥陶系地层不连续,仅断续出露。按岩石地层单位,一般将奥陶系分为3个统9个组。其中：下统包括南津关组、分乡组、红花园组、大湾组，中统包括牯牛潭组、庙坡组，上统包括宝塔组、临湘组、五峰组。在实习区奥陶系出露如下一些组：南津关组 O_1n、红花园组 O_1h、牯牛潭组 O_2g、宝塔组 O_3b、五峰组 O_3w。奥陶系为浅海相碳酸盐及泥质沉积，主要岩性为灰色厚层石灰岩及厚层含鲕粒砂屑灰岩和生物碎屑灰岩、灰色薄层石灰岩夹黄绿色页岩、深灰色黑色厚层灰岩、浅灰色、紫红色瘤状灰岩、黑色页岩等。富含各种化石，如腕足类化石、头足类化石、角石、笔石等。

图 4-12 奥陶系生物碎屑灰岩

图 4-13 奥陶系瘤状灰岩

【教学点 2】
点 1 沿公路向西约 200m 路口子滑坡处。
【教学内容】
S/O 地层界线、两侧岩性及其组合。
【教学方法】
首先用 5 分钟的时间，让学生自己观察 S/O 地层界线、两侧岩性及其组合。然后教师集中讲解与解答。最后，在教师讲解的基础上，学生绘制志留系地层信手地质剖面图。
【教学点背景资料】
点东侧为奥陶系(O)：深灰色厚层白云岩，风化面为褐黄色。新鲜面深灰色，局部有生物碎屑灰岩和龟裂灰岩。

点西侧为志留系(S)：灰绿色中薄层粉砂岩页岩。产状 $295°\angle 35°$。在三峡库区，传统意见将龙马溪组、罗惹坪组划归下志留统，将纱帽组划归中志留统；最新研究成功认为在三峡库区仅发育下志留统地层，自下而上由龙马溪组、罗惹坪组和纱帽组构成。实习区志留系中组的划分采用最新的意见，即将志留系划分为如下 3 个组：龙马溪组(S_1l)、罗惹坪组(S_1lr)、纱帽组(S_1s)。岩性为一套陆源海相碎屑岩系。

龙马溪组(S_1l)：为一套富含笔石的黑色页岩、碳质页岩、硅质岩、碳质硅质页岩，夹泥灰岩或硅质灰岩透镜体，含腕足类和三叶虫化石。

罗惹坪组(S_1lr)：下部为黄绿色泥岩、页岩夹生物灰岩、泥灰岩或透镜体，产腕足类、笔石等混合相生物群；中部为黄灰色泥岩、钙质泥岩、粉砂岩，夹薄层灰岩或瘤状灰岩，产珊瑚、腕足类等壳相生物群；上部为黄绿色泥岩、粉砂质泥岩。

纱帽组（S_1s）：下部为黄绿色页岩、泥质粉砂岩、粉砂岩夹砂岩或紫红色细砂岩，上部为灰绿色夹紫红色中厚层状细粒石英砂岩及中至薄层状粉砂岩、砂质页岩。产腕足类、三叶虫、双壳类等化石。与泥盆系云台观组灰白色厚层砂岩呈平行不整合接触。

【教学点3】
链子崖东坡小路。
【教学内容】
D/S地层界线、两侧岩性及其组合。
【教学方法】
首先用5分钟的时间，让学生自己观察D/S地层界线、两侧岩性及其组合。然后教师集中讲解与解答。最后，在教师讲解的基础上，学生绘制泥盆系信手地质剖面。
【教学点背景资料】
点东侧为志留系纱帽组（S_1s）：碳质页岩、粉砂质泥岩。

点西侧为泥盆系云台观组（D_2y）：灰白色中至厚层或块状细粒石英砂岩，夹少许灰绿色泥质砂岩。泥盆系在此地出露如下3组。

云台观组（D_2y）：下部为灰色厚层含细砾石英砂岩、灰白色厚层石英细砂岩。砾石成分主要为石英岩，分选好、圆或次圆状，平行层理、板状斜层理发育。上部为灰白色、红色厚层石英细砂岩，夹薄层粉砂岩或粉砂质泥岩。斜层理或水平层理发育，含植物化石。与下伏早志留世晚期纱帽组呈平行不整合接触。

黄家磴组（D_3h）：岩性以灰色中厚层石英细砂岩、粉砂岩，黄绿、灰绿、黄灰及紫红等杂色泥页岩为主，夹少量灰岩和鲕状赤铁矿，时具交错层理及波痕构造，富含植物化石。与下伏云台观组呈整合接触。

写经寺组（D_3x）：下部为灰岩段，以灰、深灰色泥灰岩、灰岩或白云岩为主，时夹页岩及鲕状赤铁矿层或鲕状绿泥石菱铁矿，含腕足类化石。上部为砂页岩段，以灰绿、灰黑色页岩、碳质页岩、粉砂岩、砂岩为主，时含鲕状绿泥石菱铁矿及煤线，时含腕足类和植物化石。

【教学点4】
链子崖东坡小路
【教学内容】
C／D地层界线、两侧岩性及其组合。
【教学方法】
首先用5分钟的时间，让学生自己观察C／D地层界线、两侧岩性及其组合。然后教师集中讲解与解答。
【教学点背景资料】
点东侧为泥盆系（D）灰白色厚层石英砂岩。

点西侧为石炭系灰、浅灰肉红色厚层微晶灰岩、生屑灰岩，底为粗晶灰岩，含灰质白云岩角砾、团块，含丰富的蜓类、珊瑚、腕足类等化石。

实习区石炭系仅零星出露上石炭统大埔组和黄龙组，由于下石炭统出露区多被覆盖，故地层出露不连续，均为零星出露。

大埔组(C_2d)：岩性为浅灰—灰白色块状白云岩、白云质灰岩、灰岩，局部地段见底部为角砾岩，并含团块状燧石，含牙形石等化石。与下伏写经寺组呈平行不整合接触。

黄龙组(C_2h)：岩性为灰、浅灰肉红色厚层微晶灰岩、生屑灰岩，底为粗晶灰岩，含灰质白云岩角砾、团块，含丰富的蜓类化石，部分珊瑚、腕足类等化石。与下伏大埔组为假整合接触。

【教学点5】
链子崖东坡小路。
【教学内容】
P/C地层界线、两侧岩性及其组合。
【教学方法】
首先用5分钟的时间，让学生自己观察P／C地层界线、两侧岩性及其组合，链子崖的外貌特征。然后教师集中讲解与解答。最后，在教师讲解的基础上，学生绘制链子崖宽大裂缝的信手地质剖面。
【教学点背景资料】
点东侧为石炭系灰色厚层结晶含藻球灰岩、生物屑灰岩夹深灰色中、厚层状微晶灰岩。

点西侧为底部二叠系（P）黑色含铁质页岩，含劣质煤及黏土岩、砂岩等。上部为厚层、巨厚层灰岩，是构成链子崖危岩体的主要岩层。

二叠系在实习区出露如下几组：梁山组P_1l、栖霞组P_1q、茅口组P_2m、吴家坪组P_3w。

梁山组(P_1l)：下部岩性主要为灰白色中厚层细粒石英砂岩，夹粉砂岩、黑色泥页岩及煤层，具楔状、波状、大型斜层理，富含植物化石。上部为灰黑色碳质泥岩、粉砂岩，夹薄煤及透镜状灰岩，含腕足类等。梁山组是湖北省内主要含煤区，一般可含煤1~3层，但不稳定，多呈透镜状。与下伏黄龙组为平行不整合接触。

栖霞组(P_1q)：岩性为灰黑色中—厚层状富沥青质、碳质的瘤状灰岩及含燧石结核灰岩。其中，瘤状灰岩主要由团块状灰岩被富含沥青质、碳质的泥岩包裹，外力敲击溢出臭皮蛋味而得名"臭灰岩"。燧石结核灰岩深灰色，中厚层状，燧石结核多顺层断续分布，扁椭球状。本组化石丰富，以底栖类生物为主，如蜓类、珊瑚、腕足类等化石组合。与下伏梁山组地层为整合接触。

茅口组(P_2m)：岩性分上、下两部分。下部为灰色中—厚层状含燧石结核或燧石条带的泥晶生物碎屑灰岩，夹硅质、碳质泥晶灰岩。上部为灰色至浅灰色、灰黑色亮晶生物碎屑灰岩，含大量蜓类化石，偶见腹足类与腕足类化石。

吴家坪组(P_3w)：本组岩层可分为3段。下段岩层为青灰色透镜状硅质灰岩夹黄色黏土岩，其顶部夹不规则薄煤层，生物化石稀少。中段岩层为一套深灰色中厚层状含燧石结核或条带生物碎屑灰岩、泥质团块生物碎屑灰岩，局部见珊瑚礁灰岩，含大量腕足类、双壳类与腹足类化石。上段岩层为灰黑、深灰色薄层状硅质岩、泥岩及泥灰岩，上部夹2~3层黏土岩。

【教学点6】
马岭包隧道南出口处
【教学内容】
T_1d/P_3w地层界线、两侧岩性及其组合。

【教学方法】

首先用 5 分钟的时间,让学生自己观察 T_1d/P_3w 地层界线、两侧岩性及其组合;然后教师集中讲解与解答。

【教学点背景资料】

点南侧为吴家坪组(P_3w):深黑色中厚层灰岩。

点北侧为大冶组(T_1d):为浅海相碳酸盐岩沉积,厚 300~750m。岩性由下至上可分为 4 段:第一段为浅灰、黄灰色薄至中厚层泥晶、微晶灰岩夹灰黑色钙质泥岩,底部为白云岩或灰白色黏土岩,局部为粉砂岩。第二段为灰、瓦灰色中厚层状泥晶、微晶灰岩夹纸片状钙质泥岩,具条带状或蠕虫状结构。第三段主要为灰黄色、紫灰色薄层泥质条带状泥晶、微晶灰岩,具有泥质条带构造,是本段地层的显著特征。缝合线构造发育。第四段为灰、淡紫红色中至

图 4-14 大冶组与吴家坪组岩性分界点

厚层状鲕粒灰岩、含鲕状灰岩与夹灰色薄层状微晶灰岩互层。与下伏吴家坪组呈整合接触(图 4-14),与上覆嘉陵江组呈整合接触。产状 310°∠22°。

【教学点 7】

米仓口隧道东出口沿公路向东约 50m 处,334 国道 102km 处。

【教学内容】

T_1j / T_1d 地层界线、两侧岩性及其组合。

【教学方法】

首先用 5 分钟的时间,让学生自己观察 T_1j/T_1d 地层界线、两侧岩性及其组合。然后教师集中讲解与解答。最后,在教师讲解的基础上,学生绘制 T_1j/T_1d 分界线地质素描。

【教学点背景资料】

点东侧为大冶组(T_1d):灰色、浅灰色薄层状灰岩。

点西侧为嘉陵江组(T_1j):为浅海相碳酸盐岩沉积,厚 500~700m,自下而上可分为 4 段。第一段为灰色中—厚层粉晶白云岩夹淡紫色薄层泥晶白云岩。第二段为灰色、浅灰色及黄灰色中—薄层泥晶灰岩夹紫灰色微晶白云岩及角砾状灰岩。第三段为灰、黄灰色中—厚层状灰质白云岩夹薄层微晶灰岩及白云质灰岩。第四

图 4-15 嘉陵江组与大冶组地层分界点

段为浅灰、褐灰色中—厚层至块状微晶灰岩、白云质灰岩夹角砾状灰岩,可见石膏、石盐假晶。与下伏大冶组灰色薄层状石灰岩为整合接触(图 4-15)。

【教学点 8】

米仓口隧道西出口沿公路向西 1km,郭家坝镇公路大拐弯处向东约 20m 的小沟处。

【教学内容】

T_2b/T_1j 地层界线、两侧岩性及其组合。

【教学方法】

首先用 5 分钟的时间,让学生自己观察 T_2b/T_1j 地层界线、两侧岩性及其组合。然后教师集中讲解与解答。最后,在教师讲解的基础上,学生绘制巴东组 T_2b 信手地质剖面。

【教学点背景资料】

点东侧为嘉陵江组(T_1j):灰色中—厚层状白云岩、白云质灰岩。

点西侧为巴东组(T_2b):岩性可分为 3 部分,即上、下部分为紫红色粉砂岩、细砂岩、泥岩夹灰绿色页岩,偶含孔雀石薄膜;中部为灰岩、泥灰岩。底部普遍有灰绿色页岩,与下伏嘉陵江组白云岩、灰岩呈过渡关系,界线明显;顶部为浅灰色钙质页岩、灰岩、白云岩,与上覆香溪群纱镇溪组呈整合接触。

【教学点 9】

点 8 向西约 100m 处公路边挡土墙处。

【教学内容】

T_3s/T_2b 地层界线、两侧岩性及其组合。

【教学方法】

首先用 5 分钟的时间,让学生自己观察 T_3s/T_2b 地层界线、两侧岩性及其组合。然后教师集中讲解与解答。

【教学点背景资料】

点东侧为巴东组(T_2b):灰绿色薄层泥灰岩、紫红色粉砂质泥岩。

点西侧为沙镇溪组(T_3s):底部为粉砂岩,夹泥岩、煤层和透镜状菱铁矿;中—上部为灰色中厚—厚层石英砂岩、长石石英砂岩,砂岩比较疏松,裂隙中常因铁质侵染而成为褐色。本组地层厚 8~158m,与下伏巴东组呈平行不整合接触。

【教学点 10】

点 9 向沿公路西约 40m 处。

【教学内容】

J_1x/T_3s 地层界线、两侧岩性及其组合。

【教学方法】

用 5 分钟的时间,让学生自己观察 J_1x/T_3s 地层界线、两侧岩性及其组合。然后教师集中讲解与解答。

【教学点背景资料】

点东侧为沙镇溪组(T_3s):灰黄色厚层石英砂岩。

点西侧为香溪组(J_1x):下部为灰黑色细砾岩(图 4-16),砾石成分以燧石岩、石英岩为主,砂岩、

图 4-16 香溪组黑色厚层底砾岩

灰岩次之，分选好，圆一次圆状，充填物主要为粗砂。中部灰色、灰绿色厚层石英细砂岩、粉砂岩、泥页岩，泥页岩中夹灰黑色碳质泥岩或薄煤，含大量植物叶化石。石英砂岩中交错层理发育，常见植物茎干化石。上部灰绿色、砖红色厚层状细砂岩夹粉砂岩或泥岩，砂岩中大型交错层理发育，泥岩含大量植物、双壳类化石。厚150~180m，与下伏地层为整合接触。

第二节 地质构造实践教学

教学路线三 凤茅公路沿线地质构造形迹观察

1. 目的及要求

(1) 学习在露头上观察、分析和描述小型构造现象。

(2) 观察褶皱及断层等构造现象，测量构造要素的产状，判断构造属性或类型，绘制构造现象素描图（剖面图），记录和描述构造现象。

2. 教学内容与方法

【教学点1】

334省道K80+100。

【教学内容】

(1) 认识、观察断层现象、断层要素。

(2) 分析判断断层性质。

(3) 绘制断层剖面图。

【教学方法】

先让同学们集中在公路对面远观断层，初步判断断层的性质。然后教师提示学生观察断层应注意哪些内容，如认识两盘岩石，测量其产状；观察断层面的特征，包括断层面是否平直、是否有擦痕，测量其产状；观察是否有断层岩，断层岩结构特点、断层岩厚度等；断层邻侧岩层是否发育牵引构造等。总结如何利用擦痕、断层角砾性质、牵引现象等判断断层性质。检查学生绘制断层剖面图的情况，提出注意事项。

【教学点背景资料】

断层产状：从公路对面屋前平台观察，直观的可以发现，公路内侧边坡处发育一条断层，断层面近于垂直公路边坡，断层面较陡。根据书本上的知识，断层是一条直线，但本断层并非是一条平直的面，靠边坡下部倾向右侧（倾向北东），靠边坡上部倾向左边（倾向南西）。

两盘地层：两盘地层一致，为灰色—深灰色黑云斜长片麻岩及片岩，为变质岩，属于古元古宙崆岭群小渔村组。由于成分的分异，显示出层状构造。不同部位岩层产状有一定的变化，右盘呈现背斜的形态，为牵引褶皱。

断层岩：断层往往不是几何意义上的一个面，而通常是一个有一定宽度的断层带。断层带可以表现为不同类型的断层岩，包括构造角砾岩、断层泥等。本断层可观察到宽几厘米至几十厘米的断层角砾岩，角砾几毫米至几厘米，呈次棱角状，有一定的定向性，角砾间夹有断层泥。

断层性质的判断：根据断层两盘相对运动方向分为正断层、逆断层和平移断层。结合本断层,可从以下几个方面判断断层的类型。①牵引褶皱,右盘褶皱可认为是断层的牵引现象,据此判断右盘上升。②断层角砾性质,断层角砾呈次棱角状,说明经历过比较强烈的碾磨,同时有压扁呈透镜状的现象,根据透镜的斜列方向,也可以判断右盘上升。③擦痕,在断层面上仔细观察及用手触摸,可以发现存在近水平的擦痕。根据几个方面现象综合分析,判断为右行平移断层,牵引现象是平移断层引起的断层效应(图4-17、图4-18)。

图4-17　334省道K80+100断层

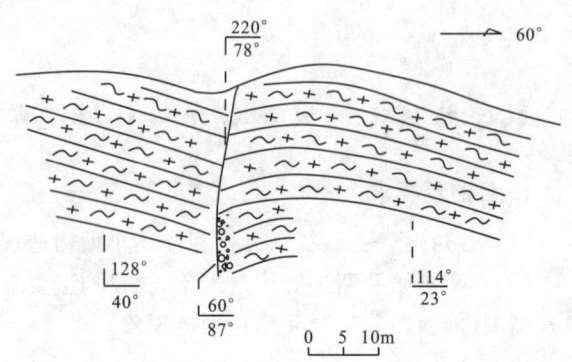

图4-18　334省道K80+100断层剖面素描

【教学点2】
334省道K83+300,汽车加水站。
【教学内容】
(1)认识、观察褶皱现象和褶皱要素。
(2)学习如何描述褶皱。
(3)绘制褶皱剖面图。
【教学方法】
　　教师首先介绍本点主要观察内容及要求,注意引导学生对褶皱核部几何形态的观察、次级褶皱的特征观察、枢纽产状的测量、两翼产状的测量等,然后让学生自行观察,绘制褶皱剖面。最后教师总结褶皱描述的方法,并可分析讨论此小褶皱与相邻褶皱可能的空间关系。
【教学点背景资料】
　　褶皱岩层:为陡山沱组($Z_1 d$),浅灰色白云岩夹泥岩,中薄层状,处于陡山沱组下部,与下伏南沱组($Nh_2 n$)等断层接触。

　　小褶皱形态观察:为一向斜,两翼向同一方向倾斜,轴面倾向北东,北东翼陡(65°∠65°),南西翼缓(55°∠30°),为倒转向斜。转折端呈圆弧状,总体圆滑,为圆弧褶皱。两翼紧闭程度中等,翼间角35°,属于中常褶皱。枢纽近水平(产状150°∠4°),为水平褶皱。发育次级褶皱,翼部次级褶皱不对称,面对剖面观察,左翼呈"S"形,右翼呈"Z"形,核部小褶皱呈对称的"W"形(图4-19、图4-20)。

图4-19　334省道K83+300褶皱

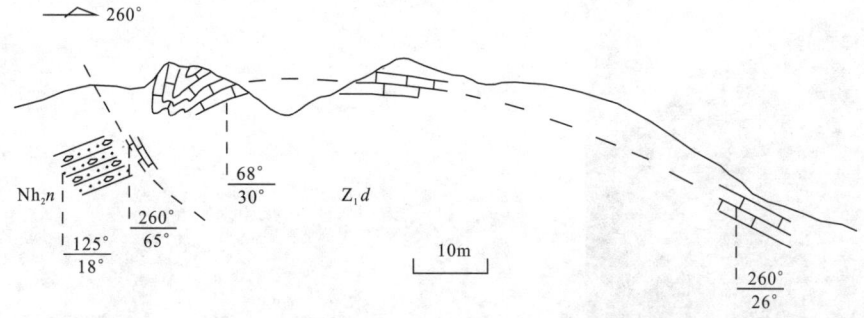

图 4-20 334 省道 K83+300 构造剖面图

褶皱空间关系：小向斜核部往南西观察，凹沟部位岩层平缓，再往南西约50m，岩层倾向南西（260°∠26°），由此分析，倒转向斜往南西方向转化为一背斜，背斜开阔。

【教学点3】
334 省道 K84，汽车加水站。
【教学内容】
(1) 从冲沟地貌、断层岩及地层对比角度观察、分析断层，判断断层性质。
(2) 观察褶皱，认识层内褶皱的概念。
(3) 绘制断层剖面图。
【教学方法】
带领同学们沿路观察认识岩性及变化，强烈褶皱的特征及其发育的层位，冲沟部位断层角砾岩的发育特征，系统测量岩层产状。根据褶皱不对称特征及发育层位，分析褶皱的可能成因，提出顺层剪切（滑动）褶皱的概念。总结如何利用断层两盘地层对比，结合断层角砾特征，判断断层性质。讨论断层的工程地质意义。
【教学点背景资料】
断层破碎带：在冲沟中可以观察到断层角砾岩，断层角砾呈棱角状，角砾大小为数毫米至数厘米，成分为浅灰色白云岩，胶结好，为钙质胶结。角砾岩与围岩的接触界面截然，界面即代表了断层面，由此可以判断断层面陡倾，倾向东，测得产状为 90°∠73°。角砾岩是存在断层的直接证据，此外角砾岩部位为冲沟部位，冲沟应是沿破碎带发育的。
两盘地层观察：宏观上看，冲沟两侧地层是不连续的。冲沟右侧（西盘）公路边坡出露两套地层，下部地层为黑色薄层状硅质岩及硅质页岩，上部地层为浅灰色中层状白云岩，岩层产状平缓（265°∠30°），发育顺层的紧闭倒转褶皱。冲沟左侧地层（东盘）则为浅灰色中层状白云岩（同样发育顺层的紧闭倒转褶皱，图 4-21），岩层产状总体中等到陡倾（265°∠40°～70°）。东盘也发育陡山沱组硅质岩及硅质页岩，但出露在冲沟往东约 70m 处。由此看，冲沟两侧地层不连续，这也是断层存在的重要依据。
断层性质判断：根据地层岩性特点及区域对比，可以判断浅灰色白云岩属于灯影组（Z_2dy），黑色薄层状硅质岩及硅质页岩属于陡山沱组（Z_1d）。由此看，东盘（上盘）下降，断层性质为正断层（图 4-22）。

 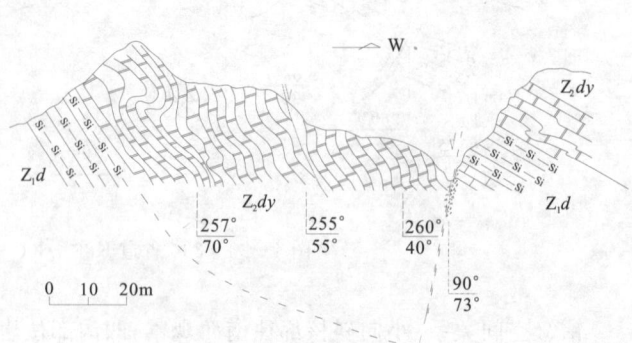

图4-21　334省道K84顺层倒转褶皱　　图4-22　334省道K84断层地质剖面图

【教学点4】

九畹溪大桥。

【教学内容】

(1)认识、观察层内褶皱。

(2)绘制褶皱素描图。

【教学方法】

教师带领学生在九畹溪桥头隔河远观河谷左岸峭壁上出露的复杂褶皱现象,引导学生识别褶皱,对褶皱进行分类;观察褶皱轴面与层面产状之间的关系,以及褶皱两翼对称性,分析褶皱作用运动学过程;分析褶皱与层位的关系,对比相邻岩层在岩性及层厚上的差异;提出顺层剪切(滑动)作用的模式;讨论顺层滑动作用的工程地质意义。

【教学点背景资料】

褶皱特点:褶皱发育在九畹溪左岸峭壁中上部,褶皱为斜卧到平卧褶皱,轴面与岩层面近于平行。两翼不对称,一翼长一翼短,呈"S"形(图4-23、图4-24)。

 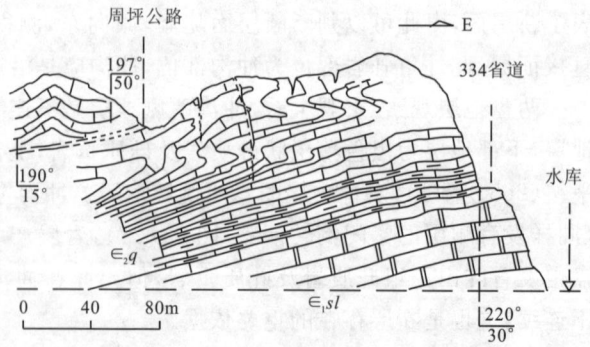

图4-23　九畹溪桥头小褶皱　　图4-24　九畹溪大桥小褶皱剖面素描图

褶皱地层:褶皱地层为灰色中层状灰岩夹薄层状页岩,为中寒武统覃家庙组($\in_2 q$)。下部地层为灰白色厚层状白云岩,属下寒武统石龙洞组($\in_1 sl$)。岩层缓向西倾斜(270°∠30°)。

褶皱成因分析:褶皱仅在覃家庙组($\in_2 q$)中发育,在上覆及下伏层位均未发育褶皱,覃家庙组($\in_2 q$)岩性相对上下层位较为软弱,说明褶皱是层内褶皱。褶皱不对称,说明是剪切应力作用下形成的。综合分析认为是区域性的顺层滑动作用下形成的层内褶皱。

教学路线四 九畹溪-仙女山断裂观察

1. 目的及要求

(1)通过九畹溪-仙女山断裂的识别和观察,学习区域性活断层的观察和分析方法。

(2)从断裂带的地貌特征、断裂两盘地层、破碎带特征、泉水出露及活动性角度认识仙女山断裂的特征,测量构造要素的产状,判断构造属性或类型,绘制构造现象素描图(剖面图),记录和描述构造现象,分析活断层研究的工程地质意义。

2. 教学内容与方法

【教学点1】

界垭。

【教学内容】

(1)从宏观地貌特征,认识地貌与断裂的联系。

(2)从地层对比及断层伴生构造现象,观察、认识断层现象。

(3)绘制断裂剖面图。

【教学方法】

首先带领学生远观宏观地貌特征,从线状延伸、深切沟谷地貌现象,初步判断断裂存在的可能性,介绍断裂影响地貌的方式及断裂地貌的主要特点。然后沿垭口东侧便道观察岩性、岩石结构、产状等特点,分析判断地层层位,观察断裂影响带内岩石重结晶及强烈发育方解石脉现象,观察破裂面上发育的擦痕,认识阶步、反阶步现象,判断滑动方向,测量线理产状;在垭口西侧观察岩性,测量岩层产状。最后根据观察到的现象,综合分析断裂特征,绘制断裂剖面图。

【教学点背景资料】

地貌表现:沿北东约20°方向发育一山谷,山谷深切,方向顺直,为断层的地貌表现。

地层对比分析:垭口西侧出露志留系(S)页岩—砂质页岩,岩层产状286°∠30°。东侧出露地层为奥陶系,为结晶灰岩,靠上部岩层(民房屋后边坡)为串珠状灰岩,中层状,为中奥陶统牯牛潭组($O_2 g$);靠下部岩层为灰色结晶灰岩,灰岩成分较纯,中厚层状,为中奥陶统红花园组($O_1 h$),岩层产状为290°∠76°。志留系和奥陶系之间应为整合接触关系,本观察点表现出,志留系和奥陶系之间产状不一致,缺失中奥陶统的一部分和奥陶系上统,由此可推断垭口部位存在断层(图4-25)。

断层现象分析:断层带部位被第四系覆盖,不能直观的观察,但在垭口东侧灰岩露头上,可以观察到断层的伴生构造现象——擦痕。奥陶系中统红花园组($O_1 h$)灰岩中,大量发育擦痕及线理,擦痕面上发育白色方解石线理(图4-26)。擦痕面的产状可以代表大断层的断层面,测量擦痕面产状可以判断断层的产状。擦痕上的阶步和反阶步可以判断断层的运动方向。

图 4-25　九畹溪断裂擦痕（界垭）

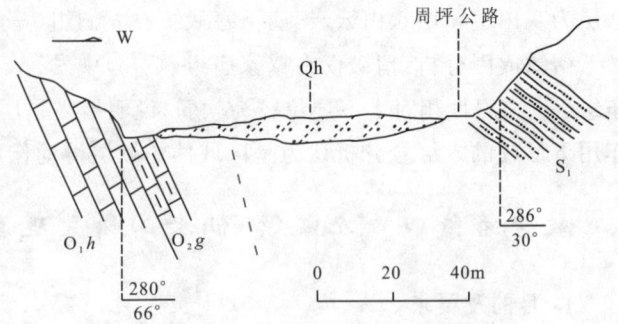

图 4-26　九畹溪断裂剖面图

【教学点 2】
周坪东山梁。
【教学内容】
(1) 从宏观地貌特征，认识地貌与断层的联系。
(2) 观察断层破碎带特征，认识构造透镜体及片理化现象，判断断层性质。
(3) 绘制断层剖面图。
【教学方法】
带领学生往南远观宏观地貌特征，判断断层延伸部位。观察断层破碎带，从西往东穿过破碎带，介绍地层岩性、产状、结构等变化现象，认识断层带重结晶、灰岩透镜化、片理化现象，根据透镜体的排列方位，分析判断断裂活动性质。从本点进一步理解断层带的概念，总结断层长期、多期活动的可能性。
【教学点背景资料】
地貌表现：往南偏西方向远观，发育一山谷，山谷深切，方向顺直，为断层的地貌表现。

断层破碎带观察：在山梁小路内侧可观察到断层破碎带（图 4-27、图 4-28）。此段宽 30 余米的剖面段，可划分出 4 个带。①志留系页岩—砂质页岩，灰绿色，强风化，表层覆盖残坡积。②灰岩，灰岩已重结晶大理岩化，新鲜面为灰白色，为中层状，根据成分特点及区域对比，推断为奥陶系宝塔坪组（O_3b）。③灰岩透镜化-片理化带，此带由②往东观察，先出现大理岩化灰岩层强透镜化带，透镜体大小不等；然后为劈理、片理化带，其主要成分仍为大理岩化的灰岩，细观仍由

图 4-27　仙女山断裂破碎带（周坪东山梁）

小的透镜体组成，与透镜化带呈渐变过渡关系。④白垩系上统（K_2）砂岩、砂砾岩，中—厚层状，岩层完整。

断裂性质分析：由于覆盖，断层面不能被直接观察到。根据透镜体扁平面及片理的产状，

可以判断断面的产状倾向西（250°∠71°）。从破碎带西侧边界看，新地层在上，老地层在下，可以判断为正断层。从破碎带东侧边界看，老地层在上，新地层在下，可以判断为逆断层；从东侧白垩系地层的褶皱牵引方向看，也可以判断为逆断层。从透镜化—片理化带中透镜体产状看，其中透镜体扁平面与透镜化—片理化带呈小角度斜交，根据断层带中透镜状角砾扁平面与断层所夹锐角指示对盘运动方向的判断规则判断此透镜化—片理化带的形成过程经历了正断层性质活动。综合分析认为，断层经历了多阶段及多性质的活动历史。

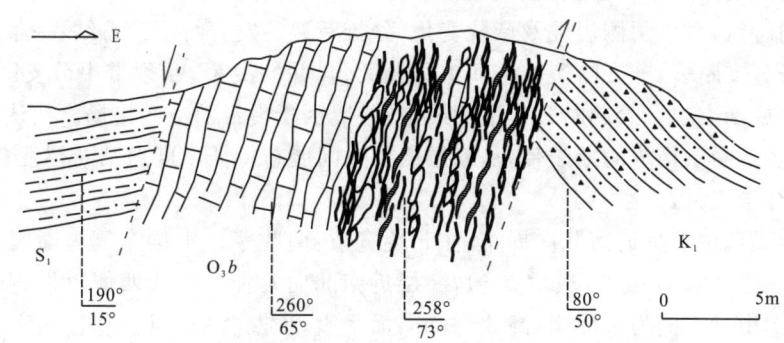

图 4-28 仙女山断裂构造剖面图

【教学点 3】
周坪东山梁东岩溶泉水点。
【教学内容】
(1) 观察岩溶泉出露特征，包括出露部位、岩性条件、流量等特征。
(2) 分析岩溶泉形成条件及与断裂带的关系。
(3) 绘制剖面图。
【教学方法】
带领学生到泉眼出露部位观察岩溶泉特征，从地貌、岩性及断裂角度，分析岩溶泉产出条件。
【教学点背景资料】
泉水出露特征：山梁东坡，出露一泉水点，流量估计 50L/s，水量稳定，常年不枯，泉水清澈、清凉。出露地层为钙质胶结的灰岩角砾岩，但附近观察仍可发现呈层状的灰岩岩层，灰岩较纯，泉水为岩溶泉。泉水出露点处在灰岩与白垩系砂砾岩的接触界面部位，根据两侧地层产状及角砾岩发育，可判断泉水出露部位是一断层破碎带，此断裂与上点观察的仙女山断裂是同一条断裂。

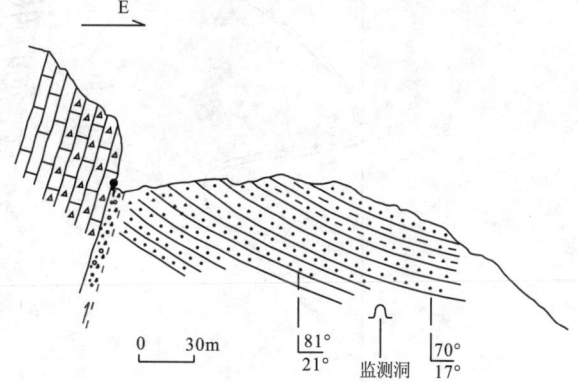

图 4-29 仙女山断裂周坪东山梁泉水点剖面图

泉水出露条件：岩溶泉出现，说明存在岩溶暗河系统，碳酸盐岩地层是岩溶泉汇集和流动的介质条件；断层破碎带为岩溶通道发育提供了构造条件；断层下盘砂砾岩致密、交接好，为泉水溢出提供了隔水条件（图 4-29）。

【教学点4】
周坪东山梁。
【教学内容】
(1)了解断裂带空间展布情况。
(2)绘制断裂带平面图。
【教学方法】
带领学生穿越东山梁,观察岩性组成及结构特征,判断地层层位;在山梁西侧边界断裂处,观察岩石结构特点,对比两侧岩性及产状变化,分析断裂的发育特征。总结:一条区域断裂带,可能存在多条分支断裂,分支断裂在空间上呈分叉、合并的关系,断裂带中分支断裂分割的地质体称为断片或断夹块。绘制断裂带平面展布图,展示断裂带的空间格局。从认识断层,到断层破碎带,到多条断层构成的断裂带,从断层点到空间展布特征角度总结断裂发育特征。
【教学点背景资料】
周坪东山梁地貌上呈近南北向展布,往北变宽,往南收窄。山梁东侧为断裂,证据是观察到破碎带(教学点2)及泉眼点(教学点3),断层近南北向延伸。山梁西侧也发育断裂,证据包括以下几点:①山梁东侧为一陡崖,高5~20m,面平直,推断为断层崖;②崖面上擦痕发育,擦痕线理近水平;③近崖面方解石脉发育,碳酸盐岩重结晶强烈;④崖面西侧志留系与东侧不同时代地层接触。
东西两条断层及所夹的东山梁,整体可看作仙女山断裂带(图4-30)。

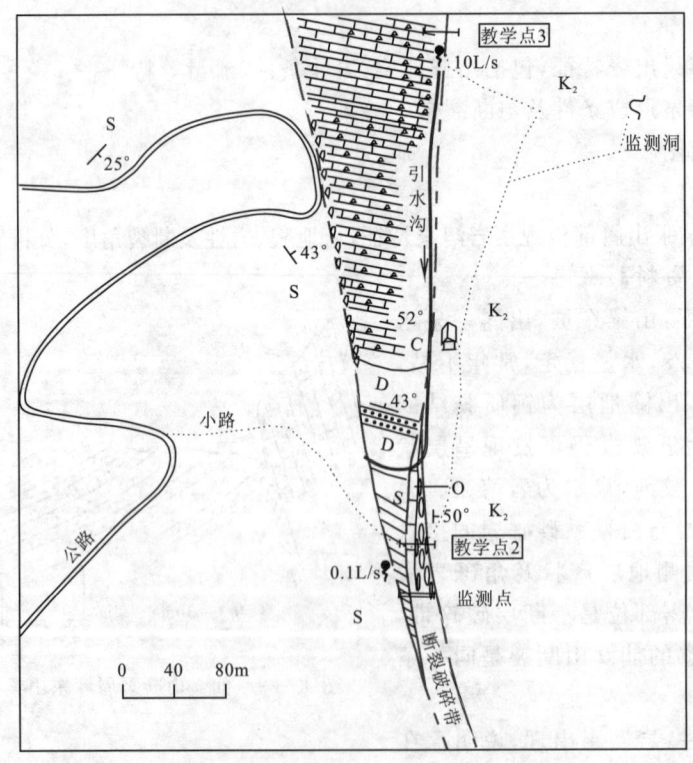

图4-30 周坪东山梁仙女山断裂带平面示意图

【教学点 5】
周坪东山梁。
【教学内容】
仙女山断裂监测点,包括地表位移测量点和隧洞应变、位移监测。
【教学方法】
在教学点 2 的教学内容完成后,带领学生参观仙女山断裂带地面变形监测点,介绍监测原理;在看完岩溶泉(教学点 3)后,顺道参观仙女山断裂监测隧洞,介绍其中设置有应变、位移等监测措施。总结介绍仙女山断裂区域展布情况、地震活动性,介绍活断层的概念、活断层的研究方法、活断层的识别标志及研究活断层的工程意义,以及三峡工程诱发地震的研究。

【教学点背景资料】
仙女山断裂带北起长江南岸秭归县的荒口,向南经周坪、老林河、长阳县青林口、都镇湾、五峰县桥沟直至渔洋关,全长约 90km,走向 340°～350°,断面向东或西陡倾。仙女山断裂形成于燕山期以前,最后一次强烈活动时代为早、中更新世,活动年龄在 15 万年左右。断裂现今仍有一定的活动迹象,位移观测资料表明,仙女山断裂北段右行扭动和垂直形变速率分别为 0.12mm/a 和 0.06mm/a,西盘下降。30 多年通过仪器记录了近 20 余次小于 3 级的地震,大于 3 级的地震 3 次,最大地震为 1961 年南段潘家湾的 4.9 级地震,其次为 1991 年长阳西 4.2 级和 1972 年周坪 3.3 级地震。资料表明,仙女山断裂属工程活动断裂,但其活动度并不高,断裂最大地震震级均小于 6.0 级。

教学路线五 岩体结构及裂隙测量

1. 目的及要求
(1)认识岩体结构与结构面特征。
(2)了解结构面量测方法,分小组测量本点处结构面,绘制节理玫瑰图及等密度图。

2. 教学内容与方法
【教学点 1】
秭归客运码头西岩体露头处,也可根据具体情况选择适合的点。
【教学内容】
(1)岩体结构面、岩体结构观察。
(2)结构面测量。
(3)绘制节理玫瑰花图及等密度图。
【教学方法】
将学生带到结构面量测后,先由教师讲解岩体结构面的研究意义及测线法测量结构面的方法(可边讲解边示范)。然后,布置学生分组测量,要求每个小组测量 100～150 条结构面,并运用软件绘制节理玫瑰花图及等密度图。
【教学点背景资料】
1)岩体结构、结构面研究意义
所谓结构面,系指岩体中具一定方位和厚度、两向延伸的地质界面,结构面可分为两大类:

①物质分异面,如层面、片理面、软弱夹层、岩浆侵入接触面等;②岩体中的不连续面,如断层、节理、风化与卸荷裂隙等。这两类地质界面统称为结构面。

结构面对工程岩体的完整性、渗透性、物理力学性质及应力传递等都有显著的影响,是造成岩体非均质、非连续、各向异性和非线弹性的本质原因之一。因此,全面研究结构面的特征是岩体力学和工程地质中的一个重要课题,具有重要的理论与实际意义。主要表现在如下几方面。①在工程荷载(一般小于 10MPa)范围内,工程岩体常常是沿软弱结构面失稳破坏。②在工程荷载作用下,结构面及其充填物的变形是岩体变形的主要组分,控制着工程岩体的变形特性。③结构面是岩体渗透水流的主要通道,而在工程荷载作用下结构面的变形又将极大地改变岩体的渗透性、应力分布及其强度。因此,预测工程荷载作用下岩体渗透性的变化,必须研究结构面的变形性质及其本构关系。④工程荷载作用下,岩体中应力分布受结构面及其力学性质的影响。

2) 结构面类型、分级、几何特征

(1)结构面类型。结构面是在建造和改造过程中形成的,其空间分布与特性与其成因类型密切相关,故可按成因进行结构面分类。一般可分为五大成因类型:①沉积结构面;②火成结构面;③变质结构面;④构造结构面;⑤次生结构面(表 4-1)。

表 4-1 结构面成因类型

序号	成因	地质类型	主要特征
1	沉积结构面	层面 软弱夹层 沉积间断面	产状与岩层一致, 一般延续性较强, 易受构造及次生作用而恶化
2	火成结构面	火成接触面 岩流层面 冷凝节理	产状受岩浆岩形态控制, 接触面一般延伸远,原生节理则较短小, 火成岩间可有泥质充填
3	变质结构面	片理 软弱夹层	产状有区域性, 延续一般较差, 在深部一般闭合,地表显化
4	构造结构面	劈理 节理 断层 层间破碎夹层	产状和岩层产状有一定关系, 特性和力学成因关系密切, 常为原生结构形成的构造演化产物
5	次生结构面	卸荷裂隙 风化裂隙 风化夹层 泥化夹层 层面及裂隙夹泥	在地表部位发育, 延续性不强, 产状变化大, 结构面常有泥质物充填

(2)结构面分级。各类结构面规模不等,差异极大,不仅影响岩体的力学性质,而且影响工程岩体力学作用及其稳定性。按结构面延伸长度、切割深度、破碎带宽度及其力学效应,可将结构面分为 5 级(表 4-2)。

表 4-2 结构面分级及其特征

级序	分级依据	力学效应	力学属性	地质构造特征
Ⅰ级	延展长,几千米至几十千米以上,贯通岩体,破碎带宽度达数米至数十米	形成岩体力学作用边界,控制岩体变形和破坏,构成独立的力学介质单元	软弱结构面,构成独立的力学模型——软弱夹层	较大的断层
Ⅱ级	延展规模与研究的岩体相当,破碎带宽度比较窄,几厘米到数米	形成块裂体边界,控制岩体变形和破坏方式,构成次级地应力边界	软弱结构面	小断层、层间错动带
Ⅲ级	延展长度短,从十几米至几十米,无破碎带,不夹泥,偶有泥膜	参与块裂岩体切割,划分Ⅱ岩体结构类型的重要依据,构成次级地应力场边界	多数属坚硬结构面,少数属软弱结构面	不夹泥、大节理或小断层、开裂层面
Ⅳ级	延展短,未错动,不夹泥,有的呈弱闭合状态	划分岩体Ⅱ级结构类型的基本依据,是岩体力学性质、结构效应的基础,有的为次级地应力场边界	坚硬结构面	节理、劈理、层面、次生裂隙
Ⅴ级	延展短,且连续性差	岩体内形成应力集中,岩块力学性质结构效应基础	坚硬结构面	不连续小节理、隐节理及片理面

(3) 结构面几何特征。结构面对岩体力学性质的影响程度则主要取决于结构面的发育特征。如岩性完全相同的两种岩体,由于结构面的空间方位、连续性、密度、形态、张开度及其组合关系等的不同,在外力作用下,这两种岩体将呈现出完全不同的力学反应。

结构面的产状常用走向、倾向和倾角表示。结构面与最大主应力间的关系控制着岩体的破坏机理与强度。

结构面的连续性反映结构面的贯通程度,常用线连续性系数、迹长和面连续性系数等表示。结构面的连续性对岩体的变形、变形破坏机理、强度及渗透性都有很大的影响。

结构面的密度反映结构面发育的密集程度,常用线密度、间距等指标表示。线密度是指结构面法线方向单位测线长度上交切结构面的条数(条/m);间距则是指同一组结构面法线方向上两相邻结构面的平均距离。结构面的密度控制着岩体的完整性和岩块的块度。一般来说,结构面发育愈密集,岩体的完整性愈差,岩块的块度愈小,进而导致岩体的力学性质变差,渗透性增强。

结构面的张开度是指结构面两壁面间的垂直距离。结构面两壁面一般不是紧密接触的,而是呈点接触或局部接触,接触点大部分位于起伏或锯齿状的凸起点。这种情况下,由于结构面实际接触面积减少,必然导致其黏聚力降低,当结构面张开且被外来物质充填时,则其强度将主要由充填物决定。另外,结构面的张开度对岩体的渗透性有很大的影响。

根据大量的野外实测统计表明,Ⅳ级及部分Ⅲ级结构面的产状、迹长、间距及张开度等几何特征参数,服从于某种随机分布规律,而非定值。表 4-3 列出了结构面几何要素常见的概率分布规律,同时还给出了这些分布函数的表达式,供使用时参考。这些分布规律对结构面网络及连通网络模拟、研究结构面的空间分布、岩体质量评价及岩体力学性质参数确定等都是很有用的。

表 4-3 结构面几何要素经验概率分布形式表

要素	常见分布形式	提出人	几种常见分布的表达式
倾向	正态，均匀	Call、Fisher 等	均匀：$f(x)=\dfrac{1}{b-a}$
倾角	正态，对数正态	Herget、潘别桐等	正态：$f(x)=\dfrac{1}{s\sqrt{2\pi}}e^{-\frac{1}{2}(\frac{x-\mu}{s})^2}$
迹长	负指数，正态，对数正态	Robertson、潘别桐等	对数正态：$f(x)=\dfrac{1}{\sqrt{2\pi}sx}e^{-\frac{1}{2}(\frac{\ln x-\mu}{s})^2}$
间距	负指数，对数正态	Barton、潘别桐等	负指数：$f(x)=\lambda e^{-\lambda x}$
张开度	负指数，对数正态	Snow、潘别桐等	注：μ 为均值，$\lambda=\dfrac{1}{\mu}$；s^2 为方差

结构面的形态对岩体的力学性质及水力学性质存在明显的影响，结构面的形态可以从侧壁的起伏形态及粗糙度两方面进行研究。据统计，结构面侧壁的起伏形态可分为：平直的、波状的、锯齿状的、台阶状的和不规则状的几种。侧壁的起伏程度可用起伏角(i)表示；结构面的粗糙度可用粗糙度系数 JRC 表示，随粗糙度的增大，结构面的摩擦角也增大。

结构面的组合关系控制着可能滑移岩体的几何边界条件、形态、规模、滑动方向及滑移破坏类型，它是工程岩体稳定性预测与评价的基础。任何坚硬岩体的块体滑移与破坏，都必须具备一定的几何边界条件。因此，在研究岩体稳定性时，必须研究结构面之间及其与临空面之间的组合关系，确定可能失稳块体的形态、规模和可能滑移方向等。结构面组合关系的分析可用赤平投影、立体投影和三角几何计算法等进行。

3) 岩体结构类型划分及其特征

岩体中的各类结构面都是内外动力作用的产物，貌似杂乱无章，实际有规可循。将岩体中所有结构面作为整体研究，可以发现，随着它们的组合形式不同，可构成组合型式不同的岩体。将结构面组合形式进行归纳总结，由此诞生了"岩体结构"这一概念。所谓岩体结构是指岩体中结构面与结构体的排列组合特征，也就是说不同的结构面与结构体之间，以不同方式排列组合形成了不同的岩体结构。在大量工程实践中发现：岩体结构不同，岩体物理力学性质、工程岩体变形破坏的难易程度与方式也不同；同时岩体结构还控制了工程岩体的稳定性。

岩体结构类型的划分首先要依据岩石组合特征。其次，应充分反映岩体的不均一性和不连续特征。在类型划分中，还要特别重视结构面特性与结构面的发育程度和组合形式。据此将岩体结构划分为 5 大类(表 4-4)。由表可知：不同结构类型的岩体，其岩石类型、结构体和结构面的特征不同，岩体的工程地质性质与变形破坏机理也都不同。但其根本的区别还在于结构面的性质及发育程度，如层状结构岩体中发育的结构面主要是层面、层间错动；整体状结构岩体中的结构面呈断续分布，规模小且稀疏；碎裂结构岩体中的结构面常为贯通的且发育密集，组数多；而散体状结构岩体中发育有大量的随机分布的裂隙，结构体呈碎块状或碎屑状等。

表 4-4　岩体结构类型划分表（引自《岩土工程勘察规范》）

岩体结构类型	岩体地质类型	主要结构体形状	结构面发育情况	岩土工程特征	可能发生的岩土工程问题
整体状结构	均质、巨块状岩浆岩、变质岩、巨厚层沉积岩、正变质岩	巨块状	以原生节理为主，多呈闭合型，结构面间距大于1.5m，一般不超过1~2组	整体性强度高，岩体稳定，可视为均质弹性各向同性体	不稳定结构体的局部滑动或坍塌，深埋洞室的岩爆
块状结构	厚层状沉积岩、正变质岩、块状岩浆岩、变质岩	块状、柱状	只具有少量贯穿性较好的节理裂隙，裂隙结构面间距0.7~1.5m，一般为2~3组，有少量分离体	整体强度较高，结构面互相牵制，岩体基本稳定，接近弹性各向同性体	
层状结构	多韵律的薄层及中厚层状沉积岩、副变质岩	层状、板状、透镜体	有层理、片理、节理，常有层间错动面	接近均一的各向异性体，其变形及强度特征受层面及岩层组合控制，可视为弹塑性体，稳定性较差	不稳定结构体可能产生滑塌，特别是岩层的弯张破坏及软弱岩层的塑性变形
碎裂状结构	构造影响严重的破碎岩层	碎块状	断层，断层破碎带、片理等较发育，裂隙结构面间距0.25~0.5m，一般在3组以上	完整性破坏较大，整体强度低，并受断裂等软弱结构面控制，多呈弹塑性介质	易引起规模较大的岩体失稳，地下水加剧岩体失稳
散体状结构	构造影响剧烈的断层破碎带、强风化带、全风化带	碎屑状、颗粒状	断层破碎带交叉，构造及风化裂隙密集，结构面及组合错综复杂，并多充填黏性土，形成许多大小不一的分离岩体	完整性遭到极大破坏，稳定性极差，岩体属性接近松散体介质	易引起规模较大的岩体失稳，地下水加剧岩体失稳

4) 结构面测量方法

岩体中的结构面看似杂乱无章，实则有规律可循。因此，我们可以通过结构面实测统计对岩体结构与结构面进行研究。用测线法测量结构面是在岩体露头（人工揭露或天然露头）面上布置测线，并依据一定的方法对测线所经过的结构面进行实测统计的方法。

其基本方法步骤如下。

(1) 选择测量区，选择的测量区域应能满足如下要求。①岩体露头好，能够测量到足够多的结构面，一般需有 100~200 条左右结构面。②应有不同方向的露头面，最好能有 3 个正交方向的露头面以供测量，以便能够测到所有结构面而不致漏测。如果没有，也应尽可能选择几个大角度相交的露头面进行测量。③露头面岩体未被扰动，岩体新鲜。④测量区的岩体岩性应相同，并且位于同一构造单元内。⑤露头面尽量平直且直立。

(2) 测线布置，在选择好的露头岩面上布置测线，并将长约 30m 的皮尺（或测绳）固定在测线上（固定好后在测量过程中不能动）。测线布置应能满足如下要求。①测线应尽量沿水平方向布置。②拉直。③测线位置一般在露头面下方便于量测且结构面清晰的部位。当露头面过高时，应标出删节线。删节宽度一般为结构面平均迹长的 2~3 倍，删节线应与测线平行，记录删节线方位和长度。

(3)测量、记录。测量以小组为单位,1人记录,1~2人用罗盘量测结构面产状,1~2人测量结构面半迹长(或删节半迹长)和其他数据,并将测量到的各种数据记录在表4-5中。测量时应注意凡是与测线相交的结构面都要量测,不能漏测或有选择性地测量,当然对一些规模很小的或微结构面则可不测。

表4-5 岩体结构面测线测量记录表

记录者				测线方位						年 月 日
记录表编号				测量位置		露头面产状			露头类型	
测线号				岩石类型		露头面尺寸			露头条件	

编号	位置(m)	结构面产状			半迹长(m)	隙宽(mm)	端点类型	结构面类型	粗糙度	充填胶结状态	备注
		倾向	走向	倾角							
1											
2											
3											
⋮											

记录内容如表4-5,主要包括以下几方面。

①位置,为结构面与测线相交处的测线读数。若露头面不平,则应将其延至测线上再读取。

②结构面产状一般指结构面在测线附近的走向、倾向和倾角。

③半迹长是指测线上方至露头边的长度,如果有删节线则指测线上方至删节线的长度,称为删节半迹长(图4-31)。

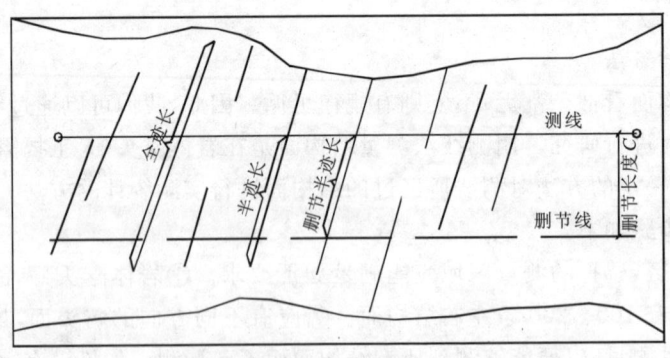

图4-31 测线与半迹长的关系

④隙宽一般指结构面在测线附近的张开宽度,可用直尺或塞尺等测量。

⑤端点类型指结构面的终止状态,一般有3种类型,即:结构面终止于岩体内;结构面终止于另一结构面,即被另一结构面所切;结构面延出删节线或露头边线外。

⑥结构面类型指节理或构造裂隙(用J代表)、层面(用S代表)、断层(用F代表)等。

⑦充填胶结状态指结构面内充填或胶结的类型、程度及其物质成分等。
(4)测完一条测线后再测另一条测线,直到把选择的每一条测线测完为止。
5)测量成果整理

结构面测量数据是结构面研究和岩体结构面网络模拟的基础资料。利用这些数据可得到如下主要成果。①节理玫瑰花图。②结构面等密度图、结构面分组及其优势产状。③进行结构面网络模拟。④利用结构面分组的优势产状作赤平投影图。利用这些成果资料可进行岩体结构分析,建立岩体力学模型和分析工程岩体稳定性。

本次实习只要求学生绘制节理玫瑰花图及等密度图,其作法可参照构造地质学中所学的方法进行。

第三节 第四纪地质地貌实践教学

教学路线六 茅坪溪第四纪沉积物与河谷地貌观察

1. 目的及要求

(1)了解河谷地貌的特点,阶地的发育状况。
(2)了解冲积物、洪积物的形成、分布规律、物质组成及其工程性质。
(3)绘制典型的第四纪地层剖面图。
(4)绘制山间河谷地貌横断面图。

2. 教学内容与方法

【教学点1】
付家老屋南200m处干溪沟民爆站附近。
【教学内容】
(1)观察洪积物地貌特征。
(2)观察洪积物形成条件。
【教学方法】
先带领学生到视野开阔地带,宏观观察地形地貌,辨识这一带的不同地貌单元,确认扇形地貌及洪积堆积现象的存在,进一步由教师引导学生确定洪积物边界,了解洪积扇的基本特征。
【教学点背景资料】
(1)茅坪溪洪积物。洪积物是山区溪沟间山洪作用堆积在山前沟口的碎屑物质,属快速流水搬运,因此一般颗粒较粗,除砂、砾外,还有巨大的块石,分选性差,大小混杂。因为洪流搬运距离不远,所以碎屑滚圆度不好,多呈棱角、次棱状。可发育斜层理。

洪积物常堆积成扇形或锥形地貌,即所谓的洪积扇(锥)。教学点洪积扇地貌形态特征典型,西面扇顶位于沟口,东面洪积扇前沿直抵茅坪河,如图4-32。
(2)干溪沟洪积扇基本特征。根据上述观察可总结洪积扇的特征。
由扇顶到扇缘:地面逐渐降低,堆积物逐渐变细,分选性逐步变好,渗透性降低,地下水位

图 4-32 干溪沟洪积扇全貌

由深到浅。

扇顶：坡度陡，由大块石和筛滤堆积物组成，中间厚，两侧薄。

扇中：坡度较缓，以块石夹粉砂为主，横切面似弦切面，中部堆积厚，两侧薄。

扇缘：坡度平缓，以粉砂和黏土为主，局部夹块石。

【教学点 2】

付家老屋南 200m 处干溪沟中游。

【教学内容】

(1)洪积物的物质组成、分布规律及其工程性质。

(2)沿干溪沟绘制洪积物地层剖面图。

【教学方法】

从扇顶开始顺侧面冲沟(干溪沟)而下至洪积扇前缘河边，沿途选两个典型断面对洪积物进行考察描述，并绘制剖面图。沿途考察洪积物的变化特征，确定扇顶相、扇形相和滞水相的岩相区分。同时考察现代冲沟和原山洪堆积冲沟的情况。

沿溪沟及旁侧道路观察洪积物的砾石大小、分选、成分、结构等特征。扇顶区堆积物的颗粒粗大，碎块磨圆度差，多呈棱角状；离山区或高地较远的地方，堆积物的颗粒逐渐变细，以次棱状和次圆状为主。由于每次暂时水流的搬运能力不等，在粗大颗粒的孔隙中往往填充了细小颗粒，而在细小颗粒层中有时会出现粗大的颗粒，粗细颗粒间没有明显的分界线。在洪积扇扇中绘制洪积扇断面图(图 4-33)。

下到沟口，可见洪积物层理紊乱，砾石大小混杂，层理不明显；局部可见层理清楚，一般为水平层理或交错层理。

现场可对洪积物进行分类统计，从砾石大小、分选、成分、结构等方面进行描述。砾石的成分有闪长岩、花岗岩和砂岩。可结合地质图和地形地貌特征分析砂岩的物质来源以及所属的地层(南华系莲沱组)。

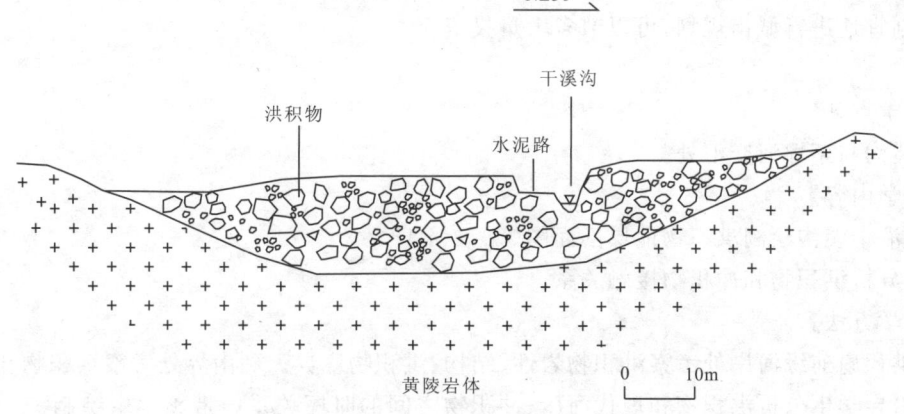

图 4-33 洪积扇扇中横切剖面图

【教学点 3】
付家老屋九里—三峡竹海公路西侧约 40m。
【教学内容】
(1)洪积扇前缘泉水调查。
(2)洪积物的工程地质意义。
【教学方法】
到公路旁泉水点处,考察泉水出露情况,分析泉的成因。到洪积扇前缘河岸处考察洪积物岩性、结构、洪积物底界。
【教学点背景资料】
1)洪积扇前缘泉水调查
根据本处洪积物的物质组成、地形地貌和地下水特征,由于洪积扇两侧受山体限制,判断该处可能会有泉点出露。在付家老屋九里—三峡竹海公路西侧约 40m 的房屋角处可见一泉点(图 4-34)。

泉点出露的原因:由于从洪积扇的扇顶到扇缘的岩土介质逐渐从大块石向沙砾和黏土过渡,渗透性降低,由透水介质转入隔水介质。由于洪积扇坡度由高至低逐渐变缓,因此其性质为下降泉。

该泉点水量不大、清澈,温度约 18℃,一年四季有水,水量受季节性影响变化大。介绍泉点的野外调查方法与内容,现场复习泉水流量的测量方法,如浮漂法和三角堰法等。

2)洪积物研究的工程地质意义
第四纪时期的洪积物沉积与经济和社会发展有着密切的联系,尤其是根据洪积物的物质结构和地下水特点,一般在扇顶和扇中地下水位埋深大,部分

图 4-34 洪积扇前缘出露的泉点

适合进行房屋建设；在扇缘地下水位埋深浅，一般有泉点出露，可以规划园林或城市公园。这样因地制宜地进行城市规划，可以节省大量投资。

【教学点4】
干溪沟与茅坪河交汇处。
【教学内容】
(1)沿干溪沟绘制洪积物地层剖面图。
(2)分析洪积物和冲积物接触关系。
【教学方法】
到洪积扇前缘河岸处考察洪积物岩性、结构、洪积物底界。到南界处考察洪积物和冲积物关系。引导学生分析洪积物和现代河床、冲积物之间的时序关系。带领学生绘制一条纵剖面图、一条或两条横断面图。

(1)洪积物纵剖面地层结构。到洪积扇前缘(干溪沟与茅坪河交汇处)河岸考察洪积物岩性和结构，综合分析洪积物底界。根据干溪沟洪积物的特点，从扇顶—扇中—扇缘绘制洪积物地层纵剖面图，如图4-35所示。

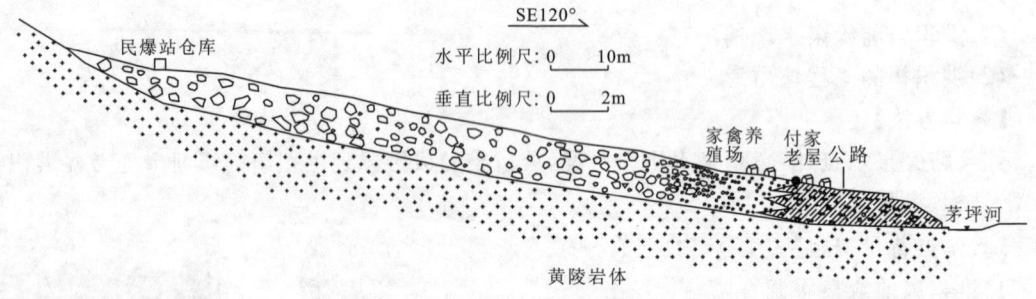

图4-35 干溪沟洪积物地层纵剖面图

(2)洪积物与冲积物关系。到南界处考察洪积物和冲积物关系。根据洪积扇前缘调查情况，分析洪积物和现代河床、冲积物之间的时序关系，在南界处洪积物覆盖在河流冲积物之上，根据调查情况绘制干溪沟沟口洪积物和冲积物堆积关系横断面图(图4-36)。

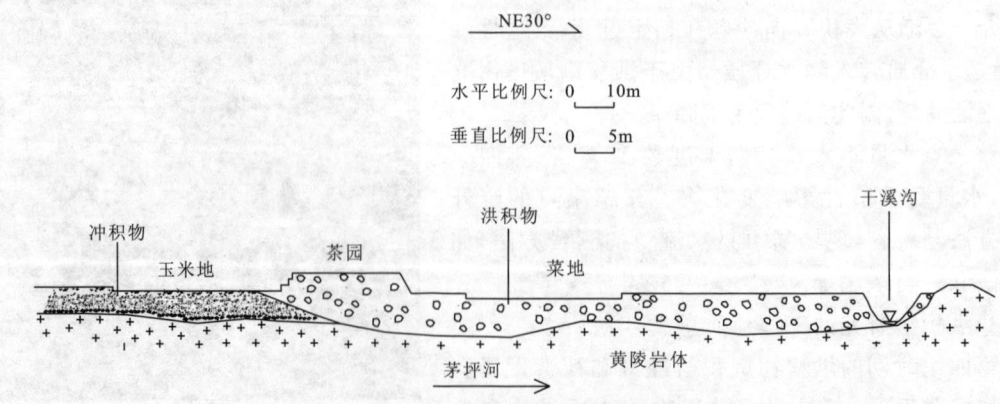

图4-36 干溪沟沟口洪积物和冲积物堆积关系

【教学点 5】
茅坪溪岸边距洪积物南边界往上游 50m 处。
【教学内容】
(1)了解阶地及河床冲积物结构、成分及其他特征。
(2)绘制阶地堆积物地质剖面。
【教学方法】
由教师讲解第四纪地层冲积物的特点。然后布置学生自己观察描述并绘图。最后,讨论总结本教学点第四纪冲积物的二元结构特征。要求绘制地层剖面图,大致评价各层的工程性质。
【教学点背景资料】
茅坪溪河流冲积物特征。
该点的第四纪冲积物具有上细下粗的二元结构特点(图 4-37),下伏基岩为黄陵岩体花岗岩。至上而下大致分为 4 层。
第一层:粉质黏土,含少量砾石,可塑状,厚约 30cm。
第二层:粉、细砂,稍密状,厚约 50cm。
第三层:砾、卵石,含细粒土(35%左右),稍密状,厚约 2.0m。
第四层:漂、卵石,次圆—圆,成分以砂岩、灰岩为主,中密状。
茅坪溪河岸处可观察到典型的第四纪冲积物露头,具有典型的二元结构特征。
根据现场观察到的河流冲积物二元结构特征,绘制该剖面的信手剖面图(图 4-38)。

图 4-37　冲积物的二元结构

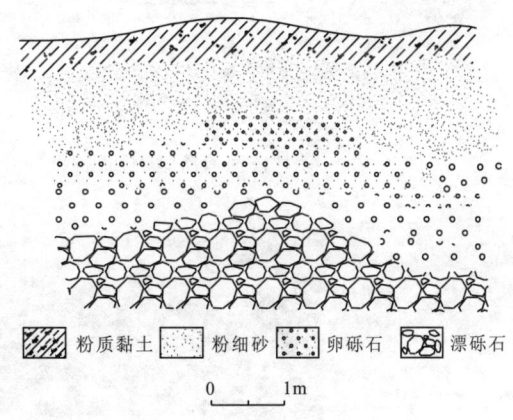

图 4-38　茅坪溪冲积物二元结构剖面

【教学点 6】
茅坪溪河谷两岸地形合适地段。
【教学内容】
(1)河谷地形地貌观察,了解各地貌单元的构成和形成。
(2)根据阶地和台地的形态、物质组成,绘制河谷地貌横剖面图。
【教学方法】
首先让学生对该处地形、地貌进行眺望,指出该处为一个小型的山间河谷地貌,两边为中高山,中间为一小溪。此观测点处可看到茅坪溪第一级阶地。根据各级阶地的物质组成特点,绘制河谷地貌横剖面图。眺望后沿沟谷向下游行走,沿途观察地形上的变化特点,注意垂直于小溪流向有几级平台,一级平台是否为一级阶地。选择小溪左岸一级阶地陡壁上的地层进行观察描述,观察描述河床、河漫滩、河流阶地的形态特征,绘制河谷地貌形态的素描图。划分地貌类别,对比茅坪溪上游与下游河流地貌的差异性。

【教学点背景资料】

(1)阶地的类型和特征。本处为基座阶地,是在谷地展宽并发生堆积,后期下切深度超过冲积层而进入基岩的情况下形成的(图4-39)。它分布于新构造运动上升显著的山区。

(2)地壳抬升剥蚀侵蚀形成的台地。在河谷两岸看到形态上很像河流阶地的阶梯地形,它是地壳抬升河谷下切,地面剥蚀侵蚀形成的宽阔的台阶状地形。

(3)茅坪溪河漫滩地貌观察。下到河谷中观察,可以见到基岩(黄陵岩体)出露,枯水期河床上可见大量磨圆度较好的卵砾石(图4-40),岩性主要是花岗岩,此外砾石中还夹有少量的灰岩,灰岩卵砾石主要为河流冲击作用从上游搬运而来。河流阶地发育特征及河两岸山区地形特征见图4-41。

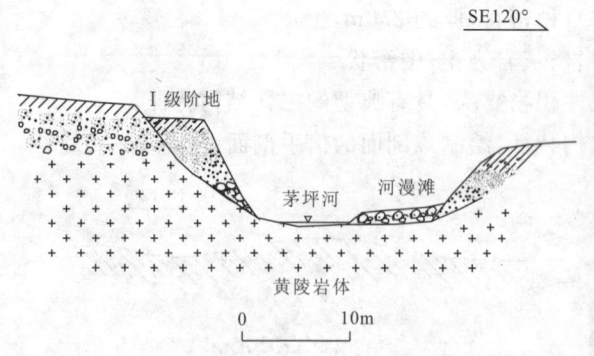

图4-39 茅坪溪河流阶地剖面图

图4-40 河漫滩地貌特征

图4-41 茅坪溪河谷阶地地貌特征

(4)河谷地形观察。茅坪溪属于典型的山区峡谷性河流,两岸地形陡峭,呈"V"字形河谷,两岸地貌不对称。结合地形图并远观两岸山地,可见不同海拔高程的夷平面,其高程分布参考本教程第三章。

第四节　水文地质实践教学

教学路线七　泗溪岩溶及水文地质调查

1. 目的及要求

(1)了解泗溪岩洞发育的特点及规律。
(2)学会溶洞的调查方法。
(3)分析岩溶水的形成条件及规律。
(4)岩溶水文地质调查内容及方法。

2. 教学内容与方法

【教学点1】

五叠水瀑布。

【教学内容】

(1)观测五叠水瀑布的发育特征(位置、水文特征、水的物理性质和化学性质等)。
(2)分析五叠水瀑布的发育条件。
(3)了解其地貌及水文地质意义。

【教学方法】

站在叠水距底部一定距离地方,观看叠水发育的形貌特征,引导学生重点考察最下部3个叠水的陡壁及各级台坎的形态。然后展开1:5万地质图,引导学生分析叠水发源区的地貌地质情况,分析水的可能来源区域。根据资料介绍叠水的发育情况,让学生调查岩层、岩性、产状、有关的高程。因时间所限,由教师向学生介绍有关该类地貌及水文地质现象的调查内容及方法,引导学生分析叠水形成条件及水文地质意义。

【教学点背景资料】

五叠水瀑布发育在泗溪的支流——大溪,位于泗溪景区最南端,所处地形似天坑,坑底海拔349m,最高峰达1 031m。来自于南部分水岭等地区的地表水、地下水汇入深谷,越过绝壁,飞流直下,形成三峡地区落差最大高叠水型瀑布——五叠水瀑布,水流经泗溪汇入长江。

瀑布自海拔884m处由五级悬崖叠水构成,总落差达535m。

第一叠水,落差51m,水源来自海拔884m的神龙洞;第二叠水,落差159m,上段似一块晾晒白布,中段似大雨倾盆,下段散成水雾。叠水内巨大岩屋,深达数十米,小型飞机可从叠水内穿越而过;第三叠水,落差110m,叠水毫无遮拦,瀑布底部为扇贝形深潭;第四叠水,落差103m,上段是水冲石槽,蜿蜒而下,在中间冲刷出一个石臼形深潭,下段水流被长期沉积的流砂散开,在底部形成了一个巨大的深潭;第五叠水,落差68m,瀑布飞流直下,直抵天坑底部,形成了一个深水潭。谷底处仅能见到三级瀑布。

五叠水瀑布流量变化极大,与大溪上游集水地区的大气降水关系密切:大溪主要发育在中下奥陶统地层分布地区,该地区岩溶比较发育,接受大气降水后,流量、水位动态变化非常强烈,变化迅速而且缺乏滞后,暴涨暴落。五叠水的总体化学特征:水温为15~20℃,电导率为286μs/cm,pH值为6.49,矿化度为0.184g/L,水化学类型为$HCO_3 - Ca - Mg$。

叠水主要发育在寒武系白云岩地层中,其上游补给区发育大片奥陶系灰岩,发育多层溶洞,可能形成多个复杂的岩溶系统。其岩溶系统及相应的地下水系统发育与碳酸盐岩中岩性特征紧密相关。叠水发育于高程884m,此高程可能与该区剥夷面相对应。叠水是一幅壮丽的地貌景观,其形成和形态反映了第四系河谷形成期及岩溶作用的地质历史过程,高陡的叠坎反映了新构造运动期地壳的快速上升过程,同时,其间发育的多期大型溶洞反映了地壳处相对稳定时期,溶洞系统正是这一漫长稳定时间的产物。对叠水发育及相应的溶洞系统等的调查,有助于了解该地区新构造运动岩溶发育期次及相应岩溶水文地质条件,对于这类地区的水利水电、隧道等工程的工程地质问题评价具有重要意义。

【教学点2】
迷宫泉泉口。
【教学内容】
(1)观测迷宫泉的发育特征及发育条件。
(2)分析岩溶水系统及水文地质意义。
(3)绘制迷宫泉的平面图、剖面图。
(4)调查岩溶水情况(水位、水质、水量等)。
【教学方法】
首先带学生在泉水出口处宏观观察溶洞的形态、断层发育的形迹,调查附近地层岩性,尤其是泉底部泥岩隔水层分布,量测断层两侧的地层产状。分析断层与岩溶的关系,向学生介绍岩溶水的调查方法及水文地质意义。进行高程、流量、水温等物理性质量测。结合1:5万地质图,分析岩溶及泉的成因,地下水可能补给区的地质条件等。
【教学点背景资料】
迷宫泉发育于寒武系厚层白云岩地层中,泉口海拔高程380m左右,泉口为溶洞,泉类型为岩溶侵蚀下降泉。该处溶洞为扁长形,洞口高2.5m,宽0.8m。溶洞发育在断层带内,该断层为走滑型正断层,断层倾角约70°,断层带宽2~3m。溶洞发育与断层带汇水及下部泥岩相对隔水有关。溶洞水向泗溪排泄,补给区为西方向约3km左右的山间凹地,补给区分布的岩性为寒武系白云岩及奥陶系灰岩。泉水流量随季节变化较大,一般为0.5~5m^3/s,长年不断流,无雨期,水质清澈、透明,大雨时水质略显混浊。水温10~18℃左右。电导率为301μS/cm;pH值为6.54,矿化度为136.12mg/L,全硬度8.08德度,总碱度7.46德度,游离CO_2 3.52mg/L,库尔洛夫式为$M_{0.136} \frac{HCO_3 86.64}{Ca39.93 Mg33.88}$,即为重碳酸钙镁型水。泉水出露处地质情况见图4-42及图4-43。

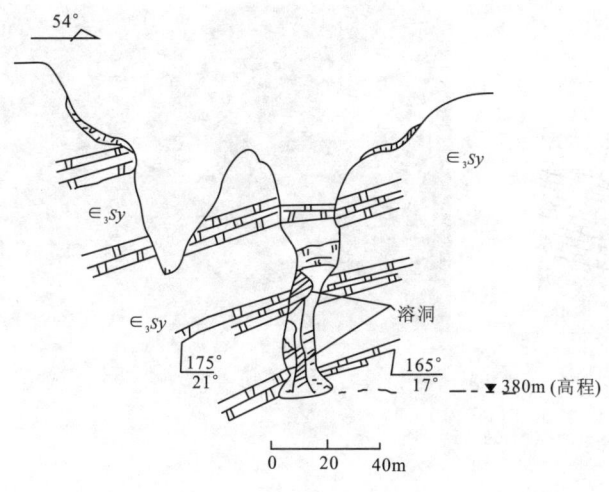 

图 4-42　迷宫泉地质剖面图　　　　图 4-43　迷宫泉全貌

【教学点 3】
鱼泉洞口。
【教学内容】
(1)调查鱼泉洞的发育特征及形成条件。
(2)溶洞及泉水调查(测流、水流、水质、溶洞形态及沉积物等)。
(3)绘制溶洞纵、横剖面图。
(4)分析岩溶系统的特性及水文地质意义。
【教学方法】
先带学生近观鱼水洞地貌及形态特征,然后调查附近地层发育情况,确定地层时代及岩性,尤其重点考察洞北部几十米处发育的泥岩,它是相对隔水层,是溶洞发育的重要条件。带学生对两个洞体进行量测,绘制剖面图,尤其上部无水干洞,考察洞内沉积物及钙化等,测量溶洞的位置及水的水温、水质、流量等。最后引导学生分析洞的成因、岩溶系统的特点、水文地质意义。
【教学点背景资料】
鱼洞泉发育在寒武系覃家庙组白云岩地层中,洞口高程 293m,高出泗溪现代河床几米。该处发育两个溶洞,有水的洞口直径 4m 左右,可见洞深 4~15m;较高一个洞口比鱼洞高 1m 左右,平时干枯。该处溶洞形成与下部发育薄层泥质灰岩及薄层白云岩相对隔水作用有关。低处洞口常年有地下水流出,泉水类型为岩溶侵蚀下降泉。泉水流量及动态随季节变化大,流量变化于 0.0005~2m³/s 之间。降雨季地下水混浊,一般情况下水质清澈、透明。水温 13~24℃ 左右,电导率 280μS/cm,pH 值 6.59,矿化度 354.38mg/L,游离 CO_2 2.64mg/L,全硬度 12.11 德度,总碱度 10.37 德度,库尔洛夫式 $M_{0.354} \dfrac{HCO_3 78.89}{Ca54.58Mg37.53}$,为重碳酸钙镁型水。

洞口地质情况如图 4-44 及图 4-45 所示。

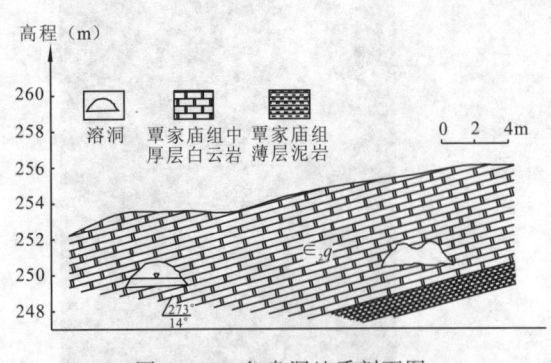 

图 4-44　鱼泉洞地质剖面图　　　　　图 4-45　鱼泉洞全貌

【教学点 4】
泗溪梯级电站坝址下游 100m 处。
【教学内容】
(1) 观测该处岸坡上发育的不同高度的溶洞,了解溶洞形成条件。
(2) 绘制溶洞剖面图。
(3) 引导学生分析溶洞发育的条件及规律,从地层隔水性、地壳抬升河床下切并结合前面几个溶洞及该处对岸溶洞发育和该区新构造抬升地质背景,分析岩溶发育规律。
【教学方法】
先站在对面山脊处远观两个高程溶洞发育地貌,基于时间关系,不便上山实地考察,只能带学生考察公路一带的地层岩性,按产状推测洞体处的可能岩性,推测溶洞底部发育的相对隔水层情况。采用目估及罗盘目测的简单方法,估计其溶洞发育的大致高程,绘制剖面图。从地层隔水性、地壳抬升河床下切并结合前面几个溶洞及该处对岸溶洞发育和该区新构造抬升地质背景,分析岩溶发育规律及其水文地质工程地质意义。
注意向学生讲明以后工作中如果条件允许,对于该类溶洞调查还是应想办法进行实地调查,不能简单推测。
【教学点背景资料】
泗溪沟谷右岸岸坡上发育两个不同高程的溶洞。较低处的溶洞发育高程比泗溪河谷高 45m 左右,发育在石龙洞组底部地层,该洞洞口直径约 5m,深 13m,形成原因与天河板地层顶部薄层泥质灰岩相对隔水作用有关;较高处溶洞发育在覃家庙地层中,其形成与覃家庙底部发育的薄层泥质灰岩相对隔水条件有关,该洞洞口直径约 3m,深 12m。两溶洞地质特征如图 4-46 及图 4-47 所示。

教学路线八　高家溪岩溶系统

1. 目的及要求
(1) 观察当地岩溶发育特征,并进行描述。
(2) 对和尚洞进行观察,绘制素描图。
(3) 分析和尚洞所在地岩溶系统形成机理及其工程地质意义。

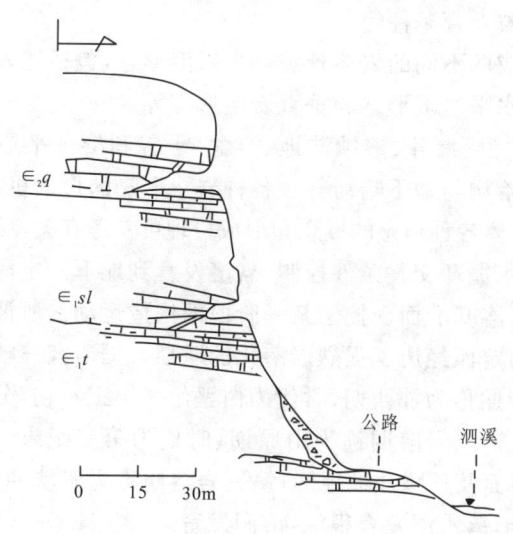

图 4-46　谷坡两级溶洞地质剖面示意图　　图 4-47　河谷高阶溶洞

2. 教学内容与方法

【教学点 1】

和尚洞。

【教学内容】

(1) 岩溶形态观察。

(2) 和尚洞形态、洞穴堆积物考察及其形成机理分析。

(3) 绘制和尚洞形态纵、横剖面图。

【教学方法】

到点后教师先讲解岩溶形成条件及岩溶形态等基本知识,然后引导学生观察和尚洞形态、洞穴堆积物及其所处地层岩性、地质构造等,再布置学生绘制和尚洞形态纵、横剖面图并对洞穴堆积物(包括堆积物成分、粒度、分选、磨圆等)观察描述。

【教学点背景资料】

(1) 岩溶研究意义。岩溶是地下水和地表水对可溶性岩体的破坏与改造作用过程及其所产生的地貌景观的总称。岩溶是工程地质研究的重要内容,岩溶研究具有重要的理论与工程意义。主要表现在:①在岩溶地区进行工程建设时,常因岩溶而产生各种岩溶工程地质问题,如水库岩溶渗漏问题、隧道岩溶突水问题、矿山地下巷道岩溶充水与突水问题;②岩溶地基不均匀沉降和地基承载力问题;③隐伏岩溶地区的塌陷问题;④地表岩溶分布的岩漠化、土地贫瘠与干旱问题等。

(2) 岩溶形成条件。岩溶现象是水与岩体相互作用形成的,有其独特的形成条件。一般认为岩溶发育的基本条件如下:①可溶性岩石,一般来说,碳酸盐类岩石如灰岩、白云岩类属于可溶岩类,其中,$CaCO_3$ 含量越高,岩石的溶蚀性越好;②具有侵蚀能力的水,水中含有侵蚀性 CO_2 就具有了对碳酸盐类岩石的侵蚀能力;③良好的水循环交替条件。

在以上 3 个条件中最为活跃而积极的是水的循环交替条件,不断补充具有侵蚀能力的水,使溶蚀反应不断向岩石溶蚀方向进行,而水的循环交替条件又受控于气候、地形地貌、地质结构、岩体深透性和地表非可溶岩石覆盖及植被发育条件等。

(3)岩溶形态。粗略地讲岩溶作用所形成的不同的岩溶景观就是岩溶形态,包括地表形态和地下形态两类,若按其延伸方向又可分为水平岩溶形态和垂直岩溶形态等。

地表岩溶形态有:溶隙、溶沟、溶槽、落水洞、漏斗、溶蚀洼地、溶盆、干谷和溶蚀平原及石芽、石林、孤峰和峰林等。地下岩溶形态有:溶洞与地下暗河等。各种岩溶形态的形成机理、规模都不尽相同,应根据实际情况进行描述。具体各种形态的概念和形成机理可参考有关教科书。

(4)岩溶期概念与溶洞多层性。受地下水循环交替条件控制,岩溶发育到地下一定深度将停止,这一深度称为岩溶基准面,一般来说岩溶基准面受控于某一阶段的构造运动。所谓岩溶期是指地质历史时期由于岩溶基准面相对稳定而经历了强烈岩溶化的时期。据研究三峡地区自白垩纪以来经历了 3 个岩溶期。第一岩溶期称为鄂西期,时代为白垩纪—第三纪初,分布高程约为 1 500~1 800m,多位于分水岭地区;第二岩溶期称为山原期,时代为第三纪末—第四纪初,分布高程约为 600~1 000m,多为夷平面及丘陵洼地地形;第三岩溶期称为三峡期,时代为第四纪以来,发育于长江两岸、地表坡度陡,落水洞发育很深,溶洞发育。

溶洞多层性是指水平延伸的溶洞或溶洞系统呈层状分布的现象,溶洞多层性是岩溶地区的重要地貌现象,常可把它与当地河谷阶地进行对比。溶洞多层性的成因主要是在地下水面附近,当侵蚀基准面发生变化时,地下水面也产生变化,溶洞则在新的基准面控制下再成层发育,而侵蚀基准面的变化又与地壳升降运动相适应。因此,这种多层性溶洞与河谷阶地一样反映了地壳运动及岩溶不断发育的过程。

(5)和尚洞形成机理分析。溶洞的形成与当地的地质、水文地质条件密切相关,和尚洞发育的条件与影响因素可作如下描述。

该处地层、岩性为震旦系灯影组(Z_2dy)灰白色中厚层状白云岩、白云质灰岩和硅质白云质灰岩,是一种可溶性岩石;其下为震旦系陡山沱组(Z_1d)薄层碳质页岩和石煤,为相对隔水岩层,且溶蚀性差。构造上为一向南东倾斜的单斜构造,岩层产状:倾向 144°~150°,倾角 10°~17°。岩体内发育有南东向断层,节理裂隙十分发育(发动学生测量岩层产状及断层、节理产状)。

和尚洞发育在灯影组第二层的青灰色薄层白云岩中,岩层产状大致为倾向 138°,倾角 14°,该洞口宽大,高约 40m,经实测,洞口宽 21.3m,宽往内延伸空间稍微加大,在洞口往里 8m 处测得洞宽 23m,洞高也加高,约 50m,向上发育有岩溶裂隙并贯穿地面。洞深度为 52m 左右,洞横剖面方位 230°,呈三角形(图 4-48,图 4-49)。洞内见厚约数米的堆积物,堆积物成因既有溶洞形成过程中的崩塌堆积物,也有洼地内水流向洞内流动过程中形成的。因此,该处堆积物与纯粹的洞穴堆积是有区别的。

和尚洞形成机理:该溶洞发育于可溶岩中,岩体中节理、断裂发育,在和尚洞发育处正好有一条小断层与北西向断裂相交。这为地下水活动创造了条件,加上地处分水岭地区,大气降水频繁,地下水循环交替条件好,从而在有利的地形地貌和水文地质环境下发育了和尚洞。

讲完后布置学生分组动手测量和尚洞的尺寸,并绘制平、剖面图,同时描述记录,岩层产状、裂隙产状、规模及洞穴堆积物等情况。

 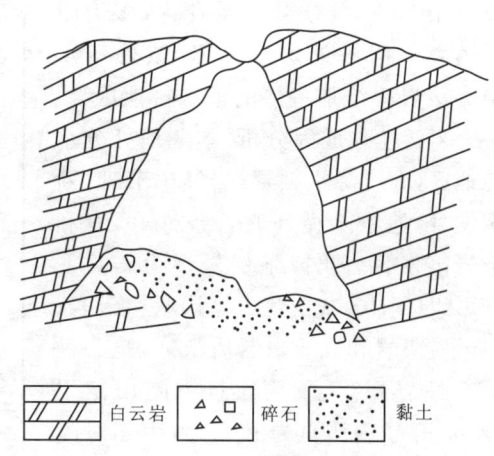

图 4-48 和尚洞　　　　　　　　　图 4-49 和尚洞素描图

【教学点 2】
林子淌岩溶洼地。
【教学内容】
(1) 岩溶洼地测量与观察。
(2) 分析岩溶洼地的形成与水文地质意义。
【教学方法】
先由教师介绍该处的几个岩溶洼地情况,再选择其中一个布置学生自己动手测量洼地长、宽和深度,描述洼地形态,并绘制素描图和剖面图。引导学生分析洼地成因,同时将几个洼地联系起来并结合周围的地形、地质条件一起分析地下水的补给、径流和排泄关系,即地下水的来龙去脉。
【教学点背景资料】
(1) 本处岩溶洼地概况与成因。从和尚洞往南西,由林子淌到雾河村至少可见 4 个规模较大的岩溶洼地(图 4-50)。
Ⅰ号洼地位于林子淌北侧"U"形公路拐弯处,洼地呈不规则椭圆形,长约 150m,宽 100m 左右,在洼地南侧发育一较大的落水洞,现已被填埋,据砖厂员工介绍,该落水洞外形较大,直径 4~5m,深度大于 10m,改建时用巨大的岩石充填。落水洞周围岩层产状大致为 130°∠11°。
Ⅱ号洼地位于林子淌与雾河村之间公路两侧,洼地呈不规则形状,长度最大处约 250m,最小处 50m 左右,宽度最宽处约 400m,在洼地的南侧发育一落水洞,落水洞发育于灰黑色薄层的灰岩中,呈圆柱形,深度约为 4m,直径 3m 左右,洞底砂土覆盖。
Ⅲ号洼地位于雾河村三岔路口北侧,洼地呈不规则椭圆形,长约 200m,宽约 100m,在洼地中部,发育一落水洞,该落水洞外形较小,呈圆柱体形,底部充填砂土,岩层为灰岩、白云岩,产状 135°∠9°。
Ⅳ号洼地位于雾河村三岔路口南侧,洼地呈不规则椭圆形,长轴 NW 向,长约 350m,宽约 150m,在该岩溶洼地北侧发育一落水洞,直径约 3m,洞周围无基岩出露,上面杂草丛生,杂草根系发达,多为耐涝植物。据该处老乡介绍,该处落水洞为该岩溶洼地主要的汇水排泄区。

岩溶洼地成因分析:本区地处分水岭地区,大气降水频繁,岩体中节理、断裂发育,地下水循环交替条件好,有利于岩溶发育。出露地层岩性为震旦系灯影组(Z_2dy)灰白色中厚层状白云岩、白云质灰岩和硅质白云质灰岩,是一种可溶性岩石;其下为震旦系陡山沱组(Z_1d)薄层碳质页岩和石煤,为相对隔水岩层。雨水沿岩溶构造裂隙流动形成溶蚀裂隙,同时向下扩展形成落水洞,于地下水位附近转化为水平径流。在这过程中垂直岩溶与水平岩溶不断扩大,且不断发生机械崩塌与运移,形

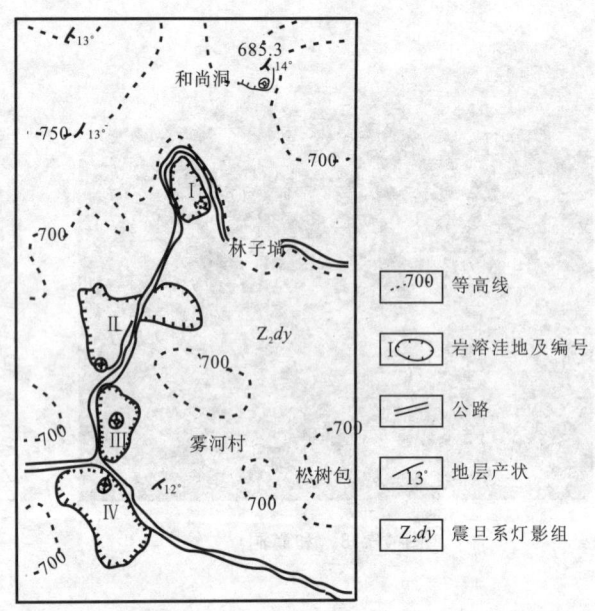

图 4-50 和尚洞—林子埫—蔡家湾一带岩溶洼地示意图

成岩溶洼地。岩溶洼地成为局部汇水区,当降雨量大时,大量地表水汇集在此,容易形成内涝。

(2)地下水的补给、径流和排泄关系及水文地质意义。本区地下水为岩溶裂隙水,大气降水入渗是地下水的主要补给来源。本区地形上处于分水岭,是地下水的补给区。大气降水沿地表地势流到地势低洼处并汇集,通过岩溶裂隙、落水洞等垂直岩溶渗入地下形成岩溶裂隙水,经水平岩溶管道形成径流。本区岩溶水径流的方向与途径受地形、地层岩性组合及岩层产状控制。地下水在和尚洞—林子埫—营盘岭一带接受大气降水补给,向四周径流与排泄。其东、东南向笔架沟方向径流;其西、西南则向高家溪方向径流。最后以泉(如龙洞泉等)的形式排出地表。

龙洞泉位于张家屋场东侧 500m 处的陡崖下,为一侵蚀下降泉。该泉发育于灯影组的白云岩中,洞宽约为 3m,高大约 8m,纵深约有 4m。该溶洞泉水清澈,流量约为 7L/s。水化学类型为:HCO_3-Ca 型和 $HCO_3-Ca-Mg$ 型,矿化度低,符合居民饮用水标准,是当地良好的饮用水源。

第五节 物理地质现象实践教学

教学路线九 链子崖危岩体地质病害

1. 目的及要求

(1)通过观察让学生初步了解崩塌变形体的一些外部特征。

(2)向学生介绍一些背景资料和观摩点,引导其初步了解危岩体的形成条件、变形破坏的原因、形成机制、稳定性方面的一些特征,以及监测手段与方法。

2. 教学内容与方法

【教学点 1】

链子崖 T_0—T_6 号缝崖脚处。

【教学内容】

(1)了解链子崖危岩体总体情况。

(2)近观 T_0—T_6 号拉裂缝并考察其特征。

(3)了解该区危岩体岩层结构及分布。

【教学方法】

站在危岩体底部的猴子岭处,引导学生远观危岩体,结合平剖面图重点介绍危岩体的存在情况、分区情况、外貌特征,主裂缝在陡崖处的发育情况,危岩体岩层结构及组成,煤层采掘历史及现状,形成历史及变形破坏情况。

【教学点背景资料】

链子崖危岩体,位于长江南岸兵书宝剑峡出口陡崖处。陡崖高 70~100m。危岩体的岩层构成,自下而上为:陡壁之下的斜坡为上石炭统黄龙组(C_2h)厚至巨厚层灰岩;陡壁底部为下二叠统梁山组(P_1l)煤系地层;陡壁为二叠系下统栖霞组(P_1q)灰岩,其下部为瘤状灰岩间夹薄层碳质页岩,中上部为厚层灰岩,顶部为厚层灰岩和疙瘩状灰岩夹薄层页岩、泥岩。其中,灰岩强度较高,煤系层和页岩、泥岩为软弱层。地层倾向 300°~320°,倾角 26°~35°。

梁山组煤系层,厚 1.6~4.2m,分布广而稳定,层间强烈挤压破碎,有摩擦镜面、多期擦痕和重结晶现象,强度低,完整性差,是全区危岩体变形破坏的底界。栖霞组石灰岩中的碳质泥岩、页岩软弱夹层和层间错动带,厚度一般 0.20~0.44m,分布也较稳定,力学强度相对较低,为危岩体不同层次变形破坏的底界。

梁山组煤层有 500 余年开采历史,大规模开采在解放初期。崖脚下有 22 个采煤巷道,主巷道大体顺岩层走向延伸,方向 N30°~50°E,最深者 400m 左右。T_8 缝以北为老采区,其南为新采区,老采区采高 1.6~3.0m,采空面积 12 万 m^2,采空率 69%~90%。T_8 以南采区采空高度一般 0.7m 左右,采空率 20%~50%,采空面积 8 万 m^2。由于是层间开采,无正规开采工艺、预留矿柱及地压保护等措施,仅在上山采煤时用矿渣充填了部分采空区。调查显示顶板瘤状灰岩完整,显示整体性特征,矿柱压碎,"Y"形破裂,矿渣压密。

陡崖东侧为志留系页岩受侵蚀剥蚀而形成猴子岭凹槽,北侧俯临长江。由于卸荷及崖下煤层大面积采空,造成陡崖临空地带的灰岩岩体不均匀变形,追踪溶洞、断层、裂隙,形成一系列拉张裂缝。其变形破坏何时开始还不清楚,据了解与采煤历史相对应,可能最少有百年历史了。链子崖危岩体是指在 700m 范围内,由 14 个缝组 40 余条深度不等的裂缝(其中有 10 余条深大裂缝)所切割而成的山体,包括互不相连的 I、II、III 3 段,见图 4-51、4-52。

I 段(称为 T_0—T_6 区):由约 20 条裂缝(其中主缝 T_0—T_6)包围、切割而成,体积 113 万 m^3。其中 T_1、T_2、T_6 裂缝规模最大,均已切至下伏煤层。该段危岩体以北北东向 T_6 缝为西界,其余各缝大都呈北西向与之相交,将岩体切割成墙状、柱状和楔状。由于岩层倾向山内,不利整体滑出,计算表明按视倾角滑动整体稳定性系数大于 1.3。观测资料表明,危岩体向北东

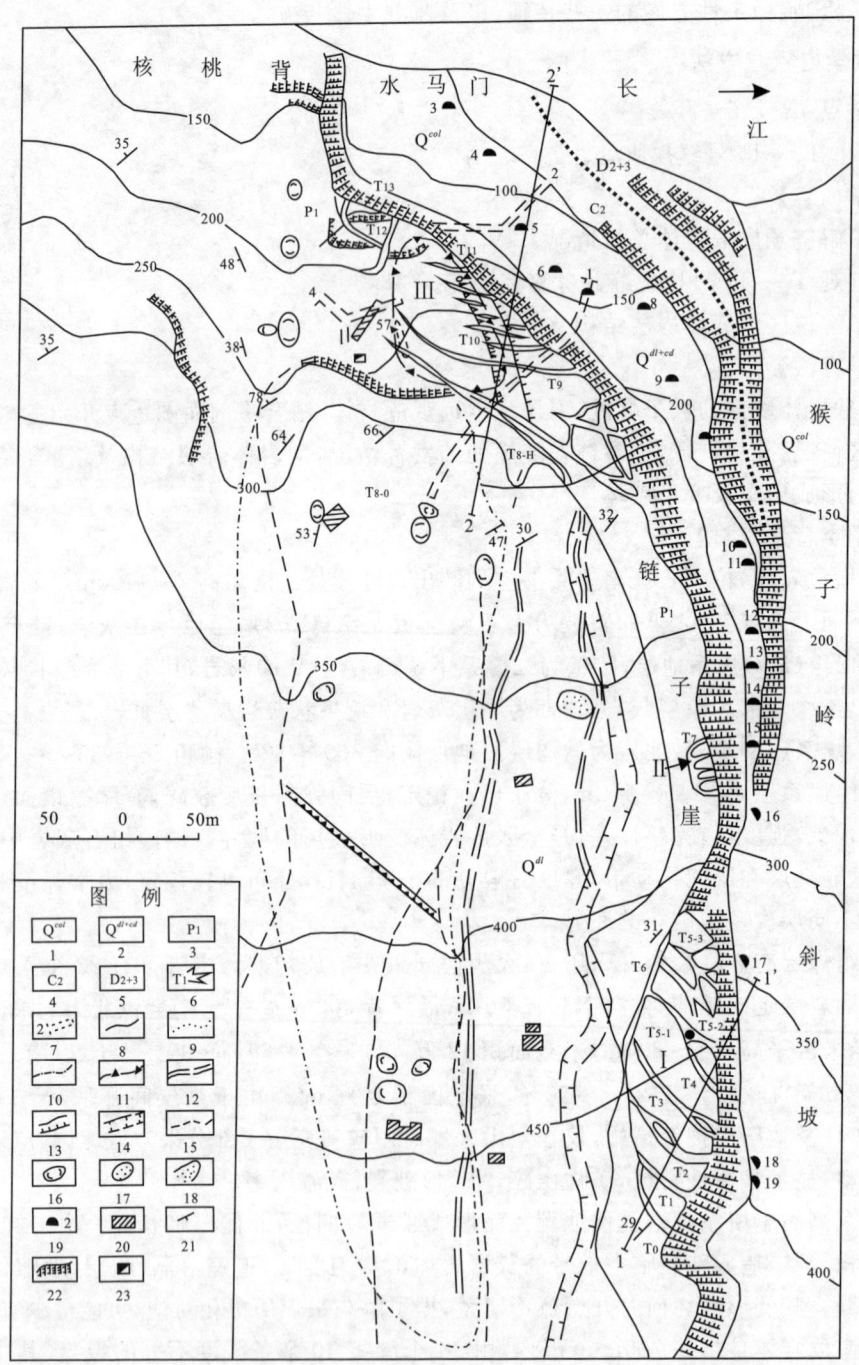

图 4-51 链子崖危岩体平面图

1.崩积物;2.崩坡积物;3.二叠系;4.石炭系;5.泥盆系;6.裂缝及其编号;7.平硐;8.地层界线;9.地层不整合线;10.滑坡界线;11.表层蠕滑体界线;12.隐伏裂缝;13.排洪沟;14.隐伏溶洞;15.冲沟;16.大块石;17.洞穴堆积物;18.崩落体;19.煤洞及其编号;20.房屋;21.岩层产状;22.陡壁;23.坑槽

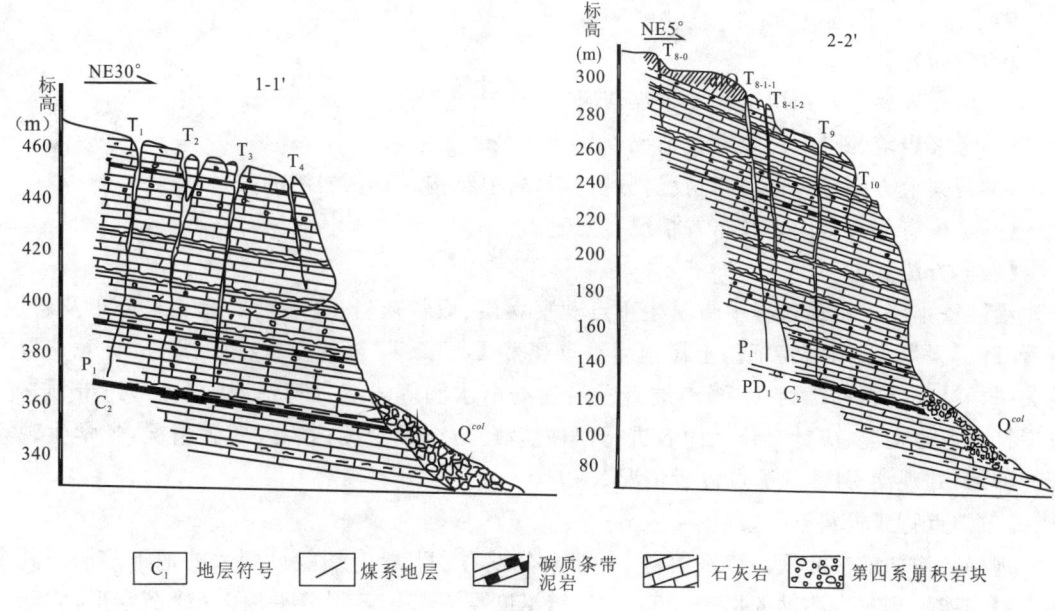

图 4-52 链子崖危岩体剖面图

方向(平行 T_6)位移整体下沉,显示向北北东临空面倾倒崩滑之势。此外,近坡脚地带的陡崖表层有鼓胀、压碎张裂现象,可形成局部压碎崩塌。

Ⅱ段:位于陡崖中段,岩层倾山内,由与陡崖近于平行的 T_7 弧形主缝切割围成楔形体,约 2 万 m^3。其根部有明显的压碎现象。

Ⅲ段(称为 T_8—T_{12} 区):位于陡崖北段临江一带,以煤层为底界,由 T_8、T_9、T_{11}、T_{12} 等 27 条裂缝包围切割而成,体积 216 万 m^3。裂缝在平面上呈向西收敛、向东撒开的帚状分布。单条裂缝向临空端张开,往山体内收敛,上部张开,深部收敛。在岩层倾斜方向,受核桃背稳定山体所阻,T_8—T_{12} 山体无顺层滑出条件,但存在以下伏煤层及若干软夹层向长江临空方向(即岩层视倾角 24.5°方向)滑移条件。经崖顶标桩观测显示,危岩体有向长江方向微显间断变形,但难以准确判断。T_8、T_9 与 T_{12} 缝的衔接、贯通情况,以及向下的切割深度,尚未完全查清。用静力平衡法计算,Ⅲ段岩体在不利条件下(T_8 与 T_{12} 缝间完全贯通,并切至煤层,考虑洪水位 90m 时的浮托力,Ⅶ度地震),以煤层为滑动面,沿煤层与 T_{12} 号交线滑动,在天然条件下安全系数为 1.44(洪水位 90m)~1.55,水库运行时为 1.23~1.28。因此一般情况下,不至于产生 216 万 m^3 整体滑落入江。多年观测资料显示,危岩体在某些时段有倾滑、下沉、倾倒等不规律变形情况存在,各块段有差异性。总体判断,存在沿顶部 R301、R401 软层顺层错移,由 T_{11}—T_{12} 及底层 R202 围成的约"五万方"块段。

以上 3 段危岩体,Ⅰ、Ⅱ段规模较小,如有崩落,将主要堆积于东侧猴子岭斜坡上。总体积 180 万 m^3 的猴子岭崩塌堆积体目前处于稳定状态,在崩落加载作用下也可能失稳滑移,但入江体积有限。Ⅲ段危岩体规模较大,直逼长江,如产生高速崩滑,将直接危及过往船只的安全,在三峡水库建成前,大量物质入江,则可能严重碍航。

【教学点 2】
链子崖 T_0—T_6 区崖顶处
【教学内容】
(1)沿途观察危岩地层结构及采煤情况。
(2)考察岩溶、断层、裂隙发育情况。
(3)观察上方裂缝延伸展布情况,分析其与岩层结构、构造、岩溶的关系。
(4)了解有关观测内容及布置情况。
【教学方法】
沿陡壁小路上崖顶过程中带学生重点观察煤层、瘤状灰岩、夹层页岩及灰岩分布及岩性,查看 T_1 缝及断层、岩溶特征。上崖顶后重点观察 T_2、T_5、T_6 缝的发育特征、形态,注意与裂隙的关系。沿小路下坡绕到 T_6 缝南端查看沿途处落水洞等岩溶发育情况。最后,先带领学生思考针对危岩情况,应针对什么内容进行何种监测,再介绍观测内容及布置情况,带学生观察裂缝伸缩,并观测 GPS 观测点设置情况。

【教学点背景资料】
地层结构如前文介绍。该区溶洞、溶隙十分发育,T_6 缝南端能见到大的地下溶洞。其余各裂缝均能见到灰岩溶蚀的形迹。T_1—T_6 缝沿断层发育。各裂缝平面上呈"Z"字形,实际上沿裂隙发育而成。

危岩体于 1978 年开始进行监测工作,重点是 T_8—T_{12} 区,其中不断增设改造。现在见到的是 1995 年实施防治工程阶段,经改进完善的先进实用的监测系统,即由 201 个监测点组成的 10 种监测系统、10 个监测剖面形成的立体网。见表 4-6 及图 4-53。

监测网布置的原则是突出重点,有效实用,尽可能使监测、数据采取、传输处理、信息反馈等环节系统化、立体化、自动化、先进性、可预报性。应根据危岩体的变形破坏情况,选择合适地段和部位(如地表、平硐内、钻孔内、裂缝中,控制有关变形体等),明确观测内容和方法。

表 4-6 链子崖危岩体监测项目一览表

序号	监测项目	监测目的及监测内容	监测方法	监测仪器	监测点数	监测点布置	监测精度	监测周期
1	绝对位移监测	监测危岩体各块体地表及临空面的三维坐标绝对位移变形方位、变形量及变形速率	常规大地形变测量法(三角交汇、水准、小角法)	T3 经纬仪、N3 水准仪、PM-503 测距仪	监测网控制点 14 个,变形监测点 42 个,共 56 个	危岩体顶面、临空面,按不同块体全面重点监控,构成了 7 条监测剖面和顶面、临空面 2 个监测层面	交汇点位误差±(2.6~5.4)mm,水准每千米中误差±(1~1.5)mm	1~2次/月
			GPS 测量法	Novatel Propar-Ⅱ型 GPS 双频接收机,GPS 2000*L 卫星导航仪	基准点 1 个,变形监测点 7 个	位于危岩体不同块段,与大地形变监测点位同标桩	5mm+1	1次/月

续表 4-6

序号	监测项目	监测目的及监测内容	监测方法	监测仪器	监测点数	监测点布置	监测精度	监测周期
2	相对位移监测	监测危岩体裂缝、软层、滑带的相对位移的方位、变形量及变形速率	电感仪表自动遥测	电感调频式位移计（BWG型、BWS型），BZCY型数据采集仪，MFT-型多功能频率测试仪	26个点共44个探头	主干裂缝（T_8、T_9、T_{10}、T_{11}、T_{12}、T_{13}、T_{14}、T_{15}），平硐内及R203软层	0.1mm	1次/日
			机械仪表监测	测缝计，收敛计，SCR-6型自记式伸缩仪	51个点	地表主干裂缝及1号平硐内	0.2mm	1~3次/月
3	钻孔倾斜监测	用垂直钻孔和专门仪器，监测滑带和滑体内某一部位的横向位移方向、位移量	钻孔倾斜仪量测	CX-01型伺服加速度计式数显测斜仪	5个钻孔	T_8—T_9缝段西段，T_9—T_{11}缝段	±4mm/145m	1~2次/月
4	水平孔多点位移监测	采用近水平钻孔，对危岩体水平方向深部变形进行平面监测	多点位移计量测	电感调频式位移计（BWG2A-503型）	3个水平钻孔	T_{11}—T_{12}缝段岩体临江陡壁上	0.1mm	1次/月
5	危岩体压力监测	监测危岩体底板压力变化	电感仪表自动遥控	GYH-2型压力盒	41个	危岩体底板承重阻滑键顶板、T_{12}缝	灵敏度：0.15%F·S	1次/2月
6	核桃背岩体（持力岩体）压力监测	临危岩体对其西侧阻抗岩体（核桃背）的压力变化	机械仪表和测量仪器量测	WL-60型应力计固定杆式收敛计T3经纬仪	2个	核桃背岩体东侧陡壁试验洞内	0.041MPa	1~2次/月
7	地下水动态监测	监测地下水流量及水质变化，进行地下水动态与危岩体变形相关分析	人工量测及水化学分析	钢板式三角堰	3个	1号、2号、4号平硐内泉水点	$Q<0.01$L/s	1~2次/月
8	气象监测	气温、大气降水、风速	仪器量测	自记式雨量计、温度计、风速计	1个	工地简易气象站		2次/日
9	宏观地质调查监测	宏观地形变化和斜坡变形破坏短临前兆	巡视调查	罗盘、放大镜、钢卷尺、气压计	监测线路2 800m，重点巡视28处	控制危岩体边界、底界主干裂缝、软夹层、滑带、临空面等		1次/周

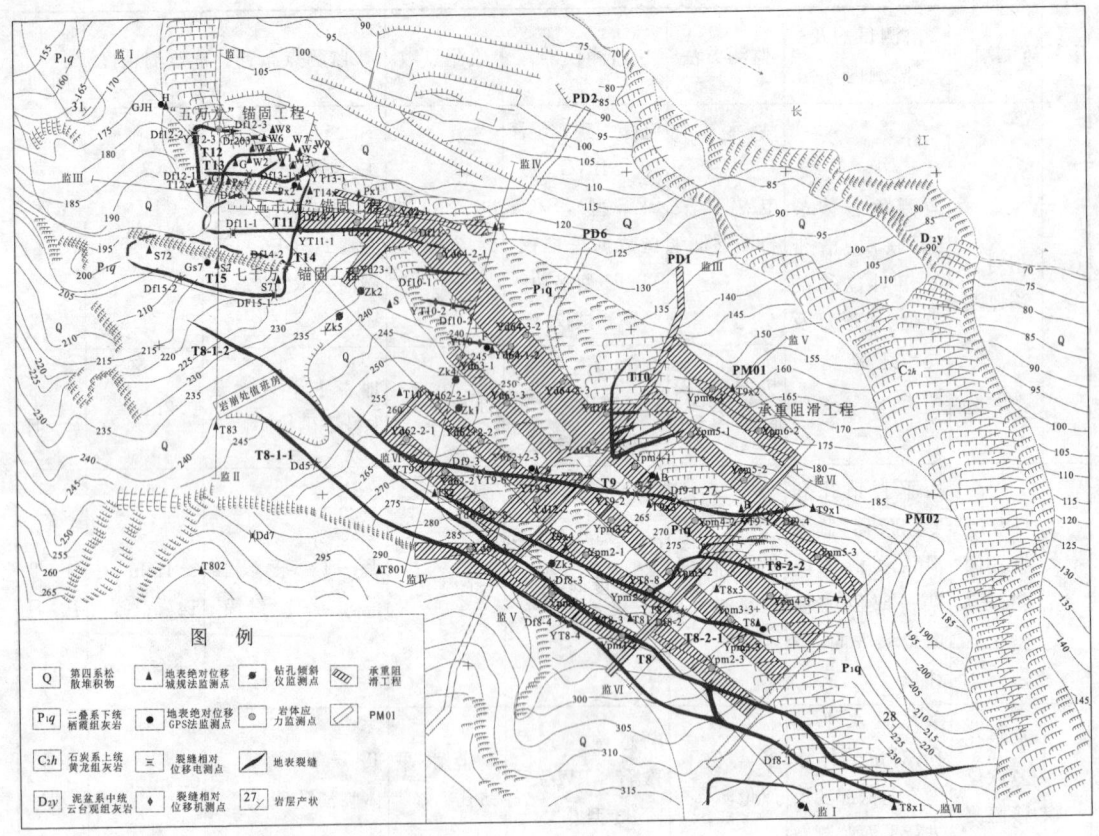

图 4-53 链子崖危岩体地质、监测点及防治工程布置图

【教学点 3】
链子崖 T_8-T_{12} 号缝山顶处。
【教学内容】
(1) 引导学生观察 T_8-T_{12} 号拉裂缝情况。
(2) 现场考察该区导致岩体变形的地质环境条件，重点是顶部几个台阶底部软夹层及上部岩体拉裂变形，断层发育，落水洞情况 (联系软夹层、滑移拉裂、落水洞、断层、临空状态，以及核桃背山体下部采煤等地质特征，结合裂缝发育形态进行分析)。
(3) 进一步了解有关监测情况。
【教学方法】
带学生沿崖边小路下到 T_8、T_9 缝处，观察 T_8 缝发育特征及与裂隙、岩溶间的关系，T_9 缝与断层的关系。观察裂缝宽窄形态变化，继续沿小路下到核桃背，考察"七千方"及"五万方"压力监测点情况。同时，观察钻孔倾斜观测点。
【教学点背景资料】
该区以 T_{8-1} 作为南边界，T_{12} 缝为西界。陡崖临空面自 T_8 附近的近南北走向至 T_{10} 缝处渐转向北西西走向，呈弧形，陡崖高 90~100m。由不同裂缝及相应底层为界形成几个相对独立的岩体，称为"五万方""七千方""五千方"。核桃背为稳定山体，起到对危岩体向西滑移变形的支撑作用。

T_9、T_{12}两缝都是沿断层发育的。T_8等缝呈不规则状态,总体发育与裂隙及落水洞有关。T_8～T_{12}区地表几个小平台底部均发育页岩软夹层,其上岩体发育有滑移拉裂缝,表明顺层蠕滑特性。

【教学点 4】
链子崖 T_0—T_6 区崖脚处。
【教学内容】
(1)分析链子崖形成原因、机理。
(2)绘制 T_0—T_6 区素描或剖面图。
【教学方法】
下到 T_0—T_6 区陡崖脚下开阔地段,再带领学生继续远观危岩体形貌,引导学生回顾所见到的危岩体变形破坏现象,讨论危岩体发育受制于哪些条件,为什么会形成如此壮观的岩体变形破坏现象,进行归纳总结。教师最后带学生各绘制一个断面图或素描图,以表达有关要素。

【教学点背景资料】
1)巨型危岩体形成原因
(1)地层结构条件。危岩底部为厚层煤系地层,陡崖段岩层中发育数十层泥岩页岩夹层,其中有 6 个主要软弱夹层,危岩体总体为顺坡结构,为中倾岩层。底界软层及顺倾结构为斜坡产生层间蠕滑提供了条件。

(2)岩体构造条件。岩体内发育 4 组结构面,9 条断层,断裂切割破坏了岩体的整体性,控制裂缝发育和延伸,也影响了岩溶发育。断裂直接为裂缝形成提供条件,如 T_1、T_6、T_{12}、T_9 就是沿断层发育的。诸多裂缝发育实质是构造裂隙拉裂发展的结果。这些断裂在影响主裂缝发育的同时,实际上也起到控制危岩体边界的作用。

(3)岩溶发育条件。危岩区灰岩内部溶隙、溶洞、落水洞十分发育,大体上 320～230m 高程段以垂直岩溶发育为主,是三峡期长江下切的产物;230m 左右发育水平溶洞(相当于长江五级阶地形成期);200～180m 小型溶洞发育(相当于长江四级阶地形成期)。岩体溶空成为薄弱部位及应力集中处,为裂缝发育提供基础。

(4)临空面发育条件。危岩陡壁是危岩体变形的临空条件,临江段陡崖走向 N70°E,与长江平行,陡崖直立,高 90～100m;猴子岭段陡崖走向近南北,高 60～100m。临空陡崖空间呈半弧形,为危岩变形提供了良好的边界条件,也是危岩体形成的必备条件。

(5)底部采空条件。挖煤采空改变山体结构,导致岩体下沉拉裂。

(6)地下水作用及地震作用。

2)危岩体变形破坏方式

危岩体变形破坏是基于上述几个原因,其变形破坏又是多种形式的综合作用长期发展的结果,而 T_0—T_6、T_7 及 T_8—T_{12} 区又因临空条件及坡体结构不同而存在较大差别。应结合该区岩体结构条件,裂缝发育展布组合特征,变形破坏边界条件历史演化几方面综合分析危岩体变形破坏形式及机理。

(1)重力沉陷拉裂。煤层采空,上覆岩体失去部分支撑,加之临空面一侧失去约束,重力作用下产生沉陷,伴之岩体拉裂,如图 4-54 所示。

(2)蠕滑拉裂。危岩沿软弱层及煤层产生向视倾角方向的蠕动及剪切滑移变形,伴之在弱面上下方产生楔形拉裂,T_8—T_{12} 区几个平台软弱夹层上方岩体中此类拉裂十分发育(图 4-55),夹层页岩体存在多处泥化、剪胀、挠曲、揉皱、擦痕等形迹。

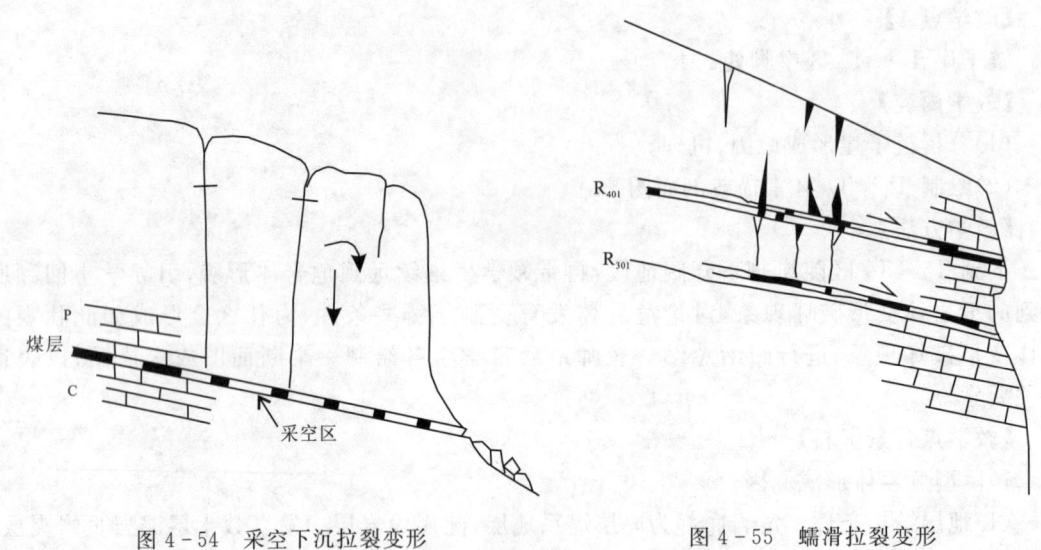

图 4-54 采空下沉拉裂变形　　　　　　图 4-55 蠕滑拉裂变形

(3)岩体转动拉裂。T_8—T_{12} 区以 T_8、T_{12} 为外边界,以煤层为底界,按地层产出状态存在向 N315°方向滑动趋势,但由于核桃背山体阻挡及 T_8、T_{12} 位势差作用,空间上产生以 T_{12} 缝一带前缘为支点,向北临空面方向滑移转动趋势。如 T_8、T_9 等裂缝临空面附近宽大的向山体内变窄收敛的楔形便说明这一点,如图 4-56 所示。

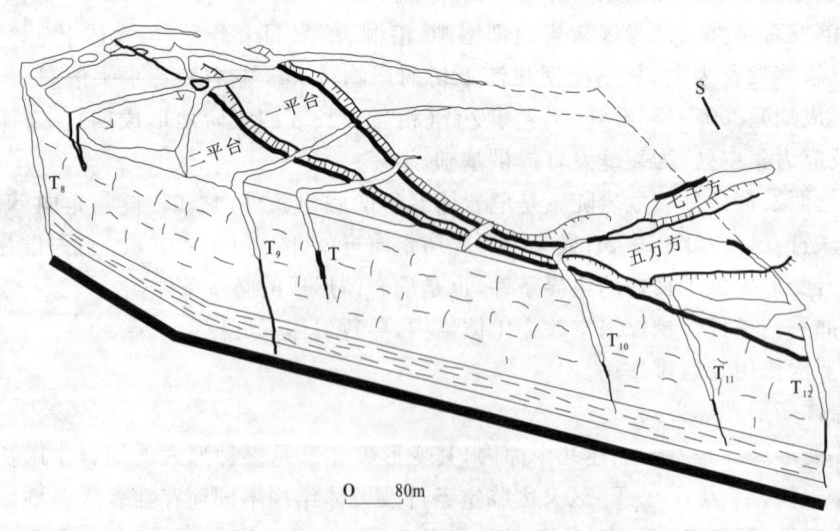

图 4-56 岩体转动拉裂变形

除上述变形破坏形式外,实际上在多处崖脚部位产生岩体压裂破碎现象;溶洞发育区产生塌陷现象;高陡崖壁中下段,上部岩体的不协调扭转产生挠曲变形现象。

危岩体形成机理十分复杂,不同地段也各有不同,变形以竖向沉陷、向临空面转动及滑移变形为主,以拉张破裂为岩体主要破裂方式。

教学路线十 岩体风化

1. 目的及要求

(1) 观察和认识岩体风化壳特征。
(2) 了解风化壳分带现象、分带方法,进行分带描述。

2. 教学内容与方法

【教学点】

秭归客运码头西侧民房后,也可根据具体情况选择适合的点。

【教学内容】

(1) 岩体风化、风化分带现象观察。
(2) 风化分带描述,作风化剖面图。

【教学方法】

由教师讲解岩体风化研究意义、有关岩体风化及风化分带的基本知识与方法。讲完后布置学生自己观察描述并作图。最后,讨论总结本处岩体风化的特征与各风化分带的特征。

【教学点背景资料】

1) 岩体风化的研究意义

岩体风化是指岩体(岩石)在各种风化营力作用下,发生的物理和化学变化过程。造成岩体风化的营力主要指太阳能、地表与地下水、空气及生物等。

由于风化作用使岩体矿物成分与化学成分产生变化,岩石的结构、构造改变,完整性遭到破坏,恶化了岩体的工程性质。因此,在工程选址、岩土体稳定、地基处理、灾害防治等方面都有重要意义。主要表现在如下几方面:①根据岩石风化的程度及其空间分布,选择最适于修建建筑的场址;②根据风化岩石的物理力学性质与建筑物类型、等级、荷载性质及大小的适应性,确定合理的建基面高程;③根据岩石风化速度、风化程度及各风化带岩石的物理力学性质,确定各类开挖边坡的合理坡角;④根据风化产物的特性(破碎程度、坚固性等)及场地工程地质条件,选择地下开挖方法和工程处理措施;⑤根据岩石风化速度、风化作用类型及影响因素等,确定岩基暴露的安全期限与预防风化的措施。

2) 岩体风化的基本知识

简要介绍风化壳、古风化壳概念、风化类型、主要影响因素及风化分带方法等基本知识。然后带领学生观察本处风化壳特征。

3) 本点岩体风化分带及各带特征

本点位于黄陵岩体西南部,岩性为黑云母石英闪长岩($\delta\beta o_2^{2-1}$),新鲜面为灰白色,风化面呈黄褐色,中粗粒结构,块状构造。主要暗色矿物有:黑云母、角闪石。浅色矿物有:斜长石、石英和钾长石等。

我们在观察该处岩体风化时,应先从整体观察着手,然后详细描述各风化带岩石的颜色、破碎程度、矿物变异情况及其他反映岩石风化的特点。

在各种风化营力的长期作用下,岩体中有的矿物风化变异较彻底,如:斜长石—绢云母—蛭石、绿泥石—蒙脱石,黑云母—水云母—蛭石、绿泥石—蒙脱石,角闪石—绿泥石—蒙脱石等。以上风化矿物在不同风化带岩体中常可见到,如蛭石、绿泥石等矿物,在强、弱等风化带中很容易找到,教师可带领学生一起找蛭石、绿泥石等。

本处岩体风化剖面为一人工开挖面,从坡顶到坡脚可分为4个风化带(图4-57),即:全风化带、强风化带、弱风化带和微风化带。各带的特征描述如下。

(1)全风化带。位于边坡顶以上自然斜坡,风化岩石整体颜色为灰黄至褐黄色,表层为腐殖土所覆盖。岩石风化成土状或砂土状,含有砂砾状碎屑,整体结构疏松呈土状,用手指可捏碎。岩石中大部分矿物严重风化变异,颜色改变,如长石变成了高岭土、绢云母及绿泥石或蒙脱石;黑云母变为蛭石;角闪石被绿泥石化;石英解体失去光泽等。据有关资料,该层的纵波速度为 $0.5 \sim 1.0 \mathrm{km/s}$。

(2)强风化带。位于边坡上部,风化岩石整体颜色为灰黄色,岩体原生结构破坏严重,呈半松散或碎块状态,由碎块石体夹坚硬半坚硬岩石组成,碎块石用手可压碎。除碎块石内部外,矿物已严重风化变异,只是程度较全风化者轻,产生水云母、蛭石和绿泥石等次生矿物。据有关资料,该层的纵波速度为 $2.0 \sim 3.0 \mathrm{km/s}$。

(3)弱风化带。位于边坡中部,除裂隙面外岩石整体上保持原岩的颜色,由坚硬、半坚硬岩石夹疏松碎块石组成,岩体整体为块状构造,较完整,锤击声不够清脆。主要裂隙面产生一定厚度的风化层,从上至下裂面风化层厚度从几十厘米到几厘米不等。矿物风化变异较轻,产生水云母及蛭石、绿泥石等次生矿物。据有关资料,该层的纵波速度为 $3.1 \sim 5.5 \mathrm{km/s}$。

(4)微风化带。位于边坡中部,除裂隙面外岩石整体上保持原岩的颜色,由坚硬岩石组成,岩体完整,锤击声清脆。矿物风化变异轻,仅沿裂隙面发育有1mm左右的风化膜,并有变色

图4-57 风化剖面

现象。据有关资料,该风化层的纵波速度为 4.6～5.6km/s。

在弱风化带和微风化带中我们要重点观察矿物的变异情况,包括颜色变化、矿物蚀变情况和锤击声等。如黑云母变为蛭石,颜色也由黑色变为黑褐色;还有斜长石的颜色也发生了变化,由乳白色变为了灰白色,且其光泽变暗,说明斜长石经风化后有高岭石化现象。这两种矿物在裂隙表面变异十分明显,往里则逐渐变为新鲜岩石。其风化厚度,弱风化带一般几十厘米到几厘米不等;微风化带则比较小,一般几厘米到几毫米不等。

4)该区岩体风化情况

三峡水库坝基岩体为元古界闪云斜长花岗岩,并有多期酸性—基性岩脉侵入。岩体在各种风化营力的长期作用下,形成了比较完整的风化壳,风化岩体中有的矿物风化变异较彻底,如:斜长石—绢云母—蛭石、绿泥石—蒙脱石,黑云母—水云母—蛭石、绿泥石—蒙脱石,角闪石—绿泥石—蒙脱石等。

根据三峡水库前期勘察试验资料,区内闪云斜长花岗岩可划分出剧风化(全风化)带、强风化带、弱风化带和微风化带 4 个风化带,微风化带以下是新鲜花岗岩,而在剧风化带以上往往为厚度不等的腐殖土或耕作土所覆盖,观察时应注意。表 4-7 为三峡坝基岩体不同风化带的工程地质特征,供教师教学时参考。

三峡地区花岗岩风化壳厚度变化取决于地形及风化产物保存条件,山脊及浑圆的山包风化壳厚度较大,最大可达 85m;而河谷及河床处风化壳较薄,平均厚度 10m 左右,最小为 0m。

教学路线十一 水土流失现象观察

1. 目的与要求

(1)观察张家冲流域土地利用现状,了解张家冲流域水土流失试验的分布与观测的意义。

(2)观察张家冲水土流失试验示范区,了解试验原理以及数据收集等,分析不同治理措施对水土流失的控制作用。

(3)观察张家冲流域沟口泥砂、水文监测点,了解水文监测和水土流失科研观测内容。

2. 教学内容与方法

【教学点1】

秭归县茅坪镇张家冲北侧山坡。

【教学内容】

观察张家冲流域土地利用现状,包括植被、庄稼、果园等;了解张家冲流域水土流失试验的分布与观测的意义。

【教学方法】

教师在张家冲北侧山坡向学生介绍张家冲流域面积、土地利用类型、植被分布、水土流失的情况等,介绍在张家冲流域进行水土流失试验与观测的意义、试验小区情况等。

表 4-7 三峡坝基岩体不同风化带的工程地质特征表

风化分带		风化特征		勘探技术特征	岩体特征				动力弹性参数		
		宏观特征	矿物蚀变特征		裂隙率(%)	RQD	风化率(%)	变形模量(GPa)	回弹指数(N)	V_p(km/s)	动弹模(GPa)
全风化带	IV	褐黄色松散碎屑状岩石,仅含少量半坚硬碎块或小球状体	矿物均失去光泽,除石英外,绝大部分矿物蚀变,产生了水云母、绢云母、蒙脱石、蛭石等次生矿物及游离氧化物	钻探中岩芯多呈砂砾状态,偶尔可取出碎块。锤击声哑,锹镐可挖动。硐探可用人工或机械开挖,施工中须全面支护,岩石开挖分级小于5级			100	0.02~0.05	10	0.5~1.0	0.3~0.8
强风化带	III	褐黄带灰色,疏松状碎屑夹半坚硬及坚硬块球体,前者已失去结晶联系,后者具较强结晶联系,块球体大小在0.5~2.0m间	矿物光泽暗淡,大部分具不同程度蚀变,产生了以水云母为主的次生矿物,并可见蛭石、绿泥石等矿物	钻探中可断续取出岩芯,采取率一般小于30%。硐探可采用机械或爆破开挖,施工中局部需支护,岩石开挖分级为5~10级	0.3~0.5		>95	0.5~1.0	19.6	2.0~3.0(2.25)	5.7~19.9
弱风化带	上带 II₂	浅灰带褐黄色,半坚硬及疏松状块石夹坚硬状块石。大部分裂隙已风化,表现为边缘风化严重,风化宽一般5~10cm,最宽1.0m。松散碎屑含量达10%~20%	矿物光泽弱,部分矿物蚀变,产生了以水云母为主的次生矿物,并可见蛭石、绿泥石等矿物	钻孔岩芯采取率一般为60%。硐探施工需采用机械或爆破开挖,岩石开挖分级为10~11级	0.2~0.3	20~50	30~70	2.6~5.7	34.2	2.0~5.1(3.78)	16.39~63.07
	下带 II₁	浅灰色坚硬状岩石夹少量风化岩,沿部分裂隙风化,风化宽一般1~4cm。松散碎屑含量小于1%	矿物光泽较强,少量矿物蚀变,产生了少量水云母、绢云母等次生矿物	钻孔岩芯采取率达80%以上。硐探施工需采用爆破开挖,岩体稳定性较好,岩石开挖分级为10~11级	0.1~0.2	70~90	15	14.7~28.4	41	4.3~5.5(4.75)	48~72
微风化带	I	浅灰色、坚硬、完整岩石,属块状结构,仅沿部分裂隙产生表皮状或裂隙状风化,风化岩厚度多小于1cm	矿物颜色新鲜,光泽强,仅少量绢云母等矿物蚀变,裂隙面上可见绿泥石化现象	钻孔岩芯采取率90%~100%。硐探施工需采用爆破开挖,岩体稳定性好,岩石开挖分级为12级	0.1	90~95	1~3	14.7~43.1	46.4	4.6~5.6(5.31)	59~84
新鲜岩体		浅灰色、坚硬、完整岩石,属整体结构,沿结构面上无风化现象	矿物极少产生蚀变	钻孔岩芯采取率90%~100%。硐探施工中岩体稳定性好		90~95				4.8~5.85	64~87

【教学点背景资料】

张家冲小流域位于秭归县茅坪镇西南部,系茅坪河支流,距三峡大坝5km,距秭归新县城8.5km,在瓮桥沟汇集流入茅坪河(图4-58)。流域内共有176户,610人;土地总面积1.62km²,共有耕地43.2hm²(大于25度的耕地15.6hm²),林地98.1hm²(其中疏幼林地40.7hm²,经果林7.5hm²),草地3.3hm²,荒山荒坡8hm²,非生产用地9.3hm²。该流域属山地丘陵地貌,最低海拔148m,最高海拔530m,下部坡度较为平缓,中上部坡度较陡。

该流域属典型的花岗岩发育区域,土壤为花岗岩母质发育的石英砂土。植被以亚热带常绿、落叶阔叶林和针阔混交林为主;林特资源有低山河谷的柑橘,半高山的茶叶、板栗,高山的木材。林草覆盖率达到62.6%。水土流失类型主要为水力侵蚀,以面蚀为主,主要发生在坡耕地、疏残幼林和植被覆盖率低的地方。由于面蚀涉及面积广,被侵蚀的多是肥沃的表层土,既流失土壤,又损失肥力,因此水土流失是造成花岗岩区土壤地力、土地生产力降低的主要因素之一。据调查,张家冲流域2003年有水土流失面积0.97km²,占土地总面积的60%,其中轻度流失24.1hm²,占流失总面积的24.8%;中度流失49.5hm²,占流失总面积的50.9%;强度流失8.0hm²,占8.2%;极强度流失15.6hm²,占16%。土壤侵蚀总量达到6 705 t·a,水土流失十分严重。

图4-58 张家冲流域Google earth图像

长期以来由于人们无限度的开发利用坡地,造成大量森林植被被破坏,植被覆盖率下降,水土流失十分严重,生态环境严重恶化,坡耕地的利用改良越来越引起人们的高度重视。为研究探讨花岗岩区试验示范水土保持流失规律,试验示范水土保持新科技、新技术,在张家冲小流域开展流域水文、水蚀小区和小气候的试验研究,既有利于改善生态环境,扩大移民环境容量,又有利于保持水土,减少注入长江的泥沙量,对推动库区水土流失治理、提高坡地持续生产能力、扩大库区环境容量、改善生态环境具有理论与实际意义。

【教学点2】

秭归县茅坪镇张家冲水土流失试验示范区。

【教学内容】

观察张家冲水土流失试验示范区,包括试验示范区的面积、结构、坡度与植物等。

【教学方法】

先让学生观看张家冲水土流失试验示范区,引导学生思考试验示范区观测内容;然后教师系统讲解试验示范区的结构及其观测的内容。

【教学点背景资料】

试验示范区主要观测内容。观测相同土壤特性、植被、相同管理方式下不同坡度(图4-59)的降雨量、径流总量、径流深、径流系数和悬移质侵蚀模数;农作物、经济林、蔬菜物候期生长状况及投入产出效益,林地生长状况、植被覆盖度、生长量、水土流失量。测验温室气体中氧化氩氮、二氧化碳的排放量。

试验示范区主要观测指标:不同土地利用现状下(图4-60)的侵蚀雨量,农作物、经济林年生长状况、投入、产出管理及效益分析,不同植被覆盖度、不同土地利用现状下的径流总量、径流深、径流系数和侵蚀模数,"植物篱+经济林"水土保持效益,小流域植被覆盖度历年变化情况。

图4-59 水土流失试验示范区

图4-60 土地利用方式——梯田

【教学点3】
秭归县茅坪镇张家冲流域沟口。

【教学内容】
观察张家冲流域沟口泥砂、水文监测点,包括沉砂池的结构、泥砂监测的原理,水文监测的方法与仪器等;了解张家冲流域水土流失科研观测内容。

【教学方法】
先让学生观看沟口泥砂、水文监测点,引导学生思考沉砂池的结构、泥砂监测的原理。然后,教师集中讲解张家冲流域沟口泥砂、水文监测和水土流失科研观测内容。

【教学点背景资料】
(1)流域调查指标。调查指标包括如下几项:土壤侵蚀面积动态统计,水土保持公众参与调查统计,小流域社会经济情况,小流域开发建设项目水土流失情况,小流域水土流失现状,小流域土地利用现状,小流域植被调查,小流域水土保持规划,小流域水土保持治理成果,植被线路调查登记,水土保持工程质量调查。

(2)小气候观测内容。观测降水、气温、湿度、蒸发、日照,地面0cm、地面最高、地面最低和地中5cm、10cm、15cm、20cm的温度。观测采用仪器自动和人工测验相结合,以人工观测记录校核自动记录数据。观测时段为2:00、8:00、14:00、20:00。

观测指标包括如下几项:

小流域降雨量(含各点降雨量),5、15、30、60、120分钟的雨强摘录;小流域平均温度、湿度、有效积温;天气现象记录;小流域水面蒸发量;日照时数;地面0cm、地面最高、地面最低温度;地中5cm、10cm、15cm、20cm的温度。

(3)水文观测内容。观测水位、流速、含砂量、输砂率、水质变化过程,观测采用仪器自动和人工测验相结合,以人工观测记录校核自动记录数据。观测时段为2:00、8:00、14:00、20:00,

洪峰加密人工观测次数,观测水位、流量和泥沙变化过程,监测河水中 N、P、K 养分的流失量。

观测指标包括如下几项:

小流域逐日平均水位、流量、含砂量、悬移质、推移质输砂率;洪水水文要素;小流域行洪期水位、流量变化过程;流域河水径流中 N、P、K 养分的流失量。

第六节 各类工程建筑工程地质实践教学

教学路线十二 港口码头及工程地质问题

1. 目的及要求

(1)了解客运码头组成部分及其功能。

(2)了解客运码头的主要工程地质问题。

2. 教学内容与方法

【教学点】

秭归港客运码头

【教学内容】

(1)了解客运码头组成部分及其功能。

(2)了解客运码头的主要工程地质问题。

【教学方法】

本点属于参观性教学点,以教师讲授为主。目的是通过对秭归客运码头的参观和教师的介绍,使学生了解港口码头组成部分、功能及主要工程地质问题,了解港口码头选址要求等。

【教学点背景资料】

1)秭归港客运码头的组成部分及其功能

秭归港地处长江南岸秭归新县城茅坪镇,距三峡大坝 1km,是三峡库区移民迁建的重点工程之一,也是高峡平湖第一港。秭归港共建有 3 个 3 000 吨级和 3 个 1 000 吨级泊位,有客运码头和旅游专用码头,有秭归到重庆飞船基地,有秭归到万州滚装船码头,具有三峡库区客货运输的始发港和终点港功能,是三峡库区联结长江中下游广大地区的客货中转基地。

秭归港客运码头(图 4-61)是秭归港的重要组成部分,由趸船、水陆联运客运站和连接通道(步行阶梯和升降梯)等组成。趸船浮于江面,可随库水位升降而上下移动,属于斜坡式码头。客运站为一级水陆联运客运站,面积 2 500km²,年旅客吞吐量 140 万人次;趸船可供普通客船和水翼飞船停泊,上下旅客;客运站与趸船之间为步行阶梯和升降梯,供旅客及相关人员通行。

图 4-61 秭归客运码头客运站

秭归港客运码头主要工程地质问题有：斜坡稳定性及客运站地基稳定性问题、港池与航道淤积问题等，这是影响码头安全和正常使用的主要问题。有关资料表明，这些问题在秭归港客运码头并不严重，且都得到了很好的处理。

2）码头类型及其对地基的要求

港口是货物和旅客集散并变换运输方式的场地，它有一定面积的水域和陆域供船舶出入和停泊，可以为船舶提供安全停靠、作业的设施，以及提供补给、修理等技术服务和生活服务。码头是港口重要的组成部分，主要包括船舶停泊、货物和旅客出入通道等设施。

码头按其结构形式可分为重力式、板桩式、高桩式和斜坡式几种，它们的特点及其对地基的要求如下。

(1)重力式码头一般由上部结构、墙身、基础和墙背减压棱体等部分组成。结构型式有扶壁式、沉箱式、方块式和整体砌筑式等。其特点是依靠码头结构本身及其回填料的重力、地基强度来维持码头的整体稳定性，一般要求在比较好的地基上建造。

重力式码头一般采用天然地基，要求有较好的地基条件，如基岩、砾（卵）石、中密以上密度的砂、硬黏土等。地基设计内容包括地基承载力、整体稳定性、地基沉降量、码头后方土压力、滑动及倾覆稳定性。

(2)高桩式码头一般由上部结构和基桩组成。通过上部结构将作用于码头上的荷载和外力分配给基桩，再传给地基，它适合于一切可以沉桩的地基。主要结构型式有承台式、梁板式、无梁面板式及桁架式等。其优点是上部结构自重轻、地基应力小、预制装配程度高，一般不需潜水作业，对水文条件影响较小。

一般在软土地基上修建码头常采用桩基，尤其在软土下一定深度处有较好的持力层时最为适宜。地基设计内容包括桩基承载力、整体稳定性、地基沉降量等。

(3)板桩式码头一般由板桩、上部结构和锚碇结构等部分组成。其特点是以板桩入土部分的横向抗力和上部锚碇结构来维持其整体稳定性。

板桩式码头除特别坚硬或软弱的地基外，一般地基都适宜，且要求桩尖处有较好的持力层。地基设计内容包括计算板桩入土深度、整体稳定性和锚碇结构稳定性等。

(4)斜坡式码头，设有固定的斜坡道(实体或架空)与趸船，且趸船随水位变化沿斜坡道移动，如秭归客运码头。斜坡式码头的地质条件要求冲淤变化小、岸坡稳定，天然地基承载力、桩墩基承载力和沉降能满足工程要求。其设计内容包括计算岸坡整体稳定性、天然地基承载力、桩墩基承载力和沉降量等。

3）港口码头的主要工程地质问题及其选址要求

一般来说，港口码头的主要工程地质问题包括：①区域稳定问题，受控于港口码头地区的区域地质构造，特别是新构造运动和地震活动性，必要时应作专题研究；②码头地基与斜坡稳定问题，这是影响港口码头安全和正常使用的最重要的问题，是港口码头工程地质勘察研究的主要任务；③港池与航道淤积问题，它直接影响港口码头作用的发挥和寿命。

一个优良港址应满足下列基本要求：①有足够的岸线长度及水域和陆域面积，用以布置前方作业地带、库场、铁路、道路及生产辅助设施；②冲、淤不强烈，以保证港池与航道的稳定和预计的水深；③港池与航道有足够的水深；④港口码头的地基与斜坡稳定；⑤有广阔的经济腹地及便捷的交通运输系统；⑥有发展余地并与城市发展相协调；⑦满足船舶航行与停泊要求；⑧应注意能满足船舰调动的迅速性，航道进出口与陆上设施的安全隐蔽性，以及疏港设施及防波堤的易于修复性;⑨对附近水域生态环境和水、陆域自然景观尽可能不产生不利影响。

教学路线十三　三峡工程及工程地质问题

1. 目的及要求

(1) 了解三峡工程概况与作用。
(2) 了解三峡工程坝区的主要建筑物及功能。
(3) 了解三峡工程的主要工程地质问题。
(4) 观察副坝(茅坪溪防护坝)的建筑形式与作用。

2. 教学内容与方法

【教学点 1】

三峡大坝下游截流公园。

【教学内容】

(1) 了解三峡工程概况及作用。
(2) 了解三峡工程坝区主要建筑及其功能。
(3) 了解三峡工程主要工程地质问题。

【教学方法】

本点属于参观性教学点,以教师讲授为主。目的是通过参观、教师介绍及影视资料观看等,使学生了解三峡工程概况及其巨大的社会经济效益、坝区主要建筑物与功能,同时了解三峡工程的主要工程地质问题。教师讲解后让学生自己看,并留一定的时间让学生提问、讨论。

【教学点背景资料】

1) 三峡工程概况

(1) 概述。长江是中华民族的母亲河,发源于青藏高原唐古拉山的主峰南侧,流域面积 180 万 km^2,干流全长 6 397km,是世界第三长河。

三峡工程位于长江干流,坝址位于湖北省宜昌市三斗坪,距三峡出口南津关 38km,是开发和治理长江的关键性工程,具有防洪、发电、航运等综合效益,是当今世界上最大的水利枢纽工程。工程控制流域面 100 万 km^2,坝顶高程 185m,正常蓄水位 175m,蓄水后库水回水至重庆,库长 600 多千米,总库容 393 亿 m^3。

整个工程包括混凝土重力坝(大坝)、坝后式发电站,五级船闸和升船机等。总体布置为:大坝由一个溢流坝段和两个电站坝段组成,溢流坝段位于河床中部,即主河槽部位,两侧为电站坝段。坝后式发电站厂房位于两侧电站坝段后,另在右岸预留有的地下发电厂房位置。五级船闸和升船机均分布于左岸。各主要建筑物布置见图 4-62。图 4-63 为三峡工程坝址区原貌。

(2) 三峡工程的社会经济效益。三峡工程的兴建将发挥巨大的社会经济效益,主要表现在如下几方面。①在防洪方面。三峡工程可有效地控制长江上游洪水,对中下游平原区,特别是对荆江地区防洪起着决定性作用。工程建成后有效防洪库容 221.5 亿 m^3,可使荆江河段的防洪标准由原来的 10 年一遇提高到 100 年一遇,遇到 1 000 年一遇或更大的洪水,可配合荆江分洪等分蓄洪工程,防止荆江河段发生干堤溃决的毁灭性灾害。还可大大提高长江中下游防洪调度的机动性和可靠性,减轻中下游洪水淹没损失和对武汉市的洪水威胁,并可为洞庭湖区的根本治理创造条件。

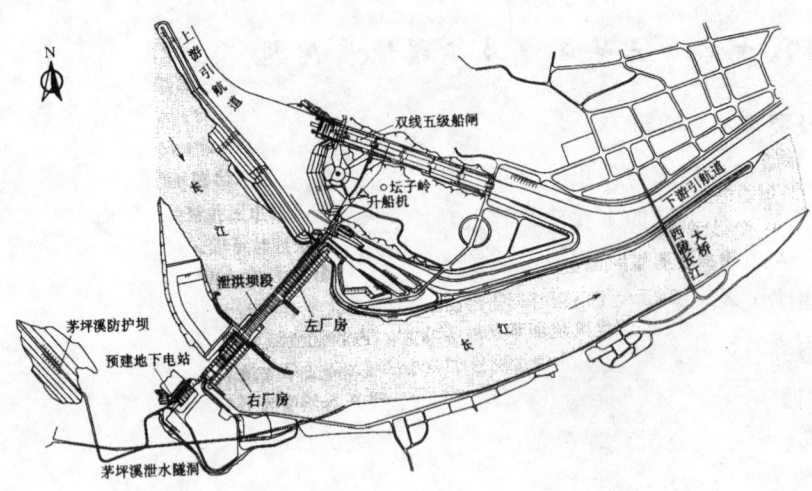

图 4-62 三峡工程平面布置图

②在发电方面。三峡水电站总装机容量 1 820 万 kW,年均发电量为 847 亿 kW·h,巨大的电力主要供应华中电网(湖北、河南、湖南)、华东电网(上海、江苏、浙江、安徽)、广东和重庆,这些地区是我国经济发达而又能源相对缺乏的地区,三峡电的供给将为这些地区的能源结构改善和经济发展发挥巨大的作用。届时将有 15 条 50 万 V 超高压线路,分别向北、东、南 3 个方向接入华中、华东电网,至广东建直流输电工程,可把华中、华东、西南电网联成跨区域的大型电力系统,取得地区之间的错峰效益、水电站群的补偿调节效益和水火

图 4-63 三峡工程坝址区原貌

电厂容量交换效益。仅华中、华东两大电网联网,就可取得 300 万~400 万 kW 的错峰效益,从而具备了北联华北、西北,南联华南,西电东送,南北互供,组成全国联合电力系统的条件。三峡水电站若按电价 0.18~0.21 元/(kW·h)计算,每年收入可达 181 亿~219 亿元。

③在航运方面。三峡水库作为峡谷型水库,将回水至重庆市的九龙坡,将显著改善长江宜昌—重庆长 660km 的航道,万吨级船队可直达重庆港。航道单向年通过能力可由 1 000 万 t 提高到 5 000 万 t。另因三峡水库调节,宜昌下游枯水季节最小流量可从 3 000m³/s 提高到 5 000m³/s 以上,从而使长江中下游枯水季节航运条件也有较大的改善。

除上述社会经济效益外,三峡水库建成还可促进水库渔业、旅游业的发展,改善中下游枯水季节水质,并有利于南水北调。同时巨大的电力代替烧煤每年可少排放二氧化碳 1.3 亿 t、二氧化硫约 300 万 t 和一氧化碳 1.5 万 t,以及氮氧化合物等。可见,三峡工程也是一项改善

长江生态环境的工程。

应当指出,三峡工程在产生巨大效益同时,也将产生一些不利的影响,主要表现在,水库淹没对生态环境的不利影响,如对个别珍稀动植物(中华鲟等)的影响,库区部分古文物和部分景观被淹,新的水土流失和环境污染的形成及对下游河床冲刷等。

(3)移民工程。三峡水库将淹没陆地面积 632km^2,涉及重庆市、湖北省的 20 个县(市),其中,秭归、巴东、巫山、奉节等 9 座县城 55 座集镇全部或基本淹没;另外受淹没或淹没影响的工矿企业 1 599 家;水库淹没线以下共有耕地(含柑橘地)2.45 万 hm^2;淹没公路 824.25km,水电站 9.22 万 kW;淹没区房屋面积为 3 459.6 万 m^2,淹没区总人口为 84.41 万人(其中农业人口 36.15 万人)。考虑到建设期间内的人口增长和二次搬迁等其他因素,三峡水库移民安置的动态总人口将达到 113 万人。截止 2008 年 8 月底,共搬迁安置移民 124 万人。

(4)建设周期及其水位变化。三峡工程 1992 年 4 月经全国人大批准兴建,计划总工期 17 年(1993—2009 年),分 3 个阶段实施:

第一阶段自 1993—1997 年,为施工准备及一期工程,主要修建右岸导流明渠和纵向围堰,以实现大江截流(1997 年 11 月 8 日)为目标,长江水位提高了 10m。

第二阶段自 1998—2003 年,以实现第一批机组发电和永久船闸通航为目标,这期间水库水位蓄至 139m。

第三阶段自 2004—2009 年,实现全部机组发电和工程全部建成。届时水库将蓄水至 175m,坝前水位将提高近 110m 左右,每年将有近 30m 的升降变化。

(5)工程投资。工程投资概算经国家批准:三峡工程投资概算按 1993 年 5 月价格计算,静态投资为 900.9 亿元人民币,其中枢纽工程投资 500.9 亿元,移民安置 400 亿元。计入物价上浮及施工期贷款利息的动态总投资估计约为 2 039 亿元。

2)坝区主要建筑物及其功能

工程主要建筑物由大坝、水电站和通航建筑物等部分组成。

(1)大坝。大坝为混凝土重力坝(图 4-64,图 4-65),坝轴线长 2 309.47m,坝顶高程 185m,最大坝高 181m。分泄洪坝段和两个电站坝段。泄洪坝段居河床中部,总长 483m,设有 23 个深孔、22 个表孔以及 22 个导流底孔(后期被封堵)。深孔尺寸 7m×9m,底板高程 90m;表孔净宽 8m,溢流堰顶高程 158m,下游采用鼻坎挑流方式消能;底孔尺寸 6m×8m,进口底高程 56~57m。溢流最大泄洪能力 120 600m^3/s。电站坝段位于溢流坝段两侧,单个进水口尺寸 11.2m×19.5m,底板高程 108m,压力管内径为 12.4m,采用钢衬钢筋混凝土联合受力结构衬砌。

(2)水电站。水电站分列溢流坝两侧,为坝后式厂房,共安装 26 台 70 万 kW 水轮发电机,左厂房 14 台,右厂房 12 台,总共装机容量 1 820 万 kW(18 200MW),年发电量 846.8 亿 kW·h,为世界第一大水电站。

另在右岸山体内预留地下发电厂房,可装 6 台 70 万 kW 水轮发电机组,装机容量 420 万 kW。因此到三峡工程全部完工后,发电站的总装机容量达 2 240 万 kW(22 400MW)。

(3)通航建筑物。通航建筑物包括永久船闸和升船机,均位于左岸中。

升船机为单线一级垂直提升,承船厢有效尺寸 120m×18m,水深 3.5m,一次可通过一艘 3 000吨级的客货轮。承船厢运行时总重量为 11 800t,采用全平衡钢丝绳卷扬方式提升。

永久船闸为双线五级连续梯级船闸,单级闸室有效尺寸 280m×34m,最大水深 60m,最小水深 5m。可通过万吨级船队,是世界上最大最宏伟的船闸。

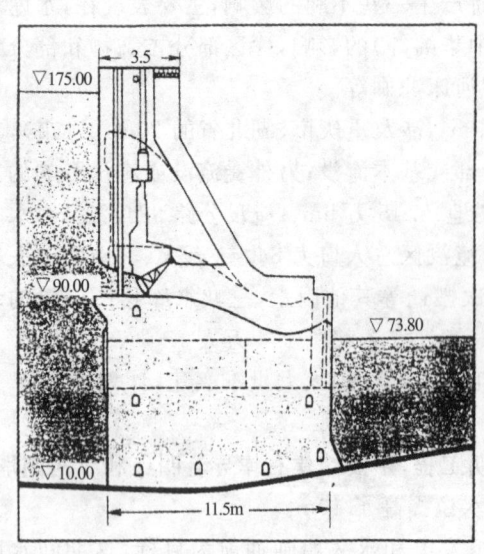 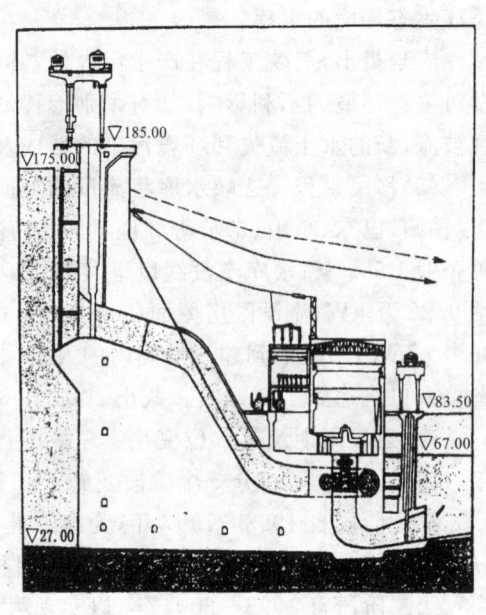

图 4-64 大坝剖面图(溢流坝段)　　　　图 4-65 大坝剖面图(电站坝段)

船闸主体段全部位于新鲜基岩内,其两侧高陡边坡最大开挖深度达 170m;两线船闸间保留宽 60m 的岩石中隔墩,闸室底部为高约 60m 的直立墙。采用薄混凝土衬砌结构,需依靠岩体自身维持结构稳定。深挖高陡岩石边坡的稳定和变形量,是工程设计和施工中需要特别重视的问题。根据多年研究的成果,设计采取设置防渗和排水系统、控制爆破、喷锚支护及预应力锚索、高强锚杆加固等一系列措施。船闸地表设有防渗和排水系统,以防止和减少地面水渗入。为控制和降低渗水压力,船闸主体段两侧山体内,各布置有 7 层共 14 条贯通性排水洞;各层排水洞间设有排水孔帷幕。永久船闸开挖总量近 4 000 万 m³,其中大部分为需进行爆破的坚硬岩石。为了最大限度地少扰动岩体保持岩体完整性,采用预留保护层和预裂爆破、光面爆破等工艺,并严格控制起爆药量。为了保证高陡边坡的稳定和限制其变形,除施工期及时进行锚杆和喷混凝土支护外,边坡设有约 3 600 余束 300 吨级的预应力锚索和约 10 万根高强系统结构锚杆。

为监测船闸施工期和运行期的安全,永久船闸设置了内容广泛的安全监测系统。包括地面变形精密三角测量系统、地下水观测系统、岩体深部变形观测仪埋系统、锚杆锚索应力应变观测系统、爆破震动影响和岩体松弛监测等。

(4)输变电工程。三峡输电系统总规模为:500kW 交流线路 6 519km、交流变电容量 2 275 万 kV、直流输电线路 2 965km(含三广直流线路 975km)、直流换流站容量 1 800 万 kW(三个直流换流站 600 万 kW)。因此,三峡电站将以 500kV 交流输电线路和 ±500kV 直流输电线路向华东、华中、华南送电。

此外,为三峡工程建设还修建了大量的配套工程,如宜昌至坝区的三峡专用公路、西陵长江大桥及专用码头等。

3)地质背景与主要工程地质问题

(1)地质背景。坝址区河谷开阔,谷底宽约 1 000m,两岸岸坡较平缓,冲沟发育,岩石风化层较厚,河床右侧江中有一小岛(中堡岛),将长江分为大江与后河。大江位于中堡岛左侧是长江的主河槽,后河位于中堡岛右侧,平时枯水期无水,与三斗坪陆路相连,仅在洪水期通水,具备良好的分期施工导流条件。

坝区基岩为黄陵岩体,岩性为黑云母石英闪长岩。据研究:岩体坚硬完整,新鲜岩石的抗压强度约为100MPa,岩体内断层、裂隙不发育,大多胶结良好、透水性微弱。闪长岩风化壳可分为剧风化、强风化、弱风化、微风化4个风化带。大坝基础坐落于弱风化带下带顶部,地基岩体完整,强度高,仅有短小节理裂隙发育,无贯通性长大裂隙、断层存在。这些因素构成了修建混凝土高坝的优良地质条件。

坝址区位于黄陵背斜核部,新构造运动总体以差异性不大的整体上升为主,属地壳稳定区。在坝区100km范围内,历史上发生的地震均未超过5.5级,属弱震区。按国家地震局1990年1:400万《中国地震烈度区划图》(50年超越概率10%),三峡工程库区地震基本烈度均属于Ⅵ度区。据三峡水库诱发地震研究成果,水库诱发地震的最大地震基本烈度为Ⅶ度。

(2)坝址区主要工程地质问题。坝址区主要工程地质问题有:坝基抗滑稳定问题、渗漏(包括坝基渗漏和绕坝肩渗漏)问题和渗透变形问题等。

大坝基础地基为弱、微风化闪长岩,岩体完整,强度高,断层不发育,节理裂隙规模小,以陡倾角节理为主,无贯通性长大裂隙、断层存在。因此,不会发生坝基抗滑稳定问题,整个坝基是稳定的。另外,基岩完整性好,节理裂隙不发育,透水性微弱,因此,渗漏问题和渗透变形问题也能满足要求。

(3)库区主要工程地质问题。一般来说水库的主要工程地质问题有:渗漏问题、浸没问题、库岸塌岸(库岸稳定性)问题、淤积问题和水库诱发地震问题等。在三峡工程数十年的工程地质勘察论证中,有许多科研研究单位(主要是水利部长江水利委员会)对以上问题进行了深入细致的研究,得出了可靠的结论。简单介绍如下。

①渗漏问题和浸没问题。三峡库区处于峡谷地区,两岸山体雄厚,长江又是当地最低排泄基准面,水库水位抬升后两岸地下分水岭变化不大。因此,不会产生邻谷渗漏问题,也不会产生浸没问题。

②塌岸问题。三峡库区沟谷切割深,山高坡陡,且暴雨频发,崩塌、滑坡和岩体变形时有发生。据有关资料报道:三峡库区长江干、支流共发现前缘低于高程175m的崩塌、滑坡1 190处,总体积34亿m³,占总库容的8.7%。由此产生的库岸塌岸(库岸稳定性)问题是影响三峡工程建设和库区经济建设及其人民生命财产安全的重要问题。因此,国家和地方政府投入了大量人力物力进行治理,取得了良好的效果。

③淤积问题。对三峡水库而言,水库淤积的物质来源主要有:一是库岸崩塌、滑坡和变形体失稳的岩土;二是人类工程活动造成的弃土弃渣及水土流失形成的泥沙;三是长江本身挟带的泥沙。由于长江总体的泥沙含量不大,近年来国家在治理水土流失、崩塌、滑坡地质灾害和库岸塌岸等方面加大了力度,大大改善了库区的水土流失现状和库岸的稳定性。因此,总体来说淤积问题不是十分突出。而且在大坝设计时已有冲淤方面的考虑,设计了冲淤底孔,以解决淤积问题。

(4)水库诱发地震。三峡库区现今地壳运动总体上以差异性不大的整体缓慢上升为主,属地壳稳定区。区域上的几条规模较大的活动断裂,近期未发现活动性断裂形迹。据历史地震记载和1959年以来三峡地震台网记录资料,三峡库区历史上发生$4\frac{3}{4}$级以上的破坏性地震共47次,其中震级大于6级的有4次,属弱震区。据三峡水库诱发地震研究成果,水库蓄水后可能发生在仙女山—九畹溪断裂一带,以及秭归牛肝马肺峡—巫山培石之间。但总体来说,水库诱发地震震级小,一般小于$4\frac{3}{4}$级。

【教学点2】
三峡工程副坝坝顶。
【教学内容】
(1)副坝观察。
(2)绘制副坝横剖面。
【教学方法】
本点属于参观性教学点,以教师讲授为主。目的是通过参观、教师介绍等,使学生了解副坝结构、作用及施工要点。教师讲解时可先作示意图,边讲边画。讲解后让学生自己观察副坝的建筑形式与建筑用材等,绘制副坝横剖面,注意迎、背水坡坡度的差别,筑坝材料等,并留一定的时间让学生提问、讨论。

【教学点背景资料】
副坝结构、作用及施工要点。

副坝又称茅坪溪防护坝,位于茅坪溪入江口。茅坪溪是长江的一级支流,入江口位于三峡大坝右岸上游约500m处。

沿河往上游河谷开阔平坦,最宽处约1 500m,分布有一级阶地与缓坡平台,175m库水位以下的面积为4~5km²。河谷内为第四系冲洪积物,两岸山坡基岩为黄陵闪长岩体,岩体风化强烈。

河谷内分布有茅坪镇建东村等村庄,人口约5万,多为农业人口。

副坝坝高104m,为沥青混凝土心墙土石坝,其主要作用是保护茅坪溪内的居民和农田免遭淹没,使当地居民安居乐业。

沥青混凝土心墙的作用是防渗,大家知道防渗材料最好的是黏土,那么,为什么要用沥青混凝土作防渗心墙材料?因为茅坪附近找不到足够数量且质量符合要求的黏土。附近分布的基本都是闪长岩残积土,含有大量的砂颗粒,为砂土。从外地运来成本高不经济。所以,经技术、经济比较,用沥青混凝土作为防渗心墙材料比较适宜。

心墙的厚度约十几米至二十几米,大致与坝顶差不多宽。心墙两侧是碎块石土,因为副坝除防渗外,还要抵抗库水的侧向压力,所以要做成重力式的。做坝时在清好的地基上先做好心墙,到一定高度后再在两边填碎块石土并碾压,如此反复,直至坝顶。

副坝的工程地质问题主要有:渗漏问题和坝基承载力问题。为了防渗,一方面采用防渗心墙,另一方面须清基并做防渗处理;为了保证副坝稳定,坝体须有一定的宽度和重量,所以除心墙外两侧须填筑碎块石。

由学生自己动手测量副坝迎水坡与背水坡坡度、顶宽,绘制简易横剖面。

教学路线十四　黄金矿区采矿及尾矿坝工程地质

1. 目的及要求

(1)了解该区地质背景条件及金矿矿床的基本概念、金矿特点,以及采矿可能产生的工程地质问题。

(2)大致了解金矿选矿工艺及流程,选矿过程引发的废弃物污染情况,应采取的废弃物处置措施。

(3)重点了解尾矿坝库地质环境,尾矿库坝选址的要求,以及可能产生的工程地质问题。

(4)尾矿库坝防渗方面的基本措施方法。

2. 教学内容与方法

【教学点1】

开采巷道出口处。

【教学内容】

(1)矿区环境地质条件。

(2)金矿成矿及矿体特征。

(3)矿体开采及工程地质问题。

【教学方法】

引导学生观察该区地形地貌及闪长岩体,初步了解矿区地质环境条件。考察矿井进口处覆盖层厚度及进口条件,可能条件下进入洞内适当深度,了解矿井的形态、作业方式、掘进方式等。洞口处观看矿石标本,了解矿体结构特体及矿物组成,金矿的存在形式。了解矿井排水措施及水量。看完后,再由教师结合材料讲解,结合实际提出问题引导学生适度讨论。

【教学点背景资料】

1)矿区环境地质条件

拐子沟金矿是秭归金山实业有限公司属下的小型金矿,有二十几年开采历史。矿区位于秭归县茅坪镇南西15km的木坪乡月亮包大队拐子沟附近。

矿区面积约2.15 km^2,为中低山区,地形最高点1 060m,最低标高500m,山势起伏大,西高东低,沟谷发育。构造上处于黄陵背斜之西南缘。区内广泛分布黑云母石英闪长岩,发育花岗岩脉、辉绿岩脉等,闪长岩为浅灰—灰色,中粗粒结构,块状构造,主要矿物为斜长石、角闪石和石英,斜长石含量一般为50%~55%,角闪石含量为15%~20%,石英含量为5%~10%。断裂构造分为成矿前断裂、成矿断裂和成矿后断裂3期。成矿前断裂有两组,一组走向近240°~290°,倾角15°~65°,长一般为20~200m,其中有的充填含铁矿石英脉和花岗岩脉;另一组走向330°~350°,倾角40°~80°,充填辉绿岩脉。成矿断裂多为走向310°~345°,一般倾向北东,倾角60°~80°,压扭性,最长达1 000余米,断层带0.2~2.1m,最宽达10余米,断裂带有蚀变现象。成矿后断裂很少,主要被花岗岩脉充填。

矿区主要含水层为第四系坡-残积物孔隙含水及岩体裂隙含水。第四系残坡积物厚度1.6~7.94m,成分为亚砂土含碎块石,弱富水性;岩体裂隙较发育,裂隙率1.29%~1.86%,充填率达55%,裂隙水呈脉状水流。地下水主要接受大气降水补给,在地形较低处以泉或裂隙状浸渗形式溢出地表。地下水化学类型属于$HCO_3 - NO_3 - Ca$型。

2) 成矿特征

受构造热动力、变质热动力或岩浆热动力作用,使源于幔源的岩浆或矿物质进入表壳时,金元素物质伴随金矿岩浆中的硫的突然过饱和状态浓缩、分馏(异)作用而脱离岩浆,成为表壳形成期金矿的含金建造。该矿体主要分布于英云闪长岩成矿断裂带的石英脉中,含金石英脉分布在三斗坪—茅坪—拐子沟一带,成矿断裂带走向310°~345°,倾向NE,倾角60°~80°,延伸长度几十米至百余米不等。拐子沟区主要矿体有8条左右,石英脉沿断裂带呈扁豆状或透镜状断续产出,脉体厚0.1~0.4m不等,薄者几厘米,最厚达1米多,属于中低温热液含金硫化物石英脉型矿床,含金品位高。黄铁矿、黄铜矿与石英是主要的载金矿物,伴有银和铜,其中金在黄铁矿中以可见和不可见金两种形式存在。可见金以包裹金、裂隙金和晶间金形式赋存;不可见金以超微粒或晶格形式赋存于黄铁矿中。石英是仅次于黄铁矿的载金矿物,以裂隙金为主,其次为包裹金和晶格金。矿物中风化后的黄铁矿基本褐铁矿化,大部分黄铜矿氧化成铜绿—孔雀石。脉石矿物主要有石英,次为绢云母、绿泥石。矿岩平均容重3.07t/m³,品位一般为几克/吨至十几克/吨,最高300g/t。该金矿成矿经历主要是早期晋宁运动,形成一系列北北西向裂隙带,为矿液流动提供了空间。由于裂隙带形成瞬间产生巨大的压力降促使高压流体迅速涌入张裂隙,分异成矿,同时与围岩发生一系列蚀变反应,生成矿物,如围岩中的角闪石等暗色矿物蚀变形成黄铁矿、黄铜矿。该矿总体属于以含金硫化物石英脉型为主,同时兼有含金硫化物蚀变型的复合型金矿。

3) 矿体开采及工程地质问题

该矿于1990年开始挖掘。矿体按415m、425m、480m 3个高程的平硐开采。采用平硐溜井,分段开采,将各中段开采的矿石由轨道车运到地表矿仓,再由索道转运至选矿厂,废石运至地表的山坡堆积。采用溜矿法和削壁充填采矿法、爆破及小型机械作业,配有小型风机井下通风。

采矿工程地质问题:

(1) 巷道稳定性问题。采矿矿井规模小没有形成大面积采空区,矿井围岩除进口及局部断裂带外,总体强度高,完整性好,稳定性好;局部断裂带部位及裂隙切割组合下可能存在小的塌落现象,进口围岩风化地段自稳能力不足,存在围岩塌落现象。

总体讲,不稳定是局部性的、小规模破坏,通过局部支护处理便可消除隐患。

(2) 矿井充水问题。开采巷道分布在闪长岩体区,岩体内地下水以裂隙水形式存在,地下水由大气降水补给,因巷道埋深大,降水经裂隙从巷道渗出的途径较长。长期观测资料表明,干旱季节平硐中含水段裂隙水呈滴状、串珠状、小股流溢出,水滴缓慢,小股流似线状;降雨后,裂隙水是串珠状或股流溢出,流量明显增大。洞口通常排水量0.33~2.55L/s。因此地下水不存在对巷道充水而危及生产安全问题,亦不存在严重巷道水害。

【教学点2】

矿石处理车间。

【教学内容】

(1) 选矿工艺流程。

(2) 废弃物处置方法。

【教学方法】

把学生带入生产车间,由教师或车间工程师带学生察看选矿工程设备、工艺流程。察看废液处理车间,了解其处理工序,然后由教师讲解有关基本知识。结合实际提出问题引导学生适度讨论。

【教学点背景资料】

1)选矿工艺

因金矿石的性质不同,采用不同的选矿方法,普遍采用重选、浮选、氰化、混汞等方法。对于含硫化的金矿石,即硫化物含量低,金的粒度较大,金是唯一的回收对象,采用浮选和氰化的简单工艺选矿。本矿采用的氰化法选矿工艺,即将矿石机械粉碎成细小微粒,制成浆液,浓度 35%～50%,在 pH 值 10～10.5 的条件下,加入浓度为 0.03%～0.06% 的氰化物溶液,充分搅拌 24h 以上,使 95% 以上的金被溶解为金氰络化物,再用锌粉置换金氰络化物,使其沉淀析出,最后将金泥冶炼成金。程序是:

$$矿石 \rightarrow 机械碎矿(磨碎) \rightarrow 氰化钠溶液(NaCN) \rightarrow 金的络合物 \xrightarrow{加锌粉} 置换金泥 \xrightarrow{冶炼} 金(产品)。$$

2)废弃物处理

经提炼后的尾矿浆液不能直接排放,需经过处理站进行处理,避免对环境带来危害。由于采用氰化——锌粉置换工艺选矿,尾矿浆中除长石、石英、角闪石等矿物外,还含有害污染物 CN^- 和重金属离子 Cu^{2+},CN^- 为剧毒物质,在尾矿浆入库堆存前先进行除氰去铜处理,以减少入库浆液中 CN^- 和 Cu^{2+} 含量,达到氰离子含量小于 0.5mg/L 限值的废水排放标准。

正常生产平均日尾矿浆产生量为 174.61t(140.90m³),日最大矿浆量 224.5t,矿浆含水率 71%～78%,须对此进行处理。

除氰去铜工艺流程:

处理方法有氯化法、臭氧氧化法、电解法等,相比之下,氯化法工艺成熟、方法简单、运行费少,本矿选用氯化法。具体做法是让尾矿浆先自流进碱性氯化反应池除氰,投加氯剂和碱液,使氰产生氧化,生成氰酸根离子达到无害化,即进行如下化学反应:

$$CN^- + Cl_2 + 2OH^- = CNO^- + 2Cl^- + H_2O$$

$$2CNO^- + 3Cl_2 + 8OH^- = N_2 + 2CO_3^{2-} + 6Cl^- + 4H_2O$$

这种反应通常在 pH 值为 8～10 的碱性环境下反应快速且完全,也称这种方法为"碱性氯化法"。为避免固体沉淀影响氯化,处理中应不断搅拌。考虑安全经济因素,该矿区采用二氧化氯代替氯气作氯剂,石灰乳代替氢氧化钠作碱剂,用于除氰处理。经处理后的液体再注入另一反应池,进行去铜处理。去铜处理方法有沉淀法、离子交换法、电解法等,其中,沉淀法工艺简单,投资费用低廉,广泛采用,但沉淀后污泥需另行处理,本矿采用沉淀法。沉淀法原理是,铜和大多数重金属一样,在一定的 pH 值范围内,生成不溶性的氢氧化物或硫化物等沉淀,在碱性环境下,铜离子以氢氧化铜形式沉淀下来,即:

$$Cu^{2+} + 2OH^- = Cu(OH)_2$$

一般 pH 值在 10～10.5 之间处理效果最佳。处理中采用加 $Ca(OH)_2$ 的方法来调节 pH 值。经处理后,使铜离子转化为氢氧化铜的固态形式,最后将浆液由管道输入尾矿库。经处理后的水质由进池时的含 CN^- 700mg/L、Cu^{2+} 2 000mg/L,分别降至 0.5mg/L。

处理站除氰去铜处理流程如下：

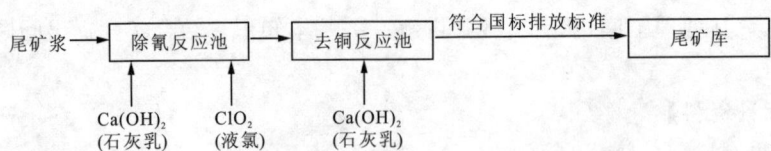

该处理是在大小 2.6m×5.0m,有效水深 2.0m 的反应池内进行的,设计流量是 $6.25m^3/h$,反应池为钢筋混凝土结构。备有化学剂制备间、精密酸度计、搅拌机、计量泵、浆渣泵等设备。

处理站在浆液处理过程中会产生二次污染,包括大气污染、噪声污染。其中在氰离子去除工艺中,作为氯剂的 ClO_2 具毒性和可挥发性,可挥发到空气中,对人体产生危害。在反应过程中,如果 pH 值调节过低,会有剧毒气体氯化氰产生,所以为避免产生有害气体,应注意对 pH 值的调节。提升泵是主要的噪声源,一般情况下,只对附近操作环境有一定影响。

【教学点 3】
尾矿库、坝区。
【教学内容】
(1)尾矿库、坝、导排系统等有关工程类型。
(2)库区地质环境条件。
(3)尾矿选址原则及有关工程地质问题。
【教学方法】
首先站在坝附近,总体上了解库、坝区地形地貌情况和构筑物型式及分布;然后进入库区,察看注浆系统,集水井及结构,矿渣物质及特征;再到坝址处,了解坝体结构及集水池情况。最后由教师系统讲解尾矿库、坝址选址要求,该区工程地质条件及适应性。让学生初步了解尾矿库的基本功能、结构及效能,对地质的要求,应开展的勘察工作及评价方法,并结合实际提出问题引导学生适度讨论。

【教学点背景资料】
1)工程概况
尾矿库位于矿井西方向,距厂区 700m,该区建有两期尾矿库,滤去尾矿液存放尾矿沙。矿区尾矿浆容重为 $1.24t/m^3$,尾矿浆日排放量 174.61t,体积 $140.9m^3$,其中尾矿库每天渗漏液 $124.61m^3$,渗漏液部分回用,剩余 $40.9m^3$ 经简单漂白粉氧化处理后,排放自然水体注入茅坪河。存于库内的泥沙体年存储 15 000t,可用于制砖即二次利用。尾矿库分新老两库,总库容 $180 000m^3$,服务年限 15 年。

尾矿库工程主要由存砂库、大坝、输浆系统、截水系统、导渗系统构成,其中大坝与存砂库盆是主要建筑,起到拦挡和库存矿浆沉砂的作用。

(1)尾矿坝及挡土墙。尾矿坝:采用块石和水泥砂浆砌筑,为重力式坝,下级尾矿坝坝长约 85m,坝顶标高 414m,坝底标高 392m,最大坝高 22m,坝顶宽 4m,底宽 8m,基础为毛石,宽 10m。坝体内侧铺设土工布和高密度聚乙烯(HDPE)防渗膜。

尾矿挡土墙:钢筋混凝土结构,钢筋砼条形基础,总长 97m,高 3m,隔 3m 设一钢筋砼扶壁柱,以增强稳定性。

(2)截水沟。为防止库周边斜坡降水片流汇入库内,在库周设置截洪(水)沟。截水沟拦截外围汇水面积约 26 740m² 区段的片流,按 20 年一遇暴雨计算,50 年一遇暴雨校核。截水沟主要由沿库周边的围沟组成,全长约 530m,沟深 1m,宽 1m 左右,采用浆砌块石、明沟铺砌。围沟将拦截的片流汇入下游排水渠或溪沟。

(3)渗滤液导排、防渗系统。为了防止矿浆渗滤液渗入库盆下部地质体污染地下水,必须采取措施防治浆液下渗,同时还应设置导渗、排渗系统将浆液从库内导排出库外。

①防渗系统。主要考虑库盆底部及坝体的防渗问题。坝体采用的是坝内侧铺设土工布和聚乙烯膜的方法。库底盆首先对场地进行平整压实处理,在整实的地面填一层厚 30cm 的黏土层,起到托支和防渗作用,再在其上铺一层厚 1.5~2.0mm 的高密度聚乙烯(HDPE)膜,在膜上再铺设规格 250g/m² 的土工布,最后在两者上面铺设 30cm 厚的砂土排水层。聚乙烯膜衬层是核心防渗层,其渗滤系数小于 10^{-13} cm/s,使用寿命 50 年以上,它能耐受一定程度的变形,抗微生物与化学腐蚀,性能稳定,施工方便。

②渗滤液导排与收集。渗滤液的导排收集主要依赖场底的盲管。盲管设置成树枝状,主管为干、次管为枝,向两侧延伸。主管长 93m,管径 250mm,次管径 150~200mm。在坝底部铺设与主盲管连接的渗滤液导出涵管,在涵管出口处设置流量控制闸阀,经涵管的液体汇入调节池。调节池尺寸 25m×25m×5.0m,有效容积 2 750m³,有效水深 4m,平均留存 13d。

进入调节池的水再用水泵抽出,经压力管道输送至厂区高位水池,直接回用于生产。尾矿浆处理后注入库内的浆体中,氰、铜总量已符合标准,但由于在处理氰、铜时水的 pH 值约为 10~11,即为碱性液体,拟在其中投入 H_2SO_4 进行中和,中和后产生 $CaSO_4$ 沉淀。雨天时,一部分回用后,多余的废水溢流至处理站沉淀池,经中和反应处理达标后,排放于河中。

2)尾矿库区工程地质条件

尾矿库区位于沟谷斜坡的山坳处,地形上为半周环山的洼地,南东面为低矮山体,斜坡平缓,发育几个小冲沟;北西面为开敞斜坡。

场地表层为残坡积含碎石黏土(Qh^{d+dl}),厚度 0~2m,平均厚度 0.86m,土体松散—稍密状态,轻型触探得到锤击数 13.5 击,承载力特征值 100kPa。下部为古元古界前震旦系闪长岩,灰白色、中粗粒结构。岩体风化分带从上而下依次为强风化带—中风化带—微风化带。强风化带厚 1~2.6m,岩体结构大部分破坏,部分风化成砂粒状,总体呈碎块状,长石、云母完全风化成次生矿物,标贯击数大于 50 击;中风化带平均厚 2m,岩体结构部分破坏,沿裂隙有厚层风化层,长石、云母完全风化;微风化带最大厚度 7m,岩体结构完整,沿裂隙面有几厘米风化皮。

地下水接受大气降水外给,孔隙—裂隙为主要含水介质,表层赋水状况及地下水位受季节性降雨影响很大,钻探揭露个别地下水位埋深距地面 1m 左右,无统一地下水位。覆盖层渗透系数 K 为 $5.5×10^{-3}$ cm/s,强风化层 K 为 $4×10^{-3}$ cm/s,中风化层 K 为 $6.7×10^{-3}$ cm/s,弱风化层 K 为 $3.8×10^{-3}$ cm/s。水质无色无味,为重碳酸钙钠型水。

场区为黄陵地块的结晶基底,为稳定地块。场内无断层发育。地震基本烈度为Ⅵ度,结构物按Ⅵ度设防,设计地震加速度 0.05g,对应的设计特征周期 0.25s。

3)尾矿区选址原则及工程地质问题分析

(1)选址原则。一般情况下,尾矿库选址应考虑如下原则:

①尾矿区应选择便于成库、建坝,同时形成较大库容地形,一般在沟谷、山间洼地、半封闭盆地等比较适合。

②库周汇水域不宜过大,避免大量降水向库内汇流的地形坡段。

③地形上有利于建坝,尽可能以较小的坝体又能形成较大库容的地段,建坝地段地形及地基能够满足坝体稳定性要求。

④库盆岩土渗透性小,有利于防渗的地质结构,尽量减少防渗处理投入。

⑤库盆岩土均一,有一定强度,变形量小,避免因矿渣堆载产生的荷载,引起大变形或不均匀沉降出现防渗层破坏而产生渗漏。

⑥周边山体稳定,不存在崩塌、滑坡、泥石流等危害性地质病害。

⑦域稳定性好,不存在地震破坏或活断层等区域不稳定性现象。

(2)尾矿区工程地质评价。依据该区工程地质条件,对相关工程地质问题有如下结论:

①选址适中,地形上可满足尾矿建坝,形成较大库容,有利排水,天然汇水量小等要求。

②周边无滑坡、泥石流等不良地质灾害现象。

③区域稳定性好,不存在地震破坏等现象。

④库盆岩土有一定渗透性,做适当防渗处理后,可满足尾矿库防渗要求。

⑤库盆岩土强度和变形方面,在对地基适当夯实处理后,变形和强度满足要求,不会因过大变形或不均匀沉陷造成对防渗体的撕裂破坏。

⑥坝体设置在中风化闪长岩上,其承载力高,结构稳定,无不良滑动结构体,坝体稳定。挡墙基础为强风化闪长岩,具较高承载力,基础稳定。

教学路线十五 羊子沟水库工程地质

1. 目的及要求

(1)了解水利水电枢纽工程的结构或库、坝等构筑物的结构形式及功能。

(2)了解库、坝选址的依据和条件。

(3)库、坝区通常存在的主要工程地质问题。

2. 教学内容与方法

【教学点1】

坝顶。

【教学内容】

(1)羊子沟水库的规模、功能、效益及建设情况。

(2)了解水库、大坝形式及功能。

(3)了解泄水、溢洪、消能、输水等附属构筑物的分布形式及功能。

【教学方法】

站在大坝上,由教师逐一向学生介绍构成水利枢纽的各类构筑物,如位置、形式、互相组合配置及各自功能,让学生实体观摩,建立水工构筑物的初步感性认识。

【教学点背景资料】

羊子沟水库位于秭归县茅坪镇羊子沟村,距县城茅坪镇 8km,水库建成后用于城镇供水、灌溉发电等综合效益。解决新县城茅坪镇 35 000 人生活用水,日供水能力 10 000m^3,沿途居民供水 4 081 人,可灌农田 4 267 亩(1 亩＝666.67m²)。调节龙家沟一台 160kW 电站的发电,年发电量 65×10^4 kW·h。

羊子沟属于茅坪河支流,源头距水库坝址区 1.2km,沟内常年流水。沟水除接受地表降水补给外,原沟谷段分布多股泉水,尤其是库区右岸的两股泉水实测流量 5～15L/s。该区多年平均降雨量 1 262mm,年平均蒸发量 697.7mm,最大雨季在每年 7 月份左右。

库区:位于羊子沟坡谷洼地处,淹没面积 114.4 亩,承水面积 2.6km²,总库容 117.3×10^4 m³,有效库容 110×10^4 m³,正常水位高程 668.0m。坝址截断羊子沟成库。

大坝:为浆砌石双曲拱坝,坝高 40m,坝顶高程 669.60m,坝底高程 622.60m,坝顶宽 3.4m,坝底宽 15.00m。

其他构筑物:采用坝顶式溢流方式,坝顶开敞式挑流鼻坎消能;坝底设置冲砂放空底孔;引水采用取水管提水方式;由引水渠将库水引至龙家沟处,利用大落差水轮机组发电。

【教学点 2】
大坝右岸山头。
【教学内容】
(1)了解库区的淹没区及地形条件。
(2)了解该库区域背景条件。
(3)了解库区选址原则及依据。
(4)拟开展的勘探工作。
【教学方法】
引导学生察看水库总体形貌特征,重点是库区及坝址处的地形条件,选择几处剖面带学生观察地层分布情况。结合观察给学生讲清楚水库选址的利、弊条件。
【教学点背景资料】
该区属于鄂西构造剥蚀、侵蚀中-低山地貌区,区内山势高峻、峡谷深切,绝对高程 300～1 400m,相对高差 500～1 100m。羊子沟源头沟底高程 1 000m 左右,库前沟底高程 650m 左右。两侧山顶高程 1 400m 左右,相对高差 400m。山形走向 N25°～35°W。高程 750m 以下斜坡总体坡度 30°～50°,其上多发育陡崖。发育多条次级冲沟,冲沟切深 10～20m,宽 20～50m。

黄陵背斜及区域性深大断裂(如仙女山断裂,九畹溪断裂、天阳坪断裂等)是区域控制性构造。本区位于地震较弱活动区,约 100km 范围内未发生过 6 级以上地震,曾发生大于 4.7 级地震,属于基本烈度Ⅵ度区。

库区及临近区地质背景见图 4-66。出露基岩地层为南华系、震旦系、寒武系,水库南东面发育花岗岩体,为灰白色石英闪长岩和英云花岗岩,粒状结构,块状构造。第四系残、坡、崩积物零星分布于库区岸坡地段,地层分布见表 4-8。较大的断裂有 F_1、F_2、F_3 等。

本库址有几个有利条件:①坝址处狭窄、库区开阔的良好成库条件;②具有足够汇水区面积和地下水补给源;③属于地下水补给型河谷,地质条件能满足库水不向邻谷渗漏的条件;④无重大不良物理地质现象;⑤有利于引水发电、灌溉、县城供水的地理位置。

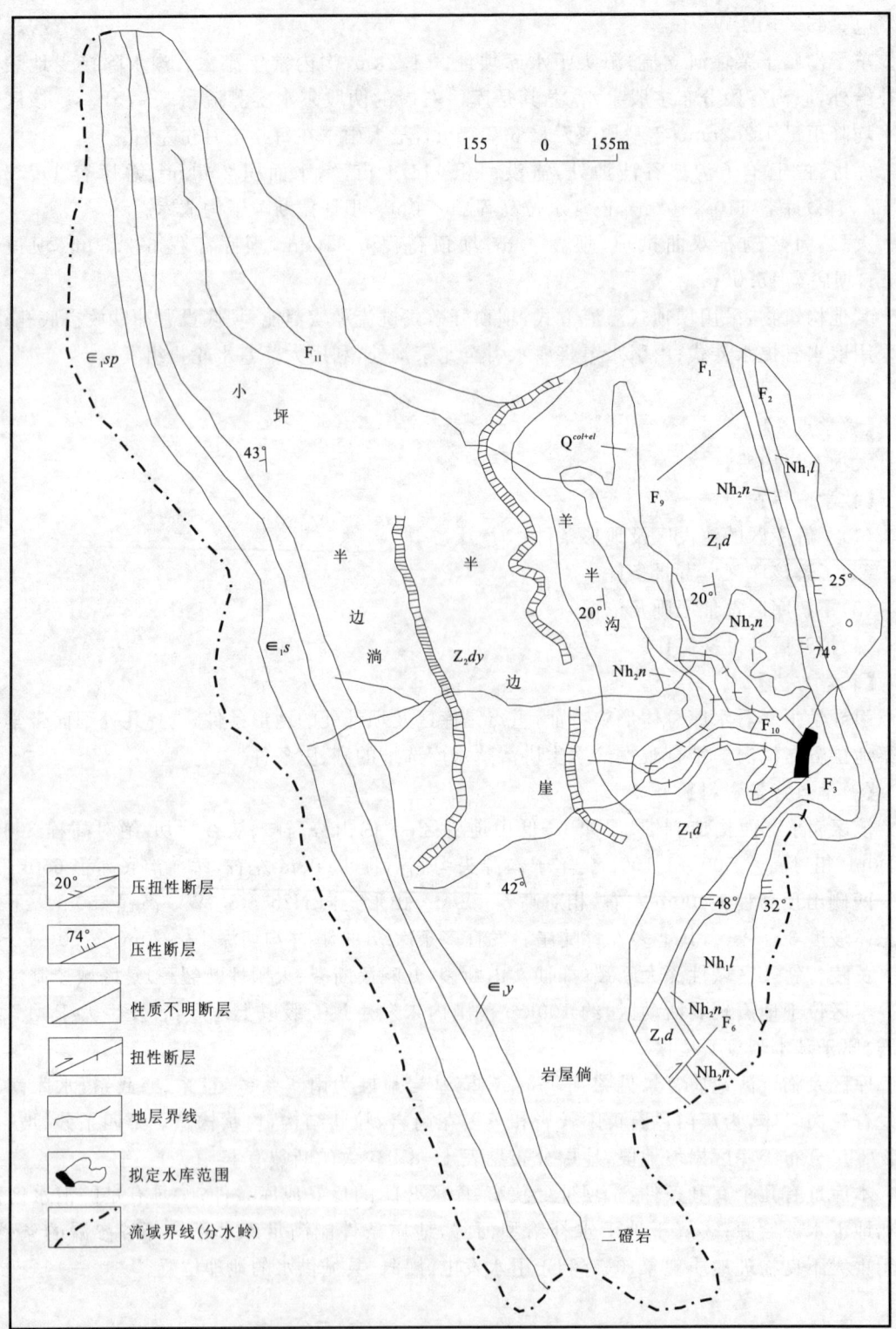

图 4-66 库区地质略图

表 4-8 羊子沟水库库区及邻区地层简表

界	系	统	组	地层代号	地层厚度	地层岩性
新生界	第四系	未分统		Qh	0.50~3.00	残坡积、崩坡积碎石土,灰色、灰黑、灰白色,土为粉砂土,土石比在 3∶7~6∶4 之间,碎石呈棱角状及次棱角状,块径多在 3~5cm 之间,大者达 0.3~2.5m,岩性为岩浆岩、砂岩、碳酸岩等
古生界	寒武系	下统	石牌组	$\in_1 sp$	204.6~290.8	上部为绿色薄层粉砂岩、砂质页岩夹薄层灰岩;下部为灰色鲕状灰岩、中厚层灰岩、薄层泥质条带灰岩夹薄层粉砂岩
			水井沱组	$\in_1 s$	87.8~114.30	上部为黑色薄层板状灰岩夹黑色钙质页岩,微层理发育;中部为黑色钙质页岩,微层理发育,含少量砂质,页理发育,风化呈零星碎片,表面常因铁质浸染呈棕黄色;底部为黑色页岩夹锅底状灰岩
			岩河家组	$\in_1 y$	25.00~63.30	黑色页岩、岩质页岩及薄层碳质灰岩互层,灰岩中含有黄铁矿小晶体,底部夹有多层燧石层
元古界	震旦系	上统	灯影组	$Z_2 dy$	245	顶部为灰白色块状白云岩,中部为黑色薄层状灰质白云岩,底部为黑色块状白云岩,白云岩与角砾状白云岩,系同生角砾,砾径 2~3cm,小者数毫米
			陡山沱组	$Z_1 d$	123.77	黑色、灰黑色灰质页岩,泥质灰岩呈互层,局部夹白云岩及白云质灰岩、碳质页岩等,底部为硅质灰岩
		下统	南沱组	$Nh_2 n$	>75	灰色厚层冰碛泥岩
			莲沱组	$Nh_1 l$	>31.34	灰绿色、紫红色、青灰色、灰白色粉细砂岩,砂质页岩、泥岩、石英砂岩、砂砾岩

根据中小型水利水电勘察要求,主要开展如下勘查工作:①库区 1/5 000 及坝区 1/500 工程地质测绘,以及外围 1/10 000 工程地质测绘;②主要针对坝址布置 7 个钻孔,查明岩层、风化层、覆盖层、断层带情况;③在 4 个钻孔内进行 73 段压水试验,了解岩体渗透性;④坝肩两岸坡各打一个平硐,深 24~26m,查明坝肩岩体结构;⑤布置部分探槽,揭露覆盖层情况;⑥分别取不同风化带、冰碛泥岩和粉细砂岩样,测定常规物性及抗压强度、抗剪强度、弹模、泊松比、软化系数;⑦水质分析。

【教学点 3】
大坝坝肩山头处
【教学内容】
(1) 考察库区工程地质条件。
(2) 分析库区工程地质问题。
【教学方法】
带学生沿坝右岸山边小路穿越一条剖面,了解库区地层组合及结构。重点认知地层岩性、强度特征、隔水性能、岩溶发育情况、水文地质条件、地层分布与库区的关系、岸坡稳定条件。结合工程地质问题进行分析。

【教学点背景资料】

1) 库区工程地质条件

水库回水线范围内及附近，分布地层为南华系、震旦系地层，从老到新依次是：莲沱组灰绿、紫红、青灰色的粉细砂岩、砂质页岩、泥岩、石英砂岩，南沱组灰绿色冰碛泥岩，陡山沱组灰黑色页岩与泥质页岩互层。地层剖面见图 4 - 67，地层走向北西，倾南西。

地下水富含于第四系残坡积物、基岩裂隙及岩溶洞隙中。残坡积层厚 0.5~2m，主要为粉砂土、碎石土，含水量较小，属弱富水性。基岩裂隙富水较弱，裂隙水通常以泉的形式排泄地表，出露多处泉水，泉流量通常小于 0.5L/s，受降雨影响而变化大。库区右岸及外围西部边缘一带震旦系下统的灰岩，在高程 750~800m 陡崖上发育 S_1、S_2 两个裂隙岩溶泉，平均流量为 5~15L/s，泉水主要受大气降水补给，由裂隙及洼地落水洞汇水渗入地下，沿裂隙及岩溶管道径流，以泉的形式排出地表。地下水补给途径不长，动态变化较大，如 S_1 泉雨后 48 小时测流量为 31.92L/s，雨后 15 天流量为 5.58L/s。地下水类型为重碳酸钙型淡水，pH 值 7.32，属中性水，无侵蚀性 CO_2。

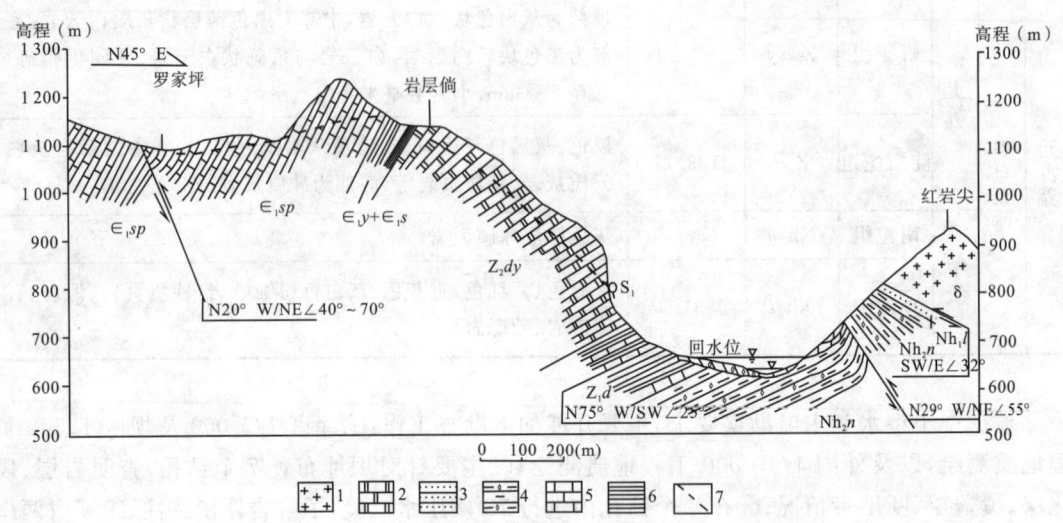

图 4 - 67　库区地层结构及地下水补、径、排关系示意图
1. 闪长岩；2. 白云岩；3. 砂岩；4. 冰碛泥岩；5. 灰岩；6. 页岩；7. 潜水位

2) 库区工程地质问题

根据库区工程地质条件，分析可能存在以下工程地质问题。

(1) 水库渗漏问题及分析。从地形条件看，东西两侧山体高程 1 000~1 400m，西部山体厚度 6km，东部山体厚度 800m，库区与邻谷相距较远。水库回水线以下主要为冰碛泥岩，为不透水地层，西部冲沟处分布有陡山沱组页岩夹薄层灰岩也为相对隔水层。回水线内未见通向邻谷的断层和其他导水构造。地下水分水岭高于库水位，天然状态下为补给型河谷，且泉水出露点高于库水位。综合分析以上条件，可以确认库区不存在向临谷渗漏问题。

(2) 库岸稳定问题及分析。库区为山区溪流性沟谷，陡崖发育。岸坡主体由软硬相间的碳酸盐岩夹碎屑岩组成。左岸地形坡度30°～40°,为顺向结构坡;右岸总体坡角25°～35°,为逆向坡。在陡崖分布地段发育18处崩塌和危岩,规模不大,每处均小于100m³。有一处小滑坡,发育在强风化土石体中,体积240m³。

从两岸地形、岩体结构条件及崩滑破坏规模分析,库区蓄水后,对其自然条件影响有限,不太可能形成危害较大的崩滑灾害体,不存在危及水库正常运行的岸坡变形破坏隐患。

(3)水库淤积问题及分析。水库淤积取决于库区周围地表片流产生水土流失的情况,该区可以引起水土流失的物质为地表残坡积物。该区地表残坡积物厚度0.5～1.5m,仅分布于流域面积的30%左右,其物质主要为碎石土。大部分地表基岩裸露,风化程度不高。

库区淤积量概算如下:

$$V_{淤}=F \cdot S_o/R_s$$

式中:$V_{淤}$为年淤积量(m³);F为流域面积,2.6km²;S_o为年侵蚀模数,据《长江流域水土流失及下游河湖变迁环境地质图》中资料,该区侵蚀模数为100～300t/km²,取S_o=300t/km²;R_s为蚀体容重,1.2t/m³。

得到年淤积量$V_{淤}$=650m³。

按规划设计,规划水库淤积高程632.8m,相应淤积库容$3.36×10^4$m³,除以年淤积量,得出水库运行52年才达到规划淤积库容。

【教学点4】
坝体顶部、坝肩至坝底。
【教学内容】
(1)考察坝址工程地质条件。
(2)分析坝址工程地质问题。
【教学方法】
带领学生实地考察坝址的地形条件,强调"口小肚大"的选坝原则,以最小投入带来最大效益。考察两岸地层岩性,量测地层及裂隙产状。引导学生分析坝基及坝肩可能存在的工程地质问题。
【教学点背景资料】
1)坝址工程地质条件
(1)地形条件。拟定坝址为峡谷,坝线处谷底宽20m,高程670m处河谷宽90m。右岸谷坡55°左右,左岸坡度40°左右,成不对称型,横向谷结构。坝线附近发育4条冲沟,分别距坝体几十米距离,与坝体关系不大。坝肩山体浑厚、稳定。
(2)地层岩性。坝址处地层有第四系碎石土,厚1～3m,基岩有莲沱组、南沱组地层以及晋宁期侵入岩。

莲沱组从老到新依次为薄层状粉细砂岩、砂页岩,中厚层状石英砂岩、砂砾岩,薄层状粉细砂岩、砂页岩,中厚层状泥岩。

南沱组从老到新依次为厚—块状冰碛泥砾岩,厚—块状冰碛泥岩。

晋宁期侵入岩为石英闪长岩和英云闪长岩,中—粗粒花岗结构,块状构造。

(3)地质构造。坝线一带发育主要断裂F_1、F_2、F_3。冰碛泥岩中发育3组裂隙,按走向分为,右岸:N45°～60°E,N15°～30°E,N61°～75°E 三组。左岸:N30°～45°E,N45°～60°E,N60°～75°

三组。石英砂岩中右岸裂隙较发育,有 3 组走向:N70°~80°W;N20°~30°E;N40°~50°E。闪长岩中裂隙按走向 5 组:N10°~20°W;N30°~40°W;N50°~60°E;N30°~40°E;0°~10°E。

(4)岩石风化特征。坝址区岩体全、强、弱、微 4 个风化带划分见图 4-68。

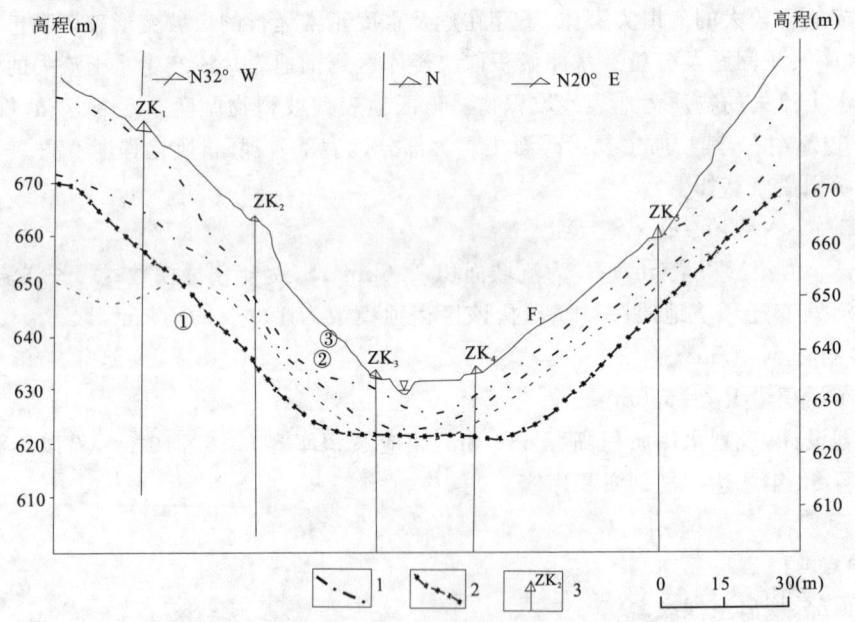

图 4-68 岩石风化带分布剖面图
1.风化带界线,自上而下分别为强、弱、微风化带;2.设计基础开挖线;3.钻孔编号

全风化带。岩石风化呈灰白色,结构已基本破坏,风化呈粉砂状土体。除石英外,大部分矿物已蚀变成次生矿物。风化岩手捏易碎,个别岩块的核部仍保持原岩灰绿色调。

强风化带。岩石成分及结构大部分改变,多以风化解体成碎块,局部为土状,颜色由灰色变为黄绿色、灰绿色。锤击声哑,局部可用手掰断。RQD6.12,风化系数 0.48。

弱风化带。沿裂隙面风化明显,有约 0.3~0.8cm 的蚀变带,颜色变为黄绿色、灰绿色,风化物成粉状。岩体完整性破坏,呈块体状。

微风化带。沿裂隙面风化,厚度 2mm 左右,部分为风化薄膜,岩体完整,强度较高。弱—微风化岩体 RQD73.14,风化系数 0.64。

(5)岩石物理力学性质。

各类风化岩石物理力学性质指标如表 4-9 所示。

2)坝线工程地质比较选择

拟定两条坝线,应按条件优劣进行比较后选择一个坝线。

3)拟定坝线工程地质问题分析评价

根据一般坝址通常存在的工程地质问题,结合该区具体地质条件,主要针对可能存在的渗漏及坝体稳定性问题进行分析评价。

表 4-9 岩石物理力学试验指标统计表

岩石名称	风化带级别	试验组数(组)	取样位置(m)	比重(g/cm³)	容重	吸水率(%)	饱和系数	饱和抗压强度(MPa)	干抗压强度(MPa)	强性模量(×10³MPa)	抗剪断强度		泊松比	软化系数
											凝聚力(MPa)	摩擦系数		
冰碛泥岩	强风化带	2	1.00	2.715	2.62	1.35	0.63	13.4	34.1	7.605	8.00	0.745	0.25	0.39
	弱至微风化带	4	8.00~16.0	2.73	2.66	0.955	0.73	25.6	45.24	9.42	7.28	0.792	0.24	0.57
	新鲜基岩	4	12.87~38.12	2.73	2.69	0.56	0.61	44.97	71.13	13.64	10.59	0.839	0.21	0.63
粉细砂岩	新鲜基岩	1	38.12~39.95	2.69	2.66	0.28	0.98	45.70	77.12	14.69	11.12	0.935	0.20	0.59

(1) 渗漏问题分析评价。

①渗漏带划分。坝区渗漏分坝基及绕坝两个部位,其渗漏取决于坝区岩体的透水特性。应分析岩体的物质及结构特征、裂隙发育情况、岩体的风化程度,在此分析的基础上,主要通过渗透性指标表示其渗透性大小,计算其渗漏量。一般应在沿坝线布置的勘察钻孔内按规范要求进行压水试验,全断面了解岩体的渗透系数,按透水性大小进行分带。该坝在 7 个钻孔中进行了 73 段压水试验,按透水率(吕荣 Lu)强弱将坝区岩体划分为 4 个透水带,划分如图 4-69 及表 4-10 所示。结合各钻孔资料及岩性分布、坝底宽度及长度,将坝区岩体渗透分为若干渗漏段,以便于计算评价。

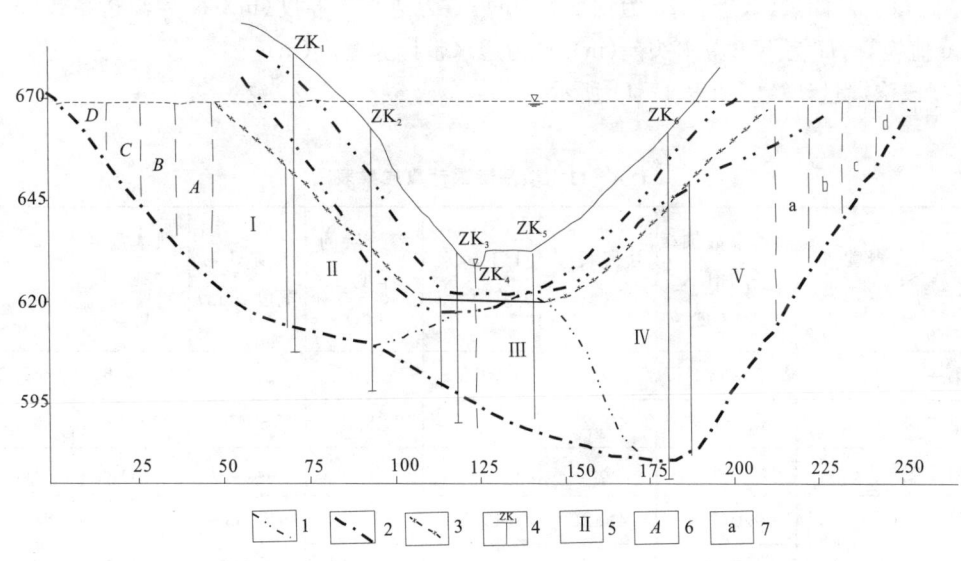

图 4-69 坝区渗漏分带图示

1.透水带界线,自上而下分别为强、中、弱透水带;2.河床弱透水带投影底板线;3.设计基础开挖线;
4.钻孔及投影钻孔编号;5.坝基渗漏段编号;6.右岸绕坝渗漏段编号;7.左岸绕坝渗漏段编号

表 4-10 各透水压水试验的吕荣值(Lu)统计表

透水带级别 岸别及孔号		强透水带			中等透水带			弱透水带			微透水带		
	透水率及其项目	透水率(Lu)	厚度(m)	压水试验段(个)	透水率(Lu)	厚度(m)	压水试验段(个)	透水率(Lu)	厚度(m)	压水试验段(个)	透水率(Lu)	厚度(m)	压水试验段(个)
右岸	ZK₁		10.22		34.41	10.42	3	6.36	45.29	9	0.24	5.20	1
	ZK₂	104.59	10.67	1	11.00	20.40	4	1.80	20.87	4	0.61	10.19	2
河床	ZK₃	168.42	9.57	1	18.52	5.15	1				0.71	25.30	5
	ZK₄		6.62		10.06	5	1	1.14	22.27	4	0.71	6.13	1
	ZK₅	141.35	10.54	1							0.53	29.58	6
左岸	ZK₆		4.76		87.28	10.16	2	5.05	63.93	13	0.89	4.51	1
	ZK₇	127.04	9.97	1	28.99	15.82	3	3.46	34.47	7	0.22	10.3	2
合计		135.35		4	31.71		14	3.56		37	0.559		18

②渗漏量计算。

a. 坝基渗漏量计算。按倾斜层状透水带,透水带下限以 Lu=1 为依据,以建基面作为透水顶板,各段视为均质透水层,其渗透系数按加权平均值选取。采用下列公式计算。

$$Q = BKT \frac{H}{2b+T}$$

式中:Q 为渗漏量(m^3/d);$2b$ 为坝底宽(m);T 为透水层厚度(m);K 为渗透系数(m/d),可按 Lu 值换算;H 为上下游水头差(m);B 为透水带计算宽度(m)。

各坝段渗漏量计算值如表 4-11 所示。

表 4-11 坝基渗漏计算成果表

参数值 计算段	渗透系数加权平均值 K (m/d)	块段长度 B(m)	上下游水头差 K(m)	渗透层的厚度 T (m)	坝基1/2宽度 b(m)	坝基宽度 $2b$ (m)	Q (m^3/d)
第一段(Ⅰ)	0.066 5	20	40.5	40.35	2.497	4.995	47.63
第二段(Ⅱ)	0.066 7	49.25	40.5	28.5	5.63	11.26	93.69
第三段(Ⅲ)	0.042 7	38.2	40.5	27.8	7.5	15.00	42.90
第四段(Ⅳ)	0.047 9	49.25	40.5	51.25	5.63	11.26	78.33
第五段(Ⅴ)	0.072 2	20	40.5	61.75	2.497	4.995	78.33
合计							361.95

b. 绕坝渗漏量计算。绕过两头坝肩从库内向下游渗漏,其渗透带呈弧形,由坡面向山体内按渗透性不同分为几个带分别计算,外边界即总计算宽度依据 Lu 值小于 1 的标准确定,如右岸绕坝渗漏分带如图 4-70 所示。

各带渗透途径长度 L 取平均值,渗透系数取加权平均。上游岸边各透水层厚度按正常蓄水位 668m 与本隔水层顶板最高处平均值之差确定;下游岸边透水层厚度为本带隔水顶板最高处平均值至河水位的厚度。采用如下计算公式:

$$\Delta Q = \frac{K \cdot \Delta b \cdot H(h_1 + h_2)}{2L}$$

式中:ΔQ 为绕坝渗漏量(m^3/d);Δb 为渗漏带宽度(m);L 为渗漏带长度(m);H 为上下游水位差(m);h_1、h_2 为分别为渗漏带上、下游厚度(m)。

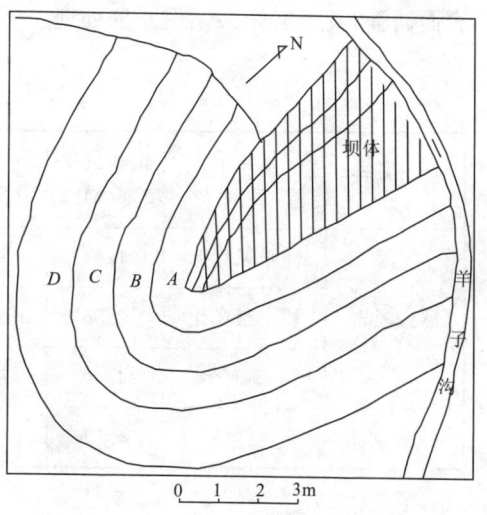

图 4-70 右岸绕坝渗流网带平面示意图

右岸各带的渗漏量计算结果如表 4-12 所示,左岸计算同理。

渗漏评价:绕坝和坝基渗漏量每天分别为 352.87m^3、307.523m^3,年渗漏量分别为 127 033.2m^3、1 131.08m^3。年渗漏量分别占有有效库容的 12.65%、13.76%。这一标准超过了水库有效运行的允许值,必须进行防治处理。通常采用帷幕注浆处理方法,本坝对两岸 30~35m 及河床 25~30m 深度岩体进行了灌浆处理。

表 4-12 右岸绕坝渗漏计算成果表

参数值及代号 块段编号	K (m/d)	Δb (m)	H (m)	h_1 (m)	h_2 (m)	L (m)	ΔQ (m^3/d)	合计
A	0.066 7	10	40.5	40.5	3.00	129.75	4.53	
B	0.032 9	10	40.5	35.5	26.5	156.5	2.64	9.94
C	0.033 7	10	40.5	26.5	15.05	180.25	1.57	
D	0.037 1	14	40.5	15.05	7.5	197.75	1.2	

(2)坝体稳定性。

①大坝建基面确定。为确保拱坝的稳定性,应将坝址建在稳固的基础上。为此,首先应选择合适的建基面或持力层。原则上,坝基依据的地基应有足够的强度和完整性,作为拱坝或重力坝,都必须建坝于基岩坝基上。基岩又因为岩性及风化程度不同,使得强度和变形性质差异,应结合坝基地质剖面的风化壳分带及各带力学强度性质选择坝底建基高程。为确保坝体的绝对安全,按水利水电勘察设计规程规范,一般可以采用岩石实验强度等值折减的办法,确定坝体基础岩体的建议指标,对饱和抗压强度进行折减给出承载力。折减系数采用:允许承载力取 0.1,强度 φ 取 0.7,C 取 0.2,弹模取 0.85。经折减后,得各带建议值如表 4-13 所示,按

此得出冰碛泥岩的弱风化带基本能满足坝体的设计要求,因而确定弱风化面深度为坝基利用表面高程,其上岩体必须作开挖处理。

表 4-13 岩体力学指标建议值

岩石名称	风化带级别	饱和抗剪强度(MPa)	抗压强度(MPa)	弹性模量($\times 10^3$MPa)	抗剪断强度		泊松比 σ
					凝聚力 C	摩擦系数 f	
冰碛泥岩	强风化	1.34	3.41	6.46	1.6	0.52	0.24
	弱—微风化	2.56	4.52	8.00	1.82	0.55	0.24
	新鲜	4.49	7.11	11.59	2.12	0.59	0.21
粉细砂岩	新鲜	4.57	7.71	12.48	2.22	0.65	0.20

②坝基稳定性分析评价。坝体在库水位及坝体自重等力的作用下,可否产生向坝下游滑动破坏,应加以分析评价。要根据开挖后建基岩体的实际结构情况进行分析。把大坝与岩体作为一个整体,可能引起坝体剪切滑动破坏的最大可能:一是沿坝底与基岩接触面产生滑动;二是由于坝基岩体内存在软弱夹层、断裂及裂隙,可能构成潜在的浅或深层滑移体,连同坝体一块沿某一特定的结构块体产生某坝段的滑动破坏。对于沿接触面的剪切滑动破坏,应加强建基面的选择,严把基础的质量,如加强结构措施、增强接触面强度等,一般都能有效避免其产生剪切滑动破坏,为确保稳定,往往要求对沿接触面的剪切滑动破坏进行稳定性分析验算。对于深层岩体滑动破坏(图 4-71),首先应详细分析各坝段的岩体结构情况,确认是否存在滑动面、切割面、临空面构成的滑动块体。若存在这种潜在的不稳定结构块体,应结合

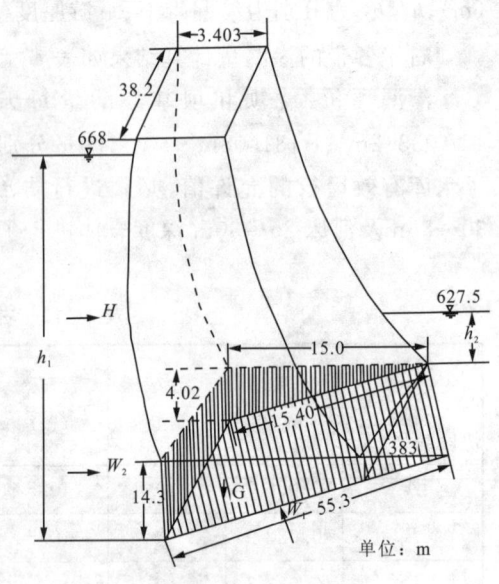

图 4-71 坝基浅层滑移示意图

坝体受力情况,对坝体及块体连成的坝段深层滑动稳定性进行计算评价,其方法参考有关的计算方法。该坝对上述两种情况都进行了分析计算,结果是稳定的,不存在沿坝体或基岩接触面及深部块体滑移问题。

③坝肩稳定性分析评价。两岸开挖后,坝肩都会深入到山体一定深度处,其拱圈的作用是将库水推力传至两岸山体。通常坝肩拱端滑动是由岩体结构面构成的控滑结构体引起的,其滑动的方向发生于拱端轴向力方向和剪力方向夹角 90°范围内。分析其坝肩稳定性的核心是结合坝肩岩体的结构情况,分析可能构成滑动的结构面及结构体,应着手对层面、断层、裂隙的分布及组合关系的分析(如图 4-72)。

稳定性计算时，一般把拱坝按某间距分成若干圈层进行，如该坝按每个拱圈 4.6m，从高程 622m 至 668m 划分 10 个连续计算拱圈。一般"V"形谷拱坝在底部以上 1/3 坝高处受力最大，最易产生变形破坏，该处是计算的重点。相同地质条件下，若该处稳定，其他拱圈也一定是稳定的。对每个拱圈而言，其滑动块体由某些特定的结构面构成，应严格分析各结构面组合情况，找出最不稳定的结构体进行分析计算，确定其坝肩稳定性。该坝的具体计算过程这里不详细介绍，计算结果表明坝肩稳定。

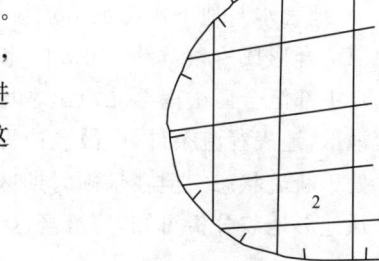

图 4-72 拱端岩体受力及滑移结构图

教学路线十六　垃圾填埋场工程地质

1. 目的与要求

(1) 了解秭归垃圾填埋场工程地质条件、工程地质问题。

(2) 了解秭归县垃圾填埋场的主体工程。

2. 教学内容与方法

【教学点 1】

秭归县第二期垃圾填埋场南侧。

【教学内容】

了解秭归县第二期垃圾填埋场选址条件，分析可能存在的工程地质水文地质问题。

【教学方法】

先让学生观察此地的地形地貌，引导学生思考为什么此地适合作卫生垃圾填埋场。然后，让学生提问，教师现场解答。最后，教师比较系统的介绍垃圾填埋场选址条件、可能存在的工程地质水文地质问题等。

【教学点背景资料】

秭归县第二期垃圾填埋场建在金缸城村付家湾一自然冲沟内，距县城约 6km，地势为南北走向，南高北低，呈漏斗状，东西宽约 300m，南北长约 900m，可用地约 281.5 亩。场址南端和西端为环山公路，为场区人口聚居区，在场地周边 2km 范围内约有居住居民 50 户 192 人，房屋主要以土木结构为主，约占 80%，其他为砖混结构，约占 20%。

(1) 场区气候条件。场区地处亚热带气候区，年平均气温 17～19℃，最高气温 40℃，最低气温 -15℃，最高年平均温差 55℃。雨量充沛，在降雨分布上区域与时段相对集中，强度不均，常形成局部性暴雨中心，多年平均降雨量 1 000mm 左右，年平均蒸发量 800～1 000mm，相对湿度 77%。风向与河谷方向基本一致，山地多偏南风，次为偏北风，东、西风向较少。风速受山区地形制约，一般较小，为 1.5～2.5m/s。但遇恶劣天气时，也出现大的风速，最大风速达 23m/s。积雪厚度在河谷区一般为 10～20cm，山地厚度达 50cm。

(2) 场区地质构造。秭归县茅坪垃圾填埋场处于黄陵地块结晶基底，地层为前震旦系古老结晶花岗岩，呈岩基产出。据区域构造图，拟建场区无断裂通过，也无褶皱发育，地质构造活动简单。总体而言，场区属三峡—鄂西南抬升区，为稳定性较高的地台型大地构造环境，拟建场区属相对稳定区。

（3）场区岩土层结构特征。据地表测绘和钻探揭露，场区岩土层结构简单，上部覆盖层由第四系耕土组成，主要分布沟谷及缓坡地带。场区下伏基岩为前震旦系崆岭群花岗岩，根据风化程度不同，可分为全风化带、强风化带、中风化带和微风化带。

（4）地表水与地下水特征。垃圾场区为一自然冲沟地形，在场区南侧有3条小型水沟在场区中部汇合形成一条宽约1.0m的水沟，该水沟为区内地表水的排泄通道。场区南侧3条小水沟在中部汇合后由南至北流出本场区。由于场区总体地形为东、西、南三面高，北面低的漏斗状地形，地表径流条件好，故区内无大量地表水赋存。场区上部水沟内仅有少量地表水，且基本处于断流状态。但在暴雨时期区内地表水将在沟内迅速汇聚，其水量与降水强度密切相关。从地形地貌分析可知，垃圾场区为一相对独立的汇水单元，东、西、南三面自然垄岗为地表分水岭。

从场区地层分析，表层耕植土含少量上层滞水，因其分布面积小、厚度薄，上层滞水分布具局部性、时间性；花岗岩全-中风化带中以孔隙-裂隙水为主，由于裂隙发育不均，故裂隙水同样具局部性。花岗岩微风化带岩体结构完整，可视为区内的相对隔水层，不含水。从钻孔水位观测情况分析可知，地下水主要赋存于全、强风化带内，地下水类型为孔隙-裂隙水，其埋深一般大于5m，无统一水面。因此，场地水文地质条件属简单类型，地下水对本工程施工无大的影响。

（5）地层的渗透性。为查明各层岩土的渗透性，在②-1层花岗岩全风化带中进行了现场试坑渗水试验，对②-3层花岗岩中风化带、②-4层微风化带采用了钻孔压水试验。根据试验结果和相关建筑经验，综合给出了场区内各岩土层的渗透系数 K 值，见表4-14。

表4-14 各土层渗透系数 K 值建议表

地层编号	地层名称	渗透系数 K(cm/s)
①	耕植土	2.0
②-1	花岗岩全风化带	2.5×10^{-2}
②-2	花岗岩强风化带	4.0×10^{-3}
②-3	花岗岩中风化带	12.0×10^{-5}
②-4	花岗岩微风化带	8.0×10^{-5}

（6）场区地震效应评价。据地质调绘和钻探揭露，场区基岩覆盖层分布厚度不大，场地土类型为中软场地土，建筑场地类别为Ⅰ类。场区为三面高，中间低，地形高差较大，属对建筑抗震一般地段。

另据三峡工程区域稳定分析资料，场区处于弱震环境，历史记载地震频率和强度均较低，具有微震多、震源浅、破坏强度小的特征。

（7）主要工程地质问题分析及评价。

①场地稳定性分析。垃圾填埋场为自然冲沟地形，自然坡度较缓，区内基岩覆盖层厚度不

大,基岩埋深浅,且场区地表水径流条件好。据现场勘察成果及区域地质资料,场区地质构造简单,地形平坦,地貌单一,无岩溶、土洞发育,不具备发生泥石流、滑坡、崩塌等地质灾害的地质条件,没有发生大规模地质灾害的可能。因此,该场地整体稳定性较好,适宜垃圾处理场的建设。

②水文地质单元分析。如前所述,拟建场区位于自然冲沟内,场区东、西、南三面地势较高的自然垄岗山脊即为地表分水岭。场区地表径流条件好,地表水主要沿坡面流入冲沟内多条水沟中,由南至北流出本场区。从地形条件分析可知,拟建场区为一相对独立的汇水单元,具有独立的补给、径流、排泄系统。

③防渗性能分析。根据《城市生活垃圾卫生填埋技术规范》,自然防渗填埋场须具备填埋场与外界的水环境隔离,其底部和周边有足够数量的黏性土壤的压实土壤层,且各个部位的土层保持均匀,厚度至少 2.00m,渗透系数 $K<10^{-7}$cm/s。从场区的岩土层岩性、结构和渗透系数,以及地下水埋深分析,该垃圾填埋场不具备天然防渗的工程地质条件。

④边坡开挖稳定性分析。在垃圾处理场建设时,在库区和垃圾坝等部位将有大量土方开挖工作,根据场区岩土条件综合分析可知,主要开挖介质为花岗岩全、强风化带。根据该区建筑施工经验,对开挖介质采取下列坡率(高宽比)进行放坡,开挖高度过大时应采取放阶处理措施。

花岗岩全、强风化带:按 1∶0.8~1∶1 开挖。
花岗岩中风化带:按 1∶0.6~1∶0.5 开挖。
花岗岩微风化带:按 1∶0.25~1∶0.35 开挖。

(8)库容。本填埋场征地范围 146 亩,填埋库区和渗沥液预处理区占地 125 亩,生产管理区占地 3 亩,道路及其他占地 18 亩。当垃圾填埋到 339m 标高时,库容为 95.4 万 m³,可以使用 15 年。填埋库区分两区,填埋一区靠近垃圾坝,在较低高程处,库容为 60 万 m³,使用年限 10 年;填埋二区在较高的高程处,库容为 35.4 万 m³,使用年限 5 年。

【教学点 2】
秭归县第二期垃圾填埋场西侧。
【教学内容】
了解秭归县第二期垃圾填埋场垃圾处理方案与工艺。
【教学方法】
先让学生观察填埋场的处理工艺,引导学生思考为什么要选择卫生填埋法。然后,教师概要介绍秭归县第二期垃圾填埋场垃圾处理方案与工艺。
【教学点背景资料】
(1)垃圾处理方案的选择。目前,国内外较为成熟的垃圾处理方法大体可以分为:卫生填埋法、堆肥法、焚烧法和综合利用法。这几种处理方法的适用条件和处理特点、效果各有不同。

秭归县经济不十分发达,不适合建设成本投资大、运行费用高的垃圾处理场,要选择符合国家有关法律政策规定、适合秭归县的实情、经济可行的处理工艺。卫生填埋法是一种最基本的处理与处置方法。在秭归县,山谷较多,可以选择适合的场址。卫生填埋法处理成本低,秭归的经济基础薄弱,采用卫生填埋法是符合国家政策和适宜秭归县实际情况的处理与处置方法。

(2)垃圾处理工艺。本工程采用卫生填埋法处理与处置垃圾,其工艺流程见图4-73。由收集和运输车辆将垃圾运至填埋场倾倒,按0.4~0.6m厚为一层摊铺,碾压压实,分块分层作业。每天摊铺、碾压完成后,在垃圾层上喷药、覆土,再进行压实。当填埋垃圾层达到最终设计高度时,进行最终覆土。填埋场内的渗沥液收集至调节池,再经后续处理后排放。场内和场外雨水排入附近沟中。

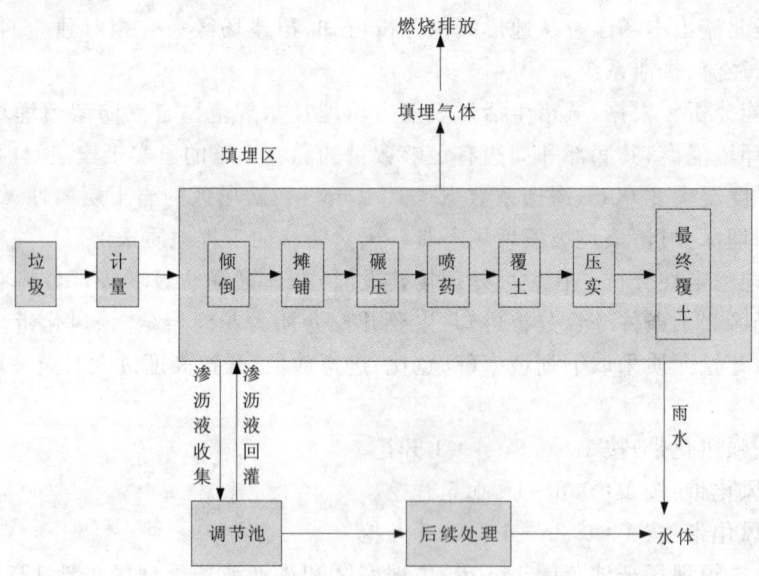

图4-73 秭归县第二期垃圾填埋工艺流程框图

【教学点3】
秭归县第二期垃圾填埋场北侧垃圾坝上。
【教学内容】
观察与了解秭归县第二期垃圾填埋场主体工程。
【教学方法】
先让学生观察填埋场的主体工程,包括填埋作业、垃圾坝、场底平整、防渗处理、渗沥液收排系统、渗沥液处理等。然后,教师系统讲解秭归县第二期垃圾填埋场的主体工程。最后,学生根据观察与教师的讲解进行提问,教师补充与答疑。
【教学点背景资料】
秭归县第二期垃圾填埋场主体工程包括填埋作业、垃圾坝、场底平整、防渗处理、渗沥液收排系统、渗沥液处理、洪雨水及填埋气导排系统、道路、填埋设备等工程。

(1)填埋作业。在垃圾进场前,先对填埋区底部处理,进行平整与夯实,作为防渗层的基础。具体要求是将不规则地势的土方清理平整,对边坡进行分级施工,每升高5m设一平台,宽2m,有利于防渗膜的锚固。根据地质条件,对地质条件恶劣的地方采取加固措施,防止崩塌。场底及边坡要夯实平整,要求密实度大于95%。

城市生活垃圾运至填埋库区内,采用分层分单元填埋操作,填埋每个单元宽7.5m,长10m,高2.3m。由收集和运输车辆运送的垃圾按0.4m厚为一层摊铺、碾压压实,以后不断重复该过程,直至垃圾层高2m,再进行喷药,覆土30cm,则为一个单元操作结束。当一个单元填埋完成后重复上述过程进行下一个单元的作业。

(2)垃圾坝。垃圾坝的建设与垃圾场的地形、地质条件和修筑材料有密切关系。本工程垃圾坝的主要作用是取得初始库容,阻拦垃圾外溢,稳固垃圾堆体,有序引排渗沥液。根据场区地形和填埋工艺要求,在库区东北面修筑长60m、最高处约10m的垃圾坝,坝顶高程为305m,坝顶宽5m。坝体采用土石碾压,坝外用浆砌块石护坡。由于坝体高,重力大,并受到垃圾填埋体的水平侧向压力,故坝体稳定性要求相应也很高,坝基持力层采用花岗岩强风化带。筑坝石料可就地取材,选用场地平整开挖的新鲜合格石料。垃圾坝坝体近垃圾面边坡1∶1.75,背垃圾面边坡1∶1.75。垃圾坝坝体自身渗透性较大,渗透系数为$4×10^{-3}$cm/s,不能满足防渗要求,因此在坝体迎垃圾库面铺设1.5mm厚的HDPE防渗膜。

(3)防渗系统。前面已经叙述,该场址地层渗透系数远大于10^{-7}cm/s,必须进行人工防渗措施。根据本工程实际地质情况,本工程采用水平防渗。根据《生活垃圾卫生填埋场防渗系统工程技术规范》(CJJ 113—2007),本工程的场底防渗结构层采用单层防渗结构中的HDPE膜+GCL复合防渗结构,从上至下为:渗沥液收集导排系统、土工布、HDPE膜、GCL、压实土壤保护层、基础层、地下水收集导排系统。

(4)渗沥液收排系统。渗沥液收排系统设置在场底与竖向,场底集水采用盲沟内埋设的穿孔高密度聚乙烯管,竖向采用石笼导排,具体设置如下:在填埋区中间设一条主盲沟,主盲沟采用梯形断面,上宽1.0m,下宽0.6m,深0.4m,盲沟内设置管径DN400的高密度聚乙烯穿孔管,总长445m。

在间距40m左右,设支盲沟与主盲沟相接,支盲沟内设置DN300的高密度聚乙烯穿孔管。支盲沟断面呈梯形,上宽1.0m,下宽0.6m,深0.4m,盲沟内设置管径DN300的高密度聚乙烯穿孔管,总长800m。穿孔管开孔孔径为15mm,竖直向下45°布置,间距100mm。渗沥液经收集后,穿垃圾坝排入调节池。

(5)渗沥液调节池。垃圾处理场渗沥液处理规模设计为$65m^3/d$,调节池容积为$6\,300m^3$,调节池有效水深为3.0m。调节池依地势而建,池顶标高为294.0m,池底标高为290.0m。调节池采用先将场地开挖成一定坡度后,用HDPE防渗膜作衬里。调节池内壁采用浆砌块石护坡,水泥砂浆找平,边坡为1∶1.4,适宜铺设HDPE防渗膜,池周边设HDPE膜的锚固沟。调节池顶面积为$2\,762m^2$,池底为$1\,350m^2$。HDPE防渗膜厚1.5mm,面积为$3\,084m^2$。

(6)填埋气体导排、利用系统。

①填埋气体控制系统。

本工程采用被动控制系统,即主要气体大量产生时,为其提供高渗透性的通道,使气体按设计的方向运动。国内大量的工程实例证明,导气石笼和横向导气软管纵横相连是一种导排气效果良好、造价较低的气体控制方式。导气石笼底部与渗沥液收集主盲沟相连,中部与各中间层内铺设的横向导气软管相连。导气石笼中设有穿孔导气管,导气管除导气外,还兼有排水的作用。

导气石笼直径为1 500mm,由钢丝网内填充级配碎石构成。导气管为直径200mm HDPE穿孔管。导气石笼间距为40m左右,其铺设随着填埋作业面逐层上升而逐段加高。在中间覆盖层及最终覆盖层下铺设直径100mm水平导气软管至竖向导气石笼,水平导气软管用防腐螺旋钢丝和尼龙缠绕而成,水平导气软管按40m左右间距设置。气体通过水平导气软管排放至竖向导气石笼,然后被收集排放或利用。

②填埋气体处理及利用系统。

气体的利用主要是用于发电和向居民供气两种。但对于填埋气体的可回收量、热值很难精确计算,并且库区较小,可回收气体量少,所以本工程没有考虑气体的利用,将来根据实际运行情况再决定是否利用。填埋气体收集系统由次盲沟、竖向导气石笼、拉拔式垂直导气井、移动式集气站及集气管网组成,填埋气体由设于各中间层的次盲沟进入竖向导气石笼后至拉拔式垂直导气井,再由垂直导气井通过集气支管至移动式集气站,最后由风机通过集气干管抽送至沼气处理系统,用气体焚烧装置将填埋气燃烧。

教学路线十七 桥隧工程考察

1. 目的及要求

1. 了解桥梁和隧道工程的类型、结构及作用。
2. 了解九畹溪大桥主要工程地质问题与调查评价方法。
3. 观察认识隧道工程的基本形态、结构。
4. 吕家坪隧道主要工程地质问题与调查评价方法。

2. 教学内容与方法

【教学点1】

九畹溪大桥桥头处。

【教学内容】

1. 了解各类桥梁的结构形式。
2. 了解各类桥梁的功能、用材及特点。
3. 了解九畹溪大桥主要工程地质问题。
4. 认识桥梁工程工程地质勘察评价方法。

【教学方法】

先由教师讲解桥梁工程的意义、桥梁的分类,引导学生思考桥梁工程地质勘察和评价的内容和方法。讲完后布置学生自己观察描述并作图。最后,讨论总结九畹溪大桥的结构类型、大桥区库岸结构特征,总结桥梁工程地质问题和勘察评价方法。

【教学点背景资料】

九畹溪大桥(图4-74)是三峡库区秭归县风茅公路关键工程之一,位于九畹溪与长江交汇处,为净跨160m的上承式等截面悬链线钢管混凝土拱桥,由桥面、栏杆、梁、立柱、拱、拱座组成,传力方式为竖向力,即由桥面—立柱—拱圈—拱座。桥的矢跨比为1:6,拱轴系数$m=1.495$;拱上结构为装配式普通钢筋混凝土空心板,板长12.66m;主拱圈采用两根直径1m的钢管,竖向成哑铃型,拱肋高2.4m;拱上立柱直径0.9m,最高27m;主拱肋和立柱均采用厚度为12mm的3号镇静钢;高空连接采用高强螺栓;设计技术标准为山岭重丘三级,时速30km/h;荷载等级为汽—20级,挂100(公路—Ⅱ级)。

九畹溪大桥主要工程地质问题。

(1)场地稳定性。桥址区的地质构造发育情况、断层的活动性等区域地质条件对桥梁安全性有重要影响。工程地质勘察过程中,需在查清大桥工程区的大地构造单元、地层岩性特征及

图 4-74 九畹溪大桥

地层发育情况等区域地质背景的基础上,通过断裂活动性分析、评价桥址区域稳定性。桥址应选择在区域稳定性条件较好、地质构造简单、断裂不发育的地段,桥线方向应与主要构造线垂直或大交角通过。桥台尽量避免置于断层破碎带和褶皱轴线上,特别在高地震基本烈度区,必须远离活动断裂和主断裂带。九畹溪大桥工程桥基和两岸边坡主要为中寒武统覃家庙组($\in_2 q$)地层,无断裂构造,场地稳定性良好。

(2)桥基稳定性。桥梁基础的稳定性是保证桥梁质量的决定性因素,而桥基稳定性主要取决于桥基岩土体承载力的大小。勘察过程中应分析场区地层结构和构造发育情况,划分工程地质岩组,并进行岩土体质量评价;进行室内和现场试验,测定岩土体参数并进行优化分析,确定地基设计参数,选择桩基持力层。桥基处应选择覆盖层薄、持力层为坚硬完整的岩体,若覆盖层较厚,应避免选在尖灭层发育和非均质土层的地区。九畹溪大桥工程为拱桥,主要工程地质问题为拱桥桥肩边坡稳定性问题。

(3)拱桥桥肩边坡稳定性。在斜坡上修建桥梁时,桥梁荷载作用下斜坡的稳定性对桥梁结构的安全性有重大的影响。地层岩性及其组合是构成边坡的物质基础,岩性决定岩石的强度和抗风化能力;地质构造决定了岩层、节理裂隙的性质、产状及发育程度,而这些因素又决定了边坡的岩体结构;地下水是边坡失稳的重要诱因之一,地下水软化岩体导致岩体抗滑力降低,同时地下水产生动、静水压力增大下滑力,从而使边坡的稳定性降低。除全面查明桥位边坡的工程地质条件外,还要对人工开挖对边坡稳定性的影响进行分析,包括边坡的开挖高度、坡率等。

九畹溪大桥工程桥基和两岸边坡主要为中寒武统覃家庙组($\in_2 q$)地层。九畹溪左岸桥头边坡主要岩性为:上部为灰色中层状灰岩夹薄层状页岩,发育平卧褶皱;下部地层为灰白色厚层状白云岩,属下寒武统石龙洞组($\in_1 sl$)。岩层缓向西倾斜($270°\angle 30°$),为逆向到斜交坡,岩层裂隙发育,边坡上部岩石相对软弱,已发生掉块或崩塌破坏。右岸为中寒武统覃家庙组

($\in_2 q$)灰白色厚层状白云岩,边坡为斜交坡。桥肩边坡稳定性较好。

【教学点2】
吕家坪公路隧道。
【教学内容】
(1)吕家坪公路隧道区工程地质条件。
(2)隧道工程地质问题。
(3)开挖隧道与链子崖危岩体稳定性论证。
(4)隧道结构及功能特征。
【教学方法】
教师先讲解隧道工程的特点、隧道工程地质勘察内容,引导学生思考隧道工程地质问题的类型、评价方法。讲完后布置学生自己观察描述并作图。最后,讨论总结吕家坪隧道的岩体特征、隧道主要工程地质问题、隧道对链子崖危岩体的影响;总结隧道施工工序、隧道支护工程结构特征。
【教学点背景资料】
1)吕家坪隧道区工程地质条件
吕家坪隧道(图4-75)工程地质条件复杂,分布地层如下。

图4-75 吕家坪隧道

(1)中志留统砂帽群页岩、泥岩及粉砂岩层。
(2)中泥盆统云台观组厚—巨厚层状石英砂岩层。
(3)中石炭统黄龙组灰白色粗晶灰岩、白云质灰岩、白云岩,厚—巨厚层状。
(4)二叠系灰岩地层包括:下统马鞍组煤系地层、栖霞组灰岩、茅口组灰岩、王家坡组黏土、泥岩,以及上统吴家坪组泥晶灰岩层。
隧道北面290m为长江三峡重大地质灾害体——链子崖危岩体,构成链子崖危岩体地层为二叠系栖霞灰岩。

隧道区位于长江中游,鄂西高中山峡谷地貌区,区内地形变化较大,大体上为近东西走向的单面山谷坡。隧道通过段地形总体上呈阶梯状,陡崖与缓坡相连的格局。隧道沿线分布志留系至二叠系地层,其中隧道东 500 余米段为碎屑岩,其余均为碳酸岩。地表浅部低洼处分布一定厚度的第四系堆积物。隧道经过区地质构造比较简单,主要表现为岩层掀斜和脆性破裂,没有发现大的岩层褶皱,呈现特定的单斜构造。隧道区裂隙较发育,因岩性有较大差异,主要岩性为含碳质页岩夹层较多的瘤状灰岩、疙瘩状灰岩及个别薄层夹页岩灰岩。裂隙发育欠差,表现为延伸不长,往往止于夹层页岩,页岩层细微裂隙发育,但较大裂隙不发育;巨厚层灰岩,因其层理巨厚,抵抗变形能力强。隧道通过区大部分为灰岩,其岩溶发育直接影响隧道围岩稳定性及隧道涌水条件。

2)隧道工程地质问题分析

(1)区域稳定性分析。隧道能否正常运行,首先必须考虑到区域稳定性,主要是现代地壳活动性、地震及地应力分布特征。

(2)围岩分类及稳定性评价。需综合考虑围岩的岩体工程地质结构类型,并结合抗压强度、结构面发育程度以及岩体 RQD、声波波速、岩体强度应力比等指标对围岩进行类型划分。

(3)涌水量预测。从未来隧道施工和防水设计考虑,需要进行施工期隧道涌水量预测,以此作为设计依据。

(4)地温及有害气体问题。

(5)岩爆问题。在高地应力脆性岩体地区开挖隧道的过程中,有时围岩突然产生片状破坏,以爆炸方式向洞内空间弹射,会造成人员伤害,影响正常施工。

(6)进出口边坡稳定性评价。

3)隧道开挖对链子崖危岩体的影响

隧道开挖对链子崖危岩体稳定性的影响可从两方面分析:一是对比隧道区与危岩区地质条件,说明产生危岩体的原因及隧道不可能产生大规模塌陷变形的基础条件;二是从研究隧道自身危岩变形破坏入手,论证其对危岩体可能产生影响的隧道变形破坏是否波及危岩区,或引起应力变化导致危岩应力变化。对于吕家坪隧道通过区坚硬岩体来说,围岩变形破坏及破坏扩展主要取决于岩体结构条件。

吕家坪隧道开挖后对周围地质环境的影响,是由于开挖后引起洞周围及附近一定范围的岩体天然应力状态发生变化。一般认为,地下洞室开挖引起的围岩重分布应力变化影响范围为 6 倍开挖半径,在此范围外岩体应力分布基本不受隧洞开挖影响。对于吕家坪公路隧道而言,隧道开挖后的影响主要表现在:隧洞围岩位移主要是近壁面处较大,向山体内迅速减小;对于较软弱岩体,往往在近洞壁附近一定围岩区产生塑性变形,其变形受重分布应力控制;塑性区主要分布于隧道两侧壁围岩及洞顶右侧;此外,隧道顶部及底部中心部位可能产生局部围岩拉断破坏。但是对于距离约 290m 处的链子崖危岩体而言基本没有影响。综合各方面因素来讲,隧道区地质环境条件及地下采空条件比链子崖危岩区好得多,不具备形成类似危岩区岩体变形破坏的客观条件,隧道开挖对周围地质环境未产生显著影响。

4)隧洞轴线的选择

最大主应力与洞轴平行时,塑性区主要分布在洞室边墙;最大主应力与洞轴垂直时,塑性区主要分布在洞室顶部和底板。设计规范给出的洞线与最大主应力平行或小角度相交的设计原则,对于洞室稳定不一定总是有利。在满足位移要求的前提下,为保证洞室边墙稳定,宜将洞轴与最大水平地应力垂直或大角度相交布置;为增大洞室顶底板稳定性,宜将洞轴与最大水平地应力平行布置。

第七节 斜坡崩滑灾害防治工程实践教学

教学路线十八 岸坡及高边坡防治工程

1. 目的及要求

(1) 了解凤凰山库岸地质结构并分析库岸工程地质问题。
(2) 了解库岸防护常用防治工程措施。
(3) 结合凤凰山沿江高切坡地质特征,了解高切坡稳定性评价。
(4) 了解高切坡防治工程常用方法。

2. 教学内容与方法

【教学点1】

凤凰山库岸处。

【教学内容】

(1) 了解库岸地质结构。
(2) 了解防护工程特征。
(3) 了解库岸防护监测工程。

【教学方法】

将学生带到本点后,先交代本教学路线的教学内容与要求,以及本教学点的目的与内容。然后,由教师讲解库岸稳定性和库岸主要工程地质问题。然后布置学生自己观察描述并绘图。最后,讨论总结本处库岸结构特征、库岸稳定性评价方法、库岸主要防治方法和监测工程布置。

【教学点背景资料】

1) 凤凰山库岸工程地质条件

凤凰山至果品批发市场段库岸位于秭归县新县城东北部,库岸长5.08km,长江大致以SE向从其东侧流过。该区属结晶岩分布的低山丘陵区,原始地形地貌,山包呈深圆状,高程为100~350m,高差达250m,地势西高东低,向长江倾斜。区内较大的溪沟有两条,即南部的徐家冲溪及北部的凉水沟,其中徐家冲溪由南北两支沟在高程118m处汇交而成。工程区地处黄陵背斜核部前震旦系结晶岩分布区,滨湖路沿线及沟谷处多分布第四系松散堆积物。

区内基岩为闪云斜长花岗岩,分布广泛,灰色、灰白色,中粗粒结构,块状结构。其矿物成分及含量为石英25%、钾长石0~3%、斜长石55%、黑云母10%~13%、角闪石小于10%。

第四系堆积物按成因类型不同可分如下3种。

(1) 冲洪积物(Q^{al+pl})分布徐家冲溪主沟沟,主要为中、粗砂及卵砾石,卵砾石磨圆度良好,两侧地表部分布薄层黏土及粉质黏土,厚度3~5m。

(2) 坡洪积物（Q^{dl+pl}）广泛分布于平缓山坡凹槽及大小冲沟处，主要有砾质粉土、砾质重砂壤土、砾质粉质黏土、含淤泥质黏土及砂夹块石等土体类型。不同部位坡洪积层，其土体物质组成与结构具有明显的差异性。根据土体物质组成的差异性，可分4大类、7亚类不同土层组合结构的坡洪积物。

(3) 回填砂（Q^{ml}）沿区内滨湖路沿线分布，由原岩为全强风化的闪云斜长花岗岩回填砂夹块石组成，厚度多为5~25m，最大厚度35m。

按埋藏条件，新址区地下水可分为孔隙水、孔隙-裂隙水和裂隙水。以大气降水为主要补给源，少数位于地表沟谷的孔隙潜水直接受沟水补给。

凤凰山至果品批发市场段库岸主要由人工回填风化砂松散堆积体组成。三峡水库蓄水后，水位运行变幅达30余米，该段库岸在天然状态下整体基本稳定，局部人工堆积库岸受地表雨水的冲刷出现坍塌现象；同时，受库水位长期浸泡、风浪和船行波的冲击水流侵蚀以及干湿交替的影响，库岸岩土体风化加剧，抗剪强度降低；此外，库水位经常涨落从而引起地下水动水压力的变化。这些不利因素的影响，将会造成库岸侵蚀、坍塌及整体滑移变形，即塌岸破坏。

三峡水库蓄水后，在库水作用及其他因素的影响下，岸坡沿坡洪积软弱结构面可能会产生一定规模的整体性滑移，人工回填高陡边坡可能会产生一定范围的局部失稳。因此，必须对岸坡的稳定性进行分析研究和评价，以便为防治工程设计提供可靠依据。

2) 塌岸治理工程设计

根据《建筑地基基础设计规范》(GB 50007—2011)、《防洪标准》(GBJ 50201—94)的有关规定，建筑物安全等级按二级设计。结合本工程的规模和治理的重要性，堤式护岸、墙式护岸取相应的稳定安全系数。岸线范围和护岸工程布置可以参看平面布置图4-76，竣工后如图4-77。护岸建筑物主要包括挡土墙、护坡、冲沟及塌岸回填治理及排水工程等。

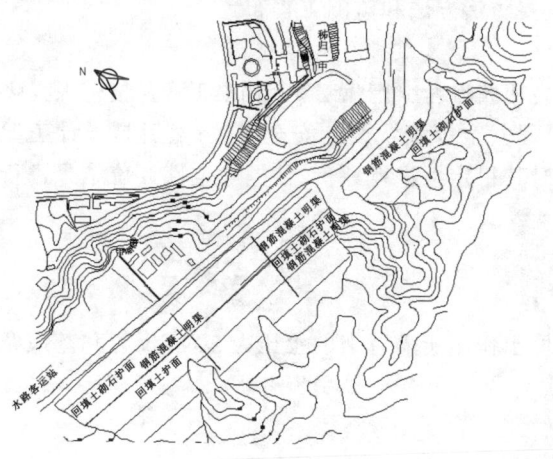

图4-76 凤凰山—秭归段治理工程平面布置示意图

图4-77 库岸防护工程竣工图

在该项目的规划、设计中，考虑对175m高程以下库区淹没区采用干砌石护坡，175m高程以上采用预制植土块植草护坡。为有效防止岸坡渗透变形破坏，工程主要采取减载放坡、风化砂填筑压实、砂石料反滤和块石盖重护坡及排水工程措施。

对沿江岸坡外侧按1:2.65到1:2.75坡度减载放坡，铺筑反滤层是防止管涌破坏的有效措施。反滤层一般用1~3层级配较为均匀的沙子和砾石层铺筑，保证排水通畅，降低溢出梯度,以保护基土不让细颗粒带出;干砌块石透水盖重护坡是防止土体被渗透力所悬浮的工程措施。

与岸坡相接的第一层为粗中砂,厚15cm;第二层为碎石层,厚15cm;第三层为30cm干砌石盖重护坡。反滤层施工分段逐层铺筑,拍打击实,保证各层层面清楚,互不混淆,达到设计厚度。干砌石护坡施工采用人工砌筑。施工前进行坡面测量放样,纵横每10m间距设一样桩,以控制砌石断面和坡度。砌石从基座开始由下向上砌筑,坡脚与封边用较大的石料,砌筑做到稳、紧、错、平,砌筑塞缝用片石控制在总量的10%以内。

排水工程:渗透变形破坏常与水的作用密切相关,因此,对工程周边采取了浆砌石排水沟和排水管涵施工措施,以阻止地表水冲刷坡面和渗入土体。

3)监测工程

监测工程包括变形监测、地下水位监测等内容,对库岸的变形及地下水进行时刻监控。

【教学点2】

凤凰山沿江高切坡。

【教学内容】

(1)以凤凰山沿江高切坡结构特征为实例,进行现场观察并了解高切坡防治工程措施。

(2)了解挡土墙工程设置及结构形式和锚喷工程设计及布置情况,以及格构工程设计及结构形式。

【教学方法】

先由教师讲解高切坡形成的主要原因、边坡稳定性的影响因素、边坡破坏类型及机理,介绍高边坡治理主要工程措施类型。然后布置学生自己观察描述并作图。最后,讨论总结本处高边坡结构特征、边坡稳定性评价方法、边坡主要防治方法和监测工程布置。

【教学点背景资料】

凤凰山沿江高切坡主要采用3种方法进行高切坡治理:挡土墙工程、锚喷工程及格构工程。

高切坡治理工程设计中首先要确定防治工程安全等级及设计安全系数;然后是设计工况及荷载组合。选择典型剖面进行稳定性计算,对其稳定性进行评价,依据稳定性评价结果进行各种工程设计。

下面分别简要介绍以上3种工程的设计方法。

1)挡土墙工程

挡土墙工程考虑的荷载主要为墙体自重、填土作用于墙背上的土压力、基底反力和基底摩擦力,以及地震荷载。

主要设计参数包括如下几项。

(1)墙后填土的内摩擦角φ的确定。按《挡土墙》(04J008)确定。

(2)挡土墙墙背与填土之间摩擦角δ的确定。按《挡土墙》(04J008),根据工程挡土墙墙背粗糙状况及填土排水条件确定。

(3)挡土墙基底对地基的摩擦系数μ的确定。按《挡土墙》(04J008)确定基底摩擦系数μ,根据碎石填土的密实度、充填物状况及风化程度确定。

(4)材料型号及构造设计。根据《挡土墙》(04J008)中的各类型挡土墙的修建材料确定。墙背填料根据附近土源,尽量选用抗剪强度高和透水性强的砾石或砂土,当选用黏性土作填料时,宜掺入适量的砂砾或碎石;不得选用膨胀土、淤泥质土、耕植土作填料。

(5)按《砌体结构设计规范》(GB 50003—2011)查表得墙体的各项强度参数。

(6)设计挡土墙的截面尺寸。根据该路段挡墙设计荷载及挡墙设计高度(H)确定其截面尺寸。包括:墙顶宽度 a、墙底水平宽度 b、墙趾高 h、墙趾宽 d、挡墙墙面倾斜度 m_1、挡墙墙背倾斜度 m_2 及挡墙基底倾斜度 m_p。

(7)结构及承载力的校核。根据《建筑地基基础设计规范》(GB 5007—2011)以及《公路工程抗震设计规范》(JTG B02—2013),挡土墙的稳定性分析包括抗滑验算与抗倾覆验算。抗滑验算安全系数取值为: $K_s \geqslant 1.3$;抗倾覆验算安全系数取值为: $K_t \geqslant 1.5$。

(8)排水孔设计。根据《室外排水设计规范》(GB 50014—2006)确定。

2)锚喷工程

锚喷设计的一般过程为:安全系数确定—边坡锚固力计算—锚固角确定—锚杆(索)间距确定—设计锚固力确定—锚杆孔径与直径确定—锚固长度确定—锚杆锚固力校核及拉拔试验—喷砼设计—施工。

对于重要永久工程,安全系数 $K \geqslant 1.8$;一般工程 $K \geqslant 1.5$;临时锚固工程 $K \geqslant 1.5 \sim 1.2$。

锚固力计算分为平面剪切破坏边坡锚固力计算、多平面滑动破坏边坡锚固力计算、圆弧形破坏边坡加固力计算。

锚固角的确定可依据规范,常用的包括《锚杆喷射混凝土支护设计规范》(GB 50086—2001)及日本 VSL 锚固(施工法)设计施工规范。

锚固间距的确定,应充分考虑岩土体的特性。同时,既要注意避免群锚效应,又要保证锚索之间能形成有效的挤压带,使锚索能切实的联合作用效果。

分为无预应力锚杆和预应力两种情况。

在总加固力确定后,在确定锚索间距及沿滑动面方向排数的基础上,可依据规范公式确定单孔锚索的锚固力。

喷砼设计参数主要包括喷砼厚度、喷砼强度、喷砼材料、钢筋网参数。

3)格构锚固设计

格构锚固技术结构是利用浆砌块石、现浇钢筋混凝土或预应力砼进行坡面防护,并利用锚干或锚索固定的一种滑坡综合防护措施。该技术可与美化城市环境结合,达到综合治理的效果。

根据地质条件和上述分析结论确定合适的梁长及间距。同时,依据锚固结构的不同可计算锚杆拉力或预应力锚索的设计锚固力,并计算梁的内力、变形,进而计算基底反力。

基底压力按公式确定,并与地基承载力比较。若满足要求,可进行梁配筋设计;否则调整梁截面尺寸及砼材料,再次进行验算,直到满足要求为止。

纵梁配筋按计算内力、变形进行,横梁按构造配筋。配筋按国家《混凝土结构设计规范》(GB 50010—2002)进行。

教学路线十九 岩坡崩滑破坏防治工程

1. 目的及要求

(1)通过观察让学生初步了解崩塌变形体的一些外部特征。

(2)初步了解危岩体的形成条件、变形破坏的原因、形成机制、稳定性

(3)了解危岩体崩滑破坏防治措施。

2. 教学内容与方法

【教学点1】

链子崖 T_8—T_{12} 号缝山顶处。

【教学内容】

(1)引导学生观察 T_8—T_{12} 号拉裂缝情况。

(2)现场考察该区导致岩体变形的地质环境条件,重点是顶部几个台阶底部的软夹层及上部岩体拉裂变形,以及断层发育,落水洞情况(联系软夹层、滑移拉裂、落水洞、断层、临空状态、核桃背山体下部采煤等地质特征,结合裂缝发育形态进行分析)。

(3)认识"216万方""五万方""五千方""七千方"危岩体结构特征。

【教学方法】

带学生沿崖顶小路沿途观察 T_8、T_9 等缝发育特征,往西走观察上部两平台底部泥页岩层及控制蠕滑的变形特征,考察"216万方"危岩体的构成及不稳定性条件,了解"五万方""五千方""七千方"危岩的形成条件。先观察后讲解。

【教学点背景资料】

关于危岩区一般情况参见路线九。以 T_{8-1} 作为南边界,T_{12} 缝为西界,以底部煤层为底界,形成"216万方"危岩体,陡崖临空面自 T_8 附近的近南北走向至 T_{10} 缝处渐转向北西西,呈弧形,陡崖高 90~100m,核桃背为稳定山体,起到对危岩体向西滑移变形的支撑作用,该块体有拉裂崩塌趋势。由 T_{12}、T_{11} 及底部 R_{202} 构成的"五万方",有滑移崩塌趋势。由底 R_{301} 软层及 T_{11} 缝形成"五千方"有顺层滑移趋势。由 T_{14}、T_{15} 及底 R_{401} 软层构成的"七千方"有顺层滑移趋势。

【教学点2】

链子崖核桃背临江处。

【教学内容】

(1)引导学生观察几个结构体的防治工程形式及防水措施。

(2)初步了解锚固工程、抗滑栓工程设计方面的基本情况。

【教学方法】

带学生参观危岩体整治工程情况,由教学点1到教学点2沿途观察防水盖板、"五千方""七千方"锚固工程,在核桃背临江处观察"五万方"锚固工程。最后由教师讲解防治工程基本情况(其中抗滑栓工程在崖底不便观察,只有远观及讲解)。

【教学点背景资料】

T_8—T_{12} 区段整体防治可考虑的方法包括开挖、削坡、锚固、回填采空区等方案。认为:开挖削坡——施工容易,费用低,但大规模开挖爆破及骤然卸荷或许会激发危岩,造成施工期失稳,开挖块石入江,造成影响;整体预应力锚索——施工难、技术要求高、费用大,而且若产生继续下沉对锚索安全极为不利。

经比较采用方案:

(1)T_8—T_{12} 整体承重阻滑键。

(2)T_{11}—T_{12} 段危岩及 R_{301}、R_{401} 软层以上顺向滑体采用预应力锚索。

(3)地表排水,裂缝盖板防水。

防治工程划分及工程量如图4-78、表4-15所示。

危岩体锚固工程：

1995年4月开始施工，1997年8月竣工。锚固工程是借助预应力锚索增大崩滑面的正应力，以提高崩滑体的抗滑能力而稳固坡体的措施。预应力锚索工程设计、实施的关键应注意几点。

图4-78 锚固工程情况

表4-15 链子崖危岩体防治工程单位划分

工程单位		边界与范围	面积 $S(m^2)$ 体积 $V(m^3)$	工程
煤层采空区承重阻滑工程		西，T_{11}—东，临空； 北，临空—南，T_8缝； 底，煤层采空区(R_{001})	$S=20\,000$ $V=2\,239\,500$	回填、浇筑混凝土承重阻滑键，面积$4\,000m^2$，使危岩体在特殊荷载条件下的稳定安全系数 $K_c=1.2$
"五万方"危岩体锚固工程	崖顶"五千方"顺层滑移体	底边界R_{301}，其他同"五万方"	$V=12\,240$	锚索力级1 000kN，10束，锚固吨位580 000kN·m
	陡崖裂缝危岩体	西，T_{12}—东，临空； 北，临空—南，T_{11}缝； 底，R_{202}	$V=263\,200$ ("五万方")－ $12\,240=250\,960$	锚索力级1 000kN，50束，锚固吨位1 156 350kN·m； 锚索力级2 000kN，61束，锚固吨位4 163 480kN·m； 锚索力级3 000kN，40束，锚固吨位4 504 500kN·m； 锚索力级上小，防倾；下大，防滑
崖顶"七千方"顺层滑移体锚固工程		西，临空(T_{12})—东，T_{14}； 北，临空—南，T_{15}； 底，R_{401}	$V=4\,200$	锚索力级1 000kN，35束，锚固吨位623 230kN·m
大裂缝排水防水工程		危岩体顶部裂缝口及其南侧		地表排水沟4条（段），总长530m；防雨盖板416m^2

(1) 分析确定被锚固对象，计算确定需要施加的锚固力。

(2) 根据应提供的总锚固力大小，确定单孔锚索可能提供的最大锚固力大小，考虑现场地质地形及施工条件，设计群锚体的空间位置、倾角、间距、结构等参数。

(3) 根据现场试验确定单根锚索的极限拉拔力情况，以及是否满足设计需要。

(4) 按严格施工要求控制锚索施工质量。

承重阻滑键工程：

1995年5月开始施工，1999年8月竣工。施工前底部煤层大部分被采空，采空面积占68%～90%，采空区大部分回填，充填物为矿渣、矸石、崩落块石，密实程度各处不同。残留矿柱很少，但都是上覆岩体的主要支撑点。

键体设在滑动面间，以增强滑面的抗滑力，并起到承重作用。按地质条件、滑动方向，需提高滑面抗滑力大小，设计键体尺寸、间距、设置方向、结构形式等。键体的顶、底面分别置于栖霞灰岩及黄龙灰岩上，键体上、下设置插入岩体中的钢筋，以增强键体阻滑能力。键体由砼浇筑而成。充分利用基本顺岩层走向分布的5条勘探平硐做横向键体，其间再利用采空巷道建成大体顺岩层倾向的纵向键体5～6条，纵横相连构成整体，总共建成砼键体23条，键体面积占采空区面积的22%。

大裂缝防水工程：

在危岩南侧修排水沟拦截灌入危岩区的地表水。为防止地表水灌入裂缝，在裂缝顶面设置水泥盖板，盖板采用砼板，周边小裂缝适当灌注砂浆。

【教学点3】

链子崖 T_8 号缝崖边处。

【教学内容】

了解猴子岭滚石拦截墙防治工程。

【教学方法】

带学生在 T_8 号缝崖边处采用远观的办法进行考察，以教师讲解为主。

【教学点背景资料】

为防止猴子岭堆石滚落入江影响通航安全，在猴子岭斜坡上设两道防冲栏石坝。斜坡崩积体块石体积1 700 000m³。

防冲栏石坝1996年9月中旬开始施工，到1997年1月15日竣工。该工程在高程260～270m上下和高程180m上下分别设导向拦石坝和防冲拦石坝，其间设消能止动平台。导向拦石坝，坝顶长67.73m，坝高3.4～24.1m，坝顶、底各宽3m和8.5～31.9m。防冲拦石坝，坝顶长112m，迎石面坝高7.5～10m，坝顶宽4m。合计浆砌石体积474.7m³，开挖土石2 916.3m³。

拦石工程采用浆砌块石坝。导向拦石坝迎挡面设干砌块石防冲垫（层）。防冲拦石坝结构较复杂，坝体内设6个钢筋混凝土柱桩和薄板，柱桩间设钢筋网，将浆砌块石连接成一个整体，主要目的是增强拦石坝的抗冲性能。

两坝基础均采用分段式、阶梯状开挖，使基础设在较密实的块石、碎石层上。坝体将砌前底部铺垫厚10cm以上的高标号（M>10）砂浆，对块石之间的缝隙、空洞采用砂浆块石回填。

第五章 独立实践教学

独立实践即独立填图或称独立工作,是锻炼学生独立搜集第一手地质、工程地质资料,分析评价所遇到的工程地质问题能力,培养"艰苦朴素,求真务实"工作作风的重要手段。所谓独立填图就是学生在教师的指导下在指定的工作区内独立进行野外调查,并把调查的地质、工程地质现象按规定的图例和比例尺填绘在地形图上,形成工程地质平面图和剖面图。然后,通过室内资料整理分析工作区工程地质条件,对所提出的工程地质问题进行评价。最后提交工程地质报告。

在工作中查明工作区的工程地质条件是基础,工程地质问题分析评价是核心。那么什么是工程地质条件和工程地质问题呢？

工程地质条件指的是与工程建筑有关的地质因素的综合。这些地质因素一般包括岩土类型及其工程性质、地质结构、地貌、水文地质、工程动力地质作用和天然建筑材料6方面,或称6大条件。我们填绘的工程地质图就是要反映这些内容。

工程地质条件是一个综合概念,其中的某一因素不能概括为工程地质条件,而只是工程地质条件的某一方面。兴建任何一类建筑物,首要的任务就是要查明和认识建筑场区的工程地质条件。由于不同地域的地质环境不同,因此工程地质条件不同,对工程建筑物有影响的地质因素的主次也是不相同的。

工程地质条件是在自然地质历史发展演化过程中形成的,是客观存在的。它反映地质发展过程及后生变化,即内外动力地质作用的性质和强度。工程地质条件的形成受大地构造、地形地势、气候、水文、植被等自然因素的控制。各地的自然因素不同,地质发展过程不同,其工程地质条件也就不同。工程地质条件各要素之间是相互联系、相互制约的,这是因为它们受着同一地质发展历史的控制,形成一定的组合模式。不同的组合模式对建筑的适宜性相差甚远,存在的工程地质问题也不一致。

由上述可知,认识工程地质条件必须从基础地质入手,了解研究地区的地质发展历史,各要素的特征及其组合的规律性。

工程地质问题指的是工程地质条件与建筑物之间所存在的矛盾或问题。优良的工程地质条件能适应建筑物的安全、经济和正常使用的要求,其矛盾不会激化到对建筑物造成危害;但是工程地质条件往往有一定的缺陷,从而对建筑物产生严重的甚至是灾难性的危害。所以,一定要将矛盾着的两个方面联系起来进行分析。由于工程建筑的类型、结构形式和规模不同,对地质环境的要求不同,所以工程地质问题也是复杂多样的。例如,工业与民用建筑的主要工程地质问题是地基承载力和沉降问题;地下洞室的主要工程地质问题是围岩稳定性问题;露天采矿场的主要工程地质问题是采坑边坡稳定性问题;水利水电工程中,土石坝最需注意的是坝基渗透变形和渗漏问题,混凝重力坝是坝基抗滑稳定问题,拱坝是坝肩抗滑稳定问题。工程地质问题的分析、评价,是工程地质工程师的中心任务。

第一节 独立工作的任务及安排

一、独立工作的任务

独立工作以小组为单位进行,其任务有以下几点。

(1)实测工作区地层剖面,比例尺 1∶1 000 或 1∶2 000,以此为基础划分其填图单元。考虑到本区情况及时间安排,可只实测巴东组、沙镇溪组和侏罗系香溪组,路线为郭家坝隧洞口沿路向西至童庄河岸边。

(2)完成指定区域工程地质图的填图,编制工作区工程地质平面图和剖面图。

(3)选择一个专题进行重点研究,查明其工程地质条件,分析存在的工程地质问题。

(4)编写工程地质报告。

二、独立工作区范围

工作区位于秭归县郭家坝镇新镇所在地,东距实习基地约 30km。范围:东起米仓口隧道,西至童庄河岸边,北起长江边,南至山脊分水岭附近(高程约 350m 左右),面积约 1.5~2km²。

三、主要填图单元

根据区内实际情况可划分出如下填图单元,在工作中可依据露头条件增加或减少。

1. 地层岩性

基岩地层有:三叠系嘉陵江组(T_1j)、巴东组(T_2b)、沙镇溪组(T_3s),侏罗系香溪组(J_1x),应根据岩性分出不同的填图单元,如灰岩、泥灰岩、砂岩、泥岩和页岩等。如巴东组及侏罗系香溪组即可依据实测剖面资料分出砂岩、泥灰岩、粉砂质泥岩和页岩等工程地质单元。

第四系地层应根据不同成因划分填图单元,即残坡积层(Q^{d+dl})、崩坡积层(Q^{col+dl})、滑坡堆积层(Q^{del})和人工堆积层(Q^{ml})。

2. 地质构造

褶皱轴、断层、大的有意义的节理、岩层产状。

3. 水文地质

泉水、集中渗水现象、溶洞等有意义的岩溶现象。

4. 物理地质现象

崩塌、滑坡、地裂缝等。

5. 人类工程活动

公路开挖、地灾防治工程、重要工程(特别是隐蔽工程,如天然气管道、光缆等)。

四、专题研究课题及安排

(一)专题研究课题

根据区内工程地质条件确定如下相对独立的小区及相应的研究课题。
(1)狮子包地区工程地质条件及狮子包滑坡形成机制与稳定性研究。
(2)加油站地区工程地质条件及崩塌、滑坡机制研究。
(3)中心花园地区工程地质条件及中心花园滑坡稳定性分析。
(4)汽渡管理所地区工程地质条件及 GZ0004a 高切坡稳定性分析。
(5)郭家坝中学地区工程地质条件及 GE0005 高切坡稳定性分析。
(6)郭家坝镇新城工程地质条件及建筑适宜性研究。
(7)郭家坝隧洞工程地质条件及稳定性分析。
(8)郭家坝镇新城水文地质条件及城市供水问题初探。

(二)工作进程及时间安排

(1)准备工作(资料收集分析,图件准备,踏勘,工作计划制定),1 天。
(2)野外工作(测制工程地质平面图、剖面图,专题调查与研究等),安排 4 天以上。
(3)资料整理报告(清绘图件,专题资料分析,报告编写),2 天。

第二节 野外填图基本工作方法

工程地质填图亦称工程地质测绘,它是通过野外调查,现场搜集工作区地质、工程地质资料,在填图过程中应对所有地质和工程地质现象进行仔细观测和记录,并按规定的图例填绘在地形底图上,最终形成工程地质平面图和剖面图。这是工程地质勘察的基础性工作。不同的区域、对象以及勘察阶段,工程地质测绘要求不同,须按相关规范进行。下面就有关问题作简单的介绍。

一、填图范围与比例尺

在进行填图时,测绘范围原则上应包括工程场地及其临近的地段。若选择的范围过大会增大工作量,范围过小则不能有效查明工程地质条件,满足不了工程建设的要求。因此,应选择合理的测绘范围。在实际工作中一般由建筑物类型和规模、勘察阶段及工程地质条件复杂程度 3 个方面来确定工程地质测绘范围,以能充分查明工程地质条件、解决工程地质问题为原则。

本次填图范围由教师根据以上原则指定。

填图比例尺主要取决于勘察阶段,建筑物类型和规模,以及工程地质条件复杂程度。根据国际惯例和我国勘察经验,一般采用如下规定:可行性研究勘察阶段 1∶50 000～1∶5 000,属小、中比例尺填图;初步勘察阶段 1∶10 000～1∶2 000,属中、大比例尺填图;详细勘察阶段

1∶2 000～1∶500,属大比例尺填图。

本次填图比例尺为1∶5 000,属中比例尺填图。

二、填图中的研究内容

工程地质填图中主要研究工程地质条件。实际工作中,应根据勘察阶段要求和填图比例尺大小,分别对工程地质条件的各个要素进行调查研究。

(一)岩土体的研究

岩土体是产生各种地质现象的物质基础,它是填图的主要研究内容。对岩土体的研究要求查明填图区内地层岩性、岩土分布特征及成因类型、岩相变化特点等,要特别注意研究性质软弱及性质特殊的软土、软岩、软弱夹层、破碎岩体、膨胀土、可溶岩等;注意查清易于造成渗漏的砂砾石层及岩溶化灰岩分布情况,它们的存在会给工程带来极大的麻烦,有时要做特殊的工程处理。

填图应注重岩土体物理力学性质的定量研究,以便更好地判断岩土的工程性质,分析它们与工程建筑相互作用的关系。

填图单元的划分视比例尺大小而定,中小比例尺填图基本上采用地层学单位;大比例尺填图则应考虑岩土工程地质性质的差异划分出更小的填图单元。

(二)地质构造的研究

地质构造对工程建设的区域稳定性、建筑场地稳定性和工程岩土体稳定性来说,都是极重要的因素;而且它又控制着地形地貌、水文地质条件和不良地质现象的发育和分布。所以地质构造是工程地质测绘研究的重要内容。

填图中要研究褶皱的形态、产状、分布,断裂的性质、规模、产状、活动性,以及构造岩的性质、胶结、节理、裂隙的分布延伸、充填、粗糙度、网络系统等特征,要注意分析地质构造与工程建筑的关系。

在填图中研究地质构造时,主要运用地质历史分析与地质力学的原理和方法。节理、裂隙的研究对岩体工程尤为重要,它控制工程岩体的稳定性,对岩体节理、裂隙系统的研究要进行统计分析工作,找出其在不同方位发育的程度及相互切割组合关系。目前常采用玫瑰图、极点图和等密度图等图解法和计算机网络模拟分析方法。

(三)地形地貌研究

地形地貌对于建筑场地选择、建筑物合理布局、帮助研究新构造运动及物理地质现象等都有十分重要的意义。研究内容包括:研究地形几何形态特征,如地形切割密度及深度,山脊(坡)形态、高程、坡度,沟谷发育形态及方向等;划分地貌单元并研究各地貌单元的特征、成因类型等;研究地形地貌发育与岩性、构造、物理地质现象之间的关系。

中小比例尺填图着重研究地貌单元的成因类型及宏观结构特征,大比例尺填图则应侧重研究与工程建筑布局和设计有直接关系的微地貌及有关细部特征。

(四)水文地质条件研究

在填图中,研究水文地质的主要目的,是为研究与地下水活动有关的岩土工程问题和不良地质现象提供资料。在研究水文地质条件时,尤其要搞清楚地下水的赋存与活动情况。在填图过程中通过地质构造和地层岩性分析,结合地下水的天然和人工露头以及地表水的研究,查明含水层和隔水层、埋藏与分布、岩土透水性、地下水类型、地下水位、水质、水量、地下水动态等,必要时应配合取样分析、动态长观、渗流实验等研究工作。

(五)工程动力地质现象研究

工程动力地质现象(物理地质现象)的存在常常给建筑区地质环境和人类工程活动带来许多麻烦,有时会造成重大灾害。同时,工程动力地质现象研究对于预测工程地质问题也是十分有益。填图中应以岩性、构造、地形地貌、水文地质调查为基础,搞清工程动力地质现象的存在情况,进一步分析其发育发展规律、形成条件和机制,判明其目前所处的状态及对建筑物和地质环境的影响。

(六)天然建筑材料研究

天然建筑材料的储量、质量、开采运输条件,都直接关系到工程造价和建筑结构形式的选择。因此,在填图中要注意寻找天然建筑料场,对其质量和数量做出初步评价。

三、填图方法简介

(一)常用方法

一幅工程地质图的填制,需要通过现场定点观测与线路观测才能完成。观测线路布置一般采用线路穿插法和线路追索法等方法。所谓线路穿插法是指观测线路垂直构造线方向布置,这种方法可用较小的工作量观测到较多的地质现象;而线路追索法则指沿某些地质界线进行追索,每隔一定距离定点观测,并把该界线标到图上,重要的地质界线,如大的断层、不整合界线常采用追索法。对于中、大比例尺填图常采用穿插法和追索法相结合的方法进行。

(二)填图精度要求

填图精度包括以下两方面。

一是指地质图中地质体的表示精度。按要求一般 2mm 大小的地质体都要在图上表示。如对比例尺 1:5 000 的填图,大于或等于 10m 的地质体都要在图上表示出来。对一些有意义的地质体和地质现象,如断层、地裂缝等,即使其宽度小于 10m 也应夸大比例予以表示。

二是指观测点与观测线的数量要求。按要求图上平均每 2～3cm 应有一个观测点和一条观测线,即观测点和观测线的平均间距都是 2～3cm。按照这一要求对比例尺 1:5 000 的填图来说每平方千米需观测点 45～100 个,平均为 70 个。这是一个总体要求,但决不能平均分配观测点和观测线。对于地质条件复杂、现象丰富的地方,观测点和线的密度可以而且应当大些;而对于地质条件简单的地方,观测点和线的密度可适当稀一些,当然也不能因此而留下大片空白区。

(三)观测点的布置与定点方法

观测点是为观测与记录各种地质、工程地质现象而布置的,因此,观测点主要应布置在有意义的点上,如地层岩性界线、断层、泉等的出露点上,以便最大限度地观测记录各种有意义的现象。而为填充空白区而定的控制性点应少一些。

定点的方法常用地形地物法和罗盘交汇法等。对大比例尺的填图还须用仪器测量定点。本次工作以地形地物法与罗盘交汇法相结合的方法定点。

(四)地质界线勾绘方法

填图中遇到的各种地质界线,如地层岩性界线、断层线及崩塌、滑坡边界线等,一般应在现场勾绘到图上。地层岩性界线、断层线等的勾绘用"V"字形法则进行,其他界线(如崩塌、滑坡边界线等)则应根据地形地物勾绘。下面主要介绍地质界线勾绘的方法。

1. 水平岩层

水平岩层是同一层面上各点的高程基本相同,未经构造变动的、仍然保持成岩时原始水平状态的沉积岩。其特征是:下老上新,岩层的地质界线与地形等高线平行或重合。在山顶或孤立的山丘上的地质界线呈封闭的曲线(图 5-1),在沟谷中呈尖端指向上游的尖状弯曲。岩层顶底之间的垂直距离(海拔高差)等于岩层厚度,岩层出露宽度是其顶、底面的水平距,其大小与岩层厚度和地面坡度有关。

2. 直立岩层

直立岩层是指岩层倾角接近 90°的岩层,其地质界线不受地形的影响,是一条直线(图 5-1)。

3. 倾斜岩层

倾斜岩层是指岩层面向某个方向倾斜的岩层,是岩层因构造作用而发生变形改变其水平产状形成的。倾斜岩层在自然界最为常见,是最基本的构造形式。

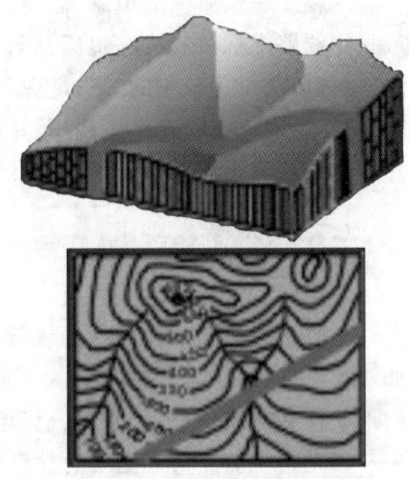

图 5-1　直立岩层的露头特征
上为立体图;下为地质平面图

倾斜岩层的地质界线在地形地质图上弯曲的规律受地质界面倾角、地形坡度及地形与地质界面产状之间的相互关系等因素制约,表现出"V"字形弯曲,这种规律称为"V"字形法则,即在倾斜岩层区勾绘地质界线时应遵照"V"字形法则。这一法则据岩层倾向、倾角和地面坡向、坡角的关系,分为以下 3 种情况。

(1)岩层倾向与地面坡向"相反"时,地质界线与等高线弯曲方向一致,即"相反"—相同,但地质界线的"V"字形弯曲比等高线开阔[图 2-5(b)]。

(2)岩层倾向与地面坡向"相同",且岩层倾角大于地面坡度时,地质界线在沟谷处形成尖端指向下游的"V"字形,在山脊处形成尖端指向上坡的"V"字形。地质界线与等高线弯曲方向相反,即"相同"—相反。岩层倾角越陡,"V"字形越开阔[图 2-6(b)]。

(3)岩层倾向与地面坡向"相同",且岩层倾角小于地面坡度时,地质界线的"V"字形尖端在沟谷处指向上游,在山脊处指向下坡,即"相同"—相同,但地质界线"V"字形的弯曲较等高线紧闭[图2-7(b)]。

当倾斜岩层(或其他倾斜地质界面)的走向与沟谷、山脊近于直交时,地质界线的"V"字形是近于对称的;若斜交时,地质界线的"V"字形就是不对称的。"V"字形法则对野外地质填图工作有很重要的指导意义。在填图或读图时,只有充分理解地形与岩层产状间的关系并进行全面的分析,才能正确理解和表述各种地质界面的空间形态。

(五)岩层产状在地质图上的表示方法

岩层产状反映其空间产出状况,利用它可以分析一个地区岩层是否正常,判断褶皱形态和断层性质等,是表达一个地区地质构造的重要数据。因此,在填图过程中应密切关注岩层产状的变化,及时测量并将代表性岩层产状标在图上,以供分析之用。那么岩层产状在地质图上怎么表示呢?一般采用"⌐₂₀"表示。其中长线表示岩层走向(走向线),短线表示倾向(倾向线),倾向线所指方位为岩层倾向,数字表示倾角大小。除倾斜岩层产状用上述表示方法外,还有几种特殊岩层产状。

水平岩层产状:用"+"表示。

直立岩层产状:用"—┼—▶"表示,带箭头的线为倾向线,箭头指向新地层。

倒转岩层产状:用"⌐²⁰⌐"表示,其中带箭头的线为倾向线,箭头指向老地层,数字表示倾角大小。

岩层产状除应在图上标出外,还应在野簿上记录,常用方位角进行记录,如150°∠20°,表示该岩层倾向150°,倾角20°。图上标的与野簿上记的必须一致。

(六)观测点记录方法

本次填图的记录方法与周口店所学的地质点记录方法基本相同,即应有点号、点位、地质描述等,对工程地质填图来说,除以上记录外,还应有水文地质、物理地质现象、人类活动等方面的描述,如岩性软硬与微地貌间的关系、风化、泉及岩土滑移等,并配有素描图与剖面示意图等。点与点之间还应有沿途描述。

(七)注意事项

(1)在正式野外工作前,以小组为单位进行准备,包括阅读和熟悉所收集的工作区地质图、报告等,并进行野外踏勘,制订工作计划。

(2)野外工作时,定点须达到要求,但切忌平均布点或大片空白。

(3)地质界线必须在现场勾绘,切忌在室内勾绘地质界线。

(4)岩层产状要多量并及时标在图上。

(5)每天野外工作回家后要留有时间整理野簿和图,清绘图件,发现问题,以利于第二天工作补救。

第六章 资料整理与实习报告书编写内容与要求

第一节 资料整理内容与要求

一、图、表等资料的整理

实习中获取的图、表、文、实物等资料一般要求在当天内完成整理。主要整理工作有：①图、表、文、实物校对；②地质观察点记录表整理；③手图整理；④编制实际材料图。

整理手图、登记表、文字记录、实物等资料时，应核实点号、岩性层位代号、标本及样品编号、位置及各种数据，确认无误后，再分别进行整理。如发现问题，必须到野外核实，方能补充、修正。

检查地质、工程地质观察点记录表中填写的内容是否齐全，文字是否通顺，有无错漏字，专业用语是否准确，完善素描图并对各类数据和素描图上墨。检查手图中地质点、观察路线、产状、填图单元、标本、样品、照相等位置、数据以及界线勾绘有无错漏，然后逐一上墨。

二、编制实际材料图

实际材料图应在野外填图过程中逐步完成。其底图又称清图，是与填图用的手图同版的、未折叠、无皱纹、无破损的地形图。随填图进展，及时将手图上的地质、工程地质点、路线、标本、样品、产状、施工工程、地质界线、断层线等的位置、编号、代号转绘到清图上，再逐渐完善，最终成为实际材料图。

三、图件的清绘

(1) 按各工程地质要素的纵横坐标展绘。用三角板两直角边丈量最小网格内的工程地质要素的纵横坐标数，用笔记下，然后以此数据展绘到清图上。在展绘时要注意，务必以最小的方格网为准，以免手图收缩，影响精度。

(2) 用透图台将清图覆盖于手图之上进行展绘。在透图台上用透视法将手图上各工程地质要素展绘到清图上，这种方法较前述丈量坐标法准确，但要注意，仍要按最小方格网对应透视展绘。

(3) 根据各工程地质要素的 GPS 坐标数据上图。可根据填图 GPS 坐标数据逐一将各工程地质要素点展绘到清图中。展绘清图时注意：一是按坐标网依一定顺序逐个进行（以免遗漏）；二是先用铅笔展绘，待自检及内检无误后，再上墨；三是如遇手图收缩较大时，应按每个方格网进行平差处理后,再展绘各点。

第二节　实习报告书编写内容与要求

编写实习报告是教学实习总结性环节,是培养学生对野外采集的各种地质、工程地质数据和信息进行整理、归纳和处理的初步能力;对各种标本、样品等实物进行鉴定化验和对各种基本地质图件整饰、清绘的动手能力;运用基础地质、工程地质知识和理论进行分析的综合能力。

根据教学实习要求,每个学生应独立完成一份实习报告。实习报告所附图件有地层实测剖面图,综合地层柱状图,实际材料图,工程地质平,剖面图等。图件的格式和内容要符合规范要求。同时还应有素描图、地质信手剖面图等若干插图,力求使地质实习报告文图并茂。文、图均应在教师审查合格并签字后方可定稿。实习报告书各章节的基本内容如下。

第一章　绪言

介绍实习区的地理位置、行政区划;道路交通、自然经济地理、工农业状况;实习的目的、任务和内容;起止时间、组队和分组情况及指导教师;完成的工作量(工程地质调查面积、观察路线及观察点数,以及实测剖面长度、独立填图面积、标本和样品数量等)及工作成果。

第二章　地层岩性

地层概述,"组"为单位由老至新对实习区地层的分布、岩性及其岩石组合、岩相及厚度变化、地层接触关系等进行描述和总结。要充分利用实测地层剖面图、工程地质图及不同区段的信手剖面图等资料。实习区部分地层岩性已发生变质,其变质作用和变质程度亦不同,可按时代对其进行简述。

实习区岩浆岩分布、类型与活动概况,即主要侵入体的岩石类型、活动期次、各岩体的相互关系及接触变质情况。其内容包括展布位置、平面形态、面积、岩相带的发育及划分(或单元的划分与归并)、岩体的构成、侵入时代、与围岩的接触关系、接触热变质带的分布、岩浆热动力变形及岩体侵位机制等。

第三章　地质构造

实习区大地构造位置、主要构造类型发育情况、区域构造线的展布、构造形成时代及序次等。对主要构造可按构造类型如褶皱构造、断裂构造分类述之,亦可按构造区段如以东区断裂构造为主、以西区褶皱构造为主分区述之,还可按构造期次或序列对早期构造、主期构造和晚期构造的特点分别描述。

第四章　水文地质

本章内容包括以下 3 部分。①地下水的赋存条件:含水岩层(组)、相对隔水岩层(组)。②地下水的赋存类型:松散岩类孔隙水、碎屑岩类孔隙裂隙水、结晶岩类裂隙水、碳酸盐岩类裂隙岩溶水等。③地下水的补、径、排条件:地下水的补给、地下水的径流、地下水的排泄规律等。

第五章 物理地质现象

实习区的物理地质现象主要有滑坡、崩塌、岩溶与风化作用等。本章主要论述这些物理地质现象的类型、特征、分布规律与形成机理等。

第六章 工程地质（岩土工程）专题研究

在独立填图的基础上，对填图区内某一个工程地质问题进行比较深入的的调查与研究。研究对象可以是滑坡、崩塌、岩溶、风化作用、地下水等工程地质现象，或边坡、隧洞等工程中的任意一个，或者是与工程建设相关的其他工程地质问题。应对选定专题的研究意义、特征、形成机理与防治对策进行系统分析。

专题研究的内容应包括本专题涉及的工程地质条件、存在的工程地质问题、各类工程地质问题分析预测、所得结论与建议。如果是滑坡、崩塌、岩溶、风化等物理地质现象，还应有机理分析及防治对策等内容。

第七章 结语

对整个实习过程进行总结评价，包括主要成绩、新的认识、新的发现，以及本人在思想上、业务上的收获和体会。简述实习中存在的问题和不足，并对今后教学实习工作提出建议，最后应对有关单位和工作人员表示谢意等。

主要参考文献

毕珉烽,楚全芝,邓志辉,等. 长江三峡地区仙女山断裂北端延伸问题探讨[J]. 地震地质,2012(2):294-302.

曹伯勋. 地貌学及第四纪地质学[M]. 武汉:中国地质大学出版社,2012.

曹锐,李德威,易顺华,等. 黄陵背斜中南部月亮包金矿床流体成矿作用及矿床成因探讨[J]. 黄金,2009,30(2):14-19.

陈德基,汪雍熙,曾新平. 三峡工程水库诱发地震问题研究[J]. 岩石力学与工程学报,2008,27(8):1513-1524.

陈秋南. 隧道工程[M]. 北京:机械工业出版社,2007.

城市建设研究院. CJJ 113—2007 生活垃圾卫生填埋场防渗系统工程技术规范[S]. 北京:中国标准出版社,2007.

杜恒俭,陈华慧,曹伯勋. 地貌学及第四纪地质学[M]. 北京:地质出版社,1981.

杜远生,童金南. 古生物地史学概论[M]. 武汉:中国地质大学出版社,1998.

《工程地质手册》编写委员会. 工程地质手册[M]. 3版. 北京:中国建筑工业出版社,1992.

湖北省地质局水文地质工程地质大队. 湖北省秭归县茅坪移民区供水工程羊子沟水库工程地质勘察报告[R]. 武汉:湖北省地质局,1997.

湖北省地质矿产局区域地质测量队. 中华人民共和国区域地质调查报告1:20万巴乐幅[R]. 武汉:湖北省地质矿产局,1984.

湖北省地质矿产局区域地质测量队. 中华人民共和国区域地质调查报告1:20万南漳幅[R]. 武汉:湖北省地质矿产局,1998.

湖北省环境科学研究院. 秭归金山实业有限公司工业废水污染防治项目初步设计报告[R]. 武汉:湖北省环境科学研究院,2004.

湖北省秭归县地方志编纂委员会. 秭归县志[M]. 北京:中国大百科全书出版社,1991.

黄臻,王建力,王勇. 长江三峡巫山第四纪沉积物粒度分布特征[J]. 热带地理,2010,30(1):30-33,39.

贾洪彪,唐辉明,刘佑荣. 岩体结构面三维网络模拟理论与工程应用[M]. 北京:科学出版社,2007.

江苏省水利勘测设计研究院有限公司. SL 379—2007 水工挡土墙设计规范[S]. 北京:中国水利水电出版社,2007.

交通部第二勘察设计院. JTJ 063—85 公路隧道勘测规程[S]. 北京:人民交通出版社,2004.

乐光禹. 大巴山造山带及其前陆盆地的构造特征和构造演化[J]. 矿物岩石,1998(S1):8-15.

李长安. 三峡地区滑坡与构造运动、气候变化的关系[J]. 地质科技情报,1997(3):89-92.

李华亮,邓清禄,易顺华. 三峡库区区域构造及巴东组构造变形特征[J]. 地质科技情报,2007(4):31-36.

李华亮,易顺华,邓清禄. 三峡库区巴东组地层的发育特征及其空间变化规律[J]. 工程地质学报,2006(5):577-581.

李铁汉,潘别桐. 岩体力学[M]. 北京:地质出版社,1980.

李炎保,蒋学炼. 港口航道工程导论[M]. 北京:人民交通出版社,2010.

李愿军,丁美英. 长江三峡地区构造地貌研究[J]. 水电能源科学,1996,14(1):52-55.

李正根. 水文地质学[M]. 北京:地质出版社,1980.

李智毅,唐辉明. 岩土工程勘察[M]. 武汉:中国地质大学出版社,2000.

李智毅,杨裕云. 工程地质学概论[M]. 武汉:中国地质大学出版社,1994.

刘长礼,张云. 垃圾卫生填埋处置的理论方法和工程技术[M]. 北京:地质出版社,1999.

刘龄森. 桥梁工程[M]. 长沙:中南大学出版社,2006.

刘佑荣,唐辉明. 岩体力学[M]. 北京:化学工业出版社,2008.

马传明. 水文与水资源工程专业实习指导书[M]. 武汉:中国地质大学出版社,2011.

潘家铮. 崛起在新世纪:中国三峡工程[M]. 杭州:浙江科学技术出版社,1999.

彭红霞,王新君,林晓,等. 第四纪地质专业研究生三峡野外实践教学体系构建[J]. 中国地质教育,2011(2):44-47.

彭立敏,刘小兵. 交通隧道工程[M]. 长沙:中南大学出版社,2003.

任自民,马代馨,沈泰,等. 三峡工程坝基岩体工程研究[M]. 武汉:中国地质大学出版社,1998.

上海市政工程设计研究总院(集团)有限公司. GB 50014—2006 室外排水设计规范(2011)[S]. 北京:中国计划出版社,2011.

宋玉香. 隧道工程[M]. 北京:中国铁道出版社,2007.

唐辉明. 工程地质学基础[M]. 北京:化学工业出版社,2007.

铁道第二勘察设计院. TB 10003—2005 铁路隧道设计规范[S]. 北京:中国铁道出版社,2005.

王大纯,张人权,史毅虹,等. 水文地质学基础[M]. 北京:地质出版社,2005.

王恭先,徐峻岭,刘光代,等. 滑坡学与滑坡防治技术[M]. 北京:中国铁道出版社,2004.

王平,郑洪波,刘少峰. 长江中游反向过程——来自四川盆地东部的构造地貌指示[J]. 第四纪研究,2013,33(4):631-644.

王儒述. 三峡水库与诱发地震[J]. 国际地震动态,2007(3):12-21.

王瑞江,谭成轩,盛昌明. 长江三峡地区仙女山断裂带构造活动性及其北延问题讨论[J]. 地球科学,1995,20(6):693-696.

王瑞江,谭成轩,盛昌明,长江三峡地区仙女山断裂带构造活动性及其北延问题讨论. 地球科学,1995,20(6):693-696.

王思劲,黄鼎成. 中国工程地质世纪成就[M]. 北京:地质出版社,2004.

王毅才. 隧道工程(上册)[M]. 2版. 北京:人民交通出版社,2007.

向芳,朱利东,王成善,等. 宜昌地区第四纪沉积物中玄武岩砾石特征及其与长江三峡贯通的关系[J].地球科学与环境学报,2006,28(2):6-10,24.

徐开礼,朱志澄.构造地质学[M].北京:地质出版社,1984.

薛果夫,满作武.长江三峡水利枢纽工程地质勘察与研究[M].武汉:中国地质大学出版社,2008.

颜丹平,金哲龙,张维宸,等.川渝湘鄂薄皮构造带多层拆离滑脱系的岩石力学性质及其对构造变形样式的控制[J].地质通报,2008,27(10):1687-1697.

杨达源.长江三峡阶地的成因机制[J].地球学报,1988,43(2):120-126.

杨逢清,胡昌铭,张克信.沉积地层工作指南[M].武汉:中国地质大学出版社,1990.

杨淑贤,周明礼,徐孝文,等.秭归盆地东缘断裂构造觅踪——再论仙女山断裂带北延过长江问题[J].地壳形变与地震,1993,13(2):48-54.

姚玲森.桥梁工程[M].北京:人民交通出版社,2008.

冶金部建筑研究总院.GB 50086—2001 锚杆喷射混凝土支护技术规范[S].北京:中国计划出版社,2001.

游振东,王方正.变质岩岩石学教程[M].武汉:中国地质大学出版社,1991.

余素玉,何镜宇.沉积岩石学[M].武汉:中国地质大学出版社,1991.

袁道先.中国岩溶学[M].北京:地质出版社,1994.

张倬元,王士天,王兰生.工程地质分析原理[M].北京:地质出版社,1994.

张峰,林文祝.磷灰石裂变径迹年龄分析三峡仙女山断裂带构造活动性[J].矿物学报,1999,19(1):98-103.

张咸恭.工程地质学(下册)[M].北京:地质出版社,1983.

张咸恭,李智毅,郑达辉,等.专门工程地质学[M].北京:地质出版社,1988.

张咸恭,王思敬,张倬元.中国工程地质学[M].北京:科学出版社,2000.

张宗祜.第四纪地质研究在水文地质工程地质工作中的意义[J].海洋地质与第四纪地质,1987,7(4):1-5.

赵温霞,李方林,周汉文,等.周口店地质及野外地质工作方法与高新技术应用[M].武汉:中国地质大学出版社,2003.

中国地质调查局.DZ/T 0219—2006 滑坡防治工程设计与施工技术规范[S].北京:中国标准出版社,2006.

中国建筑科学研究院,建设综合勘察设计研究院,北京市勘察设计院,等.GB 50007—2011 建筑地基基础设计规范[S].北京:中国建筑工业出版社,2012.

中国市政工程中南设计研究院.秭归县垃圾处理场(二期)付家湾工程初步设计[R].武汉:中国市政工程中南设计研究院,2008.

中华人民共和国水利部.GBJ 50201—94 防洪标准[S].北京:中国计划出版社,1995.

中华人民共和国水利水电规划设计总院.水利水电工程地质手册[M].北京:水利电力出版社,1985.

中交第二公路勘察设计研究院有限公司.公路挡土墙设计与施工技术细则[M].北京:人民交通出版社,2008.

重庆交通科研设计院.JTG D70—2004 公路隧道设计规范[S].北京:人民交通出版社,2004.

重庆交通科研设计院. JTG D60—2004 公路桥涵设计通用规范[S]. 北京:人民交通出版社,2004.

朱彦鹏,罗晓辉,周勇. 支挡结构设计[M]. 北京:高等教育出版社,2008.

朱志澄,叶俊林,杨坤光. 幕阜山-九岭隆起侧缘逆冲推覆和滑动拆离以及山体的不对称性[J]. 地球科学,1987,12(5):55-62.

朱志澄,宋鸿林. 构造地质学[M]. 武汉:中国地质大学出版社,1990.

秭归县水土保持志编纂领导小组. 秭归县水土保持志[M]. 北京:中国水利水电出版社,2004.

Beach A. The geometry of en-echelon vein arrays[J]. Tectonophysics,1975,28(4):245-263.

Ramsay J G, Huber M J. 现代构造地质学方法:褶皱和断裂[M]. 徐树桐,译. 北京:地质出版社,1991.